民國建築工程期刊匯編

MINGUO JIANZHU GONGCHENG QIKAN HUIBIAN

⑥

《民國建築工程期刊匯編》編寫組 編

广西师范大学出版社
GUANGXI NORMAL UNIVERSITY PRESS
·桂林·

第六册目録

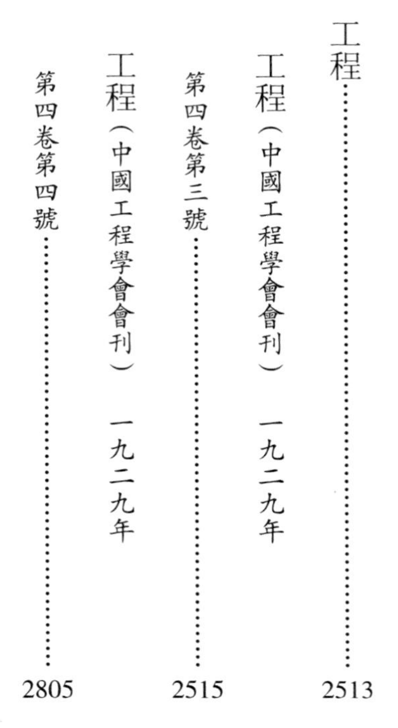

工程

中華郵政特准掛號認爲新聞紙類

中國工程學會會刊

THE JOURNAL OF THE CHINESE ENGINEERING SOCIETY

第四卷 第三號 ★ 民國十八年四月
Vol. IV, No. 3. April 1929
中國工程學會發行
總會會所：上海甯波路七號

CHEVROLET
1648
4
四輪車制
四速度傳力機
大號車胎
新式前車軸
新改良後車軸
強固之車框架
溝型前檔
改良雪佛蘭貨車
爲營業車之領袖
運輸汽車。無不求其可靠而且經濟。因此雪佛蘭貨車。遂爲人人所歡迎。用雪佛蘭貨車者。貨物之搬運。必安全迅速。且平日費用極省。故營業範圍容易擴張。而所獲純利。亦由此增加矣。
印有精美說明書歡迎索閱
請祇向經理處購用真正通用零件
中國經理
上海 亞德洋行
南京 國民汽車公司
漢口 安利洋行
天津 捷隆洋行
北平 寶隆汽車公司
哈爾濱 奉天 大連 恆信公司
青島 滙昌洋行
福州 美亞洋行
美國通用汽車公司
上海廣東路三號
雪佛蘭貨車爲通用汽車公司製品

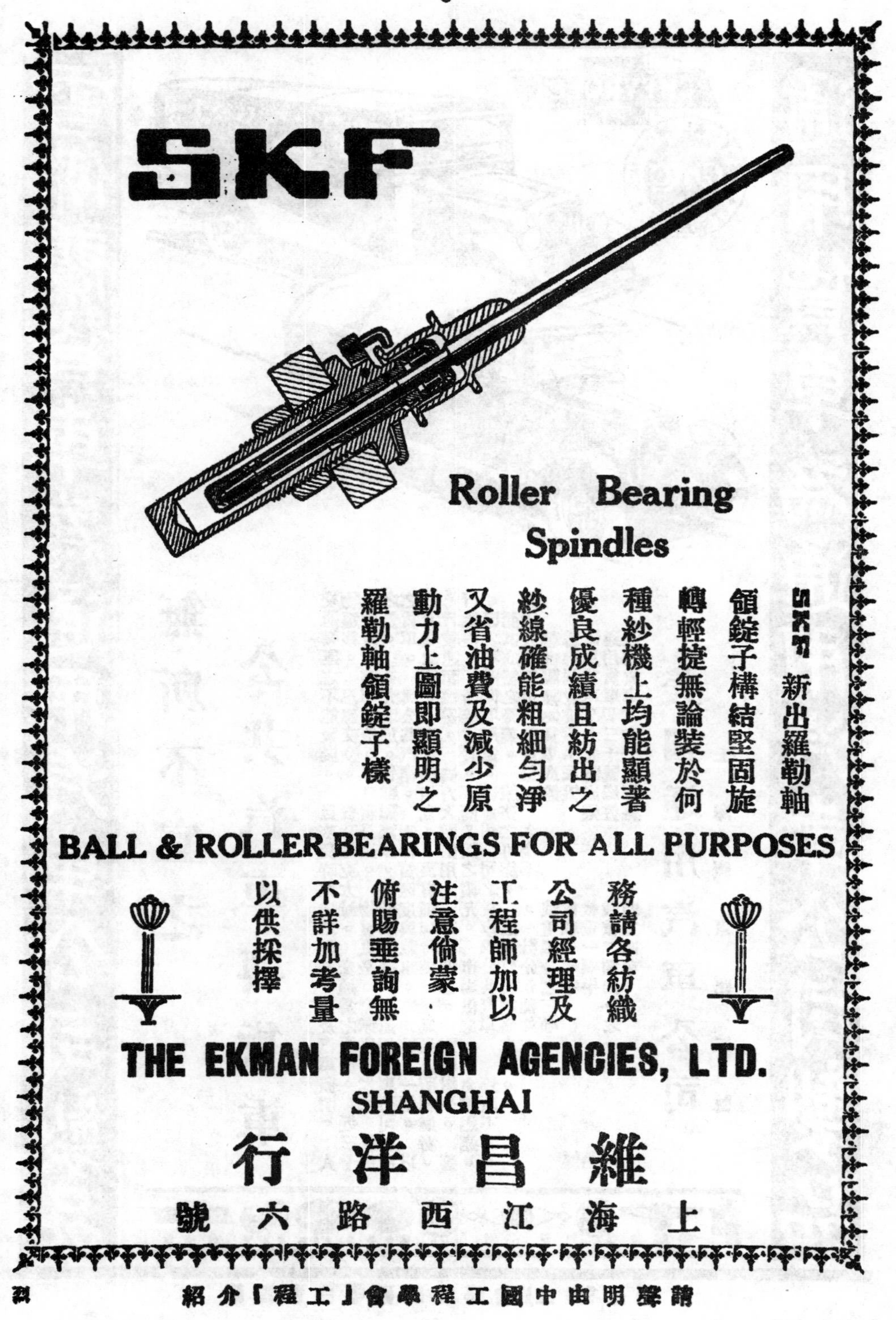
SKF
Roller Bearing
Spindles
SKF 新出羅勒軸領錠子構結堅固旋轉輕捷無論裝於何種紗機上均能顯著優良成績且紡出之紗線確能粗細勻淨又省油費及減少原動力上圖即顯明之羅勒軸領錠子樣
BALL & ROLLER BEARINGS FOR ALL PURPOSES
務請各紡織公司經理及工程師加以注意倘蒙俯賜垂詢無不詳加考量以供採擇
THE EKMAN FOREIGN AGENCIES, LTD.
SHANGHAI
維昌洋行
上海江西路六號

中國工程學會會刊

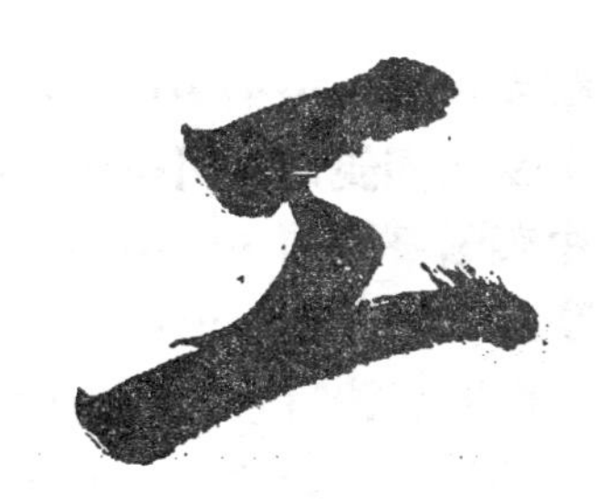
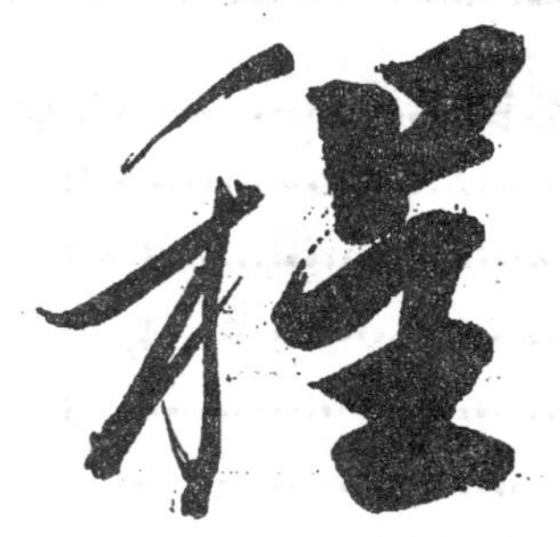

季刊第四卷第三號目錄 ★ 民國十八年四月發行

總編輯 黃炎　　總務 袁丕烈

中國工程學會發行

總會辦事處:— 上海中一郵區寧波路七號三樓二〇七號室
電話:— 一九八二四號
寄售處:— 上海商務印書館　民智書局　老西門中華路東新書局
定價:— 零售每册三角　預定四册一元
郵費每册本埠二分　外埠四分　國外一角

廣告目錄

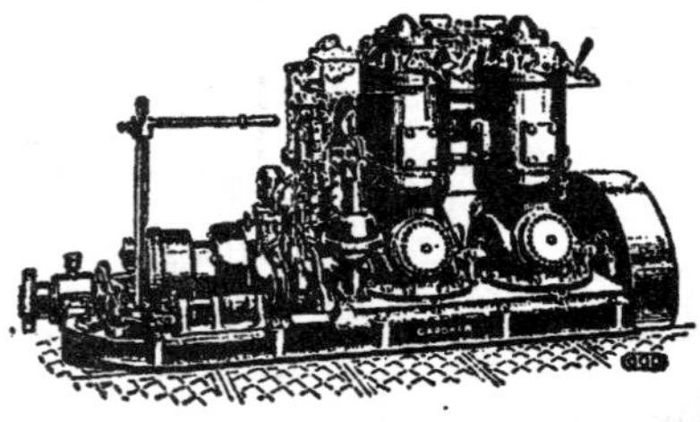

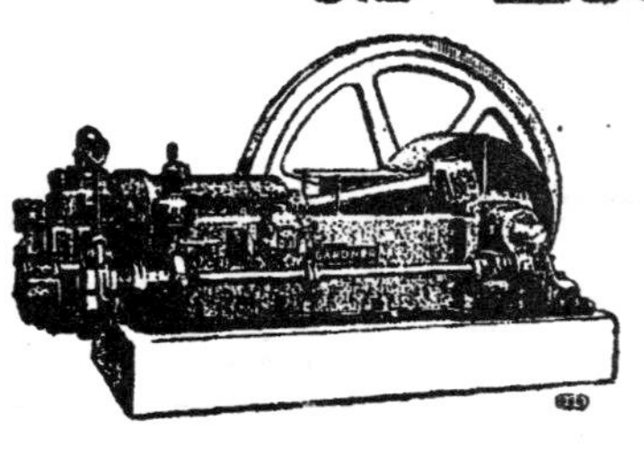

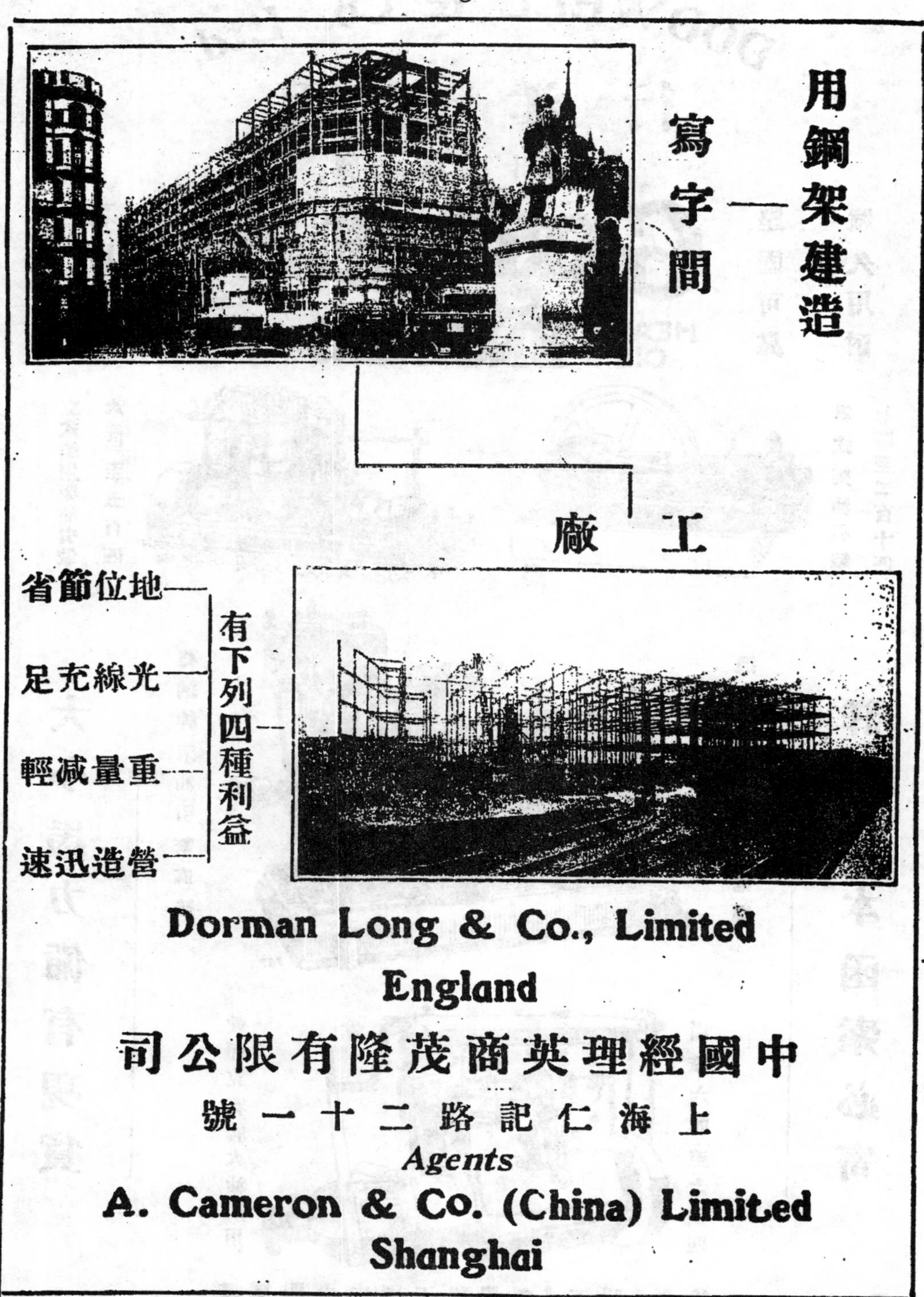

請聲明由中國工程學會『工程』介紹

津浦鐵路黃河橋之天空攝影

津浦鐵路黃河橋懸橋空及南端錨臂空向西看之側面觀

參觀「黃河橋毀壞情形之報告」

國民革命軍第三十二軍陣亡將士紀念碑

(上)紀念碑　　(下)園亭一部

地點：上海龍華　徐芝田君設計建築

哈爾濱松花江山之大鐵橋

(往來哈爾濱滿洲里間火車必經之道)

貝加爾湖旁之山洞

(孫君驎方於火車將進洞時冒險探身窗外而攝)

首都市政府工務局工作攝影

(上) 獅子巷柏油路面竣工後

(下) 中山路土方完成後

本會會員呂彥直先生遺像

本會會員呂君彥直字仲宜又字古愚山東東平人先世居處無定遜清末葉曾與安徽滁州呂氏通譜故亦稱滁人君生於天津八歲喪父九歲從次姊往法國居巴黎數載時孫慕韓亦在法君戲竊畫其像儼然生人觀馬戲還家繪獅虎之屬莫不生動蓋藝術天才至高也回國後入北京五城學堂時林琴南任國文教授君之文字爲儕輩之冠後入清華學校民國二年畢業遣送出洋入美國康南耳大學初習電學以性不相近改習建築卒業後助美國茂斐建築師嘗作南京金陵女子大學之設計爲中西建築參合之初步十一年回國與過養默黃錫霖二君合組東南建築公司於上海成績則有上海銀行公會等嗣脫離東南與黃檀甫君設立眞裕公司後又改辦彥記建築事務所獲孫總理陵墓及廣州紀念堂紀念碑設計首奬以西洋物質文明發揚中國文藝之真精神成爲偉大之新創作君平居寡好劬學成疾困於醫藥者四年卒於十八年三月十八日以肝腸生癌逝世年止三十六歲聞者莫不爲中國藝術界工程界惜此才也

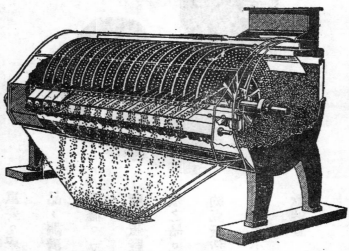

材料試驗之緊要

著者：周厚坤

總理遺著.本有心理建設.物質建設.除心理建設係哲學家教育家之責任外.若物質建設.則我輩工程家.責無旁貸.夫建設云者.乃建築與設立之謂.非紙上談兵.徒事空言之謂.政客與學者.其建設方案.不出紙張.若工程師之建設.則須木石泥沙金屬之物以成之.換言之.即建設必須材料.而材料之優劣.亦即建設成績之優劣也.

材料何以知其優劣.必試驗之.正如人品之優劣.必經若干友朋之試驗而後明.惟人品之優劣.其標準不甚清晰.若材料之優劣則有極顯明之標準以比較之.其不同之點.不過如是.

有極完備之標準.而無準確之儀器.以將用之材料與標準比較.則辛苦編成之標準.等於無用.譬如購貨者言明鋼貨拉力須五萬磅.若無拉力機以試驗之.則何以知所交之貨.適合上數.該貨若係用於無關緊要之處.拉力雖小.尚無大礙.若用於橋梁及鋼鏈之上.則必致僨事.及其既斷.金錢之損失不必說.尚有生命之危險.

橋梁與鋼鏈.爲不常見之物.常人或不注意.今因就最淺近而最切己者言之.如房屋之建造.材料如不足標準.則有傾倒之患.與生命之喪失.小菜場與茶樓之傾圮.亦復如是.實無神秘之可言也.

材料試驗.除上述之標準比較外.尚有極大之效用.效用者何.即材料之相互代替是也.世事日變無定.尋常所用之材料.因戰事關係來源斷絕.或因價格昇漲.難以續用.必思得一種新材料.力量價格.一如往者.替代用之.例如歐戰以內.鋼貨來源斷絕.價格數倍於前.而工程又不能中止.則維有試驗他種材料.求其適合者代替之而已.

歐美各國.工程最爲發達.其試驗材料機關有爲政府所辦者.有爲各大學所辦者.有爲顧問工程師設立者.有爲各廠家自辦者.辦工程者設於某項材料所疑義.即就各該試驗所試驗之.或商業上材料買賣有所爭議.雙方同意委托一試驗所而解决之.或事已涉訟.由法庭指派一試驗所據其報告而判决之.或因大建築傾圮.害及生命.檢察官爲檢舉之準備命試驗所試驗材料是否合於標準.當事者有無納賄舞弊及重大疏忽.俾是項損害生命之責任有所難定.

我國材料試驗所.以作者所知.僅唐山大學北洋大學.南洋大學.上海工部局工務處.及漢陽鐵廠五處.然設備簡陋.不能與歐美各國窺肩背於萬一.故該項試驗所之建築爲刻不容緩之舉.總之材料之優劣.爲建築之根本問題.大而於國家之建設.小而於工程師本身之成績.狹而於一廠之盈虧.廣而於全國工業之盛衰實利賴之.

中國工程學會爲材料試驗所啓事

敬啓者敝會同人鑑於國內工業試驗機關之缺乏,影響於工商業之發展者,至深且鉅.因於前年商借南洋大學隙地,創設工程材料試驗場所.兩載以來,略有成效.而遠近工廠以各項出品請求試驗者,近更絡繹不絕.足徵研究機關之設立,實爲今日所急需.但南洋校舍,需用甚殷,不便久佔.而同人等辱荷社會之獎借,又覺天職所在,不容放棄.用敢不揣譾陋,進而爲大規模之組織.冀就工商需要,分類研究,本科學之精神,促實業之進步.惟是研求改良,非止徒託空言.而建屋購械,尤非鉅款莫辦.因思近頃政府提倡國貨於前,海內賢達踴躍鼓勵於後.對於國內工廠出品,獎掖輔助,不遺餘力.風聲所樹,成效昭然.況研究所之建設,近足以策進工商業之改善,遠足以謀天產物之發揚,實爲方今切要之圖.同人等志切觀成,力有未逮.爰作將伯之呼,定荷 同情之寄.倘蒙 慷慨資助,共襄盛舉,則豈僅同人等感戴 高誼已也.是爲啓.

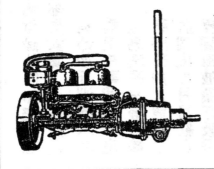

五洲固本肥皂

（完全國貨）

提倡國貨

即是救國

本公司在徐家滙創設五洲固本皂藥廠拓地卅餘畝內部完全德國機器分製皂製藥製化妝品衛生藥品各部男女職工五百餘人

五洲固本廠製造肥皂之第一部

皂部如五洲固本皂香皂中華與記香皂藥皂洗綢皂等百餘種藥部如人造自來血樹皮丸月月紅女界寶海波藥呼吸香膠麥精魚肝油等數百種化妝品如花露水美容霜美麗康生髮油等數十種衛生藥品如亞林防疫臭水樟腦丸殺蚊盤香等數十種貨眞價實久已馳名伏希愛用國貨君子提倡而賜教之幸甚

上海五洲大藥房有限公司暨五洲固本廠謹啟

工商行政對於發展中國工業的責任

著者：孔祥熙

（中國工程學會開第十一次年會演說詞）十七年九月

各位同志，今天貴會開第十一次年會，深蒙不棄，叫兄弟來說幾句話。兄弟欣幸之下，也覺得很有感想，——這種感想，不是消極的，乃是積極的。現在我們中國是一種產業落後的國家，天天受人家經濟力的壓迫，差不多天天處於危殆之中。在從前國家未有統一的時候，政治權都握在軍閥之手，那是沒有辦法的。現在北伐已經成功，全國總算統一了。統一後的最大工作和我們應該努力的在什麼地方呢？總理在建國大綱第二條上，就劈頭對我們說：「建國之首要在民生。」又在民生主義第二講上告訴我們說：「統一之後，要解決民生問題，一定要發達資本，振興實業。振興實業的方法很多，第一是交通事業，第二是鑛業，第三是工業，」——這就是我們應該努力的地方。

講到那振興實業的詳細和具體的方案，似乎有了總理的實業計畫，我們可以不要操心的。那却又不然，不觀總理在他的那部實業計畫的序上說：「此書爲實業計畫之大方針，爲國家經濟之大政策而已，至其實施之細密計畫，必當再經一度專門名家之調查，科學實驗之審定，乃可從事，……」由此看來，不僅是擔負實業行政責任的我們應該努力的，就是具有實業專門知識的你們更應努力的。關於衣食住行娛樂等問題，幾無一不屬於工程學範圍之內的。今天到會諸同志，全是工程學的專家。恰在統一之後，集會新都，討論工程上的各種問題，實不啻開一個實現總理的實業計畫的大會議。這不僅是中國工程學會的一個新紀元，也就是中國開始造產的一個新紀元。兄弟擔負發展全國工商業的重大使命，和諸位是站在一條線上，很希望諸位各出所學，來幫助兄弟，兄弟是很願意接受的。兄弟也很願意趁今天見面的

機會,把個人的意見說一說:

第一,工商部是要和工業專家合作的 自實業革命以後,列强全是以機器生產.機器的使用,非經過科學的訓練,是不可能的.我國在此時,要想步武列强,當然是要用機器生產,來救濟人力生產之窮,才可以趕得上的.工商部負行政上的責任,工業專家負科學上的責任,適成輔車之勢,是不可分開的.所以兄弟就職之初,發表宣言,首重專門人才.工業技師登記條例,已經呈准國府公布了.

第二,工商部是要使現在的手工業和家庭工業變成科學的 我國本是一個農業國,從前社會的經濟,全是以手工業和家庭工業來維持的.自海禁大開以後,機器侵入,我國的手工業和家庭工業,幾乎一天不能維持一天.現在想抵抗列强經濟力的壓迫,固然是要提倡機器生產的.不過,我國的人工,又多又賤,而且有些手工業和家庭工業,只要用科學的方法把牠改良一下,就可以抗衡列強的,因此,非把牠們變成科學化不可.

第三,工商部是要創辦具有普遍性的基本工業的 工業本有基本和非基本兩種,非基本工業在國家財力不逮的時候,自當用獎勵和保護的方法,促進社會去辦.至於基本工業,需要資本和人才,是很大的,也是很多的,而且又爲發展其他工業的基本,譬如水電,機器,酸碱,鋼鐵等,當非現在民力所能舉辦的,若任其不辦,那全國的一般工業,不都要陷於危境嗎?所以兄弟在這次五中全會,就擬具詳細計畫,建議在最短期間舉辦.

第四,工商部是要提倡官民合作和勞資合作的 我們中國的產業,衰落到這種地步,要想突起雄飛,單靠政府去啟發,是不夠的,單靠人民去舉辦,也是不夠的.所以現在非官民共同努力去振興,那是不能收效的.再者,講到勞資兩方面,尤其要合作.我國現在的所謂資本家,比較各國資本家,眞是算不得什麼.就是整個的把牠們用於工業上,尚怕不足以與人家抵抗,何可再受摧殘?我國勞工,這些年來受了列強經濟力的壓迫,其困苦更不堪言,現在勞資兩方面,要想同時解除痛苦,只有合作,才可以達到自救救國的目的.兄弟就職以後,即斤斤於此,就爲這個原故.

兄弟剛纔所說的,要想達到美滿的結果,還要諸位一致的起來帮助.諸位倘能本着總理的革命精神,替國家努力去建設,那今天開會的目的,就爲不虛了,也就值得永遠紀念了.

中國工程學會工程研究委員會土木組第一期研究題目

(甲)關於工程規例者　一.草擬鋼筋混凝土條例　二.徵集各地建築條例及其他關於土木工程方面之規則加以研究再行彙訂標準條例

(乙)關於工程材料及出品者　一.各地建築材料之調查　內容(甲)材料名稱(乙)性質(丙)用途(丁)產地(戊)每年產額或每年所用之數量(己)單位價格(庚)附註(說明)此項材料調查分爲二種一爲各分會附近地方之出產品一爲外埠運往之材料

二.中國古建築之調查　(範圍)調查古建築之範圍爲「橋梁」「寶塔」「壩」「閘」「堤」及其他具有特殊性質或廣大之公共建築　內容(甲)名稱(乙)地址(丙)丈尺(丁)結構(戊)建築時期(己)全部地盤布置(庚)特殊之點(辛)攝影或圖樣(壬)參考圖　(癸)附註　(說明)中國古代建築非特具有歷史上之價值且將來參酌中西建築創製新法式時實有調查研究之必要設各分會就附近地域或見聞所及廣爲搜羅并作有系統之研究彙編成册當能斐然可觀

三.各地住屋之調查　(範圍)就各地各種住屋分別採選一種繪製圖樣加以說明　內容(甲)地名(乙)住宅種類(丙)內部佈置(丁)優點(戊)劣點(己)攝影或圖樣(庚)附註

(丙)關於介紹工程概況者　請各分會就歐美新書籍或雜誌報告內將工程新聞或研究報告摘要譯述彙交總會於季刊內發表科目如下「水利」「道路」「橋梁」「房屋建築」及其他關於土木工程各項

(丁)關於工程建設者　一.徵集各地新工程計劃及圖樣加以研究　二.南京分會擬建設首都計劃草案　三.上海分會擬建設大上海計劃草案　四.其他各分會請就地設題草擬計劃

導淮與治黃

著者：沈怡

近者導淮之聲，遍於全國；政府主張於上，時賢聚議於下，研究討論，盛極一時。當此軍事甫定，竟有人知水利之重要，甯不可喜。雖然，吾國人抑知今日國中之水患，其待治之亟，過於淮；苟不治，其為禍之烈，將什百倍於淮者乎？此水患非他，黃河是也！吾為此言，非謂今日之淮，可以不導；淮誠當導，然為患中國數千年與淮有切身關係之黃河，尤當治。何以言之，觀於以下黃河歷次侵淮之事實，可以知其然也！

漢武帝元光三年（西歷紀元前一三二） 河決濮陽瓠子，注鉅野，泛淮泗。

宋太宗太平興國八年（紀元後九八三） 河決滑州東南流至彭城界入淮。

宋眞宗咸平三年（一〇〇〇） 河決鄆州，浮鉅野，入淮泗。

宋眞宗天禧三年（一〇一九） 河決滑州，注梁山泊，又合泗水古汴東入於淮。

宋天禧四年（一〇二〇） 滑州河既塞復決，害如天禧三年而益甚。

宋統宗熙甯十年（一〇七七） 河決澶州，北流斷絕，河道南徙，分為二派：一合北清河入海，一合南清河入淮；自是淮為河壅，溢於洪澤，橫灌高寶諸湖，江淮苦水。

宋高宗建炎二年（一一二八） 東京留守杜充，決黃河自泗入淮，以阻金兵。

金章宗明昌五年（一一九四） 河決陽武，分為二派：北派由大清河入海，南派由南清河入淮，河道大變。

元世祖至元二十五年（一二八八） 河決陽武，南趨由渦入淮。

元至二十六年（一二八九）　會通河成,北流始微.

元元宗泰定元年（一三二四）　河始行汴渠,至徐州,合泗入淮.

明洪武八年（一三七五）　河決開封,挾潁水入淮.

明洪武二十四年（一三九一）　河決原武,經開封項城至壽州,全入於淮.

明太宗永樂八年（一四一〇）　河決開封;次年（一四一一）河復故道,會汶水南入於淮.

明永樂十四年（一四一六）　河決開封,經懷遠由渦河入於淮.

明英宗正統十二年（一四四七）　河決滎澤入淮.

明正統十三年（一四四八）　河決滎澤而南,經杞縣自睢亳入渦;至懷遠入淮.

明孝宗弘治二年（一四八九）　河決開封,北決衝入張秋運河,注於海.南決分三支:一經尉氏合潁;一經通許合渦;又一支自歸德至亳,亦合渦;均入於淮.

明弘治七年（一四九四）　河決張秋,劉大夏築塞黃陵岡,河復南流,於是以一淮受全河之水.

明世宗嘉靖十三年（一五三四）　河決趙皮塞入淮.

明世宗嘉靖十九年（一五四〇）　河南徙睢州,由渦河經亳州入淮,自是河益南徙.

明嘉靖二十四年（一五四五）　河決睢州,南至泗州,合淮入海.

明神宗萬歷五年（一五七七）　徐州黃河日淤墊,淮水為所迫,徙而南,決高郵寶應諸湖隄.

明萬歷二十九年（一六〇一）　開歸大水,河決蕭家口;河身變為平沙,商賈舟膠沙上,全河南注,與淮入洪澤.

明萬歷三十年（一六〇二）　河決入歸德,南徙而與淮會,入洪澤.（餘略）

綜上觀之,漢河決瓠子,是為侵淮之始.自宋以後,河漸南趨,惟在金明昌五年以前,雖時決入淮,然隨決隨塞.元至元二十六年會通河成,北流漸微.明弘治七年,劉大夏築塞黃陵岡,始以一淮受全河之水;如是者,凡三百六十餘年.此三百六十餘年之中,河患頻仍,決溢修塞無已時,河淮休戚相關,於斯爲極.清咸豐五年,銅瓦廂一決,河復北奪大清河入海,於今又七十四年矣!決溢記載,雖乏官書,足資參證,但民國以來,歷次災變言之:民四決濮陽;民十決利津宮家壩;民十一春開封封邱等處冰水泛濫,直魯豫三省咸被其禍.民十四八月山東黃花寺黃河南岸決,災區一千五百方里,災民二百萬人.翌年八月東明南岸劉莊復決,水勢東流入鉅野,金鄉嘉祥二縣全被淹沒.凡此種種,猶昨日事也.

夫歷史既明示我人以河淮之關係如彼!而黃河危險之情形又如此!故今日不欲導淮則已,欲導淮必先治黃!未有黃不治而淮可以苟安者也!當明清之世,河淮合流.治河者若陳瑄潘季馴劉大夏靳輔輩,或築高堰;或建太行堤;或創束水提於雲梯關外.茲數人者,見非不廣,謀非不周,乃一旦河水北決;全功盡廢,詎非殷鑒!抑吾尤有感者!今人言導淮,大別之不外二派:蘇皖人士怵於淮水爲害地方之烈,以爲不可不治,此一派也.感於導淮之利,以爲由是可涸出地若干百萬畝,可得款若干千萬元,此又一派也.昔人云:『治百里之河者,目光應及千里之外;治目前之河者,推算應在百年以後.』由前所述,吾人已知今日苟欲導淮,必先治黃;不乘僥倖無事之秋,并力修治;一旦變出俄頃,竄而北,直豫諸省,將成澤國;逸而南,淮河流域,又豈能倖免;若論導淮之利,吾以其爲利在拯人民於水火;若問治黃之利,吾以爲其利亦在拯人民於水火;苟爲此耗鉅貲,他無所得,寧非政府當爲之事耶!故談水利者,不應以金錢二字爲前提也!美人費禮門自述著治淮計劃書之動機有曰:『著者久耽於治水之學,於中國大患之黃河問題,尤爲注意;蓋世界上之水利問題,更無重要甚於中國冲積地之諸河者也.』又曰:『著者始終以拯救中國大患之黃河爲胸次惟一之事.』當年費氏之受聘來華,爲導淮;其著書亦爲導淮;但讀其文章,則字裏行間,到處可見治黃視導淮爲尤急.即吾師恩格司教授年已古稀,今猶欲一履吾國,以觀黃河;若與談導淮,輒曰:是爲可與黃河相提並論!外人之言,雖未必盡然;而治黃之重要,甚於導淮,縱無費恩二氏之說,亦無以易也!近見政府有黃河水利委員會之設立,因知國家關心黃河,未亞於淮;然今日之要,首在使人人咸知黃河關係之重,黃不治,淮終不能安;苟此理而明,則以二十世紀科學之昌明,河雖難治,必能迎刃而解,蓋有可信!若乃惑於道聽之說,補苴罅漏,徼倖於旦夕之苟安,殷鑒俱在,他日禍患之來,未可料也.

介紹水利專刊

(一) 本會會員沈君怡先生,著有黃河問題及治理黃河之討論二書,并寄贈本會各五十本,除在本會圖書室陳列外,凡會員諸君倘欲索取者,請附寄郵票四分,當即寄奉.

(二) 本會會員宋希尚先生,專研水利.曾著有歐美水利調查錄十萬餘言行世.近復著有說淮一册,計分八章,業已出版.其目錄如下.

(附圖六張表十紙)

政府對建設時代工程師應有之訓練設施

著者：周　琦

國民政府成立以來,全國人民舉欣然望治.蓋吾民苦軍閥帝國主義久矣,十餘年來,日處破壞滅絕之中,干戈相尋,烽火連番,治安當局勞於供張,朝秦暮楚之不暇,何有於振興.各界人士困於兵燹,趨吉避凶之不暇,何有於創作.自國民政府成立,以三民立命,以建設立政,百廢俱舉,氣象一新.朝野上下,勵精圖治.向之外交之闇弱,內政之顢頇,軍紀之廢弛,交通之頹敗,司法之因循,教育之敷衍,與夫百業之凋敝,咸明定政綱,使有以正之,嚴之,興之,揚之,與夫提倡之,且照中山先生實業計劃,規模宏遠.縱觀往史,建設人材之需要,未有盛於此時者也.

一國當建設時代,舉凡外交家,政治家,軍事家,法律家,教育家與夫工程師俱在急需之列.惟於吾國則以應用工程師爲尤要尤難,其說有二:

(一)吾國立國數千年,歷代多名臣賢相,豐功偉業,法家學士,嘉言懿行,流傳廣播,涵濡化育,苟國家有意甄拔,隨時隨地俱有相當外交,政治,軍事,法律,教育之人才.獨於工程人士則不然,國家既有奇技淫巧之禁,民俗復重敦厚樸實之風,士大夫羞言陶朱猗頓之業.歷來百工均下儕於皂隸與臺走卒厮養之流.海通以後,俗始稍改.我國上下震駭於歐美之富强,推源於物質之文明,始稍稍注意於工業.然卒無閥閱子弟負笈重洋求學工程之舉,有之殆距今二十年始.工程固重在實地應用,其設施之方,因地而異,因物而異,因氣候而異,此二十年中吾國工程人士,大多裨販東西洋工程學說,偏執歐美工業現狀,且外人拒其工廠實習之門,國人絕其各方調查之便,學理與運用兩方,安能的當無誤.其有眞才實學,卓識達謀,足以絕倫超羣,樹立有成,彪炳史册者,誠如鳳毛麟角,不易多覯.此吾國工程人士之所以難求者一也.

(二)事以分功而易精,學貴專門乃有濟,百業然,工業亦何獨不然.吾國秉數千年重農輕工之習,百工安於簡陋,原料多屬埋藏,辦事缺乏統緒,國人羣言實業,恒以工人原料辦事諸責萃於工程師之一身,期望過殷,督責太嚴,彼工程人士徒憑素習專門之學說,以泛治一切,恆患格格不入,苟非絕智奇能之士,鮮有不中途僨廢者.今思委工程師以專門技術之責,當此工業幼稚時代,工人多屬愚昧,原料多恃舶來,設無工程師教導試用,製造終難完滿.此吾國工程人士所以難求者二也.

由前之說,吾國工程師有專門學識而無專門經驗者多,由後之說,吾國工程師有專門學識與經驗而無善用工料及辦事能力者多.前者之修養屬於個人之專精及機遇,現時政府可以爲力者少,因本國學校工廠均未發達,工程師之造就,當有待乎異地異時也.後者之培植,屬於政府之督促及提倡,個人可以發奮者難,因駕馭工人,利用原料及廠務之整頓非個人呼籲所能解决也.故因訪求異材,以肩重任起見.政府對於前者當甄別之,對於後者當訓練之.

當此建設時代政府求才若渴,人民責望過殷,勢必求近功,覩速效以爲上.吾工程人士之責任尤重,應自身有特別之覺悟.應悟此爲吾國注重工程學術後第一次大規模實施之機會,宜如何精心着意以赴之.應悟此爲國勢貧弱後工業救國而致富強之轉機,宜如何捨身許國以圖之.應知此爲東方睡獅醒震環球之萌機,宜何如犧牲一切,以長留民族之光榮.建設而無成效,應自責爲千古罪人.有此特別之覺悟,即當本良心之主張,聯合請求政府,給予充分之援助.而對於人材之選拔,應有嚴格之手續,即甘受公平之甄別,及認眞之訓練,而絲毫不濫與援貪緣干祿,始能保工程界之尊嚴,而收事半功倍之效.

政府甄別訓練之責,當委之各區域因工設施之機關.庶事專責嚴,甄別無缺,訓練有方,茲舉甄別大要如下:

(一) 甄別其成績　此為甄別其個人學識經驗入手法,亦為甄別最要之一種,當以實物成績為憑,凡證書考試均不足重,就成績言,普通工程師恆偏於下列三類之一.

(甲) 空論　此類由於缺乏實地經驗而沈浸於理論過深.本國之國勢民情,尚未之考,故言必據理想,行常反習慣.國家承平可以之闡隱抉微,發明真理,而非初謀建設時所亟需也.

(乙) 摹仿　此類略具實地經驗,惟貪於近功而忽於大計.事事摹仿而昧於工程運化原理,不能因產厚生,因地利用,因時制宜.故有所成就,多非通盤籌畫.垂諸永久,非建設時所願有也.

(丙) 固執　此類頗有實地經驗,惟安於成法而昧於改良,工程學業日新月異,急起直追,尚患不及,安可自居舊陋,不與時俱進,故有所成就,多非最經濟最利益者,非新建設所當取也.

(二) 甄別其工料經營　馭工以善察工人心理為貴,用料以化用本國原料為上.現時工程師恆假手工頭以驅策工人,未能現身作則.口述手製以教之.致遺誤青年,受人操縱,恆購取原料於外洋,未能潛心研究,博訪周諮以求之,致國產旁落,喧賓奪主,殊深痛惜.今攷其經營方法果能治工如意,用料適當足證用悉心研究,參合中西,淹貫古今,當亟為選拔登庸,備加獎勸.

(三) 甄別其各項工程常識　各工程基本原理為任一專門工程必備之常識.常識未備,所遇輒阻,縱欲專精一物,亦殊費鑽研,而難臻全美.今攷其專門科外各學識或成績,果無荒疏淺薄,邪僻謬悠之弊,始當專才之選.

(四) 甄別其辦事精神　工程師學識固重,品格尤重,前節已言,吾國工程師不僅須表率工人,且須管理工務,宜如何以本身作則,俾衆翕服.品格以勤,儉,毅力三者為尤要,不勤則不能親自操作,不儉則不能窮究經濟,無毅力則何以艱險莫辭,百折不撓以成奇功偉業.彼愛迪生,福特均以勤,儉,毅力著.其發明其豪富,豈得諸偶然哉.

甄別後選拔之工程師,即應加以訓練,訓練之方,如下數端:

(一) 訓練其應用專才.

(甲) 分用而設訓練班　政府育才,必有所用,建設時代尤以求用爲亟.分班不以科目,不以資格,而以應用爲準.則訓練期間雖短,收效必甚直捷.

(乙) 制定統一標準　工程標準爲建設首要之圖.政府或請國內著名學會應即核定各項標準制,如各項工程條例,工程名詞審定,及度量衡之規劃,務求統一而便實用.凡訓練班講義文件,當依此標準編輯,已受訓練工程師之工作,必須依此根據進行,庶實施萬端,異道同軀.收之皆合轍,推之無岐途,東西洋留學工程人士藉此亦可共冶一鑪,運化原理,競趨大同.

(丙) 倡助專門學社　吾國工程人士本少團結,同道尤缺研究,各自爲謀,力分勢寡.考其原因,皆由職業無定,經費無常.今國家既育才儲用,業廣期久,專門學社自當風起雲湧,政府宜有以資助其最初之經費至根基達於鞏固,凡所進行,必足補訓練班之不及而較悠久.

(二) 訓練其應用工料

(甲) 設立勞工指導部　勞工多偏於技能而短於品格,當此潮流澎湃,動輒跋扈恣睢.政府當設勞工指導或監督機關,俾工程家心神多費一分於技術,少耗一分於用人,成效較妥而速.

(乙) 設立國產調查部　調查國產爲振興本國工業之基,然卒非工程家個人或學術團體所能博訪周諮而不遭深閉固拒之患,政府當設立專部而分令全國實業廳逐段調查,其調查人才卽可直取之於訓練班.

(丙) 設立材料研究所　國產調查後則以製料爲要,原料製造後則以化驗爲亟,學術團體固可分任其事,然限於經費及人材,政府若能另立機關,督促進行,全國一致.其研究人材則取於訓練班.其成效之速,必不可以道里計.

(三) 訓練其品格　前二者俱屬於智育訓練,此則兼指德育與體育此種訓練固無異所施於全國國民,其應用方法可略而不詳.其重要實較前尤盛.

工程師爲唯一人類利用天然產品以最少之金錢能力獲最大多數人民幸福者,一舉一動,關切于人生,故其德育必須高尙,且百折百進,冒險以探眞,其體育亦必發達.德育中之仁愛,體育中之艱忍,尤須三注意焉.

工程師之甄別及訓練,歐美恆委之于學校及工廠,吾國政府獨不得辭其責.蓋以特種情形及建設時代之救急辦法,非爲永久之圖也.吾國承久敝之餘,國弱民貧,朝野上下,泄泄沓沓,誰生厲階,至今爲梗,期望新政府之餘,不禁回環四顧,憬然若失焉.

本刊啟事

徵稿　本刊爲吾國工程界之唯一刋物,同人等鑒於需要之亟,故力求精進,凡會員諸君及海內外工程人士如有鴻篇鉅著闡明精深學理發表良善計劃以及各地公用事業如電氣,自來水,電話,電報,煤氣,市政等項之調查,國內外工業發展之成績,個人工程上之經營務望隨時隨地,不拘篇幅,源源賜寄,本刊當擇要刋登,使諸君個人之珍藏,成爲全國工程界上之南針,本刊除分酬本刊自五本至十本外,并每期擇重要著作數篇,印成單行本若干,酬贈著者,以答雅誼.

廣告　本刊自增加篇幅,改良紙張後,銷數突增,足證社會上重視本刊之深.凡各地商行公司欲在本刊登載廣告,預留地位,特翻新樣等,請函致鄙人接洽是荷.

題名錄　本刊每期有題名錄一欄,計每格 $1\frac{1}{2}'' \times 2\frac{3}{4}''$ 每期洋二元,全年四期洋六元,凡工程師建築師營造廠及會員諸君欲題名斯欄者,請將姓名字號地址電話等開明連同刋費寄交本會事務所可也.

書報介紹　凡諸君研究所得,有新穎及名貴之著作,或編訂成帙或分載雜誌者,均希將書名,篇名,著者姓名及其內容提要註明,寄交本刊,當於本刊書報介紹欄內陸續公佈,以公同好.

推銷　凡海內外各機關,各學校,各書局欲代銷本刊者,請函致本會事務所接洽是荷.

總務袁丕烈啓　十八年四月一日

通利公司

承辦塘柴

柴排為治水聖品

本公司承辦柴料歷廿餘載

經驗充足　　信用昭著

貨質優良　　梱頭長大

價值底廉　　交貨迅速

全國各處　　均可送達

國內各大埠如上海煙台通州澳門等處柴料，均由本公司供給．

通利公司

上海北京路清遠里二十一號　　電話中一〇七七號

上海馬霍路三十號　　電話西六三五五號

當工務紛繁時吸一支超等國貨香烟提神醒腦增加效率

白金龍香烟
國貨之光
香烟之王
此君精神活潑.笑口常開.以彼常吸白金龍香烟.故能心曠神怡也.
GOLDEN DRAGON CIGARETTES
50 CIGARETTES
NANYANG BROTHERS TOBACCO CO. LTD.
工程師是建設我國的唯一人物

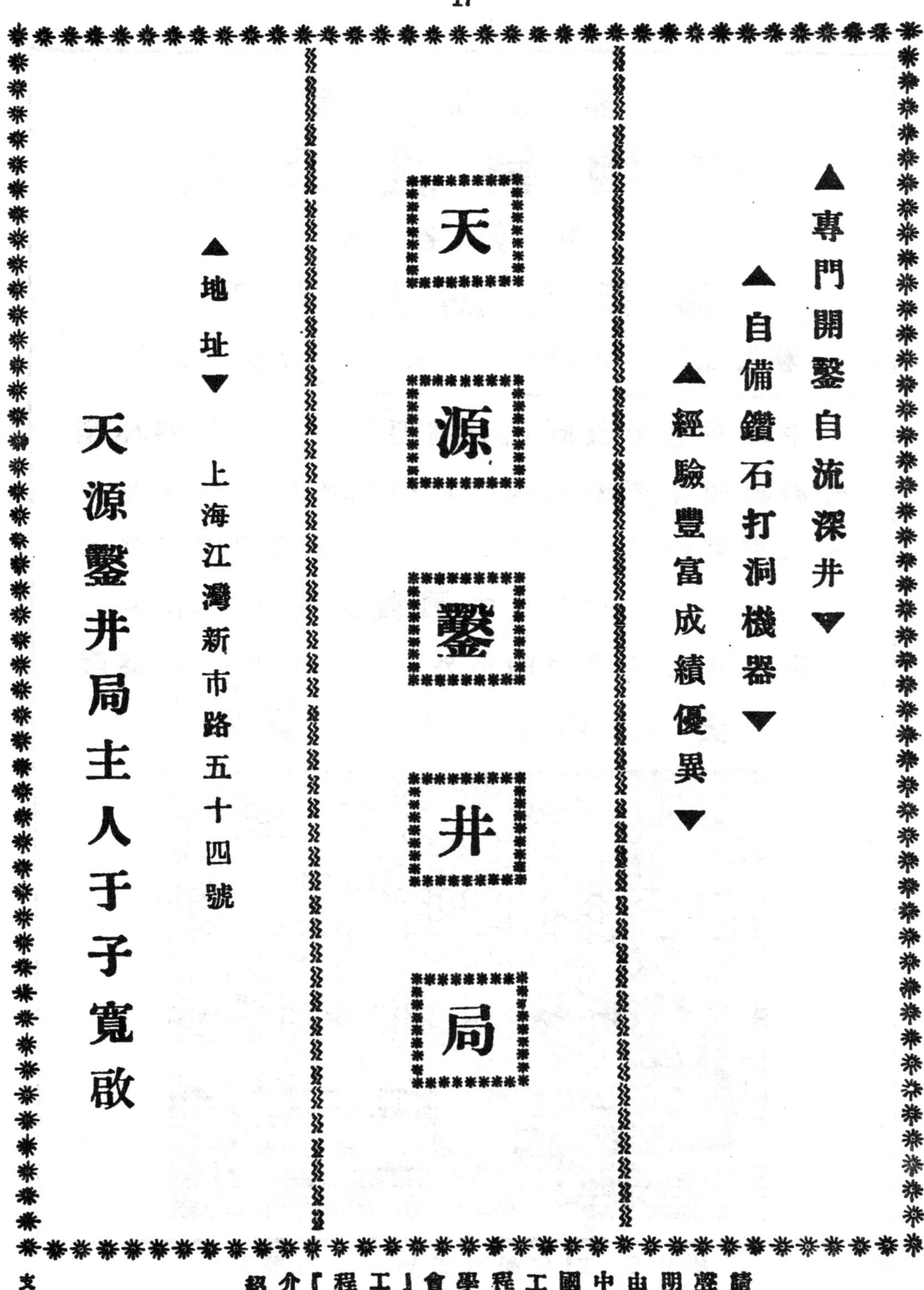
▲專門開鑿自流深井▼
▲自備鑽石打洞機器▼
▲經驗豐富成績優異▼
天源鑿井局
▲地址▼
上海江灣新市路五十四號
天源鑿井局主人于子寬啟

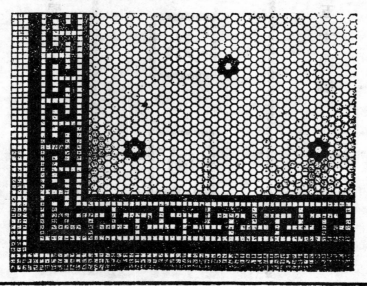

基本工業計劃書

著者：孔祥熙

基本工業計劃書,爲工商部孔部長向中央第四次全體大會建議案.其中關於鋼鐵水電機器精鹽酒精酸碱硫紗紙業等事業,計劃周詳,足供國內工程專家之研究.而鋼鐵機器酸碱硫紗四種工業,已得國府關係各部部長審查,認爲當即時舉辦者,故基本工業,在政府方面,早已必須興辦,而吾人所馨香以祝其早日實現者也.　吳承洛識註

工商事業,爲發展國家經濟之原動力.我國自海禁大開以後,所有工商事業,外則受關稅條約之束縛而失所保護,內則受惡劣政治之摧殘而喪其元氣.遂致土貨日即消亡,洋貨日益充斥,工商凋敝,於今爲烈.苟不急圖挽救,力求啓發,則國家前途,又何堪設想.總理有鑒及此,特手訂實業計畫,對於工商事業,反復詔示,爲我國人謀之詳矣.今春(民國十七年)中央四次全會,秉承遺敎,增設工商一部,俾負專責,以期實現.祥熙就職之初,即經厘訂工商行政大綱,敬告國人.惟當時北伐正在進行,大勢尙未穩定,軍糈政費,尙虞不給,何有餘力,兼營他務.故只能就工商可能範圍以內,一面從事維持,一面徐圖改進,事實所限,財力不濟,固無庸爲諱,亦無可爲諱.現在平津業告底定,是軍事結束之時,即訓政開始之日.本部對於訓政時期,認爲應行舉辦者,業經分別緩急及施行步驟,擬具訓政綱要,呈送國府,將以爲程功計日之資,而爲奉政惟行之則.今者我中央五次全會,特於全國統一之後,召集全體會議,籌商一切建國大計,實不啻開全國建設之第一次大會,料必有以除過去之困難,圖革新之建設.祥熙以職責所在,用特內察國情,外觀大勢,根據調查,採納輿論,本諸總理之實業計畫,實踐祥熙之工商宣言,竊認爲在人民生活上,在國家國防上,在社會安寧上,而不能不即時舉辦之基本工商業,約有九端.請先

論其必要,而後附以計劃.

(一)發展全國鋼鐵事業. 查鍊鋼事業,爲一般工業之基本,鞏固國防,建築交通,咸惟此賴.我國鐵產雖富,而鍊鋼事業,極形幼稚.故爲謀工業之發展,與夫軍用品之充分供給起見,急應發展鍊鋼事業.

(二)發展全國水電事業. 查電汽事業之發展與否,與工業前途,極有密切之關係.而欲達此目的,自當以低廉電費爲第一要件.我國雲南四川湖南及長江流域等處,水源瀑布,所在皆是,均宜充分利用,以減輕製造原動力之需費.

(三)設立國營機器製造廠. 竊維工欲善其事,必先利其器,我國舊時工具,不適於現在工業生產之用,無可諱言.而於需機器,全購自外洋:不特金錢損失,抑且有誤進展.亟宜由國家設立國營機器製造廠,以謀基本機器之自給.

(四)設立國營精鹽工廠. 精鹽爲民食所必需,亦爲工業上最要之原料.兩方利害均須顧及.我國現制,僅注重於鹽稅之收入而不及其製造方法,此實爲一大失策.爲澈底改革起見,宜分鹽爲食鹽與工業鹽二種,由國家設廠製造.一則可以改良民衆食之衛生,一則可以供給工業需用之原料.此種政策,最合於總理民生主義之精神.

(五)設立國營酸碱工廠. 查酸碱爲化學製造上所必需,亦爲一般工業之骨幹.我國酸碱;全恃舶來,且售價極高,故一切依賴酸碱之工業,均無發展之希望.雖欲擬設此種工廠,又以所需資本浩大,往往望洋而廢.是以非由國家經營不足以圖救濟.

(六)設立國營細紗工廠. 查棉紗爲國民一般衣服之原料,自外國棉紗侵入以後,我國之手工紡績業,不啻無形消滅.雖在歐戰期內,外國棉紗,未克輸入,國內棉紗工廠,乘時逐利,不無所獲.但自歐戰停止以後,外國棉紗大肆洶進;居奇操縱,國內棉紗工廠,因受迫壓,反幾一蹶不振.此時亟宜一面救濟原有棉紗工廠,扶持發展,一面設立國營細紗廠,仿織洋布,以塞漏巵.

(七) 設立國營紙漿工廠. 查紙業發展,與文化進步,每成正比例.我國敎育事業,日見發達,出版物品之種類,亦日見增加,而所用紙張,無論其爲書紙,爲報紙,每皆運自外洋,涓涓不塞,後患何極.而欲使紙價低廉,產量豐富,足以供社會一切需求,則紙業改良,亦應由國家設立紙漿工廠.

(八) 設立國營酒精工廠. 查我國交通事業,日見發達,汽車飛艇,需用之燃料,完全仰給於舶來之汽油.無論平時金錢外溢,所費不貲,一旦不幸,而國際和平破裂,臨時又不及製造,則空中水陸之交通勢將立陷恐慌.惟我國煤油礦,尙未開採,不得不急製代用燃料,改良汽機,不特足以挽救現時之損失,鞏固將來之交通,亦所以實行總理行動工業之計畫.

(九) 設立國際匯兌銀行. 欲圖國際貿易之發展,在國外匯兌之便利,現時宜由國家在本國金融中心之上海,組設一國際匯兌銀行,而設分行於紐約倫敦等處,以免國外匯率增高之弊,而收資金通融之便.

總而言之,工商事業,無一而非需要,亦無一而非應辦.何止於上述九端.乃群照於訓政綱要之中,必舉是以爲言者,良以食鹽棉紗紙漿,關係於國民日用之必要,鋼鐵,水電,機器,酸鹼,關係於一般工業之基本,酒精,關係於交通動力之供給,匯兌銀行,關係於國際貿易之發展,咸爲急要之需,難事須臾之待.但綢繆當於未雨之先,而經濟實爲事功之母.茲查上述各計劃結果,發展鋼鐵事業,須經費二千五百萬元;發展水電事業,須經費一千七百萬元;機器工廠,須經費一千一百萬元;精鹽工廠,須經費三千萬元;酸鹼工廠,須經費二千萬元;細紗工廠,須經費一千萬元;紙漿工廠,須經費七百萬元;酒精工廠,須經費六百萬元,匯兌銀行,須資本五千萬元;共計須經費一萬七千六百萬元,再加上臨時流動經費,約計二萬萬元.此皆指極約之數而言,際茲財政支絀,雖屬咄嗟難辦,倘能取之於民,用之於國,不妨發行興業公債二萬萬元,以爲發展基本工商業之用.而其基金擔保品,約有數項可籌,(一)食鹽及食糖改良以後,規定由政府專賣,并徵收特稅,以爲發展基本工商業之基金担保品;(二)實行保護棉紗之特稅,而即以其所收稅款,劃爲發展基本工商業之基金担保品.所有食鹽食糖棉類特稅之籌款計畫,另摺詳述於後.至此項基金之保管方法,及其用途監督,規定由工商部組織一工商業基金監理委員會,專負其責.同時組設一工商銀行,儲存此項基金.此應請大會予以決定者,一也.再查工商業之盛衰,莫不視其生產率之增加以爲斷.現在我國資本,既形竭蹶,勞工生活,又極艱窘,當此雙方交困之時,尤應有統一率循之軌,導之成集於三民主義之下,共負增加生產之使命,始足以謀工商事業之振興,而圖國內經濟之發展.否則勞工或以罷工爲武器,或以怠工爲抵制,不特斷喪資本之元氣,亦且斷絕勞工之生計.考查過去之損失,可爲未來之烱鑒.在詳照之意,以爲今後之工運方針,宜注重生產方法之指導,及勞資協作之提倡,務使其合而爲一,共謀建設,同享幸福.此應請大會予以決定者,又一也.之二者,認爲目前應先解决之問題,用特於建議發展基本工商事業案之外,附帶提出,以供研究云爾.

第一 發展全國鋼鐵事業計劃

二十世紀之世界,一煤鐵之世界.歐美各國,對於鋼鐵事業,莫不奮力進行,即蕞爾小國之羅綠孫堡,面積人口不過吾國一縣,一千九百二十七年,其鋼鐵產額竟達二百五十萬噸有奇,而德美兩國,竟以探斯脫操縱世界之鋼鐵.我國煤鐵二鑛,素稱豐富,或棄而不採,或採而不煉,或煉而不振,甚至並已有之萌芽,亦斲喪殆盡,而國內所需要之鋼鐵,如鐵路,橋梁,輪船,車輛,工器,機械,以及兵艦,飛機,魚雷,鎗礮,子彈,等等,全仰給於外人.若一旦國際變動,來源斷絕,勢將立陷絕境,平時利權外溢,尤其次焉.總理實業計劃,主張鐵鑛國有,並多設鋼鐵工廠於內地各處,蓋有見於此.惟此項工廠,與鑛砂,燃料,熔劑,交通等,均有密切之關係.根本辦法,似應組織鋼鐵專門委員會,集鑛學,地質,冶金,機械,建築各項人材,詳細調查,研究各種情形,以便擘劃大規模之鋼鐵工廠.至目前計劃,則單就工廠內容兼顧暫時發現之煤鐵產額,略計如左:

(一) 地點

地點之選定,應注重於煤鐵之產地,產額及交通之便利.以煤就鐵,或以鐵就煤,或處煤鐵適中之地.可在河北山東湖北湖南安徽等省內,擇一適宜之所,先行設立一廠,以供急需.再次籌設於其他各省,並推及於東三省新疆等處.

(二) 原料

我國煤鐵兩鑛,雖未有精確之測勘考驗,然業經發現有冶煉之可能性,足以供給目前之需要者,有河北山東湖北湖南安徽奉天等省之鑛苗,其他各省,亦富有煤鐵,原料一節,當無缺乏之虞.

(三) 設備分主要部分如左

(一) 原動機廠—— 鍋爐汽機電機抽水機等項.

(二) 煉焦廠—— 三百噸製焦爐二座,附設硫酸亞母尼亞廠,石炭酸廠,煤氣廠,焦油廠,及安息油廠.

(三) 生鐵廠—— 五百噸化鐵爐一座,每日可出生鐵五百噸.送風機兩座,熱風機五座,及選鑛機,升降機,鐵棱勒林機,沙溝等項,附設煉鐵廠.

(四) 平爐廠—— 鹼性馬丁西門爐四座,每座容量四十噸,(一座修理),日出鋼二百餘噸,內設鋼錠鑄造處生鐵混合爐.

(五) 電爐廠—— 三噸電氣爐三座,以作製精鋼之用,暫不設坩堝爐.

(六) 翻砂廠—— 六噸熔鐵爐六座,(一座修理),日可出生鐵百噸.遠心鼓風機四座,及鑄型木模等項.

(七) 鍛鋼廠—— 內分大型廠,中型廠,小型廠,分塊廠,厚板廠,中板廠,薄板廠,波紋板廠,鍍板廠,硅素鋼板廠,軌條廠,鋼條廠,螺絲鋼廠,發條鋼廠,甲板鋼廠,及壓鋼廠,

(八) 石灰廠.

(九) 機器廠.

(十) 試驗廠.

(十一) 附屬各廠——水泥廠,火磚廠,鑛滓製磚廠等.

(十二) 其他設備——如碼頭搬運等類.

(十三) 附設機關——宿舍,病院,圖書館,職工養成所,遊樂園等.

(四) 經費 茲將上項各種設備,概計如左:

原動機部	八十萬元	煉焦部	三百萬元
化鐵部	五百萬元	煉鋼部	五百萬元
製鋼部	五百萬元	其他各廠	二百萬元
其他設備	五十萬元	廠地及附設機關	五十萬元
房屋及各項建築	一百萬元	雜費	十萬元
材料	二百萬元		

合計二千四百九十萬元,可分三期籌撥.

第二 發展全國水電事業計劃

近世科學昌明,應用日廣,工業一途,早有手工時代,進於機器力時代.然至今日,不惟手工,不能與機器力競爭,即以同一機器,作同一工業,欲佔優勝地位於商場,非更減輕其原動力不可.原動力之高下,生產物價之貴賤隨之.故欲振興我國工業,首宜從動力方面着手.現工業上主要動力,厥爲火力,與水力.火力以煤炭煤油爲燃料.但我國煤油缺乏,一切需要,胥取給外國.我國煤產雖富,因交通不便,未能盡量開採,以供消費,故欲以此爲原動力燃料,甚不經濟.是我國工業根本上已不能與外國競爭.今若改用水力,因地形之利,或開水路,或築堰堤,將水導入水車,轉運電機,由機器力而變爲電氣力,再施以近代之高壓輸送法,雖千里之遙,亦可供給,如斯則節省之煤炭煤油,可供他種工業上之需要,計至善也,我國水力,雖無確實調查,據歐美專家推算,僅就著名瀑布論,亦有千八百萬馬力乃至二千四百萬馬力之多.現今低落差水車之製造,已呈顯著之進步.落差縱低至數尺,仍可利用以達發生電力之目的.是我國水力之豐富,尚有不可以數千萬馬力計者.誠能獎勵提倡,將國內水電事業次第發展,則非特各種工業,可得較廉價之水電力,即物價亦可望低廉,經濟不虞缺少.而借水電以改良鐵道,則戰時用水電以資運輸,可不患交通之阻滯,與燃料之隔絕,此於路政國防,均有裨益.用敢本其管見,謹擬發展全國水電事業計劃於後:

中國天然水力調查表

省分	河名	沿河大城市	馬力
雲南	普渡河	昆明	一百五十萬至二百萬
雲南	瀾滄江	大理	七十萬至一百萬
貴州	烏江	思南	二十五萬至三十五萬
廣西	西江	梧州	六十萬至七十五萬
廣東	東江	廣州	二十萬至三十萬
廣東	北江	廣州	二十五萬至三十五萬
福建	閩江	福州	八十萬至一百五十萬
浙江	錢塘江	杭州	一十五萬至一十八萬
浙江	曹娥江	寧波	一十七萬至一十萬
江蘇	淮河	清江浦揚州	一十三萬至一十五萬
安徽	青弋江	蕪湖	二十萬至二十五萬
江西	贛江	南昌	十二萬二千至十五萬
湖北	漢水	武漢三鎮	三十五萬至五十萬
湖北	長江	宜昌以西至巫峽	八百萬至一千萬
湖南	湘江	岳陽長沙衡陽	二十三萬至三十萬

四川	岷江	成都	五十萬至七十萬
四川	長江上游	巫峽以西經重慶至成都	一千五百萬至二千萬
奉天	遼河	營口牛莊	三十萬至三十五萬
奉天	鴨綠江	安東	八十五萬至一百萬
吉林	淞花江	呼蘭哈爾濱	二十萬至三十萬
吉林	圖們江	琿春延吉	五萬至七萬
黑龍江	黑龍江	愛琿	一十二萬至一十五萬
陝西	黃河	山陝間龍門一帶	三十五萬至五十萬
甘肅	黃河上游	蘭州	二十二萬至二十八萬
河南	均富煤產致水電力較難發達		
河北			
山東			
山西			
三特區			

上表所列,爲我國水電力之大概,雖缺乏精細之調査,卽此可知天然水利之所在,統在十萬馬力以上.其在百萬馬力以下者,雖可利用,惟處目前各省經濟狀況之下,恐不易舉辦.査上表在百萬馬力以上之水力,僅雲南之普渡河,福建之閩江,奉天之鴨綠江,及湖北四川之揚子上游,宜昌成都間耳,現在雲南省已由法人經營,奉天省亦由日本着手將來急當設法收回.至福建省,或因經濟狀況,或因實業幼稚,一時尙難發展.惟湖北四川兩省之長江上游,宜昌重慶間,計千餘里,共三十五灘.兩處高度相差,四百七十六英尺.重慶高出水平線六百一十英尺,宜昌高出水平線一百三十四尺,則形勢傾斜,每四千四百五十尺輒低一尺,較尋常江河險峻兩倍.江身斜度,參差不齊,中有層層陷阱,間有深逾二百尺者,低陷之處,瀑布沿崖瀉流而下,或兩壁峭立,中留狹峽,江水由此奪路而過.四川平原之水,以宜昌峽爲惟一之出路,原來四川

平原本係內海,水漲輒瀉於鄖陽以南較低之山地.蓋大巫山起脈於黔省與喜馬拉雅山之間,沿四川東界,而止於鄖陽以南也.重慶江水排瀉之量,以英方尺計,當平均低水時,每秒鐘七萬五千方尺,平均水漲時,每秒鐘七十七萬四千方尺,最大水時,每秒鐘一百六十五萬方尺,以五十尺水頭計算馬力,平均低水時,可得馬力四十三萬,平均漲水時,可得馬力四百四十萬,較諸世界著名美國奈亞格拉瀑布,水力尚高百分之三十.奈亞格拉瀑布,於一百四十尺水頭處,約產馬力三百二十五萬而已.若利用此水電力,自巫山以上,可輸送至萬縣,重慶,成都,供給各該城市工業上,及沿線實業之需要;下可輸送至宜昌沙市常州岳州武漢三鎮及大冶等處,以供其需要.又因川鄂缺乏煤產,將來川漢鐵路修成時,亦大可利用此水電力.但振興水利,非僅利此水力,而航路之便利,亦當兼顧　巫山與重慶之間,險灘壘壘,凡於低水處之巖石,當移去之,河身之淤積,當開之,使低水之處,寬至九百尺,深至十五尺,然後於巫山夔府安平雲陽小江忠州培州等七處,各建一堤.每堤設三閘,堤長約三千尺,高出低水處約五十尺.凡遇水漲時,則開閘以洩之,水低時,則水越堤之洩瀉處而流.如此辦理,長江上游幾同巴拿馬運河.每堤蓄水既多,則可安置水電滑輪而發展上表所列之水力.以七處水電廠所產水力計,可得馬力二千一百萬匹,約發展全世界水力九分之一.若限於經濟狀況,可先設一廠於巫山峽,發展水力約四萬四馬力,每匹約費五百元.此項工程需費共計如下:

(一) 修治險灘費	三十五萬元
(二) 測量水量費(至少期以五年)	一十三萬元
(三) 測量雨量費(至少期以五年)	一十七萬元
(四) 築堤費	七百五十萬元
(五) 設閘費	一百八十五萬元
(六) 導滯費	九十五萬元
(七) 水電機等費	三百萬元

(八) 電廠費 八十萬元

(九) 輸送線設備費 一百六十萬元

(十) 房屋等費 四十五萬元

(十一) 開辦費 一十五萬元

以上各項,共計一千六百九十五萬元.

第三 設立國營機器製造廠計畫

兵工政策,爲總理遺訓.當此平津收復.海內統一之際,各界有識之士,僉以化兵爲工目前最切之急務.舉凡開墾,築路,導淮,濬河,築港,造林等事,均應即時舉辦,以期盡量容納,從事生產.惟工欲善其事,必先利其器,我國舊時已有之工具,曠時費財,生產力甚爲薄弱,較之歐美以煤鐵爲本,機器爲輔,國內產量繼長增高者,相去何啻霄壤.爲今之計,自應按環境之情况,循進步之原則,將一切生產事業,由手工而轉入機器一途.但如所需機械,一一購自外洋,亦非善計.似應由政府急設機械製造廠,擇其切要簡單,而爲目前所必需者,從事製造,庶進行可期,而利權亦不致外溢.吾國實業前途,實利賴之.茲將籌辦計劃,略陳如左:

(一) 廠址

工廠地址,應以原料豐富,交通便利,爲選擇之標準.茲擬暫時就武漢及津平兩處,各設一所,將來經費擴充,再設廠於廣州及上海兩處.

(二) 工作範圍

目前擬以製造農器,(如開墾機,犂田機,灌田機,播種機,等)林器,(如鋤,鏟刀剪,及收膠提油器,並割拔運木機,等)築路用器,(如轆壓機,鑽機,)及導河用器,(如挖泥機器)等項,爲初步計劃.將來逐漸擴充,推及製造礦業機械,及汽車車輛等項.

(三) 機器設備

機器設備,以製造品之種類,及產量而定.茲將應設各部及必要機器列左:

(一) 原動部—— 鍋爐,汽機,電機,氣壓機,水壓機,及附屬機件等.

(二) 翻砂廠—— 熔鐵爐,熔銅爐,及附屬機件等.

(三) 鑄鋼廠—— 鑄鋼爐,壓鋼及製鋼件機器等.

(四) 打鐵廠—— 汽錘,冷熱鋸床,打彎機,燒爐,風箱,打風機等.

(五) 機工部—— 車床,鏇床,鑽床,切床,鋸床,刨床,穿孔機,磨光機,剪切機,螺絲帽釘機,電釘,氣釘,電機,修理機,裝配另件等.

(六) 木工部—— 鋸床,刨床,車床,切床,穿孔床,企線床等.

(七) 木模部—— 車床,鋸床等.

(八) 油漆部—— 各種器具.

(九) 試驗部—— 化學試驗,機械試驗等儀器.

(四) 經費概算

茲將全廠開辦經費,概括列表於下.至各項詳細規劃,當另行分別擬定.

原動力部	約六十萬元	翻砂部	約十五萬元
鑄鋼部	約六十萬元	打鐵部	約十萬元
機工部	約四十五萬元	木工部	約共十萬元
試驗部及製圖設備	約八萬元	木模部	(同上)
各項工具	約五萬元	油漆部	(同上)
起重設備	約二十萬元	搬運設備	約十五萬元
廠地廠屋	約六十萬元	碼頭設備	約十五萬元
材料	約八十萬元	職工住所及衛生設備	約三十萬元
流動資本	約一百二十萬元	雜費	約十萬元

一廠計共五百六十三萬元.

二廠總計約需一千一百三十萬元.

第四 設立國營精鹽工廠計劃

鹽政之弊,日甚一日.推原禍始,稅率紊亂,引商包辦,實階之厲.民元以前,姑勿具論.民國三年,各區稅率,最低者每擔一元五角,最高者每擔四元五角,國家每年收入約得九千萬元.民十以後,軍閥恣肆,自由加稅,按照每年二千八百萬擔(民八稽核總所之統計)之銷數,國家收入當加兩萬萬元以上.但實際所得未及其半,且每人食鹽至少十斤,全國應銷四千萬擔,故至少有三分之一之民衆,仍食私鹽,此蓋官商盜販,緝私舞弊之故.引商復從中取利,抬價居奇,攙雜短秤,種種作僞,相緣而生.鹽品之劣,達於極點.人民以上上之價,購得下下之貨,即以首都而論,有人謂所食之鹽,爲黃沙與馬糞相拌,有礙衛生,促短國民壽命,非虛語也.爲今之計,亟應用快刀斷亂麻之手段,廢除引岸,收鹽業爲國有,設廠精製食鹽,制定標準,劃一售價而專賣之,以利民生而裕國計.粗鹽及製鹽所得之副產品,則祇供工業製造之用,由國家按照各廠所需最低之額,照本發售,完全免稅,以爲振興工業之倡.茲將辦法,撮要分述如左:

(一) 設立精鹽工廠.

凡於舊有鹽場區域,如東三省長蘆兩淮兩浙兩粵山東福建沿海各區,應各有三廠.視地點之重要,分三年籌設之.湖南湖北山西陝西甘肅雲南四川蒙古等處,亦係產鹽區域,應各有二廠.儘一年內先就緊要產鹽地方各設一廠,第二年或第三年內,再就各處適宜地方,各添設一廠.

(二) 製造精鹽方法.

製造精鹽方法不一,要以開鍋法爲最簡單而最便利.所用之鍋,可大可小,可多可少,故精鹽工廠之創辦費自五十萬元至一百萬元不等.

(三) 劃一精鹽價值.

精鹽價值.應由國民政府,按照平均負擔平均利益之原則,規定劃一價值,銷售全國.無論遠近,不得參差,無論何時,不得有所漲跌.其副產物亦由政府劃一定價,售與人民.

(四)精鹽專賣制度.

國民政府應在首都所在地,設立精鹽專賣總局.在精鹽製造省分,各設一精鹽專賣分局.凡人民願任販賣精鹽之責者,可向各地專賣分局,領取販賣執照,繳價銷鹽,自由販運,不再科稅.所有從前緝私掣驗等機關,悉行裁撤.

(五)工業用鹽.

工業所用之鹽,多係粗鹽.國民政府應按使用粗鹽工廠所需之額,照本發售,完全免稅.凡對於工業用鹽事務,得由精鹽專賣總分局彙管之.

(六)精鹽工廠之創辦費.

全國國營精鹽工廠,暫定爲三十七廠.每廠之創辦費,平均以百萬元計算,則得三千七百萬元.至收買民營精鹽工廠,及舊有鹽場等費,約爲一千三百萬元.故精鹽工廠之創辦費,擬定爲五千萬元.

第五　設立國立酸碱工廠計劃

酸碱爲工業之基礎.人生衣食住行日用所需,莫不直接或間接依賴於酸碱.故覘國勢者,每視其酸碱之產額及銷數,而定其國內工業之狀況.吾國酸類進口,照民國十五年海關報告,爲一三六,九三八擔,碱類進口,爲九五四,二二〇擔,以視歐美各國之年耗數千萬噸者,相去甚遠.(如美國每年酸類產額,爲二百至三百萬噸,碱類產額,平均約一百萬噸,日本產量亦按年驟增,)然即此區區之耗量,尙須依賴舶來品.國內偉大之工廠,絕無僅有.酸碱之價値,倍蓰於歐美日德.連帶之一切工業,自無發展之希望.現今軍事時期,方將結束,民間財力異常困難.欲民間籌集多資,創辦大規模之酸碱工廠,勢所不能.若遷延不辦,則各種工業缺乏基本原料,不能進行.故欲於訓政時期,振興工業,必須由政府籌足二千萬元,首先提倡,以八百萬元設立硝酸廠,(用空氣採淡法製硝酸,及其副產物,)以六百萬元設立硫鹽兩酸廠,以六百萬元設立鹼廠.主要之原料,如鹽硝磺等,概免收稅,以最低廉之價,售與民間,俾得製造一切物品.不三五年,大小工廠林立,而民營之酸鹼廠,亦將增加,實勸工之要圖,而實行三民主義之第一步.謹將計劃列後:

(甲) 硫酸鹽酸工廠計劃大綱

(一) 原料　中國天然硫,尙未發見.工業上能採用之礦產,但硫化金屬,則分配至十八行省之廣.其中以山西河南湖南奉天四省爲最,直隸湖北安徽四川浙江陝西廣西熱河新疆等省次之.舊法每以黃鐵礦,經乾燒法分出一部分之硫黃,而以綠鐵礬,紅丹粉,爲副產物.惟硫黃係國家專賣,故均歸官硝磺局.每年產額,亦可二千噸.近年各兵工廠,所需硫磺,年有三千噸,大約均來自日本.我國如欲大規模製造硫酸,必不能全賴國產之硫磺,亦無須賴舶來之原料,蓋硫鐵礦,即爲製造硫酸之最佳原料.加以其他硫化金屬礦產,如硫鉛礦,硫鋅礦,硫銅礦等,在中部,東南,以及西南諸省,分配更富,可以採用.是硫酸廠之主要原料,當爲硫化金屬無疑.硫化金屬之利用,並可與冶金廠合作.至於硝石,則本國只可少量供給.食鹽,則取之不竭用之無盡也.

(二) 廠址　就硫化金屬之分配而論,則廠址當設於湖南及河南之北部.在東北則奉天,在西南則雲南,在東南則閩浙之交,均爲接近原料之區.惟閩浙邊界,不宜於工廠之建設.東北與西南均可不必亟亟於創辦.是我國硫酸工業之發展,當在平漢及粵漢鐵路一帶,擇交通與原料最爲適宜區,容俟專員視察而定.惟硫酸之設廠,不但須接近原料,尤應接近市場.苟設廠於河南及湖南,則廣州之銷路,經由粵漢.天津北平之銷路,經由平漢青島濟南之銷路,經由隴海漢口上海之銷路,經由長江轉運.更就現有兵工廠內之酸廠言之,苟利用原有設備,增加硫金屬燒爐,酌爲擴充,則漢陽兵工廠,奉天兵工廠,以及上海兵工廠,均可就近,增加產量,以供本地之局部需要,亦切要之圖也.

(三) 方法　先設一廠,用沿房法,次設第二廠,用接觸法.前者製造粗淡硫酸,後者製造純濃硫酸.大約應用粗淡硫酸之工業,應比應用純濃硫酸之工業較先發達,並須備有硝石,蒸製硝酸,食鹽蒸製鹽酸之設備,蓋三酸相互關係有不易分離者在.

(四) 產量　酸類入口年約十四萬擔,計值一百餘萬兩.其中用於工業者,比用於兵工者爲多.國內多種工業,如人造絲,人造象牙,琥珀,人造燐質肥料,醫藥,及化學用藥品,甚至於建設及破壞所需用之炸藥,因缺乏酸類基本原料,而不能興辦者甚多.苟有國營之酸廠,以廉價供給民衆,則附帶工業,不難蓬勃怒發.故先設一廠製造硫酸鹽酸及硝酸,以供及時需要.隨後次第增加,並設法就近利用出產,製造其他需用硫酸爲主要原料之商品.

(五) 資本　僅先籌定六百萬元.

(六) 概算　以每日製造硫酸一百噸爲準.

硫礦部	四十萬元	爐房部	六十萬元
鉛室部	一百五十萬元	精製部	五十萬元
鹽酸部	八十萬元	接觸法試驗部	七十萬元
發動及機工部	五十萬元	倉庫及化驗部	五十萬元
流動資本	五十萬元		

計六百萬元.

(乙) 硝酸及肥料工廠計劃大綱

(一) 原料　我國雖有少量之火硝,而無足供工業原料之硝石.若由智利運硝,在國防上極爲危險.故硝與淡化物之來源,必須由空氣供給,至其製造上需用之石灰與煤,則出產之處尙多.

(二) 地址　設廠地址,現在因無水電力可以供給,故以出煤豐富之地爲宜.如在南北交通要道,膠濟津浦之交,或鄰近海口,在唐山塘沽之間,均爲最良之地點.

(三) 方法　工廠設備,應以製錏化物爲主,而硝酸爲附,故以採用接觸合成法爲宜,因由輕氣及淡氣製成錏氣者,定爲硫酸錏,即爲主要之人造肥料,至剩餘部份之錏氣,可用養化接觸法製成純淨硝酸.

(四) 出品　硝酸入口,年約八十一萬擔,值四十萬兩.因工業不發達,故爲數甚微.至錏類(大半供製肥料)以十五年論,其入口量年可八十三萬擔,值四百六十餘萬兩.至人造肥料入口,則四十三萬擔,值一百萬兩.蓋我國農產不豐,人造肥料需要日極,本廠出品,自應以人造肥料爲主.此外則硝酸硝酸鹽並錏水,亦當爲重要產品.

(五) 資本　儘先籌足八百萬元.

(六) 概算　以每日製造肥料二百噸,硝酸二十噸爲準.

空氣液化部	二十五萬元	輕氣製造部	五萬元
錏氣製造部	二百五十萬元	硝酸及副產物製造部	二百五十萬元
人造肥料部	八十萬元	發電及機工部	五十萬元
倉庫及研究部	四十萬元	流動資本	一百萬元

(所需硫酸,由硫酸廠供給,故不列預算.)

合計八百萬元.

(丙) 碱類工廠計劃大綱

(一) 原料　碱類如純碱,燒碱之原料,以食鹽,石灰石爲主體.本國出產豐富,當然不成問題.設廠用鹽國營固當免稅,即所有工業用鹽,亦應同樣待遇.至於天然碱之精製,不在此設計範圍之內.

(二) 地址　製碱區域,在津沽一帶已有民辦之工廠.國家自應設法救濟,以扶助其發展.此外在沿海一帶,如淮鹽浙鹽粵鹽等區域,亦最宜設廠之用.若四川之鹽井區域,亦屬重要.故製碱設廠之地址,以四川江浙及廣東三處爲宜.惟初辦之廠,似以江浙爲適當.

(三) 方法　應用錏碱即蘇維法.

(四) 出品　我國純碱輸入年約七十八萬擔,值二百三十萬兩.燒碱之輸入十七萬擔,值元十萬兩.其他製碱品,則三十萬擔,值一百三十七萬兩.是碱類銷路,與他國比較,相去甚遠,具見原料缺乏之影響.爲救濟計,本廠擬以純燒爲主,燒碱爲附.

(五)資本　儘先籌足六百萬元.

(六)概算　以每日出產二百噸爲準.

灰罨部	一百萬元	吸鋏部	五十萬元
炭化部	一百三十萬元	煆製部	七十萬元
蒸溜部	八十萬元	副產部	二十萬元
動力及機工部	七十萬元	倉庫及研究部	三十萬元
流動資本	五十萬元		

計共六百萬元.

第六.設立國營細紗工廠計劃

我國向以蠶絲,爲國際貿易大宗,而人造絲之輸入絲織區域者,幾危及天然出品.又自短裝盛行,外國毛織品,變爲時髦着物.同時西北之羊毛,徒供出口之原料.其中最堪痛心,而更應由政府亟行補救者,當無過於棉織原料之供給.蓋棉織物,爲國人之主要必需品,仿製得當,並可替代絲毛織物之一部分,於平民生計,至有影響.查本國紗廠所出之紗,多屬二十支以下供給土布之粗紗.三十支以上之紗,吾國紗廠,幾絕無僅有.因細紗必參用美棉,我國木棉,纖維,類皆太短.然歷考各廠,原因複雜,尙不止棉種問題.國內紗廠最新者,亦已十年.彼時目的祗製二十支以內粗紗,售諸內地各省,專供織製土布之用.於細紗細線一層,本未計及.機器既不合度,技術又未精練.近年織造漸興,由土布而進求花色,仿織洋布,此正工業自然之進步.不幸所需要之原料細紗及紗線種種,均無所出,而東鄰適應其求,棉種良美,技術精熟,成本廉而售價低,乃執吾華各織造廠之牛耳.最近提倡國貨之聲浪,全國風靡.而賴舶來細紗之工廠,不得已停工者頗爲不少,愛國反致失業,是豈提倡國貨之本旨,除推廣種植美棉,亟應從事獎勵提倡外,我政府正宜乘此機緣,以國家之能力,創辦細紗工廠,以資補救,而示模範,謹擬辦法以供採擇.

(一) 錠數　日本六百萬人口,有錠四百多萬,吾國人口什倍於日本,現有錠子亦不過此數,其中能爲細紗細線之機,不過百分之六七,茲專爲製造花色細布起見,暫定一十萬錠,分二大工廠紡織細紗及細線.

(二) 資本　每廠額定洋五百萬元,共一千萬元,由政府指撥的款,並由政府提倡民衆,使各紗廠及布廠合作,自由合股,成立公司.

(三) 設廠　儘先籌款一半,設立第一細紗模範工廠於上海,俟辦有成效,再設第二廠於相當地方.

(四) 現廠　凡現有工廠,其紡織能製三十二支以上之紗線者,由政府指導其製造細紗細線.

(五) 棉種　吾國河南靈寶一縣,棉花全爲美國種,可知土質一層,終可設法,使相合宜.當由政府優予指導,將國內棉種纖維太短者,一律易以纖維極長之棉種.

第七　設立國營紙漿工廠計劃

(一) 原料　中國造紙原料,除樹皮稻草破布外,當首推蘆葦,竹,及木,三者爲主要.蘆葦產於沿揚子江一帶,而竹產於江以南諸省,如四川,湖南,江西,浙江,福建.木材如松,杉,樅,橡,以東北之吉林,中部之湖南,西部之四川,東南之福建,南部之廣東爲豐富.

(二) 地址　專製紙漿之廠址,若專利用木材,以吉林爲第一,惟湖南下游,如岳州地方,湘省諸水交會於洞庭之處,無論竹料木料,均易順流而下,故爲良好地點,且漢口有屬於政府之造紙廠,可以利用所造原料,製造政府自用之紙.此外紙漿運往長江下游,供給其他機器紙廠之需要,亦甚便利.

(三) 方法　木材部用機械法,製造報紙料,及亞硫酸法,(湖南出硫化金屬礦甚富,故二養化硫氣之供給,可以無虞.)製造印書紙料.至於竹料,則應用碱煮法爲宜.製出紙漿,用輪製造成版式紙料,以備運往各處.

(四)出品　機械木漿,亞硫酸木漿,及碱煮竹漿三種,并應利用副產物.

(五)資本　儘先籌足七百萬元.

(六)概算　以每日五十噸爲標準.

機械木漿部	約一百萬元	亞硫酸木漿部	約八十萬元
碱煮竹漿部	約五十萬元	發動部	約一百五十萬元
漿版機部	約八十萬元	機工部	約四十萬元
經常費	約二百萬元		

共計七百萬元.

第八　設立國營酒精工廠計畫

(一)理由

近世發動機之燃料,多用液體.最普通者,爲煤油,汽油,及酒精三種.吾國之煤油礦,尚未發現.煤油,汽油,均仰給於英美.火酒一項,多數來自荷屬.據海關十五十六兩年度之報告,三項燃料之輸入量,有如下列:

物品	十五年輸入量	總值(海關兩)	十六年輸入量	金額(海關兩)
煤油	231,550,206加侖	57,213,257兩		
汽油	12,797,291 „	6,145,011 „	23,203,443加侖	6,202,959兩
木精酒精等	4,619,832 „	2,284,866 „	4,133,461 „	2,240,678 „

目下吾國交通尚未十分發達,而年耗之量,已爲數不貲.將來國道省道逐漸推廣,長途汽車事業必更發展.航空亦然.所需之汽油用量,不五年後至少增加十倍,可斷言也.若祗仰給舶來,則萬一國際和平發生破裂,全國之水陸及空間交通,將立時停止,國防問題必有不堪設想者.且即世界和平,而英美煤油之產額,日漸減少,價值日增.我國每年輸出之金錢,正復不少.欲圖救濟

惟有趕製酒精以資抵制.

（二）酒精之優點

酒精優於汽油之點甚多,略舉如左:

（甲）汽油來源有限,將來必供不應求.酒精,則製造之原料甚多,用之不竭.

（乙）可以利用農業品爲原料.

（丙）可以利用農家之廢物.（如麩糠等物）.

（丁）酒精沸點略高,故無汽油之危險.

（戊）適用於小引擎,便於耕種及小工業之用.

（己）酒精之燃燒較汽油爲完全.故機器之各部,能常保持潔淨,而無閉塞之虞.

（庚）因此之故,酒精可適用於兩週式之引擎.

（辛）汽油燃燒時所發之臭味,極不宜於衛生;酒精則否.（工業酒精,雖略攙木精及其他毒物,然數量甚微,燃燒時無礙衛生.）

（壬）汽油着火時無法滅熄.酒精則可用水滅之.

（癸）汽油完全不溶解於水,酒精則與水易混.略攙相當之水量,熱率反增大.

反對酒精之用爲原動力者,每謂酒精之熱效率不及汽油,以此代彼,恐不經濟.不知燃料之價值,不在其總熱量,而在其熱量之若干部份,可以變成機械之工作.酒精性質,固不能與汽油悉同,然只須略變引擎構造之式樣,即可適用.將來飛艇,汽車,汽船之上,悉可改裝酒精馬達,其在德國已有先例,非創舉也.且據專門家試驗之結果,酒精中略攙以水,其效率反較純酒爲大,此則非汽油所能望其項背,因汽油與水不能混合也.美國近亦鑒於其本國汽油之恐慌,不久將成事實,故亦有同樣之研究.彼煤油出產最富之國,且作未雨之綢繆.我國素不產此燃料,乃反一無準備,將來臨渴掘井,容有濟乎.

（三）計畫

(子) 原料問題. 一切糖類,及澱粉類之植物,均可用以製造酒精.其最要者,有馬鈴薯,糖漿,稻,麥,高粱,玉蜀黍,麸糠,蕎麥,糯米,甜菜等物.歐美所用最普通之原料,爲製糖時不能結晶之糖漿.吾國無鉅大糖廠,此種原料不能供給.米麥等物,又爲民食所需,非年歲豐登,恐無多餘,以供製酒之用.現今最適宜之原料,北方一帶可用高粱,長江流域可用馬鈴薯.今擬先辦二廠,一在河北或山東,用高粱爲原料,一在浙江或湖北,用馬鈴薯爲原料.每日每廠產額,暫以二萬加侖爲限.

(丑) 製造方法. 製造之程序,大抵可分下列諸項:

(甲) 製麴部　(乙) 蒸原料部　(丙) 搗爛部　(丁) 洗滌部

(戊) 發酵部　(己) 蒸餾部　(庚) 精練部　(辛) 儲藏部

製造酒精所用之原料雖異,而經過之程序大略相同.故所用之機器,大同小異,製出之酒精,約含水百分之五,工業上已可適用,不必再精

(寅) 研究問題. 酒精之性質,既與汽油略異,則舊有之汽油引擎及馬達,均須略加改造,以期酒精之效率,至少與汽油相等.欲達此目的,必須聘任機械專家,研究改造之方法,製造新式引擎,通行全國,此則與酒精銷路之前途,極有關係,不可不研究者,一也.我國農產品極多,可用作製造酒精之原料者,除已經列舉諸項之外,當尚不少,應由化工專家,悉心研究,務期一切廢棄及向不注意之物品,均可利用.此外如德國最近發明,由煤燒得之一養化炭,經接觸媒劑之作用,亦能造成木精.諸如此類均應注意,此不可不研究者,二也.

(四) 開辦費

每廠開辦費,可分下列諸項:(每廠日出酒精二萬加侖)

酒精廠基廠屋機器等.	九十萬元.
流動資本.(專備購辦原料或自種原料之用)	一百萬元.
機械研究部,及引擎製造廠.	一百萬元.
化學研究部.	十萬元.
共三百萬元.	

若南北各辦一廠,則需費共六百萬元.將來需求增多時,再添設新廠,所需之經費,可用比例法推之.

第九 設立國際滙兌銀行計畫

竊查人與人之間,機關與機關之間,有所謂收支,而國與國之間,亦然.所以握其樞紐者,全在國際匯兌銀行.我國自海禁大開以後,不平等條約之關係,通商口岸,外商類多設立金融機關.初則以謀各外國商人間匯兌之便利,繼以我國無大規模之國際匯兌銀行,馴至我國商人匯欵,亦均假手於外國銀行,而國際匯兌之實權,遂爲外人所操縱.現在我國對外貿易,日見發達,亟應由國家設立國際銀行,以圖抵制而資挽救.茲將計劃大綱,略舉於後:

(一) 由財政工商兩部,會同組織國際匯兌銀行籌備委員會.

(二) 資本總額定爲四千萬元,收足四分之一,卽行開業.

(三) 由籌備委員會委託銀行公會,銀行業聯合會,及錢業公會,各會員銀行分別擔任股本募集之責.若能就現時國內已有優越地位,且已知名海外,及資本素稱雄厚之銀行,酌量改組,尤屬輕而易舉.

(四) 設總行於上海,並在紐約,倫敦,橫濱三處,設立分行.俟辦有成效,再行推設至巴黎漢堡等處.

(五) 對外金融機關,非有信用卓著之銀行家主持其事,不易得中外銀行之信仰.故於國際匯兌銀行行長之人選,宜特別慎重.

介紹無線電學專刊

本會會員倪尙達君所編之無線電學,說理淺顯,實用周詳.其內容爲(一)概論(二)直流電路(三)交流電路(四)振盪電路(五)無線電路(六)無線電波(七)天線(八)舊式收報發報機(九)眞空管(分成通論,應用及短波收發報機等節)(十)無線電話 (十一)無線電照 (十二)無線電測驗等十二章.附錄有(一)無線電年表(二)各種計算圖表(三)名詞索引等.插圖一百五十餘幅.習題二百餘問.旣適於授課,又便於參考.誌此以爲介紹.

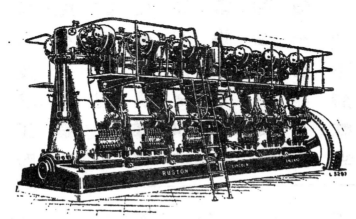

怡順昌五金號

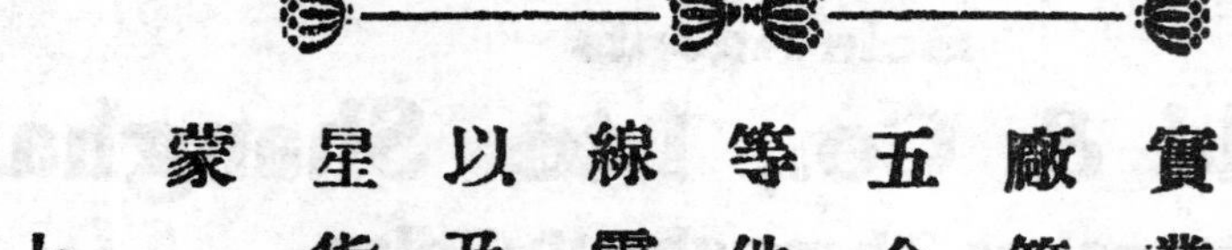

本號專營歐美五金路礦材料及兵工廠實業廠製造廠造船廠等需用各種大小五金皮帶油漆雜貨等件無不俱全如無線電製造廠電燈廠以及輪船需料等另星貨物應有盡有承蒙惠顧不勝歡迎

上海
百老滙路第二百七十三號
電話北字二千四百六十號

E. ZUNG CHONG & CO.

METALS AND HARDWARE MERCHANTS,
MUNICIPALITIES, MANUFACTURES, RAIL WAYS
MINE CONTRACTORS,
SHIP CHANDLER & GENERAL STORE-KEEPER.

NO. 273 BROADWAY, SHANGHAI
TELEPHONE NO. N. 2460

檢查津浦鐵路黃河橋毀壞情形之報告及舉起與修理之建議

著者：胡升鴻 稽銓 陳祖貽 茅以昇 陳體誠 侯家源

弁言

津浦路黃河橋爲中國唯一之偉大建築,本年五月三日,國民軍克濟南,直魯軍退走渡河,而後將其承托臂梁橋與單式橋之第八號橋墩頂部,施以炸毀,致兩橋隨之下落一公尺餘.當炸毀之後,曾經親往查勘.適以濟案發生,交通阻斷,未能詳盡.事閱多時,難言修復.全國民衆暨僑華外商咸集視綫於茲,期早恢復原狀.國內工程專家,更以工程重大,無不深切注意.𨦟銘供職津浦鐵路,忝掌工務,才淺責重,尤切焦思.嗣以統一告成,全國底定,濟垣空氣,亦趨和緩.本路楊前局長,亟於斯橋之修復,不容再緩,乃命召集本路工程司胡升鴻,稽銓,陳祖貽,更延聘橋樑專家茅以昇,陳體誠,侯家源組成團體前往檢查,於八月二十日出發.時適駐濟日軍三六兩師換防,延滯兼旬,甫能通過濟南蒞橋驗看.所有毀壞部分之顯著者,均經逐處量記,攝取照片.其非顯著之部分,悉以儀器詳慎測驗,精密推究.統計在橋上每日實地工作者,歷一星期,於九月十七日竣事.𨦟銘暨本路同人,才疏學淺,端賴各專家多方指導,協力進行,故檢查所得,幸尚詳密.惟斯橋工程偉大,構造緊嚴,挂漏舛訛,深慮不免.謹將該橋從前建築概況,及此次損壞情形,檢查結果,並擬議修理方法,彙編成冊,尚乞海內

工程家,賜以教正,幸甚幸甚.

吳𨦟銘識於浦口　中華民國十七年九月

第一篇 黃河橋之概誌

津浦黃河橋,位於濼口站北,爲世界著名臂梁橋之一.係鋼質結構,以422.1公尺之臂梁橋,及91.5公尺之單式橋梁,北頭八空,南頭一空組成之.首尾兩橋梁間之總長,爲1255.2公尺.

臂梁橋架之佈置,及防脹之設備,可以下列示意圖表示之.

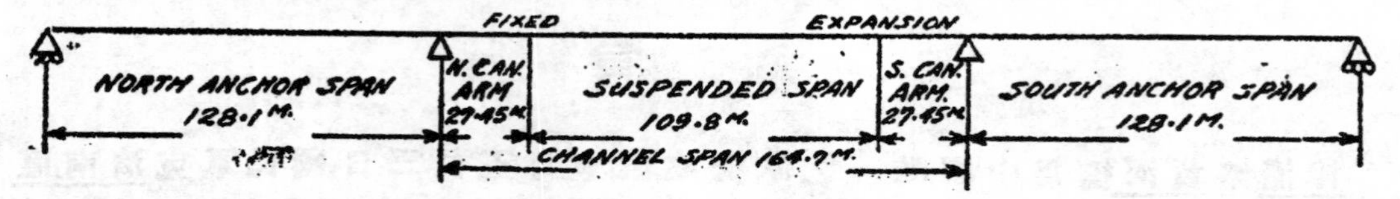

臂梁橋架位於水平.但靠近橋空,位於一比一百五十(1/150)之坡度.其軌平約高於最高水面八公尺,尋常水面十二公尺.

橋桁中心距離爲9.4公尺,足供雙軌之用,但現僅於兩橋桁中間,鋪設單軌.此橋之製造及建設,係德國三山橋梁公司Maschinenfabrik Augsburg Nuenberg A. G. Germany 所承包.自宣統元年(1909)八月開工,至民國元年(1912)十月完工.造橋費,連下部構造在內,共一千二百萬馬克,約合華幣六百萬元.

第一節 設計條款

所有橋桁,均係僅按單軌計劃.如須用雙軌時,可於現有橋桁外,用適當之聯接法,各另加一桁,組成複桁.就可資參考之現有記載中,查得計畫錨臂及伸臂所用之靜重,每公尺爲四千五百公斤,懸梁靜重,每公尺爲四千三百五十公斤;活重則如下列示意圖所示.

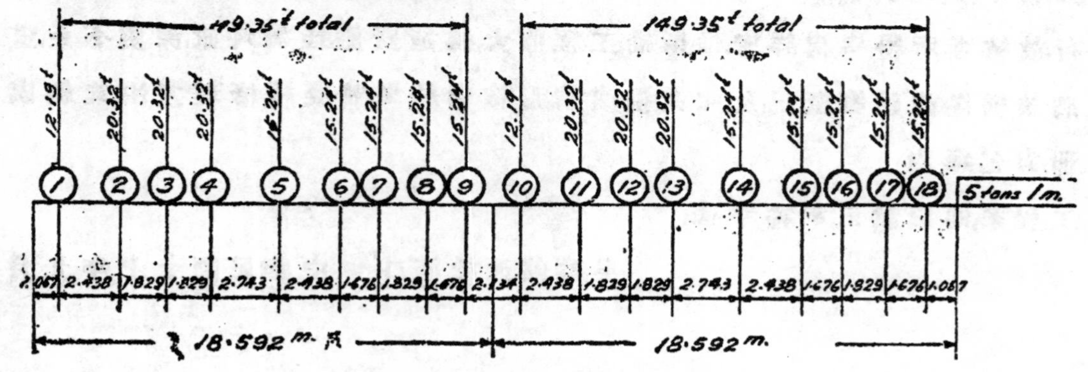

衝擊力未另計及,但計劃構造之各部,係用不同之准許應力,如下表所載:

設計所用之風重,在無活重時,每平方公尺爲二百五十公斤.在有活重時,每平方公尺爲一百五十公斤.設計所用溫度之差度,係自攝氏表零度上五十度至零度下三十度,而以零度上十度爲經常溫度.

第一表

		橋床組織	懸　梁	錨臂及伸臂
拉力及壓力		750公斤/平方公尺	987公斤/平方公尺	1,010公斤/平方公尺
有風力時之拉力及壓力			1,137	1,160
鉚釘	剪　力	700公斤/平方公尺	888	909
	承　力	1,400	1,776	1,818

第二節　下部構造

黃河最大流速,每秒五公尺,流量約每秒一萬一千立方公尺.附近地質,係完全冲積沙地.故跨水橋空,不得不用臂梁建築法.

橋墩除第十號係用氣壓沉水箱法建築外,其餘均係用麻石作面,混凝土作心,建於鐵筋混凝土樁上.

第三節　上部構造

單式橋桁,係華倫再分式(Subdivided Warren Type).上下肢係平行,中心相距十一公尺.

臂梁橋桁亦係華倫再分式,上下肢平行,中心相距十一公尺.惟附近塔柱之三桁幅之上肢,則彎折向上,塔柱之高,係二十公尺.

此橋設計有一特殊情形,即伸臂與錨臂之比較他種臂梁橋爲小.因此臂梁橋兩端,在第八及第十一號橋墩之需要錨具,可以省略.故該橋第八橋墩被炸時得免重大之毀壞,否則跨水橋空,不免全體墜入河中.

試舉少數著名臂梁橋伸臂錨臂及懸橋長度之相互比例,列表於下,以資參攷.

第二表

橋　名	跨水橋空 呎	錨臂橋空 呎	錨臂與跨水橋空之比	懸橋與跨水橋空之比	伸臂與錨臂之比
Quebec	1800	515	.290	.355	1.125
Forth	1710	690	.403	.205	.986
Monongahela	812	340	.419	.444	.706
Beaver	769	320	.419	.370	.756
Ottawa	555	247	.444	.552	.501
Kentucky River	551	208	.377	.472	.625
黃河橋	540	420	.778	.667	.214

第四節　懸梁懸點之特別結構

懸橋與伸臂相聯結之法,頗有陳述之價值.(參觀第三圖)在第 XVII 及 XXIX 兩懸點處,懸橋桁之上肢及斜撐,係用接鈑聯結之.接鈑間係一隔鈑,附以搖桿,桿底坐以擺柱上部之球形樞,此擺柱則藏於伸臂之挂柱中,伸臂之上肢斜撐及挂柱,係用接鈑相聯,可在懸橋之接鈑外,相互滑動,伸臂挂柱之底及下肢,用接鈑鉚合,其間有組成之托座,其頂亦係球形樞,以資承受擺柱之底部搖桿,如是之組合,則懸橋載重,得以由搖桿擺柱,遞傳至伸臂之挂柱.

通過伸臂及懸橋之互滑接鈑之栓及栓眼,其目的為造橋時之臨時設備,造完後,栓並不負懸橋之任何載重,並在17,18節點間,及28,29節點間,特備假肢桿,以資銜接.其詳細結構,已明示第三圖.

第二篇 黃河橋之毀壞狀況

第一節 炸橋略述

本年五月一日,下午一時,直魯軍退却時,决意毀壞此橋.所用炸藥,或係尋常火藥,以電力引燃者.火藥依埋於承托單式橋及臂梁橋北端錨臂第八號橋墩上之兩橋座處.火藥炸力烈度,無由揣測.但兩橋座完全炸離橋墩,一至一噸半重之橋轊,炸散四處,甚有一輥座鑄鐵,飛擲至三十公尺之遠,其炸力之猛,可想而知.在火藥爆發之時,第八號橋墩所承之兩橋,先向上升高,然後下降.以橋座炸散,橋端橫梁擊落於墩頂,而附近該橫梁之各肢桿,均受極大之損壞.錨臂上升時,其情形儼如一伸臂,該橋之軸線位置,及各部之結構,均不免受擾動之影響.直魯軍北退,又在第八號橋墩之北,用炮擊各橋空,其彈傷各處之毀壞狀況,詳列於後節.

照片一. 毀壞錨臂空及第八號單式橋空向北看之正面觀

第二節 第八號橋墩之毀壞狀況

承托北端錨臂及單式橋空之第八號橋墩,係以1:3:6尋常洋灰混凝土爲心,以方石灰石爲面石及頂石,橋轊下之座石係青島花剛石.橋墩之尺度,詳列於第二圖.

埋置墩頂座石旁之炸藥,爆發甚烈,座石及附近石工,均炸成散塊.(照片

照片二. 向北看之第八號毀壞橋墩

照片三. 向北看之第八號毀壞橋墩

二三）雖顯看之,毀壞祗限於墩兩端之上部,而爆炸之震動,延及附近石工.面石上顯明之細裂痕,已延至墩頂下三公尺.石工之可疑而須重修者,均詳示於第三圖.新石工之需要總量,約計八十五立方公尺.

壞墩之西北角,受傷最重,可知該處所埋炸藥爆力,較他端所用者為烈.因此東西桁受毀程度,亦不相同,而橋之軸線及縱截面形,不免有相當之扭歪.

第三節 橋梁扭度之量

甲 毀壞橋空軸線之支距

爆炸之結果,使毀壞橋空之軸線,以下列之三原因,而變動其原有地位.

(一) 爆藥在橋樁處將橋架舉起,脫離其原有承座.

(二) 橋座之變態.原有活輥式承座,變成橋端橫梁直接承托於墩頂上之擦面式承座.

照片四. 第八空單式橋西面橋架之南端橋梁與下肢脫離接合情形

(三)溫度之感應,爲橫梁承座所不能應付.

爲確知以上三原因所致之扭度,量得橋架軸線之支距,詳載於第一圖.以連接第14及第22節點處橋端橫梁中心點之線爲準線,查得第八空單式橋架,全部橫旋,北端向西之支距爲十五公厘,南端向東之支距,爲六十五公厘.此全部橫旋之結果,必係北端輥座,易於活動之故.在他處之支距,爲數甚微,可見該橋之強固性,並未十分受損.北端錨臂,因在塔柱處係剛性結合,所受之擾亂,較單式橋爲輕.但橋架略向西彎曲,中部較兩端爲甚,故錨臂西桁,無處不較東桁爲長.

乙　毀壞橋空下肢之縱截面形

於毀壞單式橋空及臂梁橋之三空全長,均曾作水準測量,以第14節點塔柱處東桁下肢中心線爲水準基平,各橋空東西桁各節點處下肢中心線之比高,明示於第一圖.

第八空單式橋東桁南端自原平位下墜1345公厘,西桁則下墜1637公厘,b節點向北,所有兩桁節點下墜數,均頗勻順,足見兩桁全體下墜,各鉚釘結合,並無局部之變動,惟東西兩桁下墜,尺度不同,西桁以受炸較重,下墜較東桁爲甚,橋架不免稍有垂直面內之扭歪,因此橋頭聯結架,以中心接鈑上之鉚釘剪斷而變形.

北端錨臂　東西兩桁下墜之數,實幾相等.最大之數在○節點處東桁1184

公厘,西桁 1179 公厘,其餘各節點下墜之數,覺完全成勻順之坡度,與直線相差無幾,可見錨臂橋空雖長,橋頭並受直接之毀壞,而其餘各節點,覺無甚大之扭歪.

跨水橋空 此空橋架,依構造法,下肢在兩懸點第17及29節點,非接續一氣者北伸臂上升之數,在第17節點處爲 235 公厘,較之第 1 節點下墜 1113 公厘爲根據推算而得之數,約少二十公厘,其理由殆係懸橋重量及彈性變形之故.除假肢桿 17—18 及 28—29 外,懸橋下墜坡度,自18至28,極爲勻順,幾等一直線.南伸臂以須抖之懸橋重量,斜倚於懸點 XXIX, 略有向下之坡度.以上所述均就東桁而言,但兩桁差度甚微,東桁所有者,西桁亦有焉.

照片五. 毀壞錨臂空之西面梁架之底面觀

南端錨臂 觀縱截面形圖,南端錨臂各節點之高度,毫未受北端錨臂下墜之影響,可見該橋空以北,所有垂直面之移動,均被各防脹聯合處及假肢桿,應付妥貼,其影響並未越過南塔柱.

丙 毀壞橋空之量得長度

東西兩桁各桁幅長度,均曾量得,明示所附示意圖表.除假肢桿外,所有下肢各桁幅,均伸脹較規定數爲長.且除少數不符外,北錨臂東桁,所有桁幅,均較西桁幅爲短.量橋時之溫度,係攝氏表37°,較尋常10°高27°.僅就脹度推算,每桁幅約可多三公厘,假定彈性變形爲二公厘,量測時錯誤爲二公厘,量得長度不得超過規定長度三公厘至七公厘.準此以觀,北錨臂東桁2—3, 11—12, 12—13 各桁幅,似應特別注意,因以上各肢,均未脹長,而返縮短,足見錨臂必有水平面之彎曲.

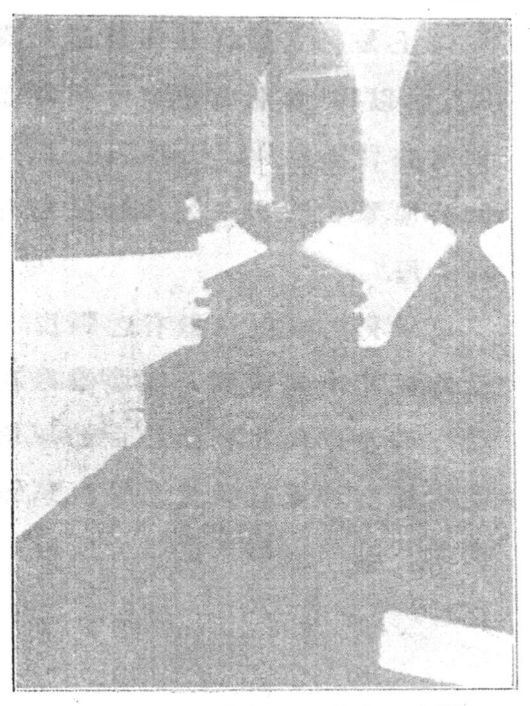

照片六．向東看南端錨臂之南頭輥座

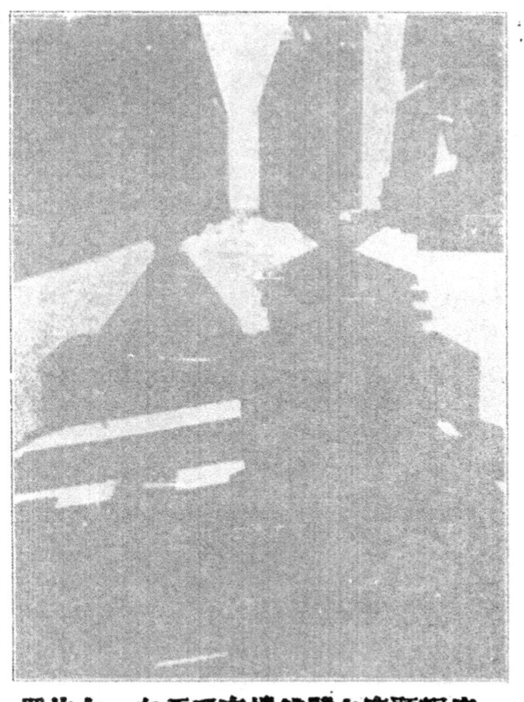

照片七．向西看南端錨臂之南頭輥座

丁　輥座之移動

附近壞墩各橋空,在橋端承座處之縱脹度,可於輥座之上鑄鐵與下鑄鐵相對移動數量得之,(參看照片六七及八).

量得之數列表於左,

第三表

橋空	輥座之移動		附記
	東桁	西桁	
南錨臂	40 公厘	44 公厘	南端輥座向南移動
第八空單式橋空	135 公厘	130 公厘	
第七空單式橋空	50 公厘	53 公厘	北端輥座向北移動
第六空單式橋空	30 公厘	40 公厘	

照片八．第八空單式橋之北頭輥座

以上量得之數，係在溫度蒲氏表37°，如以10°爲尋常溫度而推算之，則南錨臂橋空128.1公尺，脹度應有39公厘．單式橋91.5公尺，脹度應有29公厘．

以量得之脹度比應有之脹度，測量時縱稍有錯誤，第八空壞第必在受炸時全部向北移動約百公厘．第七空橋空，亦覺有逾量之脹度，恐係受第八空壞橋橋床之推力所致之故．

第四節　臂梁橋空毀壞狀況之詳述

甲　北端錨臂之扭度

由以上之量測，足知北端錨臂之北頭，在被炸時，受垂直面之掀動，并水平面之旋轉，其聯合結果，即使錨臂全部成扭歪狀態．但除北端受直接損傷外，其餘各部，倘難發現因垂直面掀動影響所生之變態．至水平面之旋轉影響，雖爲甚微，而錨臂受塔柱處固座之牽制，其全部必感橫力率之侵制，此可以東桁每桁幅必較短於西桁證明之．再細觀察，查得因應力所生之變形甚微，并在彈性限度以內，實尚未至危險程度．

乙　跨水橋空之扭度

北錨臂北端下墜1180公厘，其影響於跨水橋空者有二；

（子）北端懸橋懸點聯合處之張開．

照片九．第十二空單式橋之南題輥座

（丑）懸橋重心之南移,南伸臂因之略爲下彎.

子項因有重要性,於後節另條論列之.丑項,係直接受子項影響之效果,因承負懸橋之擺柱,向南傾斜,懸橋重心南移,南旋點之抗力增加,促其下降,南伸臂亦略有彎曲,但不甚重要.

丙　懸橋懸點之扭歪狀況

在造橋時期,XVII及XXIX兩懸點處各有240公厘圓徑之栓,塞入栓眼,以便建築.至橋工完後,XXIX處之栓,取出不用,XVII處之栓,則易一短者,懸橋杆鈑上所留之栓孔,係280×480公厘,爲使XVII懸點成半定式,另於接鈑內左右各加一鈑,各帶栓眼280×320公厘,以十枚26公厘圓徑之插螺絲接合之.(參觀第三圖)全懸橋之脹度,概爲接點XXIX及29所應付.

北錨臂被炸下墜時,臂橋全部如一槓桿,以第九號橋墩上接點14爲支點,伸臂南端向上掀起,XVII懸點處之栓,隨之向北移動,上述之二十枚插螺絲,均經剪斷,栓更向北走,隨將接連懸橋桁接鈑之北隔鈑擠彎,栓眼似已擠長,因附近栓之接鈑邊,已成一曲線形,量得曲線頂高約十五公厘.此種形變,必係栓擠栓眼用驟然之衝擊力,以拉斷二十枚插螺絲,計其力約有二百噸之鉅.但栓與眼相切面,只有八百平方公厘,準個應力已至每平方公厘二十五公斤,足使栓眼周圍鋼質,超過彈性限度,而成爲永久變形.

爲斷定節點XVII之張開與兩懸點之比高之關繫,可由原設計書中查得

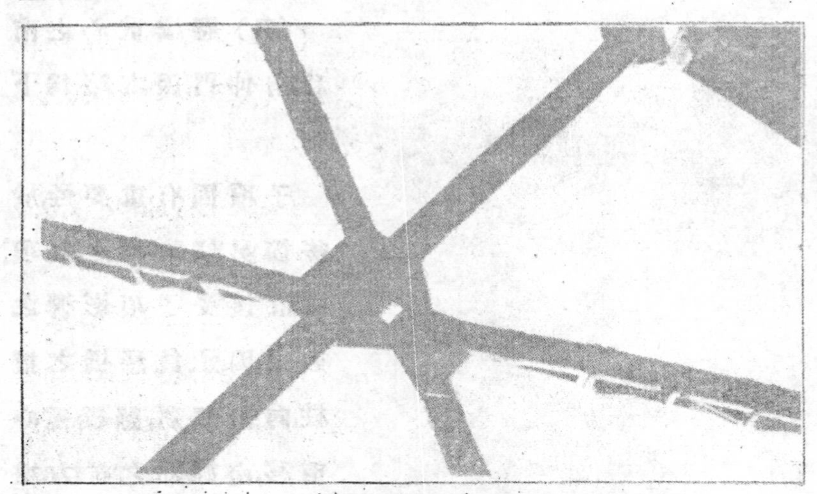

照片十. 第十七節點處聯結架樞空之扭度

在兩懸點比高六十七公厘時,節點XVII張開三十五公厘,依水平測量,節點(17)已高出節點(29)266公厘,則懸點之張開,可以比算而得,等於139公厘.

平時栓與栓眼間兩端均有四十公厘之留空,至附鈑拉斷時,留空驟增至120公厘,其多餘十九公厘之數,雖跨水橋桁膨脹時,略可將眼放長,但爲數甚微,雖栓上所受之力,未嘗不可由懸橋上肢遞傳至XXIX節點,但衝擊力太驟,不易傳遞,故結果西桁栓眼拉長十五公厘,東桁栓眼拉長十公厘.

擺柱與外包掛柱之關繫,亦宜有深切之注意.由第四圖之示意圖表可見掛柱向北傾斜,並栓與栓眼間相互移動,在120公厘時,擺柱上樞中心與掛柱中心可相離至九十二公厘,實際量得者,與推算而得者頗相符合.現擺柱之鉚釘頭已與外包掛柱之第一拉條相切,而使之略向外彎,(觀第三圖)此種情形,東西桁大致相同,至節點XXIX處,擺柱完全在掛柱內旋轉其位置,此必另有原因,決與炸力無關.

懸橋空與伸臂空橋頂聯結架,相交於XVII及XXIX節點處之橫撐上,(觀第一圖)在相交處,係用一栓穿入一方塊,而此方塊在平接鈑上長方栓眼中滑走,平時方塊與栓眼留栓八十五公厘,今已量得二二五公厘,(照片十一)栓及栓眼均受相當之損傷.

其他活動部份,如假肢桿17—18及28—29之兩端栓,橋底聯結之栓及栓

照片十一. 向東看第十七節點聯合處之張開

照片十二. 向西看第十七節點聯合處之張開

眼及縱梁之鎖輥承座,均頗完善.

丁 温度感應

此橋設計所用温度差度,為自攝氏 0° 下 30° 至 0° 上 50°,以 0° 度上 10° 為經常温度,所有活動部份,如防脹承座栓及栓眼,均依此佈置,使在攝氏表 10° 時,各佔垂直並居中之位置,各橋空防脹輥座之現在位置,確與依攝氏表 10° 為經常温度推算而得者相符.

在受傷節點 XVII 之温度感應,最宜深切注意.照上節所述,懸橋接鈑及栓眼,均已變態,擺柱傾倚,及北錨變成固座不能應付脹縮各情形,如温度再往下降,恐發生以下之結果.

(一) 因節點 XVII 張開增加而擺柱之傾度過甚時,恐於上下樞發生複雜之變態,在上樞處雖擺柱與隔鈑座之交角,並不甚大,但抗力之橫部份,足使挂柱之第一拉條之鉚釘頭脫離,其釘幹在下樞處擺柱與挂柱交角,必以温度下降而較大,下榀之上下銲鐵,必有相切之時,則下榀不能再動,擺柱中發生彎力,極不相宜.

(二) 伸臂及懸橋之冷縮,與北錨臂因毀墩塌陷而加其下墜,均足使受傷栓眼,擴大扭傷.

(三) 來月天氣日寒,日夜溫度相差漸大,北錨臂變成固定構造,無法應付脹縮,恐因溫度感應發生之應力,或較規定之活重應力為大,或竟在斜撑上抵消靜重應力,而變成反復應力.

(四) 錨臂應於溫度每下降一度時,縮短1.5公厘,現在承座變成固定,此縮短之拉力,足使毀壞之橋端橫梁,在墩頂上滑走,而現在維繫橫梁及桁架間僅存之少數鉚釘,恐被此力拉斷.

自九月十日後,節點XVII, XXIX及29三處之伸臂外接鈑及懸橋內接鈑之相互移動,曾逐日注意,而量其鄰近兩上肢之角形條,相距孔隙,經常溫度0°時之原孔隙,均係120公厘,此次所量孔隙變化在XXIX及29處,確依溫度上下而變更,惟XVII處則移動甚少,移動之數,亦可由外接鈑之外邊與內接鈑上舊油漆痕相距之數以證明之,栓與栓眼實際之相互移動(參觀第三圖)可以D-120代表之,D係鄰近兩桁上肢之上下兩角條間之平均孔隙,由第四圖附表所列之孔隙尺度,試觀節點XVII之孔隙,無論溫度差度變更至三十度,而終在240公厘左右,可見該栓移動必被栓眼扭歪後之特殊狀態所限制,而不能自由,如北錨臂有變動,該栓位置之趨向,亦須先勝過扭歪後各切面之磨阻力,並懸橋之惰性,乃能將外力遞傳至節點XXIX.

戊 毀壞部份之詳述

各橋空之毀壞梁桿及零星結構可分兩類,(一)須更換新件者,(二)尚可在橋上修理而拼結者.

(一) 結構各件須更換者

東西桁下肢 北錨臂北端東西桁下肢之外頁,均已脫離接鈑,向外彎折,

照片十三. 第八空單式橋之毀壞橋端橫梁

(照片十三)此兩肢均須於最近拼接點析除,更換新料.

橋端橫梁 此梁炸傷最烈,在橋樺炸散時,此橋驟落於墩頂,腰鈑鼓彎數處,角條大致扭歪,非全部更新不可.

橋樺 桁桁下之橋樺,完全炸成散塊,須更換新料,此包括輥軸及上下兩鑄鐵而言.

接鈑及零件 節點〇處之接鈑聯合,幾毀壞殆盡,將來新下肢與橋端橫梁相聯接,須換新接鈑及新隔鈑.

其他梁桿及零件 除上列者外,在〇節點處兩縱梁之托梁,北端桁幅之底聯結架,及橫梁XVII節點處橋頂聯結架之一套零件,橋端桁幅處挂托驗橋搖車之工字梁兩根,連同托鈑,均須更換.

(二)結構各件尚可修理者

東西桁之橋端斜撐 西桁橋端斜撐,似尚完善,惟東桁斜撐底角條之下部之向外脛,在500公厘之長度內向上卷曲七十公厘,在內之耳角條亦向上折彎,故底角條應糾直,耳角條必要時亦須更新.

縱梁及其結合 北錨臂北端桁幅內之縱梁,似尚完善,但與橋端橫梁聯結之角條,俟橫梁拆除時,須詳細檢查,如必要時,須更新,西縱梁與橫梁相連之頂接鈑連同聯結角條,均須更新.

其他結構零件 第XVII節點處,懸橋鈑內之擠彎隔鈑,應於舉起錨臂時,將其擠回原狀,插螺絲亦復補上之.

己 未壞梁桿之彈性狀況

照上列各條直接受傷之各肢桿,爲數並不甚多,但爆炸之影響,實蔓延至南端塔柱,似有檢查各梁桿之彈性狀況是否受有過大應力而變形之必要,故可疑之各梁桿,均經較量其長度,固無準確之儀器,只可比較各梁桿上下角條之長度,與規定之數,似尚可得其實際受力之狀況,量得之數,列表於後.

第四表

東 桁

桁幅	梁桿	頂緣之長度			底緣之長度			頂緣與底緣相差之數
		量得數	規定量	相差數	量得數	規定數	相差數	
0—1	橋端斜撐	13835	13849	—14	13170	13154	+16	+30
1—2	斜桿	12520	12516	+4	12730	12726	+4	0
2—3	,,	12750	12743	+7	12850	12848	+2	—5
5—6	,,	12710	12708	+2	12964	12957	+7	+5
6—7	,,	12761	12755	+6	12947	12938	+9	+3
7—8	,,	12760	12758	+2	12940	12936	+4	+2
15—16	,,	16440	16442	—2	16910	16909	+1	+3
16—17	,,	13141	13144	—3	12715	12714	+1	+4
17—18	,,	13041	13040	+1	12790	12781	+9	+8

西 桁

桁幅	梁桿	頂緣之長度			底緣之長度			頂緣與底緣相差之數
		量得數	規定數	相差數	量得數	規定數	相差數	
0—1	橋端斜撐	13840	13849	—9	13166	13154	+12	+21
1—2	斜桿	12520	12516	+4	12730	12726	+4	+0
2—3	,,	12740	12743	—3	12850	12848	+2	+5
5—6	,,	12710	12708	+2	12965	12957	+8	+6
6—7	,,	12760	12755	+5	12950	12938	+12	+7
7—8	,,	12765	12758	+7	12940	12936	+4	—3
15—16	,,	16445	16442	+3	16915	16909	+6	+3
16—17	,,	13140	13144	—4	12720	12714	+6	+10
17—18	,,	13045	13040	+5	12790	12781	+9	+4

上表第五及第八兩項內之＋號,係表示量得之數,較規定之數爲長,最右一項之＋號,係表示彎曲之數,即上角條短於下角條.

以上各長度之變形,不外下列三種原因.

(一) 溫度變更,

(二) 靜重之內應力,

(三) 節點毀壞之影響.

量測時之溫度,較尋常溫度約高攝氏表 20°,故十二至十四公尺長之各梁桿應脹長三公厘,各梁桿之彈性伸縮,在准許應力1150公斤/平方公分及E=2,150,000公斤/平方公分,約得½₀₀₀之原長,依此推算,此項梁桿應伸縮六至七公厘,外加量測之錯誤二公厘,則因溫度及應力所生之引伸拉力,各桿不得超過十二公厘(3+7+2=12公厘引伸),壓力各桿六公厘(3−7−2=6公厘縮短.)

據此核對上表所量之數,除桁幅0—1及6—7外,其餘各桿,頗甚完善,惟桁幅0—1之斜桿彎度,其數頗不謂小,照理論推算准許之彎度,假定梁桿所受力率係平勻的,重心軸線兩端切線之旋轉角度,等於

$$\frac{Ml}{EI}=\frac{fIl}{cEI}=\frac{fl}{cE}$$

c爲重心軸線至頂邊之距,f爲准許應力,令D等於最大准許上下角條長度之相差,則

$$\frac{D}{2H}=\frac{fl}{cE},\quad \frac{D}{l}=2\,\frac{H\times f}{c\times E}$$

假定f及E均用前數 H=800公厘 c=472公厘,每準個長度所准許最大差數$\frac{D}{l}$等於 $2\times\frac{800}{472}\times\frac{1150}{2150000}=.00182$,由上表所得之差度率,東桁爲.00217 西桁爲.00152,可知東桁受力較大,雖上列各數不過約數,但該斜撐底各條,既有微傷,復多變度,似宜注意.

桁幅6—7內之斜撐,係一壓桿,而量其長度,非惟不短,而反伸長,東西桁相

同,此桿設計所定之准許剪力甚小(187噸),大約在錨臂被炸上掀及下降時,此桿受力亦超過其耐力,當爆炸時,該桿所受拉力,未必小於300噸,連同5½桁幅之靜重所生之剪力,其應得伸度約等於$\frac{300\times12850}{2000\times187}$=10公厘(剖面187平方公分平均長度12850公厘),雖300噸尙在該桿彈性限度之內,但縱有壓力而伸度並不抵銷,實有復查之必要。

北端錨臂橋座變更狀態,亦有研究之必要,前係活動輥座,今則横梁底面,緊切墩面,儼如固座,此種固座之牽制行爲,加以他端塔柱,亦係固座,如有溫度變更,必於結構上發生複雜應力,此可以說明雖將各重要原動力逐項列入,而量得與規定之長度數,仍有不符之故。

庚 鉚釘接合與接鈑

鋼橋係關節組成之構造,其鉚釘接點之强固性,極爲重要,懸釘接鈑,不可不詳爲檢查,故0-1, 1-2, 2-3, 6-7, 7-8, 16-17, 17-18, 28-29, 29-30各桁幅內之各接點之所有鉚釘,均用擊錘,逐一檢驗,查得除橋端各鉚釘,業經大破壞外,其餘鉚釘,均甚完善,並無拉斷及鬆活情形,此事實足以證明軸緊及水平測量結果,本已表示扭歪並不甚烈,但受傷鉚釘,雖有鬆活,或爲釘孔擠緊,亦能暫示堅實,故在壞橋空舉起後,各鉚釘接合,仍應複查一次。

節點○處之鉚釘接合,亦宜特別注意,錨臂全部現實懸於壞墩上之橋端横梁桁架與該横梁之鉚釘接合之負荷力,大爲減損,已不及原有之半,查東西兩桁連接角條與主要接鈑間之完善鉚釘,只有十四枚,其安全剪耐力,未必能超過七十噸,錨臂橋端抗力,約224噸,則該處鉚釘受力,實已過准許耐力三倍各鉚釘縱有已壞之鉚釘勉力相助,亦必在拉斷危期無疑,在桁架平面內,其接鈑雖已完全變形,橋端斜桿及下肢與接鈑相接之各鉚釘,似尙完善,其他各接鈑,除XVII外,均尙完善,XVII之接鈑受栓擠栓孔之壓力,向北擠出。

辛 其他細節及附件

照片十四. 第八號橋墩上兩毀壞橋空之橋床

除桁架及橋床所受損傷外,其他零件,亦有必須修理者,如軌道旁走道之洋灰板欄杆及架(照片十四)電線托架等,並北錨臂下之檢橋搖車,完全毀壞,亦須更新.

第五節　第八空單式橋架之毀壞狀況

甲　概況

第八空單式橋,在壞墩上被炸力舉起,而全部向北推移,其內應力必較一端固定之錨臂爲小,且此橋構造較簡,縱有損壞,只限於該空本身,不似臂梁橋空之能傳遞他空者,所有接點,均强固的,並無活動樞紐,北端輾座,可完全應付温度感應,據上列原因,此橋損壞情形,並不嚴重,可用尋常工作法修理之.

乙　橋架之扭歪

炸力之一部份,爲橋身全部移動所吸收,故該橋之扭歪甚微,軸線支距水平及桁幅之測量,均足以資證明,雖西桁間略有垂直面之扭度,而損痕亦屬甚微.

丙　毀壞部份之詳述

(一) 結構部份須更新者

東西兩桁a-b桁幅間之下肢　西桁下肢,已全部脫離橋端橫梁,而彎折向外,其底部下落於壞墩之頂.東桁情形較佳,下肢之東頁已剪離接鈑,而西頁仍有幾分連接於橋端橫梁,此兩肢桿均須自拉力拼接處起,更換新料.

橋端及居間橫梁 橋端橫梁,完全毀壞,(照片十三)連同梁端接合隔鈑縱梁之托架縱梁之上下接鈑等,均須同時更新,至節點 b 處之居間橫梁,則腰鈑上彈穿一孔,圓徑約150公厘,此梁亦須更換.

縱梁 毀壞桁幅 a-b 間之縱梁,似宜更換,固在節點 b 處與被毀橫梁結合底部之鉚釘,被剪甚烈,其腰鈑或因承力過度而受傷,東縱梁并在第一及第二加勁桿間底邊角條,頗有損傷.

照片十五. 向東看北端錨臂空之毀壞及第八空單式橋

橋轆 此橋之兩固座,均被炸散,須完全更新.

接鈑及零件 節點 a 處之鉚釘接合,損壞頗甚,接鈑及隔鈑,均須完全更換.(照片十五)

橋底聯結架 桁幅 a-b, d-c 間之底聯結架,連同零件,均須更新.

(二) 結構部份可以修理者

東西桁之橋端斜撐 東桁之橋端斜撐,尚頗完好,但西桁東頁底角條外脛之角,彎折向上,尚易矯直.

橋門聯結架 南頭橋門聯結架,因東西桁間垂直面之扭歪,略有變形,將來該橋舉起後,橋門聯結架之結合處,均須詳慎檢查,中心接鈑剪斷之鉚釘,須更換新釘.

丁 未壞部份之彈性狀況

量得東西桁數梁桿之長度,列表如下.

第五表

東桁

桁幅	梁桿	頂緣之長度			底緣之長度			頂緣與底緣相差之數
		量得數	規定數	相差數	量得數	規定數	相差數	
a-b	橋端斜撐	13890	13898	—8	13305	13303	+2	+10
b-c	斜桿	12710	12707	+3	12908	12910	—5	—8

西桁

桁幅	梁桿	頂緣之長度			底緣之長度			頂緣與底緣相差之數
		量得數	規定數	相差數	量得數	規定數	相差數	
a-b	橋端斜撐	13905	13898	+7	13295	13303	—8	—15
b-c	斜桿	12710	12707	+3	12905	12910	—5	—8

照上節研究臂梁橋彈性之方法,施於此橋,可知此橋除毀壞部份外,各梁桿受力,並無超過彈性限度之處.

戊 鉚釘接合及接鈑

照檢查錨臂辦法,此橋各鉚釘接合及接鈑,亦均詳查,其强固性桁幅 a-b, b-c, c-d 受橋架下墜之影響甚鉅,其所有接點,均經詳查,除受傷接點 a 外,其餘兩桁之各點,均甚完善,並無可疑之鉚釘,至橋端節點 a, 其情形與錨臂接點○相同,全橋僅恃少許未壞鉚釘之力,令壞墩上之橫梁承負,該處之接鈑,均已彎折而不

照片十六. 第一空單式橋北頭毀壞橋端聯結架

成形體,但下肢與橋端斜撐間之鉚釘接合,仍足維繫其負重.

己 其他細節

其他損傷之細節,如走道洋灰底架欄杆以及零星細件,與錨臂相同.

第六節 其他單式橋空之狀況

所有單式橋空,自第一至第七,及臂梁橋南端一空,均經逐一檢查,除幾處偶然彈傷外,大致完善,茲將其較爲重要者,列舉於左.

照片十七. 第二空單式橋南頭毀壞橋端聯結架

照片十八. 向東看第四空單式橋之毀壞斜撐

甲 第一空單式橋空(自天津方面起)

北端橋門聯結兩桿,連同接鈑,均受傷,須更新料.(照片十六)

乙 第二空單式橋空

南端橋門聯結架之底繫條,須更新料.(照片十七)

丙　第四空單式橋空

東桁空端第三桁幅之斜撐之底角條,折彎向上,其腰鈑亦鼓彎.(照片十八)

第三篇　毀壞橋空之舉起及修理

第一節　舉起之工作

觀於前篇所述之毀壞狀況,下墜之橋空,現雖兀立,而情勢實甚嚴重,如第八號橋墩,稍再下沉,或懸點 XVII 增加扭度,臂梁橋之平衡,必受影響.此種情形,如壞墩頂因炸裂孔隙內,含水分冰結而發生崩解,不難實現.如是則錨臂空或將墜落,懸點 XVII 更將張開,皆為甚不願見之現象.壞橋自被炸迄今,雖並未設施任何預防計劃,尚能支持原狀,但經過今冬,倘仍能不變現狀,誰亦不敢斷言,故吾人建議將壞橋舉復原有水平位,愈速愈妙.

查原來設計條款,計劃錨臂空及臂梁所用之集中節點靜重,每桁約41噸,在懸點 XVII 及 XXIX 懸橋空所生之靜重抗力,每桁約240噸,以此計算,錨臂北端靜重抗力,每桁得224噸.第九及第十橋墩上之抗力,每桁得714.9噸,舉起此種重大之橋梁,其方法之採用,不可不詳慎研究之.

在規模較大之鐵路,有充分之工作設備,熟練之長班工人,可資應用,則改造橋梁之任何計劃,均不難履行.但觀於現時國有各路之工人及設備,此問題之解決,則大不相同.

甲　舉起之擬議

黃河橋之破壞,引起許多工程司及包工之注意,各種舉橋之擬議,隨時而來,吾人甚願節述各擬議,併入本報告,以資參考.

浮起法　此計劃係將橋架承托於充足容量之駁船上,設法浮起,將駁船在三節點處下錨,乃用適當之唧機,以水為壓艙物,節制該船之升降.此項計劃,只能行於深水河之足以維持駁船水量者,今墜橋空下,乾涸無水,無討論之必要.

拆卸頂起法　此計劃係在第六節點,造一臨時支座,並將此點上肢拆卸,解開橋桁之連續,如是則伸臂重量,幾與 6—14, 之錨臂重量相等,估計用一五十噸之千斤頂,在第六節點下,卽可舉起此橋至水平位.其餘自〇至 6 之錨臂部份,可作爲單式橋處理,用少許小量之千斤頂,在 1, 2, 4, 6 各節點處舉起.爲安全計,於第18節點下,造一强有力之椿木支座,足以承托懸橋重量者,以防萬一在舉橋時,懸點 XVII 之栓節損壞,失其效用,對於單式橋亦可應用此理,在節點 b, c, e, g 各造一臨時支座,將壞橋舉起.此項計劃之便利,在可用多數輕量貨値之千斤頂,但同時拆卸及重裝工作,需費太鉅,幾完全取消其採用之可能性.

利用壞墩頂舉橋法　此計劃之動意,係因原來設計,本有在橋端橫梁加勁桿下舉起錨臂之設備,如壞橋墩尙可利用,卽在橋端橫梁下,着力舉起,則臨時支座之糜費,可以從省,且需要舉起之力,此處較他處爲小.此橋舉至原水平位後,可於各居間橫梁下,各縱梁結合處,安置足承集中一桁幅之靜重及活重之椿木支座,俾全錨臂重量,可以勻配於多數支座,墩頂之千斤頂,得以抽出,以便拆卸毀壞部份.此項計劃,如進行順利,必較前述者爲省.但墩頂及橋端橫梁結合處,自經過詳細檢查後,覺此計劃之能否實行,尙屬疑問,因橋墩橫梁於錨臂下落時,扭歪太甚.

乙　舉起計劃之建議

自上述各擬議計劃及查得之毀壞狀況經過詳愼研究之後,吾人於原則上僉同意於下列要點,而擬定舉起墜落橋空之建議.

(子) 鐵路現有之工作設備材料工人,均應盡量利用之.

(丑) 舉起工作,應單獨集中於第三節點,俾舉橋時,肢桿內應力之傳遞,不至越出可以推算之範圍.

(寅) 如油力及水力千斤頂一時難覓,可以一百噸螺旋千斤頂排成一組而善用之.

(卯) 現橋底距地面之高度,無打長樁之餘地,爲舉橋工作所用之臨時支座,只可用放大基脚法,位在緊密砂石礫石及泥土之基上.

(辰) 在18節點所擬用之臨時設備,擬姑省略,改在懸點 XVII 處用鋼繩及緊軛設備.

(巳) 當修理進行時,日常通車,應盡量維持.

錨臂O點之靜重抗力,每桁 224噸,在節點2舉橋之力,每桁須 272 噸,如用水力千斤頂,每桁至少用三百至四百噸力量者一具,如用螺旋千斤頂,每桁至少用一百噸力量者四具,排成一組.

建議舉橋計劃之大概,明示第五圖,可簡敍如左.

爲應力傳佈平勻起見,將以聯結之兩工字梁,用螺栓維繫於下肢之底緣,其在橫接鈑鑽孔,俾與鉚釘相配,工字梁底,加以五十公厘之鈑,以鉚釘接合其底緣,俾舉橋之力,勻佈於梁身,其用意亦同.

千斤頂組須安置於250公厘工字梁組成之平台上,此平台坐於木架支座,舉橋進行時,及千斤頂移開後,須備有枕木垛及鋼鍥,以資支住橋架重量.

木架支座之設計,係令其能負靜重抗力 272噸外,加橋上行車時活重七十五噸,每桁下用三行五公尺長之木垛支座,其柱木係用十二英吋見方者,帽木及坐木亦須强固,足負上述載重.其佈置情形已詳示第五圖.

支座基脚,須將河底挖深半公尺,在三十平方公尺之面積上,用砂石礫石及土泥等,切實搗緊,乃鋪上十二英吋見方之方木一層,與桁向正交,爲木架支座備一堅實床位,該地土質承負力,約估每平方英尺一噸.

兩桁下墜高低不同,舉起亦不得不分先後,故兩桁所用木架支座之基脚,以宜分開.

舉起毀壞單式橋空,亦擬在節點 c 處着力舉起,重量約與錨臂相同,故錨臂所用之木架支座,亦可應用,無庸修改.

照上篇所述毀壞單式橋架,在輥座一端,與第七空單式橋架,已密切相觸,輥座中心線被炸力向北移動約100公厘,此可用千斤頂平頂,而着力於第七空橋之固座,以糾正之.

在舉起毀壞錨臂工作進行時,橋架卽將恢復其原有地位,而減輕懸點XVII栓上之壓力,節點18處爲保安而設之臨時支座,似非必要.

第二節　第XVII節點之臨時設備

甲　鋼繩設備

爲防止懸點XVII增加張開計,擬用¾″圓徑之鋼繩,旋繞栓上,并用鑄鐵件一套,裝於上肢內之托架,如第七圖所示.

此項鋼繩設備之計劃,務令其能傳受懸橋重量所生之拉力,俾制止該懸點之增加張開,此繩之設計,約可受力三十噸,較之懸橋重量在栓與栓眼相切之點所生之橫力尙大.

有此設備,總期以溫度下降及其他原因所增加之張開,皆令懸點XXIX一處應付,在此不易工作之地,所以選用鋼繩者,以其性易迴繞故也,但須隨時留意其緊度.

乙　緊輗設備

緊輗係防止搖柱在懸點XVII接鈑庇處,再向外傾之一種補助設備,其細節詳示第七圖,此緊輗可傳橫力自搖柱至挂柱;如此挂柱將受少許之橫斷力,懸點XVII不致增加張開,脹度可集中於懸點XXIX,鋼鍥可用大鏈擊緊之,但不可用猛力,恐應力局部集中於挂柱之角條上.

鋼繩及緊輗兩種設備,同一作用,鋼繩設備傳力較佳,但緊輗設備,在舉起錨臂時,可用以相助擠回擺柱,恢復原位.

吾人建議兩桁懸點XVII處,應各速加緊輗設備,不可再延,至鋼繩設備,可於黃河橋在最近之將來不能舉起時,再行籌設.

倘有必須聲明者,即鋼繩設備,及繫栰設備,均非相助舉起錨臂之用,北錨臂舉起後,及懸點 XVII 恢復原有孔隙時,即須除去之.

第三節　維持行車之臨時設備

凡修理鐵路橋梁,一面須維持行車,一面須不停工作,有時確爲一極難解决之問題.黃河橋之長度及跨水橋空下之水深度,使臨時便道,無法建設,惟一辦法,只有令壞橋仍承負行車之責,一面進行修理工作,不妨行車.

如在第三節點舉起壞橋,其居間桁幅如單式橋之d-e, e-f錨臂之4-5, 5-6內靜重剪力,勢必大增,據推算所得,該桁幅內斜撑上之靜重應力,已有超過或幾等設計准許之應力,若橋舉起後,不加修理,即令行車,再加活重所生之應力,則該斜撑,受力必將超過彈性限度,而增加該橋之損壞.

故維持行車之最穩健最安全辦法,勢必將壞橋之床組,臨時的及部份的設法支托,俾無活動應力,或只少許傳至桁架,初擬用木架支座,或枕木垜支托縱梁之兩端,似爲最妥之法,但木架支座及枕木垜頂,或將承受頗大之活重,則縱梁兩端,勢必加勁,而增加額外之工費,故吾人擬定用木架,在縱梁接合處,支托橫梁,木架之佈置,務使其架頂,在無活重時,與橫梁底部,僅僅相切,而不甚嚴密,設有活重至鄰近桁幅時,橫梁可立刻肩負其縱梁傳來之抗力,而遞傳至木架支座,其不令橫梁與木架嚴密相切之用意,即恐橫梁與桁架接合之底部鉚釘,或受震撼而鬆活.

橫梁並無每節點支托之必要,該橋之未壞一端,可省木架,因該處橫梁所受活重,其傳至舉起所用之支座之應力,爲數甚微,在單式橋之 b 節點壞橫梁,將來須換新者,其下須用兩木架,一在節點之南,一在節點之北,爲維持行車所用,木架之確數,詳示於第四圖,兩壞橋空空橋端桁幅之床組,將來須完全更換,三空雙套木架支托之臨縱梁,將設於此兩桁幅內,如是則修理壞墩,纔有工作之餘地,每行臨時縱梁,擬用雙行七十五公分之工字梁,連以隔鈑,而雙行縱梁間,復以橫聯結架,或隔鈑聯絡之.

所有木架支座,均係五公尺高,惟橋端桁幅內臨時縱梁下之木架支座,須五公尺五十公分高,木架係以十二英吋見方之兩垂直柱,兩斜柱,一帽木,一坐木組成之,而以12"×3"之板木對角聯結之,共計需用木架十九座,各木架均將承托於枕木垜,垜之高度以橋下空度之多少酌定之,各木架均將於縱向內用角條鐵,一端聯於縱梁,一端聯於木架,作膝托架以强固之,其他細節可參觀第四圖及第五圖.

承托橫梁以維持行車,另有一特別便利,即桁架或鉚釘結合查出可疑之處,可隨時拆除修理,並更換之,而並不妨礙行車.

最困難者,爲更換橋端桁幅內之床組,抽出臨時縱梁,重裝床組而鉚合之,而同時又不許停止行車,此項工作,至少須四十八小時,若在此長時間停止行車,當然爲不願有事,但此困難,或可設法解除,即各結合處,不用釘,暫用精良旋製螺栓,以維繫之,及令機車自後將列車送過該處,一面另令一機車在彼端候接,拉過該處,抽栓換鉚,每次可抽出一二栓,而用新良之鉚釘補塡之.

第四節 橋梁之修理

因路局無鐵工廠之設備,修理工作,最爲困難,甚致極小桿件,亦必向外採購又無野外工作之輕便修理工具,即桿件之小有損壞,尙可在野外修繕者,亦得向外購買新料.

各結構鋼件,須向外採購者,列舉如左.

(一) 臂梁橋空

節點○處之橋端橫端梁	一具
橋端縱梁之托架	二具
鑄鋼防脹輥座全部	二套
節點○處之接鈑連同兩承台	四套
自橋端接鈑至第一拼接處之下肢梁	二具
橋車工字梁自一端至第一拼接處連同需要之托架	二根

橋端桁幅內之橋底聯結架連同兩底接鈑　二具

第XVII節點處頂聯結架之新細件　一套

(二) 毀壞單式橋空

節點a之橋端橫梁　一具

節點b之居間橫梁　一具

橋端縱梁托架　二具

固座全部　二套

節點a之接鈑連同兩承台　四套

自一端至第一拼接處之下肢梁　二具

縱梁　二根

第一桁幅內橋底聯結架　二具

第二桁幅內橋底聯結架　二具

第三桁幅內橋底聯結架　一具

節點a處橋底聯結架接鈑　二塊

節點b處橋底聯結架接鈑(東桁)　一塊

(三) 其他各空

第二空橋南頭橋門聯結架之撐桿　一根

第一空橋北頭橋門聯結架膝托架　一具

(四) 野接鉚釘及旋製螺絲

上述各桿件所需鉚釘,均須全數採購,至北錨背未壞各接合處,姑照現有鉚釘數採購百分之二十.

其他零星修理,須在野外辦理者,可參考第二篇毀壞部份之詳述.

該橋一經舉起,路局最好派有經驗之鉚釘檢查人,將所有鉚釘接合,遍查一次,并用水平,將全橋複測一次,觀所有鉚釘結合,是否有需要再加改繕之處,支托橫梁之臨時木架支座拆除後,所有縱梁與橫梁及橫梁與桁梁之鉚釘接合,亦須詳查,其於行車經過臨時支座時間,有無鬆活鉚釘之存在.

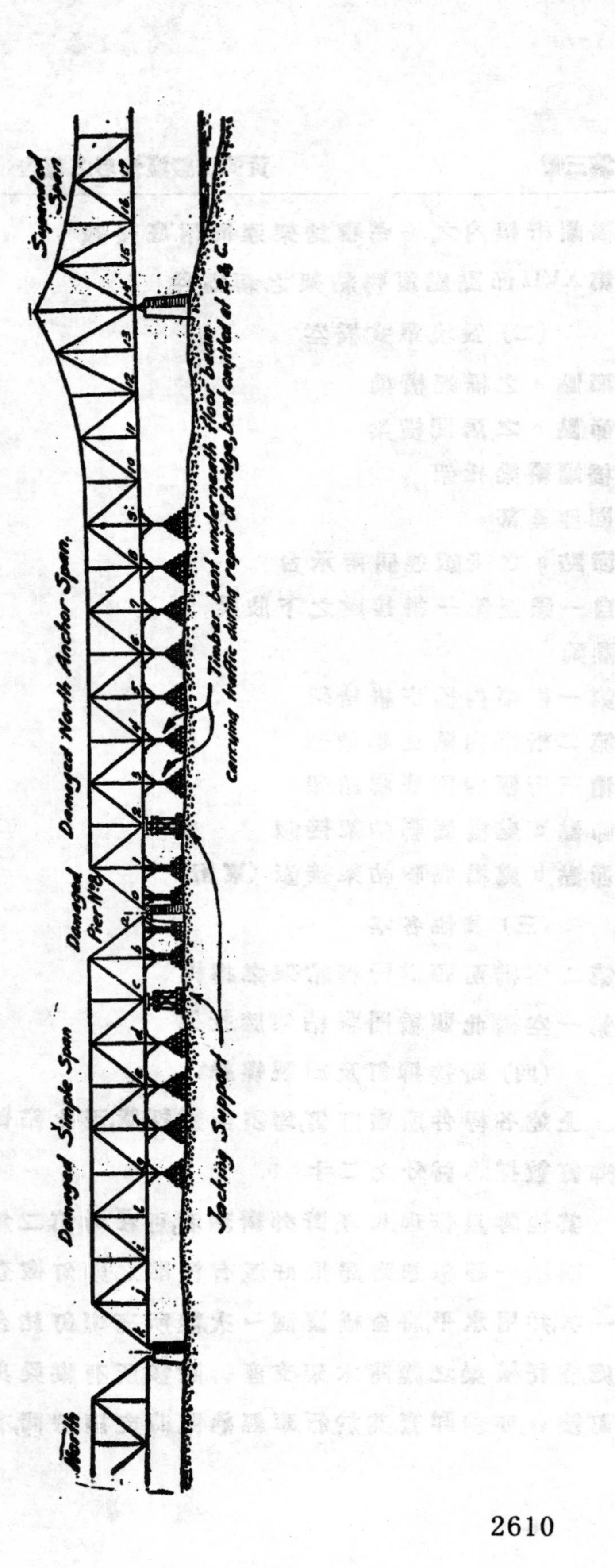

North
Damaged Simple Span
Damaged Pier No 8
Damaged North Anchor Span
Suspended Span
Jacking Support
Timber bent underneath Floor beam.
carrying traffic during repair of bridge, bent omitted at 2 & C

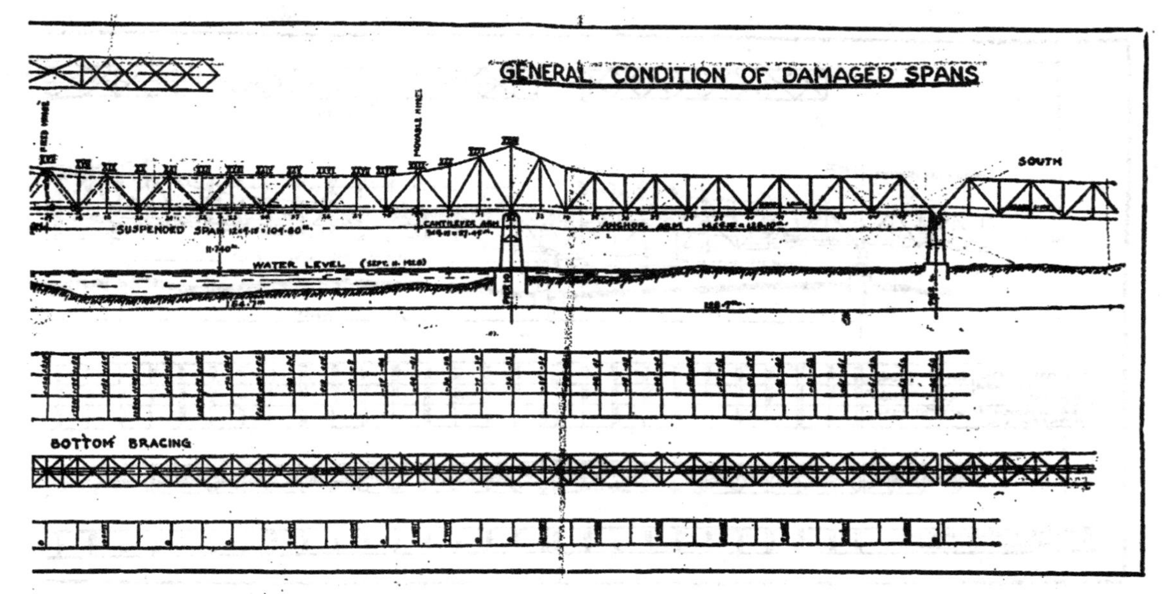

)ITION OF DAMAGED SPANS.

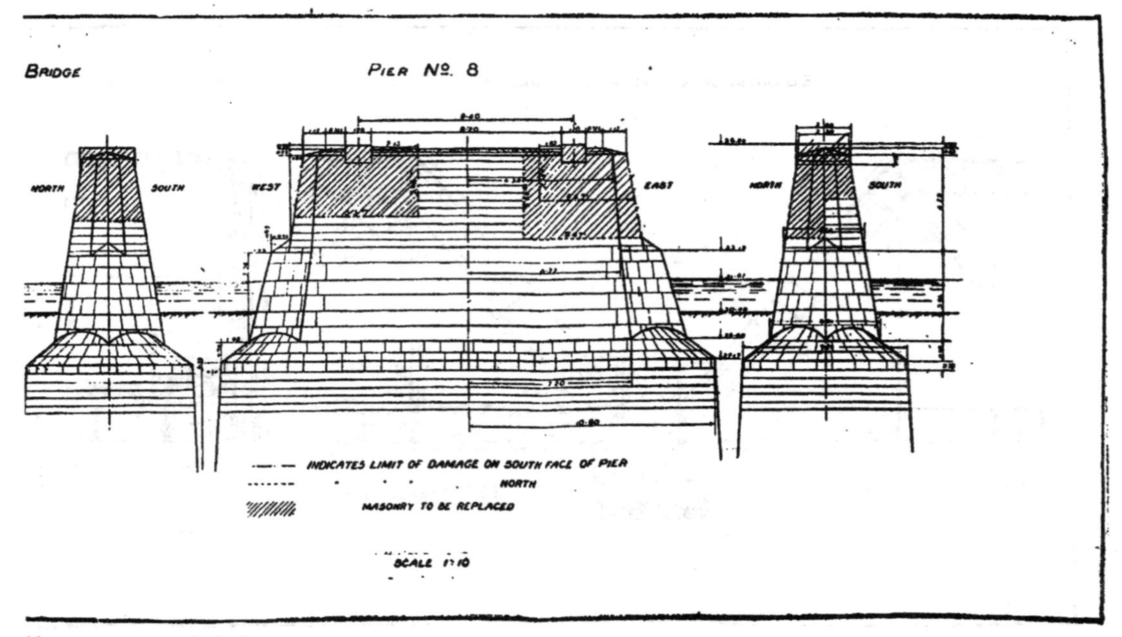

TAILS AT DAMAGED PIER.

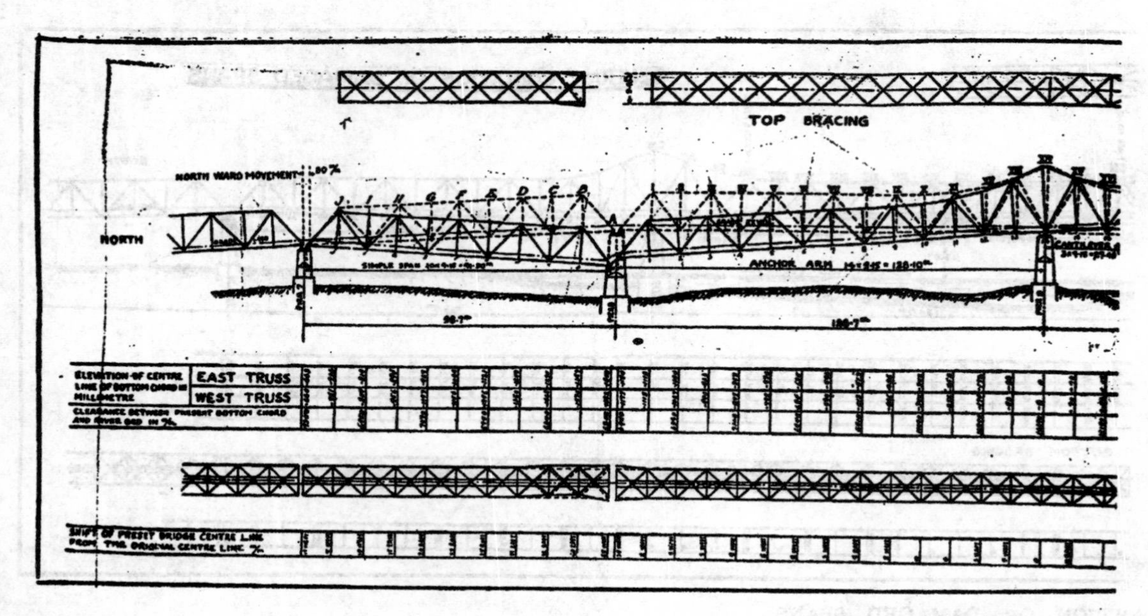

FIG. 1. GENERAL CONI

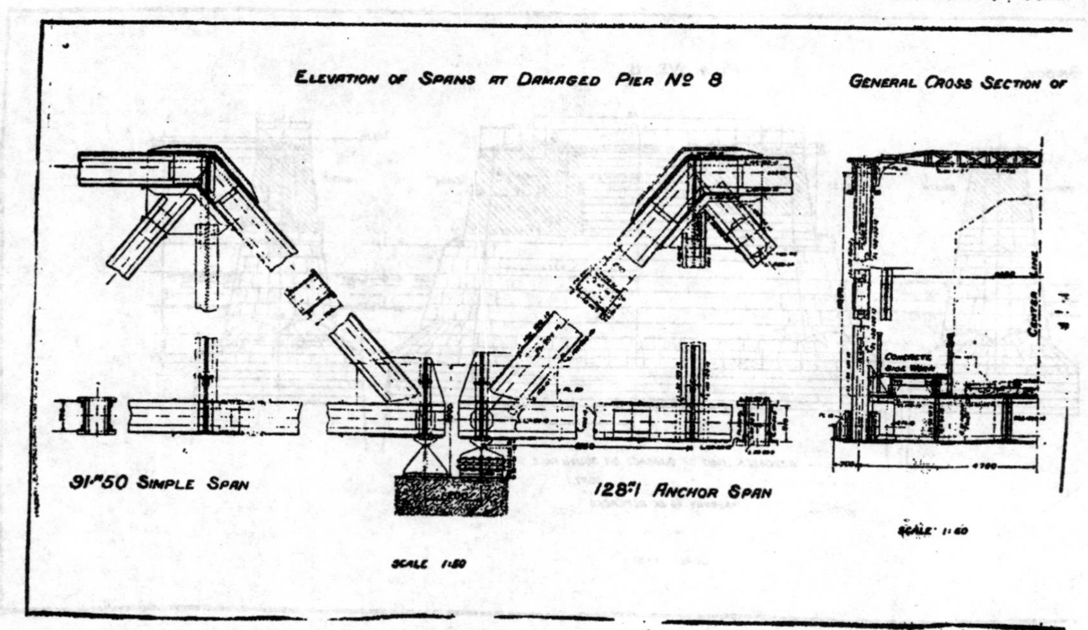

FIG. 2. GENERAL DR

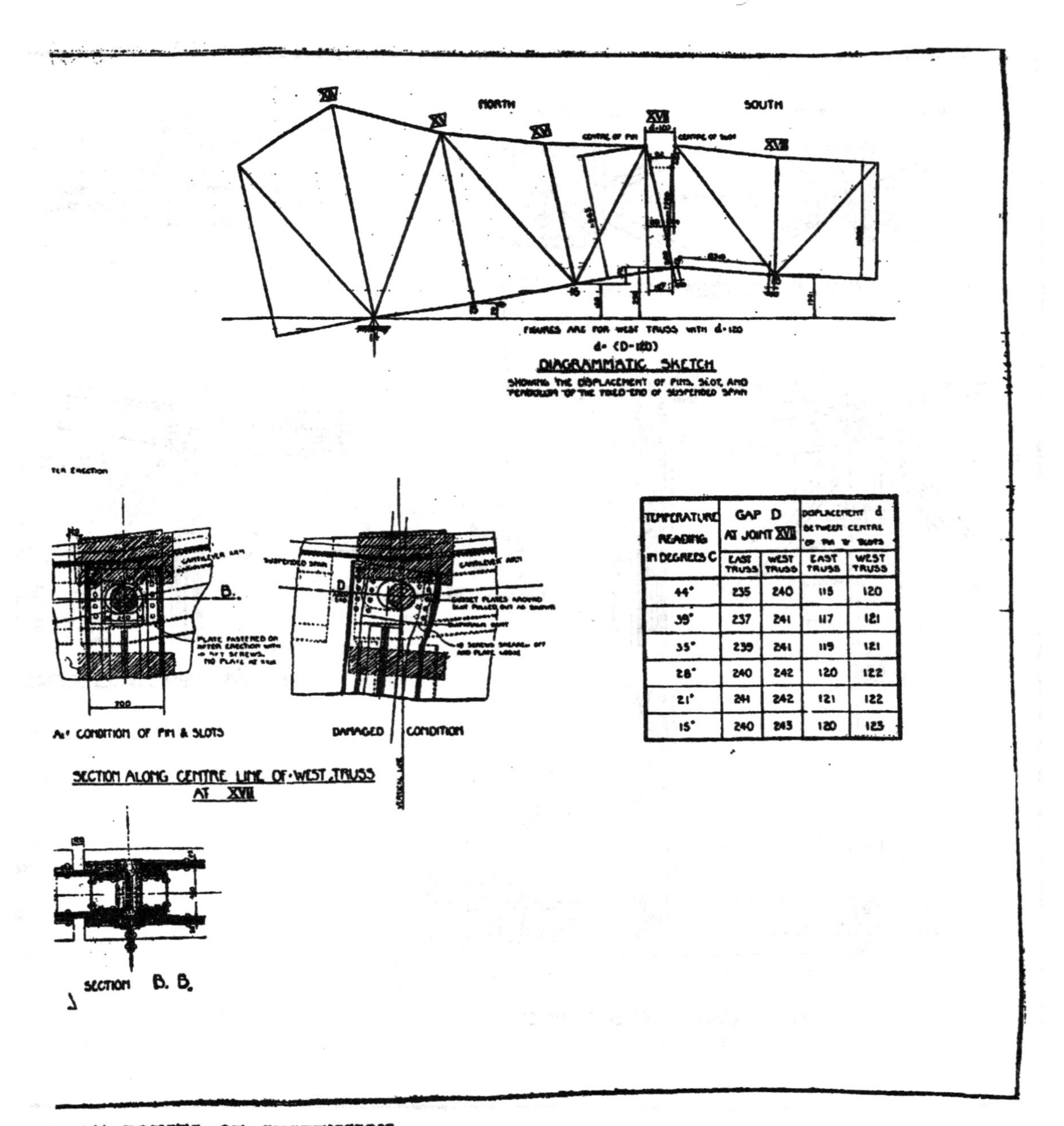

TEMPERATURE READING IN DEGREES C	GAP D AT JOINT XVII		DISPLACEMENT d BETWEEN CENTRE OF PIN & SLOTS	
	EAST TRUSS	WEST TRUSS	EAST TRUSS	WEST TRUSS
44°	235	240	115	120
39°	237	241	117	121
35°	239	241	119	121
28°	240	242	120	122
21°	241	242	121	122
15°	240	243	120	123

T AT POINTS OF SUSPENSION.

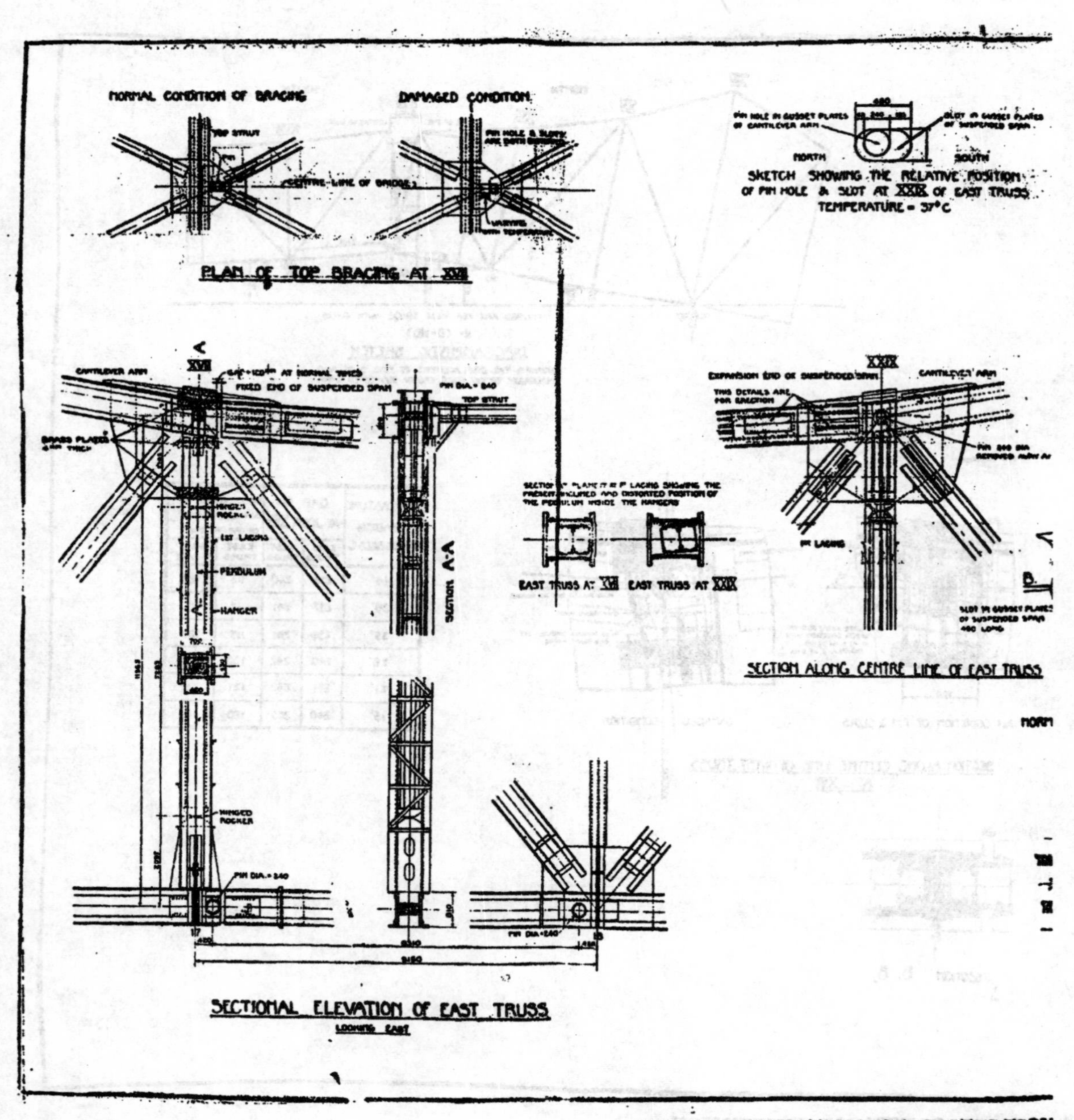

FIG. 3. CONDITION OF DISTERTION

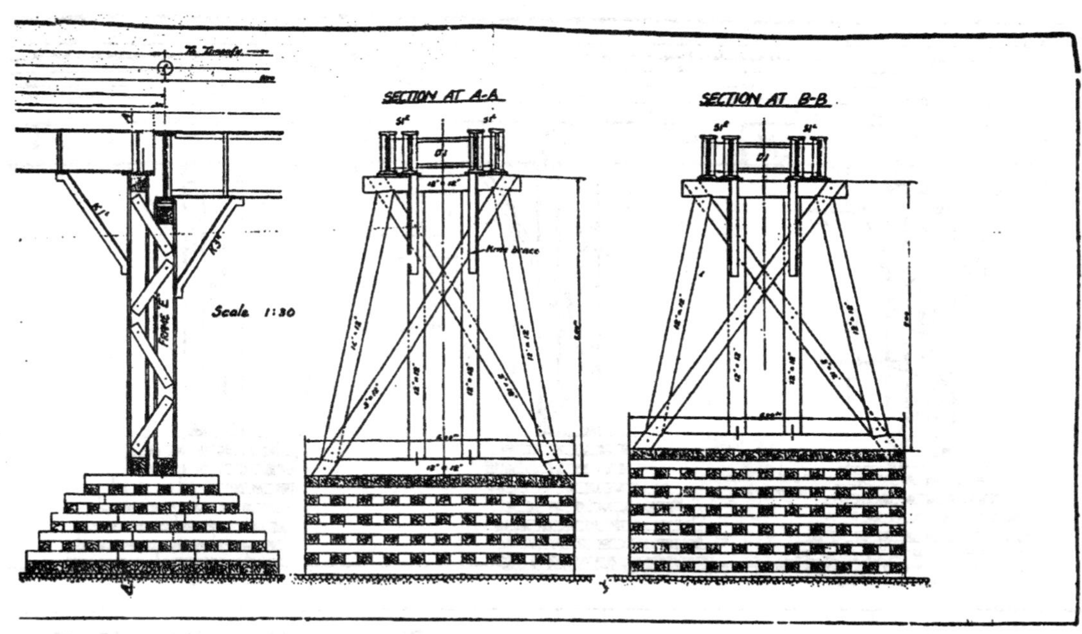
SECTION AT A-A
SECTION AT B-B
Scale 1:30

FIC IN THE DAMAPED PANELS.

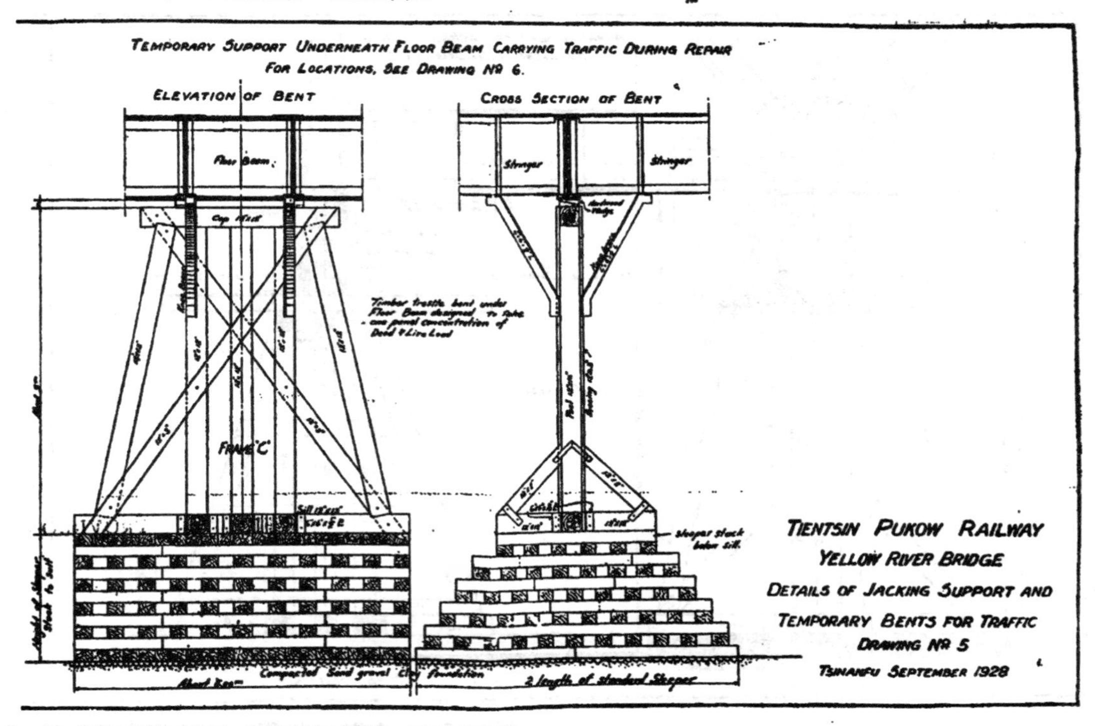
TEMPORARY SUPPORT UNDERNEATH FLOOR BEAM CARRYING TRAFFIC DURING REPAIR
FOR LOCATIONS, SEE DRAWING Nº 6.
ELEVATION OF BENT
CROSS SECTION OF BENT
Floor Beam
Stringer
Stringer
Cap
FRAME 'C'
Timber trestle bent under Floor Beam designed to take one panel concentration of Dead + Live Load
sleeper stack below sill.
Compacted Sand gravel Clay foundation
2 length of standard Sleeper
TIENTSIN PUKOW RAILWAY
YELLOW RIVER BRIDGE
DETAILS OF JACKING SUPPORT AND
TEMPORARY BENTS FOR TRAFFIC
DRAWING Nº 5
TSINANFU SEPTEMBER 1928

& TEMPORARY BENTS FOR TRAFFIC.

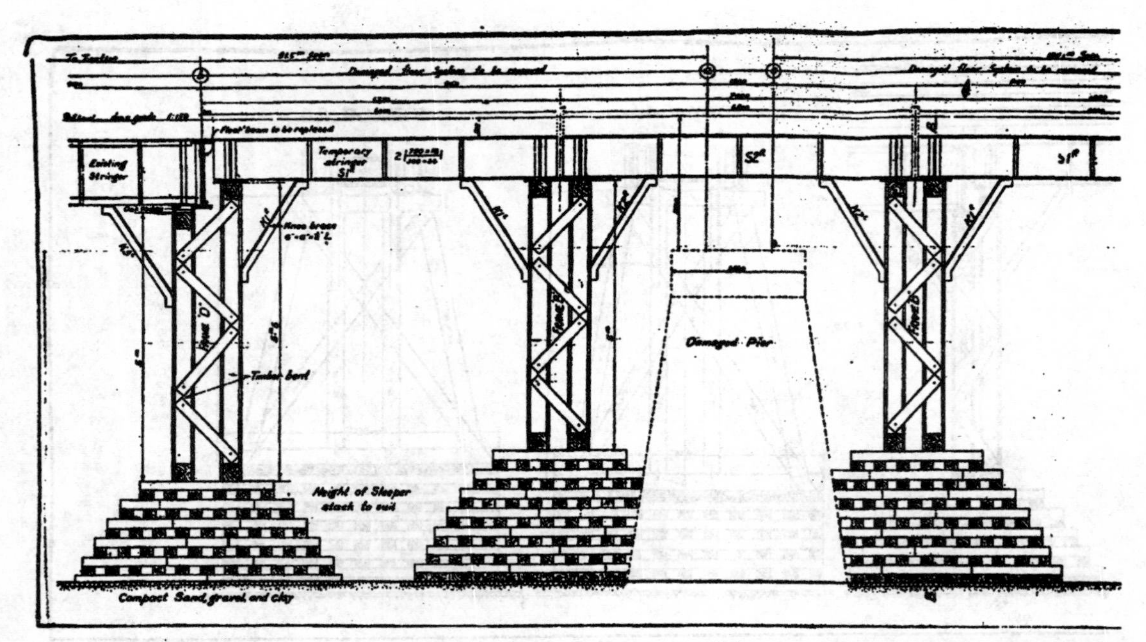

FIG. 4. PROVISIONS FOR TRAF

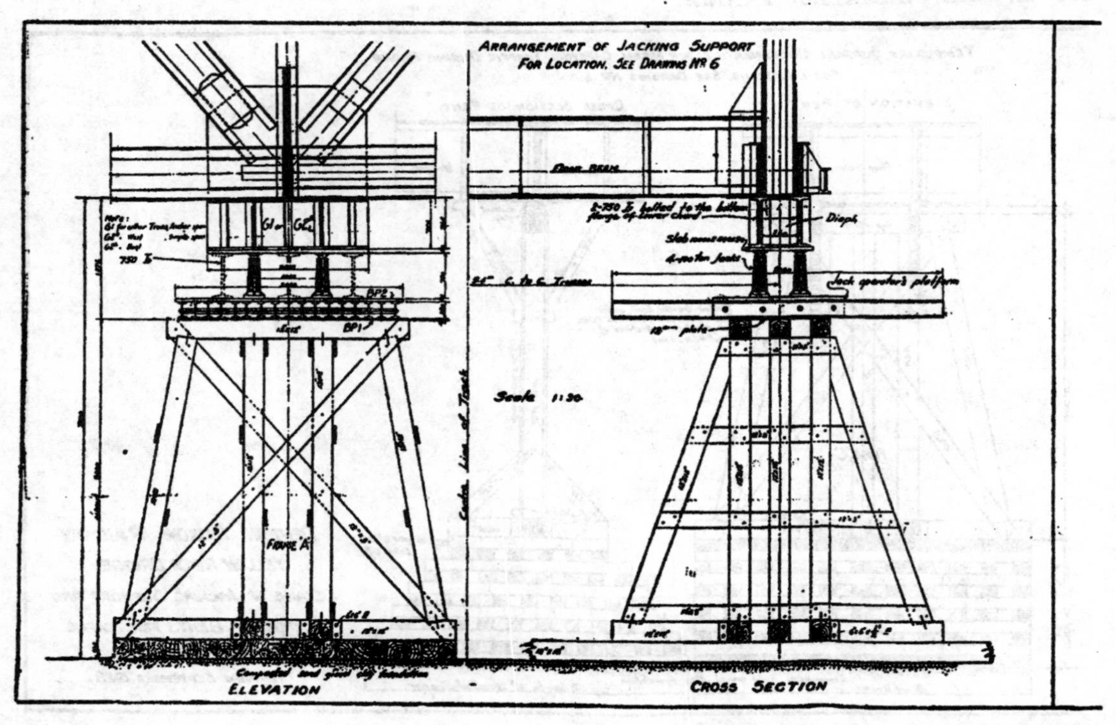

FIG. 5. DRTAILS OF JACKING SUPPORT

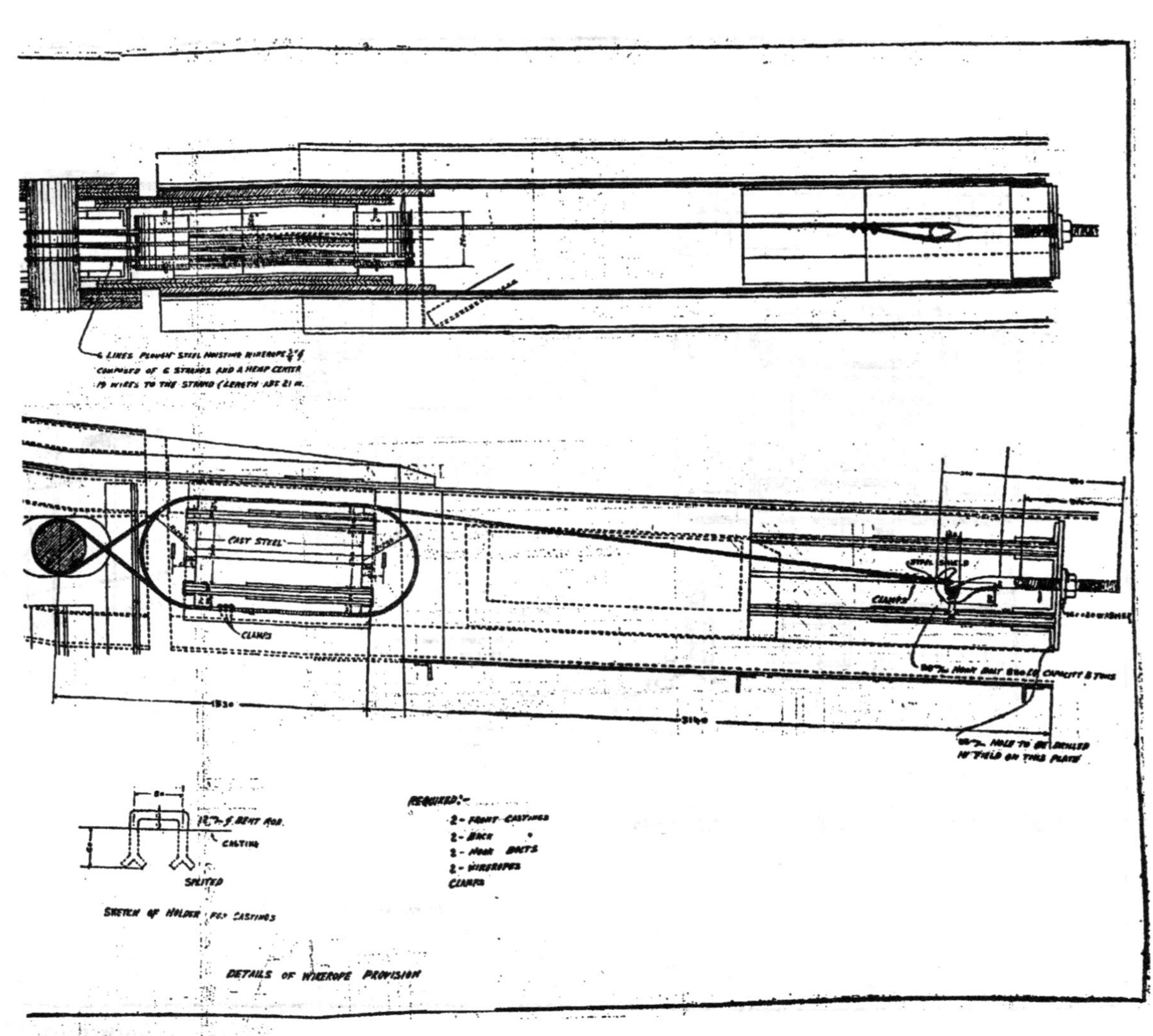

FOR JOINT XVII.

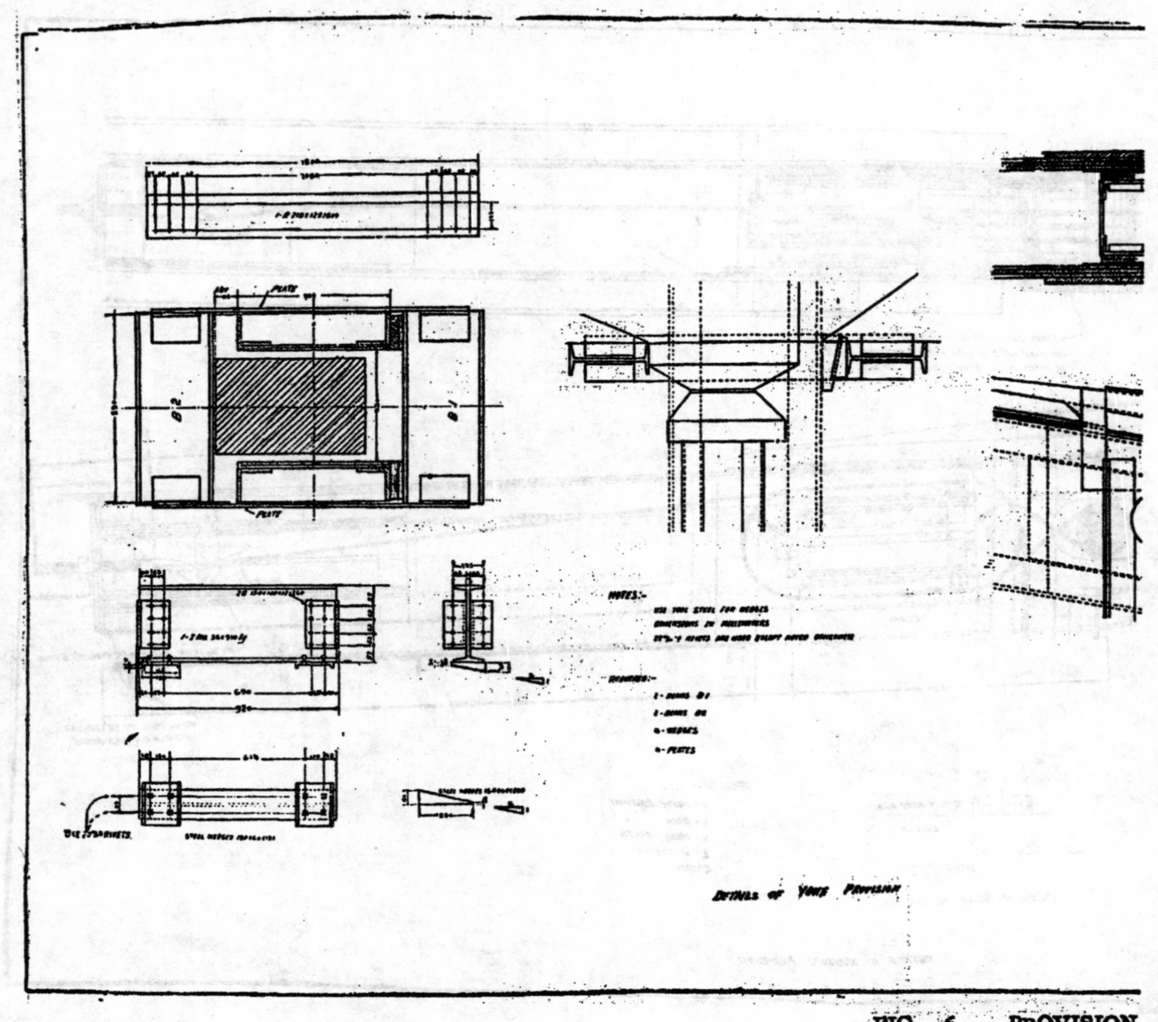

FIG. 6. PROVISION

MECHANICAL INJECTION DIESEL ENGINES

孟阿恩無空氣注射帝賽柴油引擎

孟阿恩廠製造柴油引擎之成績

(一)世界第一部帝賽柴油引擎出自孟阿恩廠

(二)世界最大帝賽柴油引擎一萬五千匹馬力係孟阿恩式

(三)世界最大馬達輪船三萬二千噸載重所用柴油引擎爲孟阿恩式

六隻汽缸一百九十四馬力孟阿恩柴油引擎

上海分行備有中西文詳細說明書函索即寄

Gutehoffnungshuette-M.A.N.-Works

China Branch

喜望德機器鐵工鑛廠　商　孟阿恩橋梁機器公司

上海分行黃浦灘六號

發展鋼鐵業之初步計劃意見書

著者：徐守楨

鋼鐵之爲用，至繁且夥，故有現代文明骨架之稱。假其無此，則發生動力，與應用動力諸工業，必將無自成立。夫近世建築之堅且偉也，運輸之多且速也，電話電報無線電等交通利器之日新而月異也，何一不有賴乎鋼鐵。其他如農工用之器具，戰爭用之軍械，以及日用一切必需之品，亦豈能舍是而別有所恃。在普通商務狀況之下，其物得之極易，人自不覺其重要；然不幸而有戰爭之發生，或商業上特現異態時，其在現代工業上所佔之位置，立可感到。故處今之世，無間乎平時戰時，壹是依此基本原料，絕塵而大馳，不爾殆矣。

德法世仇，世人皆知起於亞爾薩斯洛林之爭奪；其亦知爭奪之因，實爲鐵礦問題乎？洛林鐵礦豐富，其儲量有五十一萬萬噸之多，普法之役甫終，俾斯麥即盡取其北部鐵礦露頭，劃入德之版圖，佔而有之。其礦含燐頗多，初不爲人所重視，至一八八〇年鹼性柏塞麥煉鋼法發明，而洛林礦之價值，因之突增，德亦一躍而爲歐洲第一製鐵國。據歐戰前一年（1913）之統計，其鋼鐵產額二倍於英國而四倍於法國，全世界除美國外，竟莫與倫比。但法境洛林之礦量，實多於德所佔有者。德乃多方收買其礦區，不足，又思以武力攫取之。世有謂歐戰之起，此實原因之一，誠非過言。維爾賽和約告成，德將所割據之洛林礦山還歸於法，法之產鐵能力突增一倍。因感於焦炭不足，未能有所發展，乃有魯爾問題，惹起世界各國之注意，其鋼鐵競爭之烈，有如是者。

吾國鐵礦，雖遠不如美法蘊藏之富，然比諸太平洋沿岸各國，尚足自豪。日本煤田不多鐵尤缺乏，故在吾國經營礦廠，不遺餘力。就調查所得，全國鐵礦儲量其有日本關係者，竟逾百分之八十八，而二十一條要求中，復有涉及漢冶萍公司與吉林松杉岡奉天鞍山站一帶鐵礦等數項，足見其在國際上之重要.吾國於今若不及時急起,自謀發展,則於被佔之礦,既尙無方策以資將來之挽救,而於殘留之礦,復坐視遺棄,致招外人之覬覦.夫以固有之產,際需要之殷,而轉輾仰給於人,猝有不虞.命懸人手,漏卮之鉅,猶在其次,有國如此,危亡無日矣.

今欲創辦工業,原料與市場實爲其二大要素,而鋼鐵冶煉所用之原料,厥惟煙煤與鐵礦之是賴.依據最近估計,吾國煙煤與亞煙煤之儲量,有一七三,四六五兆噸;鐵鑛亦有九五一兆噸其詳數列表如下:

煤鑛儲量表(以兆噸爲單位)

直隸宛平齋堂灤縣開平井陘臨城等	二,〇三一
奉天撫順本溪湖錦西大窰溝等	一,二五〇
熱河朝陽北票南票阜新新邱等	四七三
歸綏薩拉齊大青山等	三一〇
山西平盂潞澤汾臨河興離隰寧武大同等煤區	九一,五八六
河南安陽湯陰新安洛陽禹縣等	一,六〇七
山東淄川博山章邱萊蕪嶧縣等	二,五〇〇
安徽懷遠舜耕山宣城涇縣等	二八八
江西萍鄉吉安餘干鄱陽樂平等	七八五
江蘇銅山賈汪等	一九五
湖北蒲嘉武及長陽資邱一帶等	三一〇
浙江長興合溪小溪等	七〇
黑龍江湯原鶴岡等	三四四
吉林穆陵等	一,一九八
湖　南	六,〇〇〇
四　川	一八,〇〇〇
陝　西	六,九六八

雲南	一八,九〇〇
貴州	一九,〇〇〇
廣西	五〇〇
廣東	五〇〇
福建	一五〇
甘肅	五〇〇
共計	一七三,四六五

鐵鑛儲量表(以萬噸爲單位)

直隸灤縣辛窰龐家堡烟筒山雞冠山等	一二,四三〇
奉天廟兒溝弓長嶺鞍山等	七四,〇〇〇
山東金嶺鎮	一,三七〇
河南紅山	七〇
湖北大冶暨鄉鄂城	三,五六〇
安徽銅官山桃冲鍾山等	一,五四〇
江蘇利國驛鳳凰山	七三〇
福建蘇壆	二〇〇
江西城門山銅嶺山	六九〇
其他	四九〇
共計	九五,〇八〇

依上所列,其間雖有不堪採掘,或不能適用之鑛,然以如是之儲量,能善自利用,即使將來鐵業逐漸進步,充分發展,亦儘足供其所求,不虞其缺之也.試更就太平洋區域,各國之已知鐵鑛量,以千噸爲單位,列表如下,以資考較:

中國	九五一,〇〇〇
遠東俄國	五,〇〇〇
日本及朝鮮	八〇,〇〇〇

安南	不多
暹羅	不多
斐律賓	二〇〇,〇〇〇
馬來半島及婆羅洲	二五,〇〇〇
荷屬東印度	八〇〇,〇〇〇
澳洲及新西蘭	三四五,〇〇〇
坎拿大	不多
美國西部諸州	三〇〇,〇〇〇
墨西哥	不多
南美西部	二六四,〇〇〇
共計	二,九七〇,〇〇〇

觀於此表,可知吾國鐵鑛量,在該區域內,實佔第一位.且現在太平洋沿岸諸邦,所需鐵額,每年爲四,二二〇,〇〇〇噸,而每年產出之生鐵,僅有中國日本及澳洲三處,約共一,一四〇,〇〇〇噸,尙不及需要額百分之三十.吾國設有鋼鐵餘額輸出,在鄰近極易覓得市場,卽就國內而論,自民國八年以來,每年鋼鐵消費量,總在六十萬噸左右,其由國外輸入者,竟占四十萬噸,漏巵逾海關銀三千萬兩.故鋼鐵業之在吾國今日,未始絕無發展之希望.雖然漢冶萍公司及龍煙揚子和興等鐵廠,紛紛停閉,或不能開工者,其故抑又何在?資本之不充,債務之束縛,組織之未臻完善,原料之仰給於人,均足予以莫大之打擊;而當歐戰甫終,各國鋼鐵過剩,互爭市場,尤爲失敗之主因.但此係特殊之變態,未可視爲常有之事也.方今革命告成,全國統一,不平等條約既宣布廢除,而關稅自主亦實現有日;政府當局又復銳意建設,舉凡交通事業,以及建築;機械製造,以次規畫進行.考其所用原料,無不仰給於鋼鐵,則鋼鐵之冶煉,尤有不容再緩之勢.然此非有大規模之設備,亦不能操必勝之劵,規模既大,更應有相當之硏究,準備,以免再蹈漢冶萍公司,及南滿鐵道會社之覆轍.

且近來政府有在最短期內,興築川漢鐵路,及完成粵漢與隴海鐵路之決議,所需鋼料,當在五千萬金以上.其供給問題,亦亟待相當解決.故欲發展鋼鐵業,似宜就已成立之廠,加以整理,令其復工,爲最初步之辦法.試擬具計畫概要,述之如下:

(甲) 利用固有設備,冶煉鋼鐵,以應急需,而塞漏卮.

(一) 需要量之估計. 川漢路之漢口夔州段約四百六十英里;粵漢路之株州韶關段約二百八十英里;隴海路之潼關蘭州段約三百四十英里;計共築路一千零八十英里.每英里約需鋼軌一百三十四噸,及魚尾板,釘拊等附件,約十四噸.總計需鋼貨十六萬噸.設每十噸鋼錠,(毛鋼) 製成鋼貨七噸,共合鋼錠二十三萬噸.假定路工完成之期爲三年,則每年須交鋼軌及附件五萬四千噸.即每年應煉鋼七萬八千噸.以每年工作三百日計之,應日出鋼錠二百六十噸,即可製成鋼軌及附件一百八十噸.

(二) 鋼鐵之產量. 吾國新式鋼鐵廠,現時共有九處,其產出能力列表如下:

漢陽鋼鐵廠	化鐵爐一〇〇噸二座	二五〇噸二座	露焰爐三〇噸七座
大冶鐵廠	化鐵爐四五〇噸二座		
揚子鐵廠	化鐵爐一〇〇噸一座		
和興鋼鐵廠	化鐵爐一〇噸一座	二五噸一座	露焰爐一〇噸二座
龍煙鐵廠	化鐵爐二五〇噸二座		
本溪湖鐵廠	化鐵爐一四〇噸二座	二〇噸二座	
鞍山鐵廠	化鐵爐二五〇噸二座		
陽泉鐵廠	化鐵爐二〇噸一座		
上海煉鋼廠			露焰爐一五噸二座

上表中,上海煉鋼廠之露焰爐二座,現僅造成一座,容量十五噸,且係酸性,其軋鋼廠,每日可出大鋼胚十三四噸,和興廠之爐,皆不過十噸,其軋鋼設備

祇限於鋼條,及二十五磅之輕便鋼軌,每日約出四十噸,均不合用.惟鋼漢陽鐵廠,每日能軋鋼軌二百噸,及魚尾板等附件鋼胚三十噸,並另有鋼條廠與鈎釘廠,以供三路之需,綽乎有餘.該廠有三〇噸露焰爐七座,假定以四座開煉,三座修理備用,每煉一次,約需九小時餘,平均每日可出鋼錠三百噸,尚餘四十噸可作他用,其附設之灰磚廠,所出之矽磚,鉻鑛磚,哆囉咪子等,尚可供修砌鋼爐之用.至生鐵之供給,和興及陽泉二廠,產鐵能力太小;鞍山鐵廠為南滿鐵道會社所辦;本溪湖鐵廠,為中日合辦;收回需時,其距離又太遠;龍煙鐵廠,迄今尚未竣工;揚子鐵廠之產額亦不多;故生鐵之來源,當仰給於漢陽大冶二廠,而漢廠與鋼廠相連,尤有種種便利.

(三)原料之供給. 漢廠化鐵爐共有四座,其一〇〇噸爐二座,巳經拆卸,無重造之必要,祇將二五〇噸爐二座,同時開煉,每日即能出五百噸生鐵,以供煉鋼.尚餘二百噸,可作他用.煉鐵五百噸,需鑛石八百噸,每年共需二十九萬噸.若因借款關係,仍須將生鐵售諸日本,則大冶廠之四五〇噸爐,可開一座,日需礦石七百二十噸,年需二十六萬噸,兩處每年出鐵三十四萬噸,消費鑛石五十五萬噸,可全由大冶鐵鑛供給,設虞不足.或須運鑛石至日本,則象鼻山之鑛,年出十五萬噸至二十萬噸,亦屬易事.試觀下表,即可明瞭.

大冶及象鼻山鐵鑛產額表(以公噸為單位)

	大冶	象鼻山
民國八年	七五一,四四二	
民國九年	八二四,四九一	四五,六六七
民國十年	三八四,二八五	一六一,五七五
民國十一年	三四五,六三一	四五,四三九
民國十二年	四八六,六三一	一四九,四〇六
民國十三年	四六八,九二二	一七二,一一〇
民國十四年	二四一,七八五(一月至九月)	二一四,二七二

假定煉鐵一噸,用焦一噸又十分之二;則三十四萬噸之鐵,共須用焦四十一萬噸,卽每日需焦一千一百四十噸,可取給於萍鄉與六河溝.今將兩處之產煤額,以公噸爲單位,列表如下:

	萍鄉	六河溝
民國八年	七九四,九九九	一八八,一一二
民國九年	八二四,五〇〇	二三二,六一八
民國十年	八〇八,九七一	二四七,五七五
民國十一年	八二七,八七〇	二八三,〇四三
民國十二年	六六六,九三九	五〇九,〇五四
民國十三年	六四八,五二七	五九四,九六三
民國十四年	三八六,二三二(一部份)	五五五,九八七

在萍鄉煉焦,土爐每日可出五百噸,科佩爐每日可出三百噸,每年共出二十八萬噸,以六八折計合需煤四十二萬噸.今漢廠每日用去六百噸,尙餘二百噸,可作他用.大冶廠本設有煉焦爐,可運六河溝之煤以煉焦,以日出五百五十噸爲度,每年共產二十萬噸,合需煤三十萬噸.照萍鄉六河溝之歷年產煤額,非但足敷煉焦,且可供廠中其他之用.惟距廠略遠,成本較高,然以廠中出品,供國有交通事業建設之用,運輸上當可享受種種特權.漢廠煉鋼,所用燃料,向爲大辻煤(和興廠用臉田煤,)來自東瀛,其間曾用過萍鄉煤以結塊較多,須時時打扦,今後無論用國產煤與否,該廠現存之西門煤氣爐,應盡拆去,改建休茲式,或其他自動式爐,以節燃料消耗,而增煉鋼效率.

漢廠雖離鐵鑛煤焦產地均遠,然在上述狀況之下,運製成品,以供三路之用,尙能接近市場,且廠址位於襄河入江之口,差能得水運之便利也.

(四)復工經費　漢廠化鐵爐,及其附屬機器,在開工期前,應加以相當修理,煉鋼廠與軋鋼廠,停歇多年,損壞頗重,修理更屬緊要,所需復工經費,可由三路預撥二個月鋼價,計銀二百五十萬元,以資挹注.

如上所述,漢廠各種設備,既屬固有,修理整頓,輕而易舉,其利一.三路之建設已爲目前急要之圖,其需要鋼貨,甚爲急迫,今有附近場所,儘量產生,儘量供給,自感利便,而在漢廠則有固定銷場,更無他慮,其利二.設無相當產出鋼貨場所,則三路所需,均須取給異國,漏卮之鉅,殊爲可駭,今可就地取用,利源不致外溢,其利三.更有過剩之產鐵能力,可供研究之用,故論發展鐵業之第一步,當以利用漢廠,從事煉鋼,爲唯一要圖.

(乙) 作種種試煉研究,爲建立新廠之準備.

(一) 原料.　冶煉鋼鐵所用之原料,煙煤較鐵鑛尤爲重要.吾國煙煤儲量,雖有一七三,四六五兆噸,然就堪採者而言,如撫順如大同如賈汪如章邱如坊子均不甚宜焦.設現時新式化鐵爐,全數同時開煉,卽使全國所產之焦,不作別用,專供化鐵,尙不敷約半數,況其中更有不適用者乎.化鐵所用之焦,通常灰分在百分之十以下,硫分不逾百分之一,質堅能任壓力,多孔使空氣易入其內部,俾得燃燒,而尤以不易溶於炭氧二爲最要.故除廣事勘採宜焦之鑛外,應將煉得各種之焦,在化鐵爐中試用,期得最經濟,而最合用之化鐵燃料.多量而適於冶煉之煤田既得,其次當爲鐵鑛問題,吾國鐵鑛,可分三脈,中部宜龍脈爲全國最重要之鐵鑛,有四大鑛山,皆自千萬噸至二千萬噸以上,頗可開發;北部榆奉線之鑛,雖其儲量之巨,舉國無能比擬,然成分太低,含鐵僅百分之三十五左右,選鑛方法固須相當解决,而該鑛參合他鑛化煉可否利用,亦宜研究;至南部揚子江一帶,大都鑛區零散,苟令鑛石參合,是否經濟,又係一重要問題.查鑛石中有磁鐵鑛,赤鐵鑛諸類,其狀態或爲結晶塊狀,或爲疏鬆粉末,而脈石亦各有不同,且鑛石有含微量雜質如錦等,爲普通分析所不注意者.凡此種種均與化鐵爐之設計有關,而爲經濟上之大問題,非經試煉不能有充分之把握.試煉研究,宜在漢廠.其化鐵爐除供給煉鋼原料外,尙餘二百噸產鐵能力,可作各種鐵鑛及焦炭試煉之用.所有煉得之鐵,或運出價賣,或裝入鋼爐,作更進一步之試煉.

(二)煉鋼法. 據全世界鋼鐵產額之統計,戰前一九〇九年至一九一三年之平均數,生鐵超過於鋼料約百分之五,戰後一九二三年至一九二六年,則鋼料超過於生鐵約百分之十六.單就一九二六年一年而論,則爲百分之十九.又全世界電製鋼之產量,一九一三年爲十七萬噸,而一九二五年則達一百十一萬噸.推原其故,一則由於以鋼代鑄鐵及熟鐵之用,故需鋼日多.一則由於電爐法之改進,故製鋼更便.觀於此,可以知近來鋼鐵業之趨勢矣.吾國規模較大之鋼廠,都用鹹性露焰爐法,軋成鋼貨運銷,除啟新洋灰公司附設澆鋼爐及奉天鞏縣兩兵工廠各附設電鋼爐外,對於鑄鋼及特別鋼均未注意.今擬在漢廠添置二噸酸性轉爐,及二噸電爐各一座.倘有高燐鑛發現,再備一鹹性轉爐.各爐可在一〇〇噸化鐵爐舊址建造.該處與鋼廠相連,運送鋼鐵汁甚便,且其間設有調和爐,或可不再置溶鐵爐.其舊有之打風機,可暫供轉爐打風之用.漢廠用電,本爲直流,後改交流,其交流可暫時供給電爐,而廠中其他動力,則仍用直流.前述試煉所得之生鐵,卽在轉爐化煉,倘其質尙佳,或送軋鋼廠製成鋼貨,或送翻砂廠澆成鑄品.萬一均不能適用,可入露焰爐,或電鋼爐再煉.其電鋼爐係煉上品鋼料,或合金鋼如鎢鋼、錳鋼等,供兵工廠及他廠之用.如是庶無耗損之虞,而有試驗之效.所有煉成之鋼,須經周密之檢驗,舊有之化驗股,及材料試驗室,當予擴充,並應添辦顯微鏡,及愛克司線檢驗裝置,總計建造煉爐,及其他設備,約需銀三十萬元.其款可向三路公司,在鋼價內預支,或由漢廠自行籌措.

旣經充分試煉,則原料之供給,廠址之選擇,煉法之取捨,冶爐之設計,以及出品之種類,均可具體決定.然後大規模之新廠,方可著手進行,依次建立.鋼鐵爲世界之最大工業,其所用原料,甚爲笨重,而價格則比較低賤,故建立新廠,非有巨額資金不辦,且產量增加,盈餘亦隨之增加,於投資方面自更有利.孫中山先生主張開發河北山西之煤鐵,須用五萬萬或十萬萬元之巨額,良有以也.

夫以未來之新廠,其需要規模之大,資本之鉅,既已如是,而於國家富力關係尤深;失敗與成功,即為國家隆替,民生休戚之所繫,造端之始,宜如何審慎周詳,多方試煉,多方研究,以求至當,冀獲全國煤焦鋼鐵產量之最大成功.所以利用漢廠,試煉研究,作建立新廠之準備,於發展我國鐵業,亦尤為切要之圖也.

中國農業

農業上有四項要素,西方諸國,行之為效,而為中國所應提倡者:

(一) 利用工畜及機器之能力

(二) 利用礦物性的肥料

(三) 改良工畜及農作物

(四) 作物病蟲害及工畜害之管理方法.

就第一項論中國農戶計當在 60,000,000 以上,以每戶二人計

農工 = 120,000,000　　每人做工 = ⅙ H.P.

= 20,000,000 H.P.

據 1915 報告,馬驢及騾 = 9,700,000 頭～美 ⅖

黃牛水牛 = 22,000,000 „ ～美 ⅓

假定一頭 = 1 H.P.　　31,700,900 H.P.

總馬力　最高　　51,700,000 H.P.

平均　　46,000,000 H.P.

已墾地積 = 180,000,000 英畝

180/46 = 4 英畝.　　在美國 1 H.P. 能耕 7 英畝.

美國,據 1915 統計,農民馬力,⅖ 驢騾 ⅗ 為引擎.

共計為　52,360,000 H.P 約當全年全國共費馬力⅓而強

再加人工　600,000 H.P.

共　53,000,000 „

約等於　300,000,000 人之工作

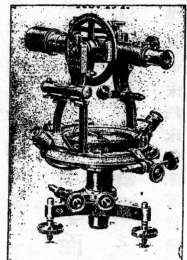

建設道路計劃意見書

著者：戴居正

序言　按建國大綱第二條中.規定修治道路運河.以利民行.第八條中.規定四境縱橫之道路建築成功.始成為一完全自治之縣.又建國方略實業計畫中.擬築碎石路一百萬英里.可知建設道路.實為今日訓政時期之要圖.爰就研究所得.擬就建設道路計畫意見書.深願邦人君子.建設同志.加以注意.共同討論焉.

今日中國之道路

道路現狀　我國陸上交通.向由某地至某地.計程分站.每站有長吏主持.牧馬僱夫.傳遞文件.修館建舍.安置行人.自清季廢驛用郵.修治道路事業.遂至無人過問.歐戰以還.道路之功用愈著.潮流所趨.國人始漸留心於築路.惟所築之路.多係局部性質.又因經費拮据.工程簡陋.所以今日國內道路事業.仍在幼稚時代.

築鐵路則資本不足　就交通事業而言之.欲求運輸便利.道路與鐵路二者缺一不可.而陸地上大規模及長距離之運輸.應借重於鐵道.發展實業.尤非建設鐵道不可.今日國內鐵道已完成者為數甚少.徒以連年戰爭.民窮財竭.大規模之鐵道建設.勢必息借外債.受合同上之束縛.或因協約之關係.採用外國材料.鐵路上重要職員.必須雇用外人.利權損失.言之痛心.故欲即行發展國內交通事業而備大規模之鐵道建設.今日尚不能求其實現.

過渡辦法先行修築道路　再就工程方面而言之.道路與鐵路雖多相似之點.而建設之便易.則遠過之.如測勘定線之規劃.築基填土之工務.以及溝渠涵洞等之設備.與建設鐵道之初步.可謂無多差別.然道路之工作至此.略整路面.即可開始交通.而鐵道則須有軌道之鋪設.及其他必不可少之工程

設備.非俟全部就緒.不克通車.建築一里之鐵道費.可築數十里之道路.今日國內急待解決之交通問題.既在溝通內地之遠程運輸及內地民智之開發.如能將原有之官道及驛道改良之.或另築費廉工速之道路.以供目前之需要.實爲促進交通事業之最易方法.又況此種道路.足以開發沿線之實業.於將來鐵路進行.有莫大之裨益.但欲建設全國道路.於經濟上起見.須有系統之組織.與具體之計畫.

道路建設

設立國道局及國道分局　近來國內道路建設.甚形發達.各省各縣之路政機關.亦多次第設立.而主持全國之道路機關.尚付缺如.現今建設開始.中央應即設立國道局.以主持全國路政.挈領提綱.兼籌並顧.權衡緩急.次第進行.惟我國幅員廣大.路政之待舉者甚多.可按現有行政區域.一省或數省設一國道分局.直隸國道總局.總局司用人行政計畫籌款及指導省道局與縣道局等事.分局司工程及管理等事.庶職責不致紛紜.而進行合乎經濟.

國道之定義　道路之最重要者爲國道.即由國都達於各省省會特別市及要塞港口之道路.此省會達於彼省會之道路.省會特別市及要塞港口互相連接之道路.凡道路之屬於國道者.當坦直寬廣.由國道局建設及管理之.

確定國道系　國道爲一國道路之主幹.須實地調查詳細討論而後確定之.進行方法可由國道局派員至各省.先從具有國道性質之路線.此種路線.可依據原有之官道及驛道.或另尋新路線.着手調查各線長度寬度.山路或平路.河川寬度.橋梁建築費.築路材料.原有路基.泥土性質.及沿線市鎮戶口農工商業狀況.而後組織審查會以討論之.擇路線中之最適宜者.列入國道系.然後權衡各國道線之情形及建築經費.以定修築程序.俾得通盤籌畫.確定方針.而利實施.

設立省道局及縣道局　現今國內省道局與縣道局之成立者甚多.爲求普遍建設道路起見.各省須設立省道局.以主持一省內之省道.各縣須設立

縣道局.以主持一縣內之縣道.庶事權專一.進行有序.

省道縣道及里道之定義　省道之重要.亦不減於國道.即由省會達於各縣治及重要市鎮之道路.此縣治達於彼縣治之道路.縣治及重要市鎮互相連接之道路.凡道路之屬於省道性質者.當由省道局建設及管理之.道路之次要者爲縣道.卽由縣治達於各鄉鎮之道路.此鄉鎮達於彼鄉鎮之道路.凡道路之屬於縣道性質者.當由縣道局建設及管理之.里道爲此村達於彼村之道路由地方之公團建築.而受縣道局之監督指導.

規定省道線及縣道線　省道局成立後.可派員至各縣.調查具有省道性質之道路.而後規定省道線及修築程序.報由國道局核定後.卽可確定.縣道線由縣道局規定.而由省道局核定之.

原有官道及驛道之利用　築路之目的.在乎便利交通.築路之方針.當以經濟爲本.此後進行築路.可就原有之官道及驛道改良之.使得通行汽車.如此則築基填土之工務.及收買土地之費用.可以減卻不少.在實際上.此種官道及驛道.無論已往及現在.多爲陸上之要道.以之列入國道系或省道系內.最爲適宜.

道路管理

管理機關　國道爲全國之交通機關.國道局可隸屬於建設委員會.或他部.國道局局長由國民政府任命之.上承主管機關之命令,依據國道條例.以主持國道局內行政用人事宜.省道局隸屬於省政府建設廳.以主持一省內之省道.縣道局隸屬於縣政府.以主持一縣內之道路.

制定道路法律　爲便利進行建設道路起見.道路條例.須卽制定公布.進行方法.可由法制局擬訂各種道路條例法規.如(一)建設道路總則.(二)建設道路施行細則.(包括籌畫經費.收買土地.實施工程.採辦路料.投標招工等事.)(三)國道局省道局及縣道局組織規則.(包括局員之職權職務及任免等事.)(四)道路管理規則.(包括管理營業.經理路產.規定車輛.保養

路面.給發車照.徵收車捐.車輛行駛規則.國道局對於省道局及縣道局之權限及關係等事.)或由國道局擬訂.呈由國民政府核定公佈之.

道路經費　建設國道時.支出經費爲行政費築路費養路費及改良國道費等.經費來源.爲國稅車捐汽油捐特別捐債劵及營業收入等費.行政費視事務範圍之大小而定.數目約爲築路經費十分之一.因國道爲一國之交通機關.築路費當取之於國庫.或徵收一種國道稅.視國道修築之程序.與每年需費之數目.而定稅率之高低.或發行公債.指定確實擔保品.如某項稅收之類.養路費須歸有汽車者負擔.可取給於車捐汽油捐及營業收入等費.改良國道.須待運輸發達後.改良路基及路面.經費可發行公債.以養路費收入之一部分作抵.提用國庫及徵收國道稅.須得中央政府之認可.視車捐車輛之價值及重量種類而定.因車輛愈重.磨損道路亦愈甚.故徵稅應愈重.汽油捐以用於汽車者爲限.可隨時酌收.營業收入一項.可由國道局經營運輸事業.仿鐵路辦法.在道路上行駛長途汽車.將營業所得.撥充國道經費.至於省道及縣道經費.當取之於省庫及縣庫.或國道局收入之一部分.所有大綱細目.經費支配方法.預算決算.宜從長討論研究之.

徵稅之標準　建築道路之結果.能使交通便利.運費低廉.近旁之地價及房租增高.農業發達.教育振興.商務繁盛.民衆幸福.亦隨之而增加.凡此種種利益.非僅及於一時.并及於將來.我人應本權利與義務之宗旨.而定徵稅之標準.卽凡享有道路之利益者.須有納稅之義務.享受利益愈大.則納稅亦愈重.如此則民衆自當樂於捐輸.共促道路之成功.

保養道路　道路完成後.爲運輸安全起見.須注意於養路工作.每一路線.分作數段.每段又分作數小段.約二十里設一站.由工頭管理該小段內一切養路工作.如修補路面.剷除敗草.栽種樹木.保特清潔.整理一切道路建築物等事.再派視察員.沿途考察橋梁涵洞.養路工程.一切建築物.工人工作狀況.車輛行駛情形.及種種違法行爲.而加以糾正.或報告之於執行機關.

全國國道路線略圖之說明

(一) 是圖目的.在謀於最短時期內.溝通全國之交通.

(二) 是圖路線.係根據國道之定義而定.以國都省會特別市及要塞港口爲路線必經之點.

(三) 路線所過之地.多有官道及驛道依據.建築經費.可以省却不少.且可早日築成.

(四) 是圖所定之路線.有沿已成之鐵道者.有沿未成之鐵道者.有已經修築汽車路者有正在計畫及建築中者,

(五) 凡主要之要塞港口.均連以國道.以固國防.

(六) 省會間之路線.常有數線可通.故是圖亦不能作明確之規定.

(七) 是圖可分爲六幹線.卽京滿,京蒙,京回,京藏,西南及沿海綫是也.

京滿線以北平爲中心.由南京過蚌埠濟南天津而至北平.由北平過承德而至奉天吉林黑龍江.

京蒙線亦以北平爲中心.由北平過張家口而至庫倫及烏利雅蘇臺.

京回線以蘭州爲中心.由南京過蚌埠開封長安而至蘭州.由蘭州過武威而至迪化.

京藏線以成都爲中心.由南京過安慶九江武昌宜昌而至成都.由成都過康定而至拉薩及扎什倫布.

西南線以長沙爲中心.由南京武昌而至長沙.由長沙過寶慶貴陽而至昆明.

沿海線卽由南京過杭州福州而至廣州及南寗.

(八) 在京滿線中.已有鐵道可以連絡.京蒙線中.張庫汽車路已經築成.沿海線之運輸.可改由海道.事實上此三線之建築.可以稍緩.

在京回線中.由南京至開封一段.可以借用鐵道.由開封至迪化一段.交通尙感困難.惟此線係根據官道.工程上並不困難.且其中數段.有已經通行汽車者.爲求聯絡新疆起見.此段應宜從速完成.

在京藏綫中.由南京至武昌一段.有長江可以利用.建設不妨稍緩.武昌至成都.及成都至扎什倫布二段.應宜從速建設.以謀京蜀交通之便利.且固西藏之內向.惟此系在工程上.較形困難.

在西南系中.由南京至長沙一段.暫時可利用水道.長沙至寶慶一段.已有長途汽車通行.寶慶至昆明一段.應宜從速建設.以便滇黔二省之交通.

(九) 今日修築程序.當以開封至迪化.武昌至扎什倫布.及長沙至昆明三線爲第一期.約一萬二千華里.第二期爲完成此六幹線.約一萬八千華里.第三期爲完成其他路綫.約四萬五千華里.如每華里平均以一千元計算.則共需七千五百萬元.

始創西麻一八六五年即同治四年
Hope Bros & Co
上海南京路拋球場
亨達利鐘表總行
上海祇有此一家
請認明招牌中達字
達
高等鐘表 金鋼鑽石
各種首飾 光學眼鏡
機械技師 精工修理
價廉物美 久遠馳名

THE DESIGN OF SUPER-POWER-GENERATING UNITS

BY

MANFRED VOIGT, E.P.Z.

(A paper presented before the Engineering Society of China).

Industrial, and nowadays, also agricultural progress depend to a large extent upon the availability of a cheap and reliable power supply.

These two factors, cheapness of production and reliability are the points which the designer must bear in mind when developing new types of machinery, while at the same time, of course, keeping the total construction costs within the limits fixed by competition.

But, while the question of reliability is largely under his control, by careful calculation and selection of new raw materials, cheapness of production does not only depend upon the electrical, thermal and mechanical efficiency of the power unit, but is also largely influenced by local conditions such as, inter-connection with existing plant, price and suitability of available sites, water and fuel supply, cost of attendance, legislative measures, etc.

These complications are nowhere of greater importance than in design of steam turbo-generating units. The reason is, that steam power plants have, up to recent years, nearly always been situated near or in industrial centres on sites of which the value increases rapidly, so that finally a state is reached where the capital investment necessary for extensions in units of hitherto standard size, begins to have a serious influence on the cost of the power produced.

This state has already been reached in several centres, notably in America, and it is, therefore, in that country that the question of the Super-Power-Unit first became acute.

The term coined is here applied to such machines as form a notable departure from the gradual upward trend of the unit-output curve; machines of 30,000, 40,000 and 60,000 kw., were being developed step by step, when the call came for sizes two or three times the output of the largest then existing units.

It might seem to the casual observer who notices the enormous increase in unit outputs in the last few years, (Fig. 1) that the competitive spirit, which plays such an important part in the technical development of most countries, and especially America, is at the bottom

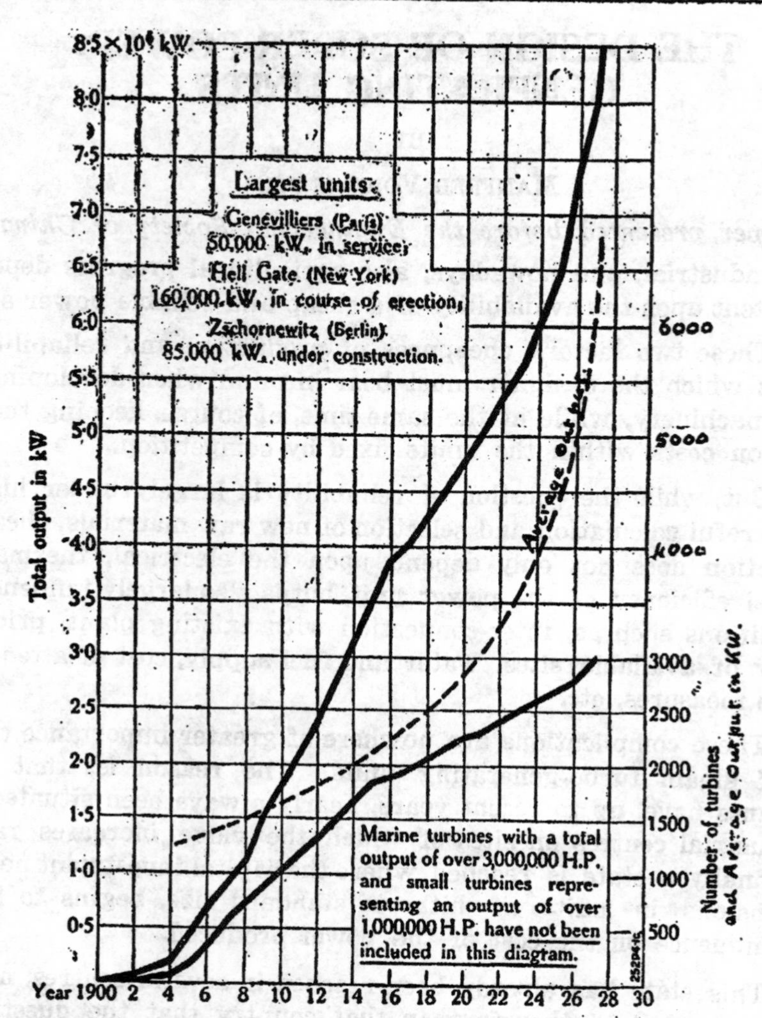

FIG. 1. Curves showing increase in number and output of turbines manufactured.

of the whole matter. This is no doubt true to some extent, the successful construction and installation of a monster machine being an occasion of no mean advertising value; however, in view of the large costs and responsibilities involved, this aspect of the question is of secondary importance as compared with the points already mentioned.

The problem is therefore essentially the following; given a certain space, to get out of it the largest possible output, the total efficiency and reliability being as high as possible.

It will at once be seen that there are certain limiting factors which fence in the design. On the one hand, standard alternating current frequencies limit the speed to certain fixed values on the electrical end, while on the other hand, the admissible mechanical stresses determine the maximum diameters of the rotating parts both in the turbine and generator at these speeds.

The limiting factor for the output of the generator, at a given speed, is the size of the rotor and the amount of excitation winding which can be put into it; these again are determined by the centrifugal stresses set up in the so-called rotor caps.

In all modern high power turbo generators, the exciting winding is of the cylindrical distributed type first introduced by Charles Brown. This winding is embedded in axial slots and the ends are bent round circumferentially from one slot to the next in order to close the circuit.

These ends, it is, which give the designer the most trouble in high speed machines, because of the enormous centrifugal forces exerted against the cylindrical caps which hold them in place. The thicker the cap is made to withstand the stresses, the shorter will be the remaining radial depth of the slot for taking up the winding. It thus follows that limit of output is soon reached which makes it necessary to search for new materials either for the caps, or the winding, or both, copper windings and bronze caps being no longer able to keep up with the demand for increased outputs.

A further complication is caused by the fact that the rotor cap, in order not to interfere with the desired distribution of the magnetic field, should be of non-magnetic material, all ordinary sorts of tough steel being thereby excluded.

Not a little ingenuity was expended on this problem by engineers and metallurgists, the final solution being the replacement, in some high speed designs, of the copper winding by aluminium, thus reducing the centrifugal forces in spite of the lower conductivity of the new material, and the generalized use of a special non-magnetic nickel steel of very high tensile strength for the rotor caps.

This difficulty having been overcome, a new limitation is found in the rotor length, which determines the critical speed at which the tendency to vibrate reaches its maximum through resonance. Rotors built up of discs or laminated teeth fixed to a relatively thin shaft will, of course, show a lower critical speed than those more rigid types cut from a heavy cylindrical forging, and if the critical speed is to be avoided, the limit output of the latter will be correspondingly higher.

The rotor length has been further somewhat reduced and the critical speed raised by discarding the usual ventilating fans mounted on the rotor ends and using, instead, a separate blower, either coupled to the generator shaft or driven by a special motor. (Fig. 2)

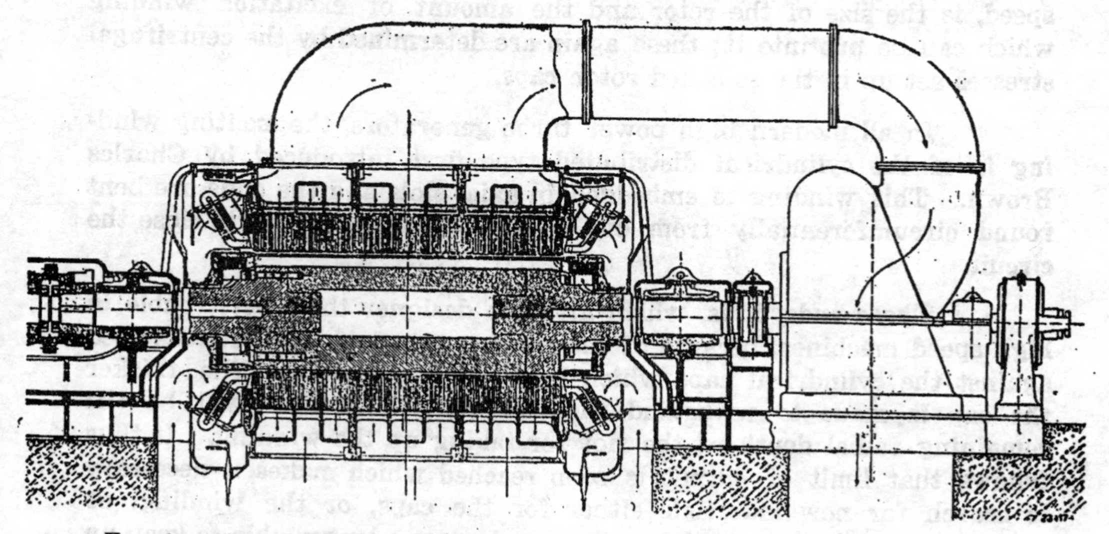

FIG. 2.—Section through 75,000 kw., 1,800 rpm Alternator with separate ventilating blower.

In spite of the high efficiencies attained by modern turbo-generators, lost energy amounting to a few thousand kw. may have to be dissipated in the cooling air, and the very considerable quantities of air necessary to maintain the temperature of the machine at the prescribed value can thus be much more efficiently handled in a blower of standard design.

The question of weights and dimensions to be handled and transported is a serious problem, especially for factories which have to rely on rail transportation for the despatch of their products. A turbo-generator rotor can usually not be dismantled for transport; the rotor of a 100,000 k.v.a. 60 cycle 1,200 r.p.m. generator weighs no less than 100 tons, it will, therefore, be realized that the transport of such a piece by rail calls for special precautions and is an expensive matter.

The design of the stator does not present any new problem except those imposed by the means of transport. The former practice of dividing the stator ring into two or more parts, which can be fully or partly wound and assembled on site, presents such serious disadvantages due to the discontinuity of the magnetic circuit, that it is gradually being discarded. High tension coils can be made, insulated and tested at works in such a manner, that their later assembly presents absolutely no difficulties. It has, therefore, turned out to be preferable to adopt the design and dimensions most favourable for the performance of the machine, without sacrificing anything to the limitations imposed by the available means of transport,and to put in place the laminations and winding on site. The outer casing, with the ventilating ducts, can then be built in sections either of cast iron or of welded steel plate and the whole stator does not differ essentially from that of the standard types of smaller output.

Twisted, stranded copper windings, to reduce the copper losses, large reactance drop to limit the short-circuit current and short-circuit proof supporting of the end connections are, of course, regular features or such machines.

With so much output concentrated in one machine, special attention must be, of course, paid to the question of additional losses caused by the stray fields in the stator covers and press plates holding the laminations in place. Here, again, the metallurgist has come to the rescue by providing special bronze and non-magnetic cast iron.

The alternator is, of course, cooled on the closed circuit system, whereby some of the losses can be recuperated by using feed water for the surface coolers.

There is a considerable gain in the utilization of the raw materials by constructing generators of ever increasing capacities, as is best shown by comparing the weights per K.V.A. output with those of former constructions. In 1919, the figure was 8.5-lb. for a 5,000 k.v.a. 3,600 r.p.m. machine; it fell to 7.85-lb. for a 37,500 k.v.a. generator at 1,800 r.p.m. in 1924 and to 5-lb. for an 88,200 k.v.a. 1,800 r.p.m. machine in 1927.

It is impossible to say where the ultimate limit lies; turbo-generators of 40,000 k.v.a. at 3,000 r.p.m. were, a few months ago, regarded as a limit, for the time being, but a new advance has lately been made to 45,000 k.v.a. at that speed, while an order has also been placed for 100,000 k.v.a. in one machine at 1,500 r.p.m.

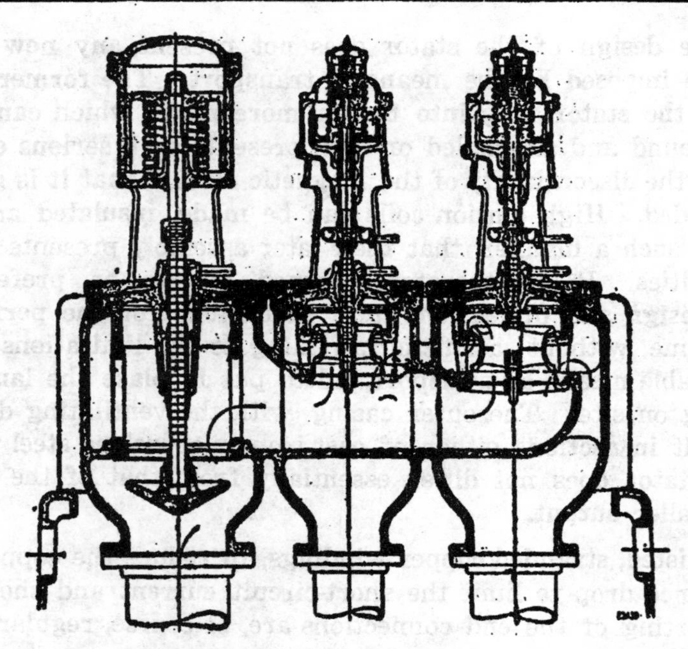

Fig. 3—Oil controlled governing gear of Hell-gate turbo-generater showing self-centering fixture of valve cradles.

Turning now to the prime mover, we find the limitations rather more vague on account of the largely differing service conditions, which determine some of the chief dimensions.

The mechanical stresses are partly caused by centrifugal forces, partly by steam pressure and temperature; the overall dimensions depend to a large extent upon the vacuum utilized which, in its turn, is determined by the temperature and quantity of cooling water available. The designer is forced to compromise between efficiency and dimensions and stresses of the low-pressure section of the turbine. The steam pressure and temperature vary between wide limits; in new plants the tendency is to secure higher efficiency by extending the steam cycle, the live steam pressure and temperature being raised and the temperature of condensation lowered as much as possible, while in other cases connection to existing boilers make it necessary to suit the design to more conservative values.

All these varying requirements are best met by designing the turbine as a multi-cylinder unit, the different cylinders being direct coupled to one alternator or, in other cases, driving separate generators electrically coupled.

The high pressure element can thus be carried in a simple cylindrical or conical steel casing, free to expand and capable of standing the highest pressures. Built-on valves and all not absolutely necessary flange connections are avoided as much as possible, the governing valves being mounted separately alongside.

In spite of the largest outputs, the high pressure blading will be comparatively short, nevertheless it is found advantageous, also in reaction turbines, to mount the stationary blading in special steel rings which can be removed bodily from the outer casing. This considerably reduces the cost of casting and machining the heavy outer casing. (Fig. 4)

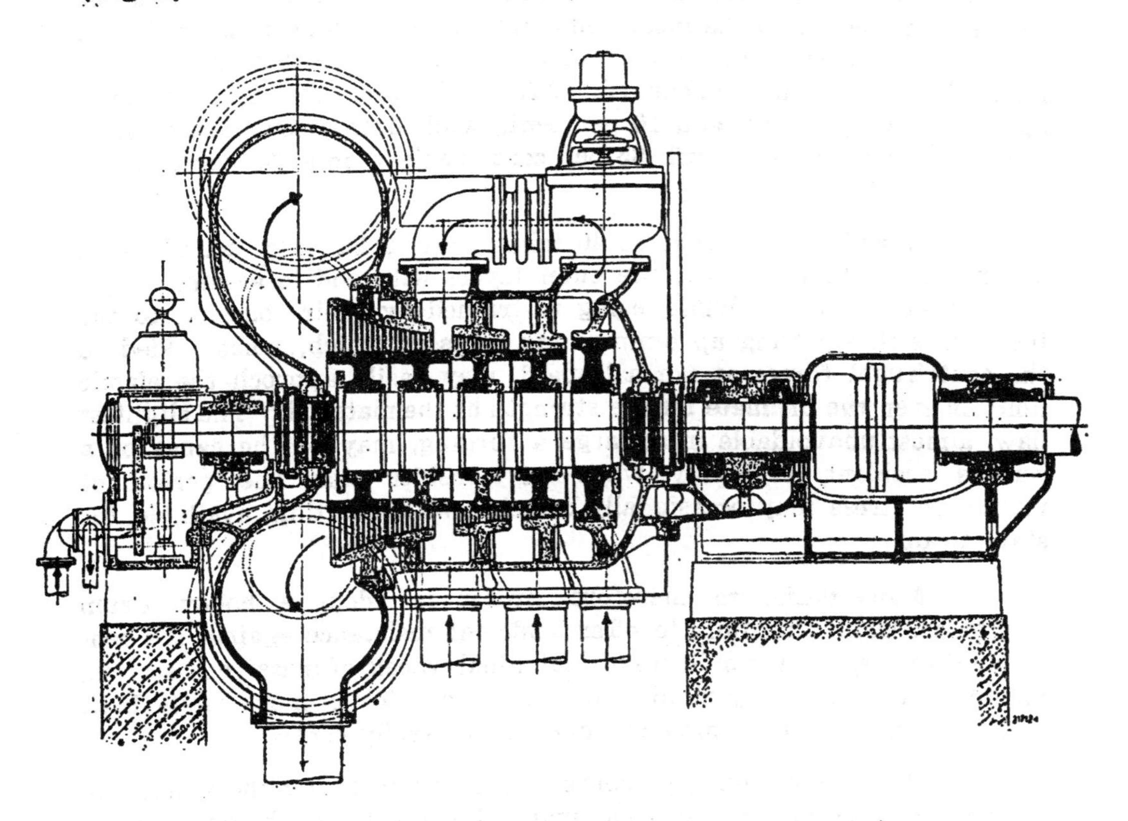

Fig. 4.—Section through H.P. turbine 75,000 kw., 1,800 rpm. Showing connections to governing valves.

Special precautions are necessary in designing the rotor of the high pressure cylinder, in order to allow for temperature fluctuations.

Here there is a conflict between the requirements of steady running and temperature stresses. After sight it would seem that for steady running, a short solid forging of a diameter large enough to carry the blading directly on its circumference, as in the original Parsons designs, would be the most suitable. But when the diameter of such a spindle attains 4-5 ft. as in a high pressure turbine of 70,000-80,000 kw. output, it is necessary to take into account the time taken for warming up and the stresses produced during this process.

Professor Stodola, in his classical book on the steam turbine, shows how the heat penetration in such a spindle can be calculated and we find that for a spindle of 5-ft. diameter, heated outside by steam of constant temperature, the mean temperature of the whole, after 9 min, will be but 19 per cent. of the outside temperature, that at the axis remaining practically unchanged. After 40 min. the corresponding figures are 42 per cent. and 10 per cent., while even after 2 hrs. 30 min, the respective values are still 85 per cent. against only 64 per cent. at the axis.

It will be seen that at 40 min. there exist very considerable differences of temperature; the outer layers will tend to assume larger and larger diameters while being restrained by their cohesion to the inner core thus setting up temperature stresses which, when added to the centrifugal forces at normal speed, may easily approch the elastic limit or even the ultimate tensile strength of the material. The slightest flaw, almost unavoidable in so large a forging, may be the cause of a serious accident, especially when we consider that the period of maximum stress may occasionally coincide with the time available for starting up.

Many designers, therefore, prefer to adopt a hollow drum design or, when this fails to offer sufficient resistance against the centrifugal forces, a rotor built up of individual wheels of massive H-section, mounted on a relatively rigid shaft. Such a rotor is more easily built and the quality of its component parts more easily controlled.

Precautions must, of course, be taken in fixing the wheels, to prevent them from working loose under the influence of the temperature rise due to sudden overloads of the turbine, which, with the centrifugal stresses, tends to widen the central boring.

Too tight a fit again gives rise to trouble due to pinching of the shaft, which causes distortion.

A method successfully employed to overcome these difficulties consists in mounting the wheel on elastic rings of V-shape which automatically centre the wheel and take up any deformation of the hub.

The glands by which the shaft leaves the casing as well as the journal and thrust bearings are of no special design, the latter being executed on the principle of the Mitchell oil pad bearing for all outputs and speeds.

The design of the control mechanism and especially of the main regulating valves introduces some novelties on account of the large dimensions and high temperatures encountered. Distortion of the valve body or cradle frequently gives rise to leakage and jerky governing in machines of medium size; with valves of 20-in. diameter such an occurrènce is a more serious matter and to guard against it a construction has been evolved similar to the device mentioned for fixing the turbine wheels. The valve cradle is only fixed rigidly at its upper end the lower end being held and automatically centered by elastic rings.

Hand control of such large valves is, of course, out of the question and recourse is had to oil servo-motors with pilot valves, with the result that a master controlvalve can be used for carrying out all the starting and stopping operations from one spot in their proper sequence.

As already mentioned, the valve gear, especially of such turbines as are designed for high pressuures and superheats, is mounted separately near the turbine, to which it is connected by flexible pipes capable of taking up the expansions and contractions due to variations of the load. (Fig. 5)

High pressure turbines have been built on these principles with outputs up to 75,000 kw. and for working with pressures of 1,400-lb. per sq. in. and temperatures of 840° F. either as high pressure stages of compound units, or as primary turbines for whole power stations, the exhaust steam being in this case used for driving existing turbines of standard type. The installation of such a primary turbine provides a means of improving the efficiency of an existing power plant.

The exhaust pressure of the high pressure turbine will depend upon the overall efficiency desired and the total heat drop available. If both are large, the turbine will be divided into three or more cylinders in order to accommodate a sufficient number of stages.

It will be sufficient now to consider the low pressure turbine, the intermediate pressure elements being in some sense combinations of high pressure and low pressure features, as far as the limitation of the outputs is concerned.

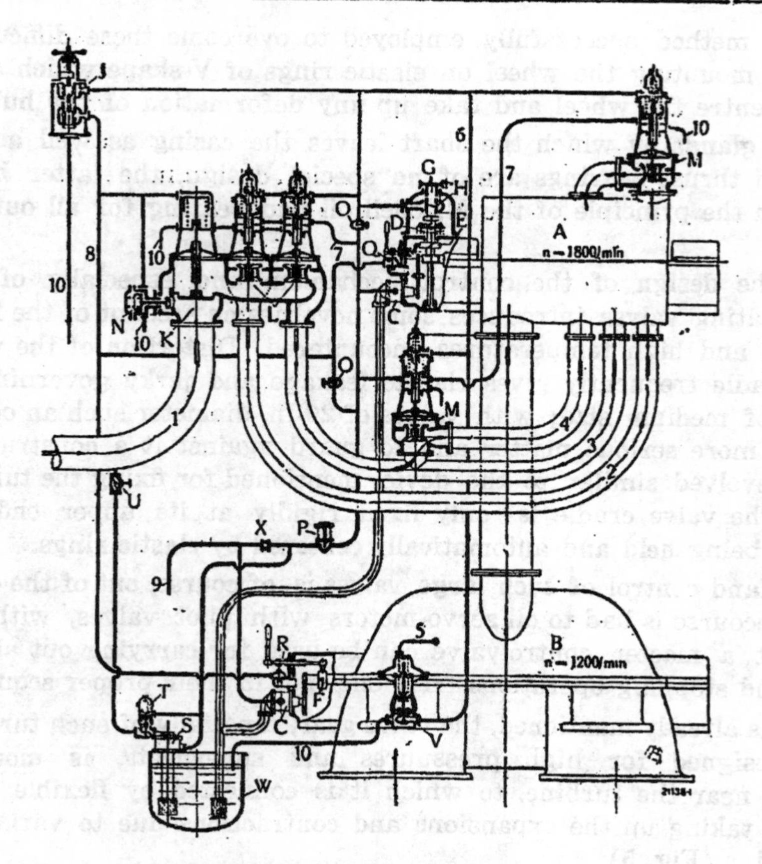

Fig. 5.—Diagram of Control Gear.

Diagram of control gear for the 160,000-kw. steam turbine for the Hell Gate Power Station, New York.

1. Live steam.
2—4. Steam pipes to various stages.
5. Steam pipe to V.
6. Preliminary control oil system.
7. Pressure oil system.
8. Emergency oil system.
9. To oil cooler.
10. Oil return.

A. High-prossure turbine.
B. Low-pressure turbine.
C. Gear oil pump.
D. Speed regulator.
E. Safety regulator for high pressure cylinder.
F. Safety regulator for low-pressure cylinder.
G. Oil regulator reservoir.
H. Oil regulater opening.
J. Starting device.
K. Rapid closing valve.
L. Inlet valve.
M. Overload vaive.
N. Outlet valve.
O. Oil regulating value.
P. Oil safety valve.
Q. Tripping device for high-pressure cylinder.
R. Tripping device for low-pressure cylinder.
S. Steam driven oil pump.
T. Automatic starting device for S.
U. Interlocking valve.
V. Vacuum limiter.
W. Qil reservoir.
X. Notch.

The main problem to be faced in the design of the low pressure cylinder is to provide a sufficiently large outlet annulus for the steam. The rapid increase of the specific volume at higher vacua gives rise to high axial velocities of the steam towards the exhaust end, the final loss of which for useful work, as the steam leaves the last row of blades, is one of the factors which reduce the thermal efficiency of the machine. Any reduction of the blade annulus for the sake of cost, or weight, or on account of constructional difficulties, will increase the outlet losses to such an extent, that the turbine would no longer be able to compete in efficiency with more perfect designs.

As will be seen later, special stainless steel is used for the low pressure blading and the maximum tip speed allowable for such material is in the vicinity of 900-ft. per second. This, together with the frequency of the alternator, determines the maximum outside diameter of the last blading annulus.

The blade, itself, in order to stand the centrifugal tractive effort, must be built with an increasing cross section towards the root. It will therefore be seen, that if an attempt is made to increase the useful annulus by using longer blades on a disc of reduced dimensions, crowding will occur at the blade roots, reducing the free steam passage. This gives us a second limitation.

Two solutions have been found to overcome this difficulty which have so far been able to cope with the largest outputs, and which at the same time solve other no less important problems.

One of them is the so-called multiple exhaust, in which the steam is expanded to condenser pressure as it were in instalments, thereby multiplying the available exhaust section without increase of the blade length. In this construction, the question of crowding is at the same time solved by a special design of the blade root, which is expanded axially.

The other solution is found in the use of a double ended low pressure element, whereby the exhaust surface is doubled and the axial thrust, present in reaction turbines, is at the same time eliminated. (Fig. 6)

The design and construction of the blades themselves is no simple matter. The ratio of steam velocity to circumferential speed of the blade, varies continually from the root of the blade to the tip, as

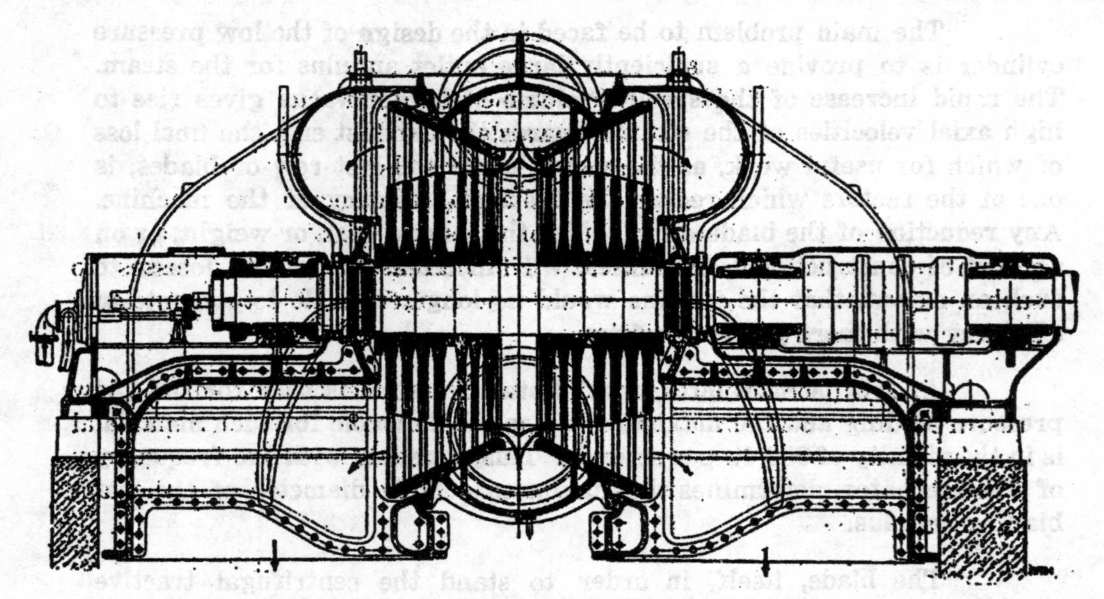

FIG. 6.—Section through L.P. turbine 85,000 kw. 1,200 rpm.

does also the ratio of blade section to free steam passage. Complicated curved and warped surfaces are the result if proper guidance is to be provided for the steam flow.

Such surfaces can only be produced on special milling machines, as many as 20 milling operations being necessary to produce one of the larger blades.

A few years ago, when the development of ever increasing outputs at 3,000 and 3,600 r.p.m. was in full swing after the lean years of the war, a veritable epidemic of blade stripping and accidents to low pressure discs broke out. All types of turbines were affected and it speaks well for the resourcefulness of the designing and testing staffs, that the cause and remedy of this trouble were almost simultaneously discovered on both sides of the ocean.

The cause was disc and blade vibration, due to the fact that constructions in themselves sufficiently strong to withstand the centrifugal stresses, were not rigid enough to avoid the formation of resonance vibrations at normal working speeds.

Methods were evolved for artificially producing these vibrations under working conditions, whereby the laws governing their occurrence, the influence of blade length and section, wheel profile, speed and temperature, were determined. It is now possible to calculate with close approximation the resonance frequencies of all types of discs, and the epidemic has been practically stamped out.

Having passed this test, the design of the low pressure element must still take care of another feature which has a great effect on the efficiency of the machine and on the maintainance of that efficiency after long periods of service. This is blade corrosion.

If the expansion curve of the steam is examined in the entropy diagram, it will be seen that with the pressures and temperatures now available for the live steam, a large part of the expansion, namely that corresponding to the low pressure cylinder, takes place below the saturation line.

The higher the efficiency of the turbine, the greater will be the wetness of the steam in the last stages. The water drops formed must be carried along through the blading, and as they cannot be instantaneously accelerated to the speed of the surrounding medium, they exert a very considerable braking effect by striking against the backs of the revolving blades. This accounts, to a large extent, for the discrepancies formerly observed between the calculated efficiencies and test results of low pressure turbines.

The importance of this matter will be apparent if it is realized that for the usual live steam conditions and vacua now utilized, something like 1,3 to 1,5-lb. of water per kw. total output, pass through the low pressure blading. Thus for a 160,000 kw. unit, we would have no less than 240,000-lb. of water per hour.

With blading working at tip speeds of several hundred feet per second, erosion must be expected, unless special material is used in the construction of the blades and other means adopted to reduce the amount of condensed water or prevent its formation. Several methods are available; (1.) Reheating the steam between stages, (2.) Extracting steam so as to reduce the total volume passing to the condenser, (3.) Separating the water mechanically.

It is usual, in modern machines, to combine at least two of these principles, whereby it is at the same time possible to obtain other advantages not directly connected with the question of condensation in the blading.

As is well-known, the efficiency of the Carnot cycle can be increased by raising the temperature of heat reception and lowering that of heat extraction. The former is at present limited by the refractory materials and metals available for the construction of the boilers, the latter by the local temperature of the cooling water. A considerable gain can, however be realized by pre-heating the feed water by means by steam extraced at intermediate stages of the turbine, as this tends to increase the mean temperature of heat reception.

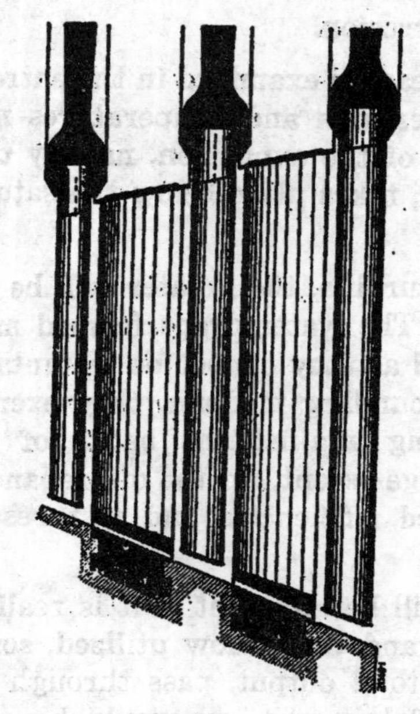

FIG. 7.—Reaction blading with channels for separating condensed wat er.

The extracted steam can, at the same time, be made to carry off a large quantity of the condensate, by means of a suitable construction of the guide blading, while the volume of steam passed to the condenser is reduced. (Fig. 7) As the latent heat of this steam is lost in the cooling water, extraction pre-heating is very economical, and universally adopted for installations of any importance.

The temperature of heat reception can also be raised and the condensation reduced, by reheating the steam on its way from one cylinder to the other. This can be done by means of the boiler flue gases, which necessitates, however, complicated and extensive piping between the turbine and boiler room, whose large steam content is a source of danger in case of a sudden shut-down, because it is not under direct control of the main governing valves. A method which is not quite so efficient but much simpler and safer, is to reheat the exhaust by means of live steam.

An example of this method is a high pressure turbine working at 1,400-lbs. per sq. in. and a live steam temperature of 860F. and exhausting into low pressure units at 285-lb. per sq. in. The high efficiency of this turbine causes the temperature of the exhaust steam to drop to about 480°F. which would result in heavy condensation in the low pressure blading. The exhaust is, however, led through two reheaters, traversed first by saturated steam at full pressure, and then by the live steam admitted to the high pressure turbine,

The result is that the temperature of the live steam is reduced to 808°F. and that of the exhaust raised to 680°F. Although the steam consumption of the high pressure turbine is thereby slightly increased, the gain by using dry steam in the low pressure stages is ever so much greater, and the whole arrangement is exceedingly simple and reliable.

In spite of these remedies, large quantities of condensed steam must be reckoned with and the metals used in the construction of the low pressure blading must be chosen accordingly.

Here, again, extensive tests have been carried out in order to discover the laws governing the process of blade corrosion and the metallurgist has come to the rescue with special steels combining the features of resistance against corrosion and wear with suitable mechanical strength.

The design of the low pressure casing is a question of foundry technique and transportation facilities. Such large machines can of course not be operated exhausting to atmosphere and devices are introduced which automatically stop the turbine if the vacuum fails. Nevertheless all precautions must be taken to make the casing as rigid as possible and to prevent distortion under varying temperatures.

This point of view, together with the necessity of sub-dividing the casting into parts sufficiently small and light to be transported by rail, taxes the skill of the designer and foundry superintendent to the utmost.

The illustrations shown, Fig. 8, refer to a cross compound turbogenerator of 160,000 kw. output, in the construction of which most of the problems enumerated had to be solved, and in which the principles exposed are embodied.

Constructed in Switzerland by Messrs. Brown Boveri & Cie, for the Hell Gate Power Station of New York, the difficulties of turning out a design suitable for railway transport assumed formidable proportions. The high pressure turbine, of 75,000 kw. output at 1,800 r.p.m. weighs about 72 tons, of which 45 are accounted for by the casing and 27 tons by the rotor. The steel casing is in four parts. The low pressure turbine rotor, of 85,000 kw. at 1,200 r.p.m. weighs over 100 tons, and the corresponding housing, no less than 340 tons. This housing is sub-divided into 12 parts of individual weights up to 45 tons.

Naturally the dimensions of this unit are also considerable, notwithstanding the fact that the set is designed for the highest possible output per unit of floor space. The entire turbo-generator is 80-ft, long and 39-ft. wide; the two steam inlet pipes are 23.5 ins. diameter, whilst the exhaust surface amounts to no less than 350 sq ft.

It should, however, be mentioned, that after carefully studying every detail of the design, no special difficulties were encountered in the manufacture, or have so far cropped up in the erection on site.* A further single generator unit of 100,000 kw. output at 1,500 r.p.m. is in construction for Berlin, and we seem still to be far from the ultimate limit as far as design and construction are concerned.

Of course only the largest power companies can afford to put so many eggs into one basket, but the relatively small size, weight and cost per unit of output, is attractive, and the super-power unit leaves nothing to be desired as regards operating costs, thermo-dynamic efficiencies of over 85 per cent., measured at the coupling being obtainable.

Fig 8. Casing of 160,000 kw. Steam turbine for The Hell gate station, N.Y. U.S.A.

*Since the above was written, the whole set has been set to work and is in service since January, 1929.

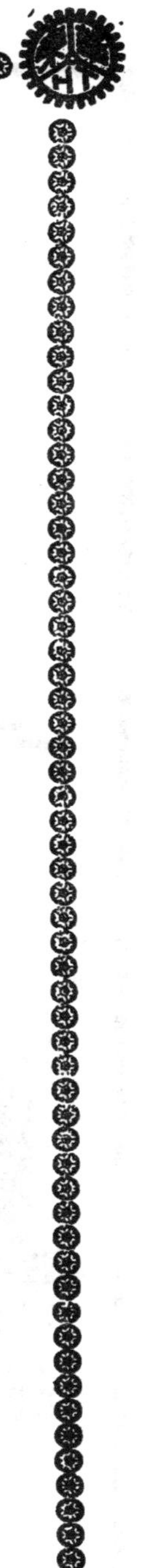

（新式十八號）

更爲精美定價特廉

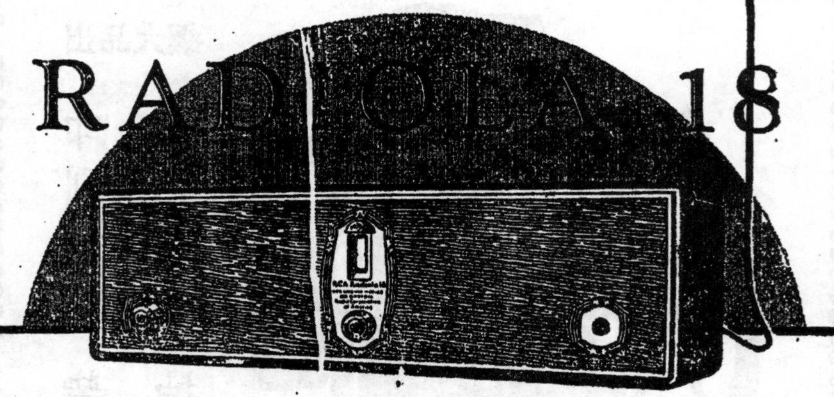

世界著名之RCA無線電收音機

新式改良　巧妙無比　定價特別減低

美國合組無線電公司之家庭用交流電無線電收音機今新出一種十八號式較十七號式更爲巧妙不獨收音更爲簡易而且價格特別減低因銷路擴大宗製造於是成本漸輕

收音所用電流亦經技師悉心考研採最合度者務期發音更爲清晰悅耳

機盒係用花心木精製漆胡桃色富麗高雅名貴之至美國合組無線電公司爲世界最大之無線電製造組合設備最富研究最精又與美國奇異及威司汀好斯二電氣公司通力合作因之出品最精

新式十八號RCA收音機之發明良有以也

上海南京路十二號甲

中國經理惠勒公司

電話一六五一四

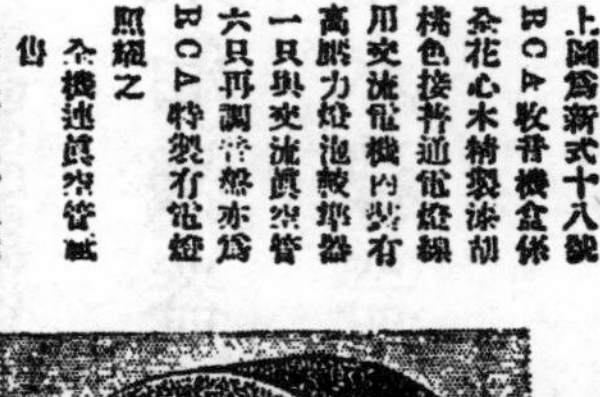

上圖爲新式十八號RCA收音機盒係朵花心木精製漆胡桃色接普通電燈線用交流電機內裝有高能力燈泡變壓器一只與交流眞空管六只再調節整亦爲RCA特製有電燈照細之全機連眞空管祗售洋二百九十五元

著名RCA一百號A放聲器（即喇叭）定價洋七十元製造精巧與收音機合用成績最佳

RCA Radiola

MADE BY THE MAKERS OF THE RADIOTRON

Buy with confidence where you see this sign

森

請聲明由中國工程學會「工程」介紹

機車鍋爐之檢查及其修理

著者：張蔭煊

(一) 引言　機車最重要之部分為鍋爐 Boiler. 通常所謂機車出險,大半屬之.且機車之小修 Light Repair 或大修 Heavy Repair, 其工作之耗費於鍋爐者,必佔十之八九.故機車之生命大半恃乎其鍋爐之健全,而鍋爐之健全,恃乎平日之檢查與修理.雖然,檢查與修理有互連之關係,有詳細之檢查,而後有完善之修理,有完善之修理,而後有簡便之檢查,此當然之理也.爰草成是篇,以冀機車工程界高明,賜指正焉.

(二) 機車鍋爐普通之弊病　機車鍋爐常發現之弊病,可分下列三大類:

(A) 關於外火箱 Outside Fire Box 及圓筒部 Barrel 各鈑或接縫者: (1) 內面的消蝕 Internal Wasting, 銹蝕 Corrosion 麻面銹蝕 Pitting 等. (2) 外面的銹蝕. (3) 折紋 Grooving. (4) 裂縫 Crack, 或折斷 Fracture, (5) 斷裂 Brittle. (6) 鉚釘損壞等.

(B) 關於內火箱者: (1) 消蝕 Wasting. (2) 底環 Mud Ring 及角緣之折紋 Grooving. (3) 裂縫 Crack 及折斷 Fracture. (4) 扁圓或變形之火管孔. (5) 鈑之燒燬. (6) 斷裂或消蝕之頂撐 Radial Stay. (7) 灣曲 Bending 斷裂 Brittle, 消蝕 Wasting 或漏水之螺撐. (8) 消蝕 Wasting 螺撐頭. (9) 各鈑接縫漏水 Leaky Seam. (10) 各鈑凸出 Bulging 等.

(C) 關於火管,焰管 Fire Tubeor Flue 者: (1) 消蝕 Wasting. (2) 火管頭 Tube Ends 之燒燬. (3) 銹蝕 Corrosion (4) 麻面銹蝕 Pitting 等.

(三) 鍋爐之檢查　機車定期檢查之表準依照 Mr. Cecil W. Paget 根據時間與行程而訂定,並經英國 Midland Railway 試用者,不可不為妥當,茲將該項標準列表如下:

機車各部定期檢查標準表

各部名稱	檢查手續	檢查前供用之時間或行程
(1) 鍋爐 Boiler:		
內外各部全體	撤去火管 全部查驗	新鍋5年舊者4年
火箱 Fire Box	查驗	3至5星期
火管 Tubes	查驗	3至5星期
鍋管鈑 Tube Plates	查驗	3至5星期
螺撐 Stays	查驗	3至5星期
磚拱 Brick Arch	查驗	3至5星期
烟箱 Smoke Box	查驗	3至5星期
易溶塞 Fusible Plugs	換新	6至10星期
易溶塞 Fusible Plugs	查驗	3至5星期
保安汽閥 Safety Valves	查驗	9至15星期
彈簧 Spring-Balances	查驗	9至15星期
接連各部 Connections	查驗	9至15星期
(2) 各種表計托架 Gauge Frames 及驗水閥 Trial Taps:		
各種表計接通閥 Gauge Frame Taps	查驗	3至5星期
各處接連螺帽 Gland Nuts	查驗	3至5星期
驗水閥 Trial Taps	查驗	3至5星期
水道	清洗	3至5星期
(3) 注水機 Injectors:		
汽閥 Steam Plugs	查驗	3至5星期
汽水開閉混合閥 Combination Steam and Stop plugs	查驗	3至5星期
喇叭管 Cones	查驗	3至5星期
壓水閥 Clacks	查驗	3至5星期
(4) 貨機車回動機 Revevsing Lever 銷鍵等:		
完全各部	查驗	10至18日
(5) 軔機各件 Brakes:		
盤形閥 Disc Valves	查驗	3至5星期

保安閥 Belief Valves ……………查　驗………3 至 5 星期
吹氣管 Ejectors ……………………查　驗………3 至 5 星期
氣管 Pipes ……………………………查　驗………3 至 5 星期
軟氣管 Hoses ………………………查　驗………3 至 5 星期
排水閥 Drips …………………………查　驗………3 至 5 星期
輙機附屬各件…………………………查　驗………3 至 5 星期
(6) 煤水車水閥 Water Gauges ……查　驗………5 至 9 日
(7) 軸箱油墊 Oil Pads ……………查　驗………5 至 9 日
軸箱油墊及箱蓋…………………………清　除………5 至 9 日
(8) 汽管沙管及其開閉閥 …………查　驗………3 至 5 星期
(9) 潤油機 Lubricators ……………查　驗……4000—4700哩(客機)
3000—3700哩(貨機)

(10) 輪 Wheels 及軸 Axles:
輪箍 Tyres ……………………………查　驗……4000—4700哩(客機)
3000—3700哩(貨機)
曲拐輪及軸等…………………………查　驗……4000—4700哩(客機)
3000—3700哩(貨機)

(11) 搖桿 Connecting Rods 及聯桿 Coupling Rods:
聯桿 Coupling Rods ………………查　驗……4000—4700哩(客機)
3000—3700哩(貨機)
桿頭 U 字套 Straps ………………查　驗……4000—4700哩(客機)
3000—3700哩(貨機)
桿頭鍘襯 Brasses …………………查　驗……4000—4700哩(客機)
3000—3700哩(貨機)
斜面契…………………………………查　驗……4000—4700哩(客機)
3000—3700哩(貨機)
銷鍵……………………………………查　驗……4000—4700哩(客機)
3000—3700哩(貨機)
螺栓……………………………………查　驗……4000—4700哩(客機)
3000—3700哩(貨機)
搖桿……………………………………查　驗……4000—4700哩(客機)
3000—3700哩(貨機)

(12) 自動上水式煤水車 Tender Tants with water Scoop:

水箱……………………………查 驗……4000—4700哩(客機)
3000—3700哩(貨機)

水閥……………………………查 驗……4000—4700哩(客機)
3000—3700哩(貨機)

濾水器 Sfrainer ……………………查 驗……4000—4700哩(客機)
3000—3700哩(貨機)

撐桿螺栓等……………………查 驗……4000—4700哩(客機)
3000—3700哩(貨機)

(13) 非自動上水式煤水車Tender tanks not fitted with water Scoop:

水箱……………………………查 驗……12000—14000哩(客機)
9000—12000哩(貨機)

水閥……………………………查 驗……12000—14000哩(客機)
9000—12000哩(貨機)

濾水器……………………………查 驗……12000—14000哩(客機)
9000—12000哩(貨機)

撐桿螺栓等……………………查 驗……12000—14000哩(客機)
9000—12000哩(貨機)

(14) 軸箱 Axle Box 及油墊 Oil Pads:

各軸箱除轉向輪組 Bogies 外 ……查 驗……16000—19000哩(客機)
9000—12000哩(貨機)

(15) 汽箭鞲鞴汽閥等 Cylinders, Pistons, Valves:

汽閥……………………………查 驗……20000—24000哩
15000—18500哩(貨機)

進汽及出汽道 Ports ……………查 驗……(2—4—0, 小客機);
貨機同上

出汽管 Blast Pipe ………………查 驗……12000—14000哩(0—4—4, 水箱機);
貨機同上

鞲鞴 Piston ……………………查 驗…… 同 上
貨機同上

鞲鞴漲圈……………………………查 驗…… 同 上
貨機同上

汽箭及汽箭蓋……………………查 驗…… 同 上
貨機同上

(16) 蒸汽滑閥 Slide Valves:

厚度 Thickness ……………………………查　驗……12000—14000哩(0—4—4,水箱機);
15000—18500哩(貨機)

(17) 滑閥桿 Valve Spindles:

銷鍵孔眼……………………………………查　驗……同　上
貨機同上

(18) 機車及煤水車轉向架 Engine and Tender Bogies:

轉向架……………………………………查　驗……20000—24000哩(客機)
15000—18500哩(貨機)

彈簧………………………………………查　驗……20000—24000哩(客機)
15000—18500哩(貨機)

軸…………………………………………查　驗……20000—24000哩(客機)
15000—18500哩(貨機)

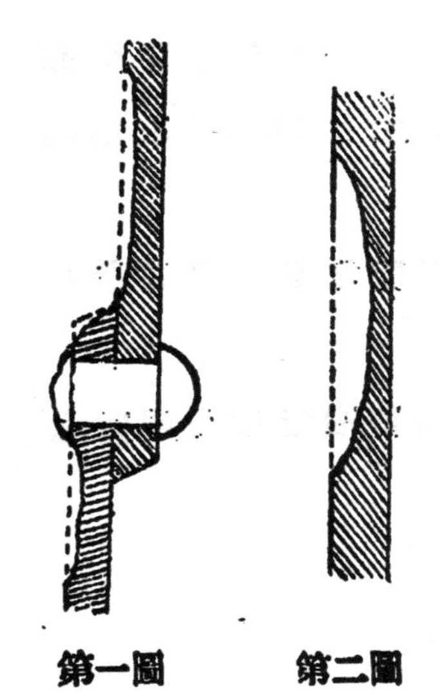

第一圖　　第二圖

(A) 外火箱鈑並鍋爐圓筩部各鈑及接縫之檢查:

a. 鈑之消蝕及均勻銹蝕——此於補塊處 Patch 及圓筩部水平左近一呎半至二呎闊之範圍內,所常見者.其第一種如第一圖.此種銹蝕常於帶有紅紋之水垢中查見之(鐵銹由水垢裂縫中透出)但水垢之無紅紋者,其蓋沒之鈑亦得發現之.第二種如第二圖.此在經驗較淺者每不易察出.勢必鑽一半吋之孔.以驗其厚度,而得之.

大多老式鍋爐包括三圈者,中間一圈,直徑最大,在空鍋時,常留水於底,此水與空氣,能促成着水部分之銹蝕 Corrosion.

b. 鍋爐鈑之麻面銹蝕——此多屬化學及電流之作用,爲鋼鍋爐常發現之病.大多皆生於水平左近之圓筩鈑,烟箱烟管鈑,外火箱鈑,以及底部等.蓋水沸時,溶解水中之 Bi-carbonate 所發出之炭酸,具有極大之消磨作用.

c. 鍋爐鈑外面之銹蝕——通常鍋爐鈑外面有二三處發現銹蝕.查驗鍋

爐者,宜加特別注意.某部有一些漏水,即可釀成銹蝕.凡遇漏水之處,其周圍,及下部必經詳細之查驗.此漏水所生之銹蝕,能續漸擴大.若鍋爐襯衣濕透,擴大之力更大.故外面銹蝕常發現於鍋爐底鐵環附近之鍋塞孔處(因漏水之故).此外如烟箱烟管鈑底部,因積灰之不常鏟除,易留積出氣之凝水,此項銹蝕亦常見之.

d. 折紋 Grooving——折紋起於機械作用.一旦發生,加上化學作用,每易擴大.所謂機械作用,即鍋爐漲縮所生之鍋爐呼吸各鈑互搭式接縫 Lop Joint Seam 附近,活動鈑與固定鈑接合處常見之.他如烟箱烟管鈑,在燒用時,因直徑常較圓筩部爲大.因之中部常凸起,而底部因鍋水溫之不同,折紋常於此發生.故此處每有裂縫 Crack 及折斷之事 Fracture 若鉚釘時用梃銷 Drift,並填塞時遺有割刀 Chisel 刀紋,則此項折紋之發現於鍋爐烟箱者,較任何部爲多.故檢查鍋爐時,於各鈑折緣須詳細查察此項裂折之存在,而尤以鋼烟管鈑之內角爲最.

e. 裂開 Brittle——此於鋼鍋鈑所不常見而於煉鐵鈑所常見者,蓋軋煉鐵時,各層留有污垢,以致日後分離也.

f. 破壞之鉚釘:——各釘頭大多有銹蝕之病,常發現於烟管鈑及門鈑之下截折緣.

(B) 內火箱各鈑之檢查:

檢查內火箱,火磚拱 Brick Arch 須先拆下,將各部清除.

a. 消蝕及凸出之鍋管鈑—— 鍋管鈑因管孔漏水,常發現銹蝕,或消蝕.他如火門圈 Fire Ring 周圍或火箱內折緣,並紅銅鈑,每易爲火焰所消蝕.若消蝕處不能判定時.可鑽一眼,或撤去數螺撐而測驗之.但螺撐頭下之厚度,常較各部爲大,不得爲定判.凡經驗較富者,常以錘擊薄處,聞其聲,而定其厚度.遇不能決定時,始鑽一眼而決定之.

b. 邊後各鈑凸出 Bulging—— 此起源於斷裂之螺撐,或鈑自身厚度之薄

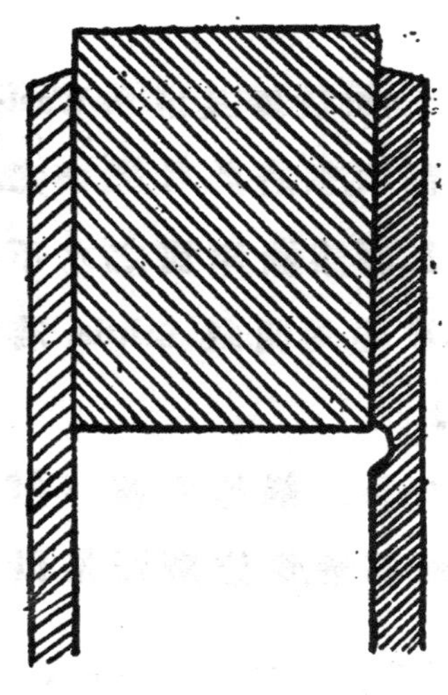

第三圖

弱.

c. 折紋 Grooving —— 此於近底鐵環 Mud Ring 處常見之,如第三圖.

d. 裂縫 Crack 及折斷 Fracture:—— 此常發生於管鈑頂折緣,及角部,以及管孔之間 Bridge. 其因因爲鍋爐之呼吸作用,並治理漏水之管,而伸入護圈 Ferrule 太緊,或屢經漲管器漲大管孔,或行車時司機常開爐門,多引入冷空氣等.旁鈑及頂鈑之螺撐孔間,常有裂縫.旁鈑之裂縫,爲消蝕過度,而凸起而折裂頂鈑之裂縫,必係燒熱過度Over heting.裂縫一旦發生,擴大甚速,必細察之.鋼火箱之裂縫,非特發現於各角及摺緣,且於各螺撐及各鉚釘之間,亦常見之.且鋼鈑裂縫初起,不克見及,(大多起於着水面之故),迨裂深穿出,發現漏水,始知其有裂縫之存在.不特此也,螺撐孔間凸起之現象,在鋼火箱不常見得.蓋鋼較硬,性亦欠韌,雖厚度已薄,不稍凸起 Bulging. 即螺撐斷折之處,亦不稍凸起(此亦鋼火箱與紅銅火箱不同之點).職是之故,鋼火箱需乎精密並定期之檢查(如裂縫及斷螺撐等).

e. 變形之管孔 Oval Tube Hole: —— 扁圓及變形之火管孔起因爲管鈑之漲縮,以及頂螺撐裝置之不得法,而起出意外 Uneven Strain 之壓力於管鈑上,故左右近邊三排之管孔,常發現之.

f. 過燒 Overheated 及燒燬 Burnt 之鈑:—— 過燒常有頂鈑下凸及頂螺撐折斷之現象,檢查時必以一直邊尺在直橫向測之.且有時局部之過燒而現局部 Local 之凸出 Bulging 於螺撐間者.惟後者常發生螺撐孔四射之裂縫.

g. 火門圈 Fire Hole Ring:—— 火門圈鉚釘頭,須特別注意,因釘頭常燒去.蓋門圈厚度甚大,其釘頭每不易使冷,每致燬於猛火.通常覆以鑄鐵護圈 Cast Iron Protector 者,成效甚著.

(C) 火管之檢查:

火管之通弊:—火管之自鍋爐抽出者,須將水垢括去,而後察其消蝕Wasting及麻面銹蝕Corrosion。若此種弊病發現於管之中部者,須將此管撤換之。火管之病,恃乎水質,若某鍋爐在機車房Loco. Shed停息,而該機車房之水不甚佳良,則不幾月即可銹蝕殆盡.火管頭受猛火之撲,常變爲開裂Brittle.若管之中部不壞,可銲Welding接Patching新頭,仍可應用.

鍋爐各部之弊病檢出後,須一一詳註於與該鍋爐符合之鍋爐鈑圖(如第四圖)上.俾依據此圖,作成詳細之報告,並定奪如何修理,鍋爐應否吊出

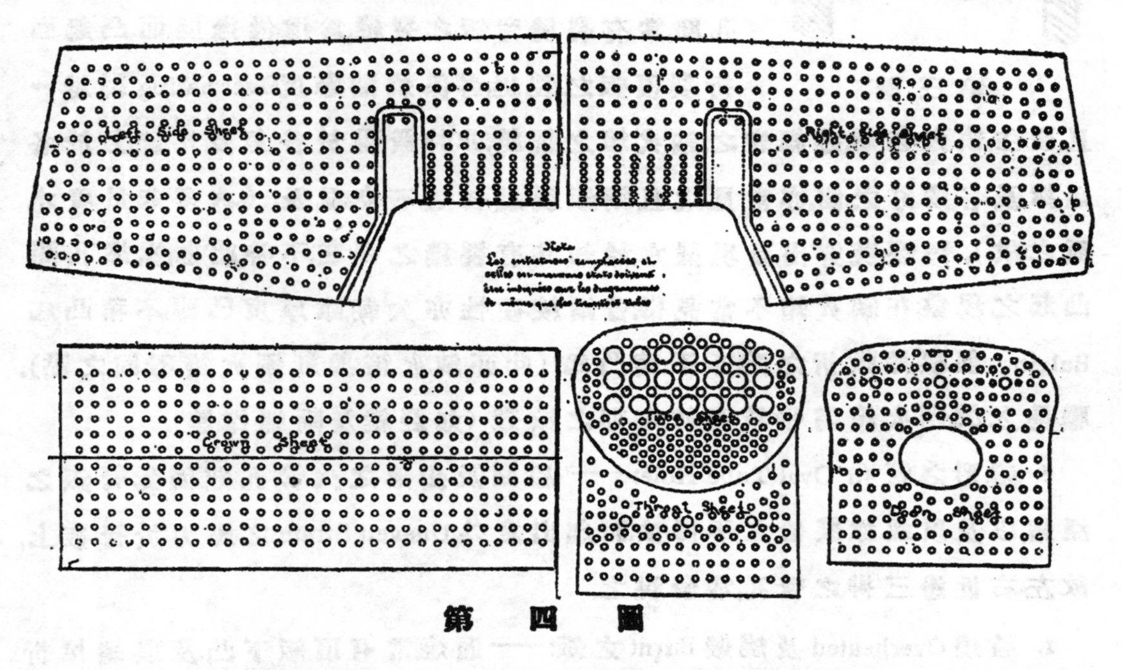

第　四　圖

架外.平時小修理,可就機車房Loco. Shed,將鍋爐仍息於原車架上爲之.重修理,限於機車房之設備,決非適宜.小補塊及更換少數之螺撐或鉚釘,可於機車房爲之.而接換火箱鈑半截等,多爲大鍋爐廠之鈑務.例如有一鈑,一部巳壞,餘部微損,若補巳壞之處,餘者不久將致大壞.爲是換一新鈑之經濟與否,全恃鍋爐工程師之判斷.但急用時,機車房補一補塊,祇須極短時間,而送入

大機廠,須經八或十星期之出缺.凡此等問題,皆應於檢查後解決之.

(四) 鍋爐鈑及鉚釘之材料: 火箱鈑之材料有二種:曰紅銅,曰鋼質,紅銅鈑爲歐洲機車火箱所通用之材料.而美洲機車之火箱鈑多用鋼質Steel.英國火箱所用之紅銅常爲:(A)含紅銅99%以上,並須含砒0.35%至0.55%.(B)含紅銅99.25%以上,並砒0.25%至0.45%.其拉力須在14T/D″以上.伸長在35%(8″)以上.試驗條須於冷或時所撓之,而不見裂縫.紅銅火箱上,鋼,鐵,或紅銅之鉚釘皆可用. Low Moor Iron 爲最佳之材料.因質較鋼爲軟,無損於紅銅鈑.但 Low Moor Iron 價甚高,故今多用軟鋼.至於紅銅鉚釘作英美不甚採用,而法國則常用之.按美國材料試驗會之定則,火箱鋼鈑,須具下列標準:C—0.12%—0.25%, Mn—0.3%至0.5%, P之限量,(Acid Steel)不可過0.04%,(Basic Steel)不可過0.035%, S不可過0.04%, Cu不可過0.05%,拉力自52000至62000,16S/D″, Y. P.爲破斷拉力之半.八吋間之伸長,爲1,500,000被除於拉力.

釘鉚爲軟鋼,拉力45000至55000井/□.″螺撐爲佳鐵.

今日普通鍋爐鈑材料爲開心爐軟鋼 Open Hearth Steel. 其拉力可每方吋自五萬二千磅至六萬四千磅.最低伸長爲22%(8″).所用鋼鉚釘,其拉力自44000至48000井/□″,伸長在27%以上(8″).

(B) 長度 —— 鉚釘之長度不可太短,亦不可太長.溫詠 Unwin 曾定鉚釘透出鈑外之長度如下:(1)機鉚 —— 1¼d(釘孔之直徑).(2)手鉚 —— 坯圓形釘頭爲1.3 ol(釘孔直徑),圓餅形等爲1 d.平頭 Counter Sunk 鉚釘(除必需外,平時不能妄用爲0.6 d.

(C) 燒鉚釘 —— 燒鉚釘時,不可過度,以免損傷.燒熱之程度,常以壓力爲定例.如(a)水壓鉚 Hydroulic Riveting (b)壓氣鉚 Pneumatic Riveting. (c)手工鉚 Hand Riveting. 水壓鉚多於製造新鍋爐時用之.此種鉚釘,祗須燒至暗紅 Dull Cherry Red. 壓氣鉚釘,須燒至光紅.手鉚釘,須燒至白熱 White Heat. 故壓力與熱度成反比例.

底鐵環Foundation Ring之鉚釘,須格外注意.若燒熱過度,短縮時,其頭必至破開.

(D)鉚工——鉚釘頭若係水壓或氣壓鉚者,爲坯形 Cup Shape. 手鉚時,若有得坯形之可能,亦須具坯形.老式之圓餅形 Cheese Shape,爲較弱之式樣,並較易銹蝕.其甚者,錘擊過多,成爲開裂 Brittle. 惟狹小部分而坯形工具所不能伸入者,亦得相機用之.

手鉚時初起之錘擊,全爲填塞孔眼 Upsetting 之用.蓋透出部溫度較低.故錘擊之功,全加之於較熱之鉚釘孔眼內部分.末後方爲製頭工作.

(E) 填塞—— Caulking —— 填塞不可以狹頭工具爲之.如第五圖(1),此非特足使兩鈑分離如第五圖(2),或緊閉一端如第五圖(3),並能割切鈑面成爲折斷 Fracture 之起源.適當之填塞,須用闊圓頭工具.先將鈑頭割削出斜面,兩鈑互合而填塞之,第五圖(4).

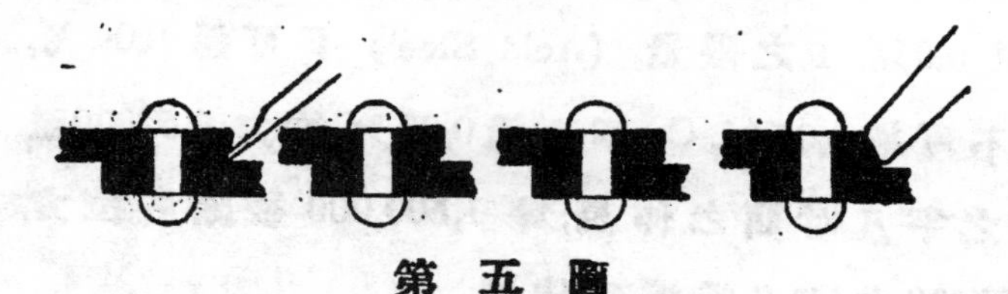

第五圖

(六) 機車大修理及小修理之定奪 根據定期查驗之報告,大小修理自易定奪.普通終根據鍋爐自身損壞程度之如何爲斷.且大修時,修理鍋爐,費時甚長.故機車之修理,當以鍋爐爲最先.以設備較完善之廠而論,修一貨機車,須十八至二十月.修一客機車,須十二至十五月.玆舉英國 Midland Railway 對於機車大小修理之標準如下:

甲 大修理

1. 鍋爐須換新. 2. 鍋爐須吊出全部修理. 3. 四以上之輪箍須全部換新. 4. 有下列之二者: a. 配換新汽筩. b. 配換新軸與機身或煤水車. c. 火管全部換新. d. 修整輪箍,配換軸承襯,運動機件,以及軔機件等. e. 鍋爐可在車架上修理,而螺樣巳損壞15%以上者.

乙 小修理

1. 配換新汽筩. 2.配換輪軸. 3.配換火管在50%以上者. 4.修整四以上之車輪及軸箱. 5.配換聯桿等以及運動機械. 6.鍋爐補塊. 7.換新螺撐在五十以上者. 8.換新鍋皮 Lagging 及絕緣物. 9.配換四以上之軸箱及軸承襯. 10.接焊,補塊,或伸直車架. 11.修整汽筩孔及汽道. 12.修換水箱.

某機經詳細查驗並決定送修理廠修理時,務須於一二月之前,通知修理廠,俾廠當局得充分之預備,以免工作方面之遲緩.

(七) 內火箱之裝拆 修理內火箱,常須先將內火箱整個吊出.迨修理完畢,復將其整個裝入.此種吊出或裝入內火箱之工作,隨火箱之式樣而定.普通內火箱闊度較外火箱闊度為小者,則將內火箱由底部抽出之.火箱之狹者,其外火箱頂鈑係單獨而不與旁鈑一氣,其闊度亦較內火箱闊度為大,則將內火箱由頂部吊起,或解脫後鈑 Back Sheet, 由後部抽出.而後者雖屬一種方法,因工作較繁,除不得已時採用外,平時不甚適用.(3)內火箱之連接一燃燒間 Combustion Chamber 者(如第六圖),反轉火箱,由斜向吊出之.

第六圖

(八) 火箱旁鈑 Side Sheet 之修理 紅銅火箱旁鈑最低之厚度,實為經驗問題.若螺撐無甚缺點,而厚度尚在3/8″者,仍可繼續備用.若某處螺撐頭仍佳良,而鈑上已於撐孔間現有裂縫,且厚度已減至 5/16"(在各螺撐之間)者,則將該鈑撤作廢片 Scrap 爲妙.蓋螺撐孔爲歷次修理,經重割螺紋,直徑加大,而厚度積爲減低,則螺撐積漸強過乎鈑,失却活動 Flexibility,撐孔間之鈑於以凸起 Bulging,而發生裂縫.設有鍋爐,其壓力爲140 井/口",火箱鈑尙厚 ⅜",但某處減低至 ¼" 而螺撐直徑亦不過 1⅛" 如無他劣點,此鈑仍可供用數月.但厚度限點常依機車之職務而轉移.在幹線之特別快機車,則不過 ⅜" 爲妙.至於站用調車機車 Shunting Engine 等,可 5/16".今日普通鋼火箱旁鈑較薄於紅銅旁鈑約 25%.其厚度限點,亦可以紅銅者推測之.由上諸說觀之,則火箱旁鈑之修理,不外二途:曰換新 Renewing. 曰補接 Patching. 曰補銲 Welding.補接,除用於左右旁鈑外,門鈑,以及各角,各摺緣等,亦常用之.而火門圈 Fire Hole Ring, 火管鈑兩頂角等,且需乎特別之補接.貨機車,及水箱機車 Tank Engine 之火箱修理時,應用補接,常較客機車爲多.英國機車工程師,且不許特別快機車火箱,有補接者,亦求安全之計也.

定奪補塊之尺度,可先劃出損壞區域,而後撤去此區域外近鄰之螺撐二排,在此二排中間,作一線,平行於最外一排,此卽補塊之鉚釘線.在此線下1¼"又作一並行線,此爲老鈑割去部分之界線.

割去廢鈑時,密鑽½"孔眼於界線下,而後割去之其遺留之凸出部分,亦須割平之.故補塊之長闊,爲割下廢鈑之長闊,各加 2½".雖然普通補塊,未必一定與損壞區域相似,在損壞區域劃出後,細察補塊接縫是否在火平 Fire Level之下,若確在火平下者,甯可於完好部分劃去若干,務使補接之接縫,高出乎火平之上,而免燬損,此亦周密之計也.例如內火箱鈑底鐵箍附近,常有補塊之必要,惟補塊不大,其頂接縫埋於火中,因厚度加增,有燒燬之虞,必擴大補塊,務使頂邊緣高出火區.今日京漢鐵路,對於火箱旁鈑之修理,則小部損壞,補以小補塊.損燬較大,則割補下截全部三分之一,或三分之二.其甚者,則全鈑完新之.

補塊所用材料,須與原鈑同質者.紅銅在工作前須經軟鍊 Annealing 其未經軟鍊者,每易折斷.惟紅銅之軟鍊非若鋼類,須熱燒之而後急冷之.過燒 Over Heat 之紅銅,常變為開裂 Bittle, 而軟鍊 Annealing 可使恢復原狀.折撓紅銅時,須先燒至血紅(不可過),倘已過燒,則不能錘擊或撓折,必冷之使恢復原狀.鋼每易過燒 Over heat, 且主要之危險,在不灼熱時工作或錘擊,致發生碎破 Brittle, 或折斷 Fracture, 衝眼 Punching, 及剪割 Shearing, 亦能害及鋼鈑之性質.現時鍋爐鈑上,衝眼已不採用,惟在美,尚用之.衝剪之鈑,須經軟煉 Annealing, 同時剪割之鈑,亦如之.補接時,補塊與原鈑之間,務求清潔,服貼 Bedding into Place, 適合.補塊割切完整後,即將周圍鉚釘眼先後記出,鑽鑿後,割去遺留贅疣,配合於原鈑上,以具有中點之平面記號鑽 Long Marking Punch 記出原鈑上各孔眼之位置,而後用鑽機鑽鑿之.其遺留眼孔邊緣之碎片 Burr, 亦須括去,且須將邊緣削圓,或略鑽成喇叭口,以防尖銳之緣,割切鉚釘.若二鈑同時鑽眼,則鈑間之碎片 Burr, 亦須括去.鑲合時,若各眼孔不相對合,決不可用挺鑽 Drift, 必以平削鑽 Rhymer 修削,而換用較大之鉚釘.挺鑽決不可用.偶有不合之處,祗可略為推移,決不能強使之合度.此亦鍋爐製造上之要訣,未可輕視者也.

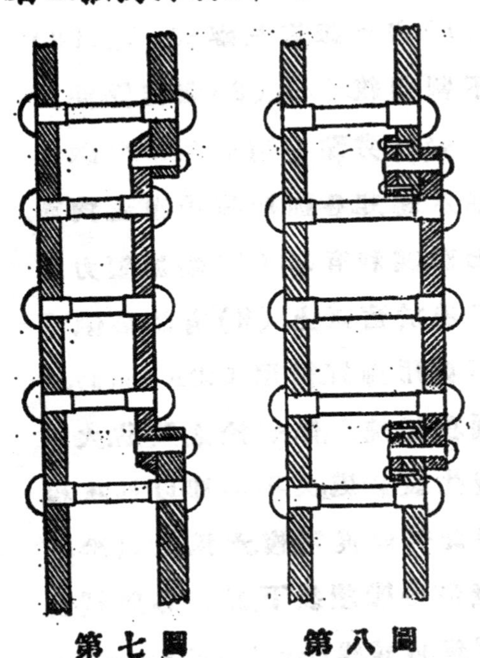

第七圖　　第八圖

補塊可覆於原鈑之內(如第七圖).亦可覆於原鈑之外(如第八圖).覆於內者,工作繁重,而不易受損燬.覆於外者,工作簡便,而易受損燬.補塊之附着於原鈑,可鉚 Reveting, 釘 Studded. 惟旁鈑後,水間 Water Space 甚狹,施以鉚工,甚為困難,費時既多,價亦不廉.用螺拴 Bolt, 又易燒燬,亦不相宜.故今日適宜之式樣如(第八圖),爲頂(Studded on)之補塊.若老鈑甚佳良,厚度亦充足,卽以螺釘Stud旋緊之.若厚度不足,如(第八圖)則加重老鈑(用3/8″厚2½″闊鋼鈑,並鉚以小鉚釘),俾有充足之厚度,以旋入螺釘Stud.其弊端,在厚度加高,常有燒燬之事.Mr. Bennet曾云,爲免除燒燬之弊,表準覆蓋Lap,似屬太大.就普通7/8″螺頂Stud論,此項覆蓋Lap,須減小至1 1/16″(自中心至邊緣).螺拴釘釘合之補塊,亦有用之者,但較螺釘Stud者爲劣,蓋螺拴頭易積留水垢也.補塊須緊貼平服.所用螺釘Stud,須具有細螺紋,其直徑不能小於¾″.最佳當爲7/8″.其距離Pitch爲2″.補塊旣經割成相當之形式,補蓋於相當處所,鑽出三四螺釘眼,割切螺紋Tapping後,用螺釘旋緊,而後鑽出其餘各眼孔.復撤去螺釘,脫下補塊,將補塊及鈑上孔眼中之碎片Burr括去,再覆上,旋緊,割切未經割切之螺紋.至於補塊上之螺撑孔,可同時用長標記栓Long Marking Puch由外火箱螺撑孔插入,記出中心,而後鑽眼,割去贅疣,割螺紋.是後將螺釘一一旋上,緊之,迨各事旣畢,最後用闊圓頭工具,將各接縫好爲填塞之.螺釘釘合,約有三式,如第九圖(1)內外鈑皆割螺紋.(2),(3)外鈑不割螺紋.(2),(3)之佳點,能使兩鈑夾緊.其劣點,卽消蝕稍薄,外鈑卽鬆移,漏水遂起.各種補塊,須覆蓋內面,如第七圖其利有二:(1)鍋爐壓力足緊壓補塊於舊鈑上.(2)有時舊鈑太薄弱,不克用鉚釘,需用Collar Bolt時,螺紋可割在補塊上,俾螺拴之緊貼.火箱牆鈑,發生裂縫處,決不能卽以補塊覆蓋此裂縫.須先將該裂縫部分割去,否則不特此部厚度重複,水祇足以冷內鈑,而不足以冷外鈑.結果外鈑必燒燬,且裂縫仍得繼續裂下,爲是必將裂縫部分割去,而補其宼洞.鋼火箱之補接,可用電銲,或燒銲Oxy-Acetylene welding,

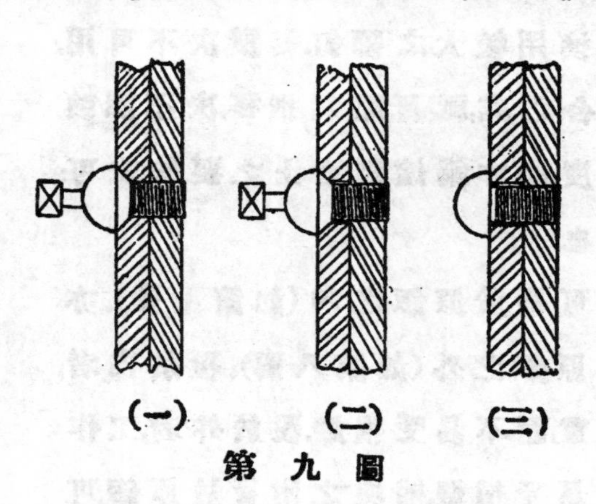

第　九　圖

以代鉚釘.其結果較鉚釘者爲佳,此亦鋼火箱之強處惟裂縫仍不可以銲工治理.蓋冷時須縮小 Shrinking,因而被銲部分雖尚良好,而附近往往又現裂縫.至於銲補塊時,補塊周圍若先割出U字形溝,則銲工更佳.接換旁鈑下半截時,須將底鐵箍撤去,並將火箱倒置或橫置而工作.其與管鈑及門鈑之摺緣鉚釘,可用楔鉚法 Wedge Reveting 鉚之.茲述楔鉚之器具如下(如第十圖):

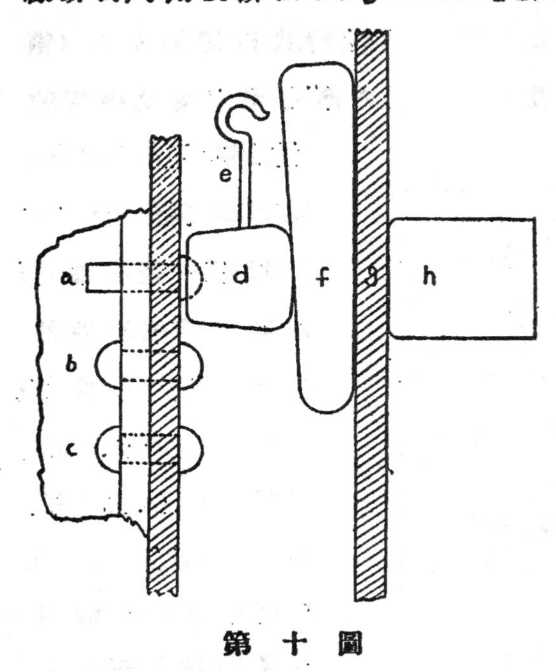

第 十 圖

a 爲將鉚之釘; d—墊塊 Block; e—柄 Handle(3/8"diam.) f—楔 Wedge; g—外火箱鈑; h—墊塊 Holder-up; b 與 c—已鉚之鉚釘.

(九) 頂鈑 Crown Sheet 之修理

火箱頂鈑常有凸起 Bulging 之現象,此乃過燒Overheat,或短水Shortness of water 或頂鈑積留水垢 Incrustation 過多之現象.小部凸起,可在內面置一手砧 Hand Anvil,而以錘擊外面打平之.惟在紅銅鈑,須特別注意.今日有一派製鍋爐者,不以錘擊平凸出部分爲然,而以壓力治之者.最佳之法,爲解脫螺撑,裝上一圓坯形墊環 Circular Gup Washer (6"—diam. 1/2" 深),如(第十一圖).將墊環套入一螺栓B,穿過頂鈑內面,自後積漸以螺帽N旋緊,同時加輕錘擊於墊環R上,至凸出部分平消而止.

第十一圖

火箱頂鈑之凸起,大半爲(1)過燒,致紅銅之佳質盡行燬壞.(2)有時管孔變形,常以活圓棍 Mandrel治之,致頂鈑大受損傷.頂鈑之補接,較門鈑及牆鈑爲少.因頂鈑不甚火焰之刮蝕.有時螺撑爲水垢淤塞,竟致燒壞,則螺撑多深陷鈑內,螺撑孔間亦發生裂縫.如是必將此部割去,補上新鈑(若其餘大部仍屬佳良者).

(十)門鈑 Door Sheet 之修理　火門圈大多爲實體圈 Solid Ring 者,其厚度之大,致水之冷效不能達乎着火面之火箱鉚覆蓋 Lap,而日漸損燬.其尙未消蝕過度,僅鉚釘燬壞,發生漏水者,可換新鉚釘,使其透出稍長,成一大頭,而蓋護此已經消蝕之覆蓋 Lap.但此部覆蓋 Lap,消蝕過度(因此處火勢甚猛)時,必施以接補.此等補塊之接合,須用鉚釘.遇不可能時,代以螺釘 Studs.(第十二圖)示四種門圈覆蓋 Lap 之接補法.圖中(1),內門圈周圍發現平勻的消蝕時,可割削消蝕處成爲鏟形 Bevelled,而覆補一全圓圈.(2)門圈下半部消蝕特甚,乃補接半圓.與(1)不同者,爲圈鈑較闊,底部將老鈑削成鏟形,釘合鉚釘一排.(3)消蝕部分較大者用之.(4)消蝕部更大者用之.此式漢平鐵路時常採用.上述四種火門圈補法,近今大多鍋爐工程師公認爲不妥善.蓋補圈接連處,增加鈑之厚度,水之冷效全失,因之今日補圈 Welt 或

第十二圖

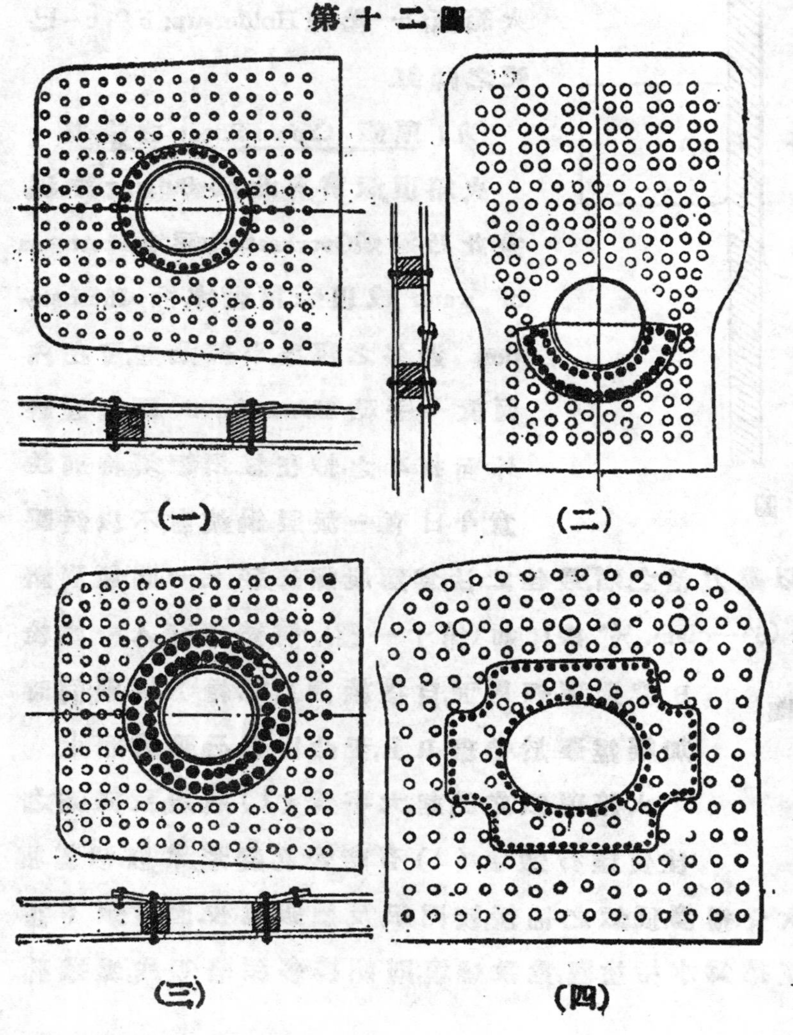

補塊Patch,常搭蓋老鈑之內.其利益已在(六)節述之.如是結果雖佳,而工作不易,價亦不廉也.

有時門鈑用大補塊All Round Patch時,下端完全與火無涉,則覆蓋內面之補塊既難於塡塞 Caulking,工作又不易.爲是大補塊,常覆蓋火箱內面.雖非佳法,但老鈑厚度適宜時,工作較易,亦便宜處.且周圍又易於塡塞.

今日常用鑄鐵鈑蓋護門圈周圍覆蓋 Lap 及鉚釘,效果甚佳.惟下半圈之護蓋鈑,須格外注意.

最近大多鐵路,或去棄原火門鐵環Fire Hole Ring,將內外火箱鈑摺出邊緣Flange or Dished,而採用較薄之鐵環,或全棄門圈,而改製火門.如此則門圈附近之鈑及鉚釘鮮有燒燬矣.

火門圈之修理已如上述.若門圈之鈑既壞,又復門鈑下截薄弱,可補接新鈑三分之二.此鈑可覆蓋於原鈑之外面.而使接縫遠離火焰.至若門鈑頂部亦不甚強健,可全換新之.接補或換新時,摺緣之鉚釘,可用上述楔鉚去鉚之.

門鈑頂角上發現裂縫Crack時,可以裂縫鑿去,補以新鈑如第十三圖.

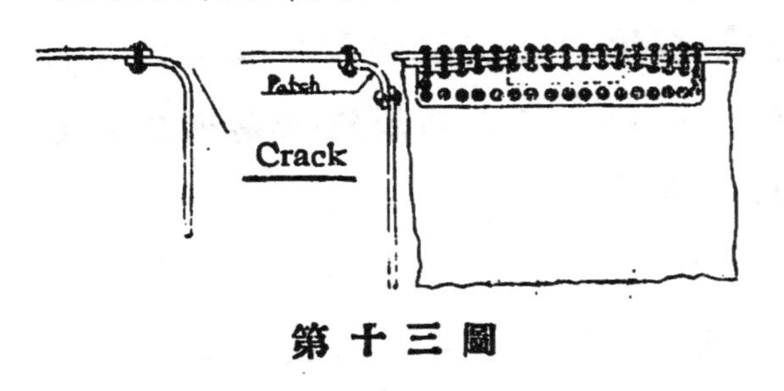

第十三圖

(十一) 火箱管鈑 Back Tube Sheet之修理　火管鈑常有之病,爲管孔間之裂縫Crack across the Bridge between the Tubcholes.此種裂縫,遺成極嚴重之漏水.修理時,可分暫時與永久二種.若裂縫不多,則用暫時的修理,就機車廠 Running Shed 行之.其修法約分三類:(1)堵塞 Pluging or Stitching.(2)蝶伏補塊 Butterfly Patches.(3)眼鏡補塊 Spectacle Patches.至於永久的修理,亦可分三類:(a)用紅銅塞 Copper Bushes,堵塞管孔.(b)用墊圈 Sleeve Bushes,堵塞.(c)用墊圈 Sleeve Bushes 釘鉚新鈑於管鈑之着水面.

前三類(1)(2)(3)於壓力 140165以上之鍋爐決不能用之,即於可用之鍋爐上行之亦爲絕對暫時的設施.因之大多工程師所不許採用,今就各類如何工作如下.

(1)此類今日歐洲常用者(Plugging or Stitching)如第十四圖,圖中兩火管a與b間有一裂縫,即先將該兩管抽出,而後墊塞與管鈑同厚之紅銅片c與d,鑽一3/8″小眼,而搭連c 1/8″,同樣鑽他小眼,搭連d 1/8″將各眼割出螺紋,旋進紅銅塞子使管眼兩邊各透出1/16″,末後鑽出中間一眼,(與已鑽左右兩眼互連)而後去棄紅銅片c與d,並割出透出管內之紅銅,同時將兩面透出部分鉚平之.

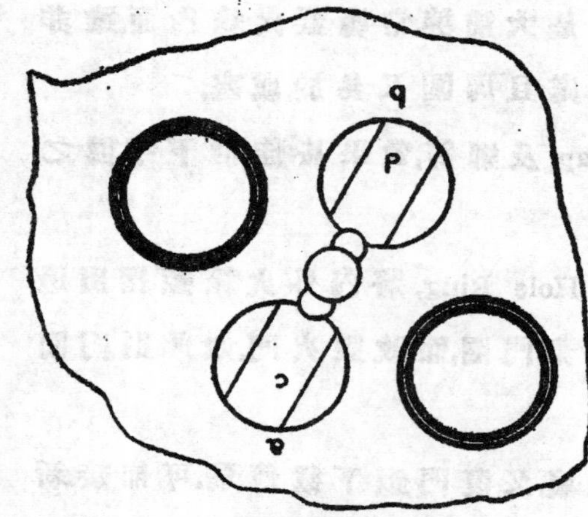

第十四圖

(2)蝶形補塊 Butter-fly Patch,因其形狀而得名.由一塊紅銅鈑依管孔間之鈑 Bridge 而割成蝶形.用二螺釘 Set Screw 旋緊於管鈑上,所以蓋沒裂縫者也.第十五圖裂縫a補塊b.如此厚度增加有燒燬之虞.設將裂開部削薄後,覆以補塊,則工作上甚煩難,此其所以爲暫時之修理也.

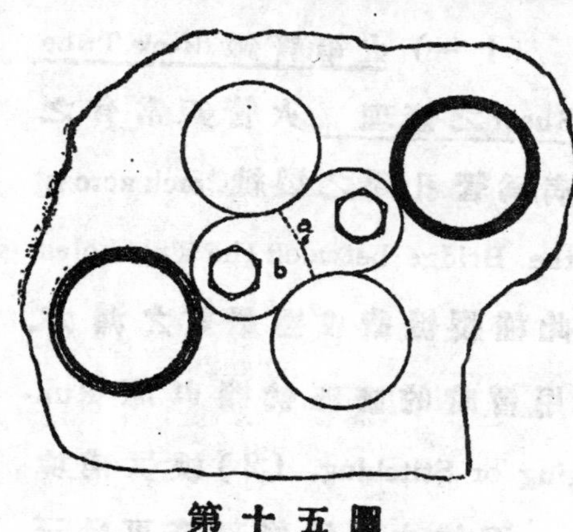

第十五圖

(3)眼鏡補塊 Spectacle Patch 如第十六圖.此塊用紅銅或用鐵割切成與各管符合之形式.用½″紅銅螺釘,釘覆於管鈑着水面.兩端再加鉚工.如此其爲厚度增加,而致損燬者,仍不能免除.故亦屬暫時計也.

(a)實心塞 Solid Bushes,爲一紅銅塞,充塞於管孔.其工作法,可先以管孔剞削 Rymered 成正圓形,次割螺紋,而製一適合之螺紋紅銅塞,旋進管孔.此塞長

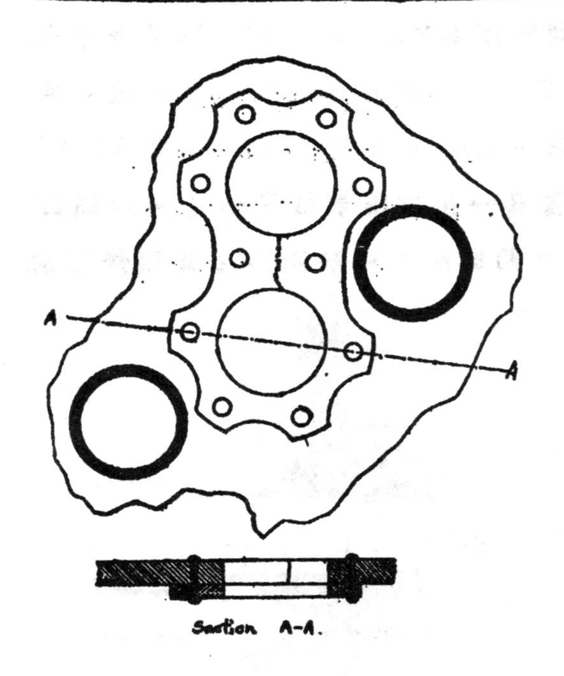

第十六圖

度,較管鈑厚度大⅛".兩邊可透出1/16"以爲鉚頭之用.鉚頭時,須在裂開處特別擴大,務使將裂縫完全覆沒.凡經塞沒之管孔,其火管必抽去.因之烟箱內之管孔亦須如法塡塞之.有時將裂縫牽連之管,全行抽去,如前法,塞以兩銅塞,而互爲搭連⅛".如第十四圖.

(b)墊圈塞 Sleeve Bush,爲一紅銅圈,具有與管口適合之圓孔(直徑較原管爲小).工作時,可先旋進一實心塞(如(a)中者),而後鑽鏇一管孔)較原管外直徑小¼"或⅜"),兩端鉚之.惟裝管時須將火箱一端之管口打小,裝入此銅圈內,然後漲大之.第十七圖,即該項銅墊圈兩端鉚後之情形.有時管孔間發生裂縫,可放大墊圈塞之摺邊 Flange 以蓋塞之.惟其裝置須內外面相互而行,如第十八圖.凡用紅銅管者,其管壁常厚 3/16 至 ¼",裝入鈑孔後,可透出火管鈑面 5/16",以備鉚轉,而塞補此項裂縫.

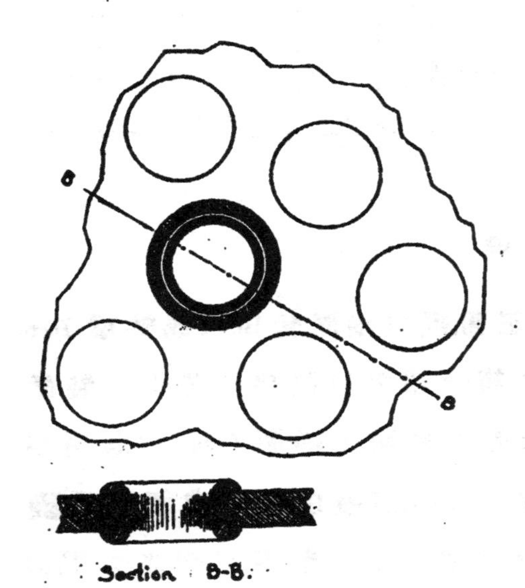

第十七圖

第十八圖

(c) 有時管鈑孔間連出裂縫多處,則墊圈塞 Sleeve Bush 等之數必增多.而刮削管孔時,爲平安計,割去舊鈑,又屬不少.此時若舊鈑尙屬可用,可覆一補塊 Patch 厚約 3/8″ 至 1/16″,而後用墊圈塞 Sleeve Bush 釘鉚之.此項補塊,須覆於着水面,且至少須包括裂縫之周圍管孔一排.其附着於管鈑,全不用螺釘 Stud 等,所以免鈑之增多弱點也.第十九圖卽漢平鐵路所用之此類修理法.

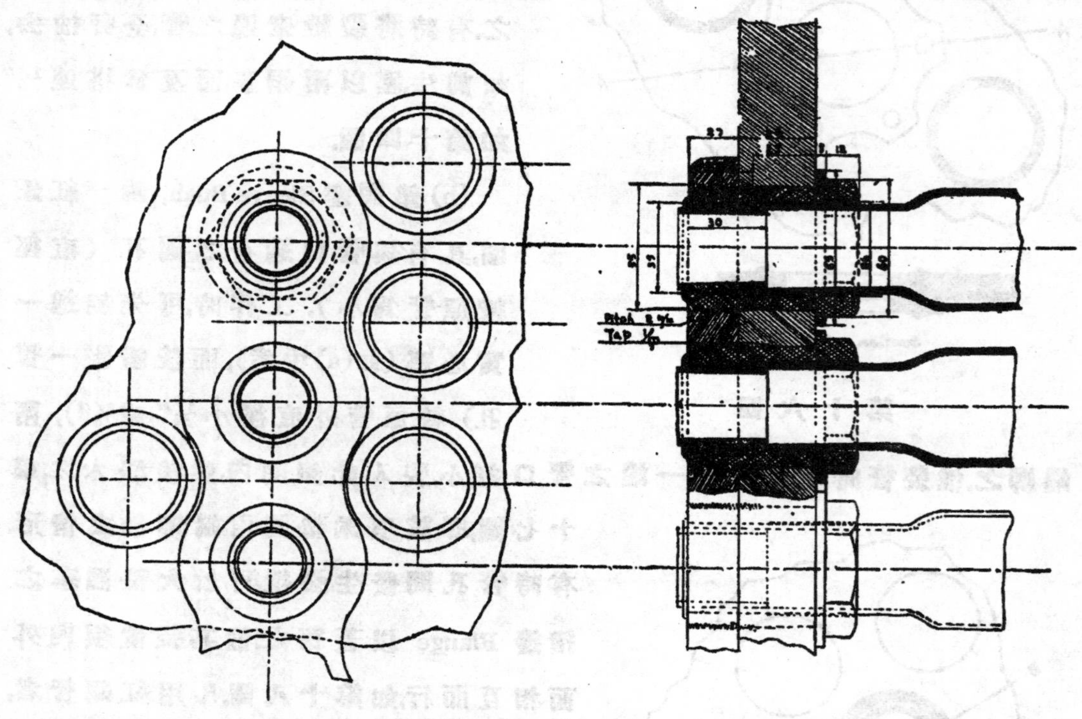

第十九圖

管孔變爲橢圓形須用刮削鑽 Rymer 削成正圓,襯以銅圈套 Bush 或墊環 Ferrule,(約厚 1/8″),兩端鉚出,而後打小原管火箱一端之口,照普通裝管法裝置之.惟超沸熱機車之火管鈑常有 5 1/2″ 之大管孔,發現木橢圓 Oval 時,若用平刮鑽 Reamer 刮削,不克成爲正圓,須用旋割 Turning,而襯以紅銅或鋼墊環.變形之管孔,用圓棍 Mandrel 迫使其恢復原形者,常有漏水發現,宜切戒勿用.卽迫於環境而用之,則鍋爐壓力必先減低而後行.上述 (a), (b), (c), 三法,概足以蓋沒已成及將成之裂縫,其功效不過免於廢棄一鍋管鈑,而得能平均延長其生命,自12至20月.苟能好爲保護,或且供用三四年也.至若管孔間之裂縫甚多,以上法治之而同一地,需乎五六銅圈塞者,依今日高壓鍋爐論,以換新爲妙.惟在枝路之小機車,尙可治以補接之法,其工作則撤去全部火管,割去上半截管孔部分.割切時,須依第二十圖虛線 aa,並通過左右摺緣時,於兩邊,bb 處須留出一部.俾補接時,打成鐽形,鑲入補塊與老旁鈑之間.且於 c 處亦須割去一塊,以便取出.上半截撤去後,沿摺緣左右兩旁附近之螺撐,及鉚釘,須完全換新.若夫接換鍋管鈑下半截,底鐵環 Foundation Ring 須撤去,而以火箱倒置於固定之所而工作.其接縫下半截之蓋覆 Lap,須蓋於上半截之着火面,以防燒燬.至於各摺緣鉚釘,可依上述之楔鉚法 Wedge Revering 行之.

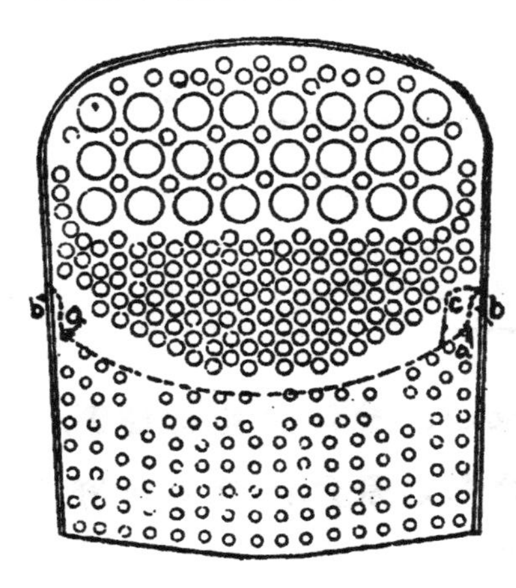

第二十圖

鍋爐火管鈑之前頂角,因頂鈑之前後漲縮,折斷之事時起.常須補接 Patching. 此項補塊,必覆於管鈑着水面,而以紅銅或軟鋼釘鉚之.火管鈑之內向凹進,起因爲護圈 Firrale 之過於伸進.其向外凸出,爲由烟箱端插進火管時,用力過猛.發生後必將火管全行抽去,而擊平之否則不久裂縫將時常發現.但錘擊,於鍋管鈑之安全上,甚有妨害.普通常以角鐵,將兩端用螺栓釘持,而在凸凹處亦用螺栓徐徐旋緊之,使其平服(此亦不能在地上行之,蓋易於發生管孔間之裂縫也).

(十二) 烟箱火管鈑 Front Tube Sheet 之修理　烟箱烟管鈑底部,常有折紋,且常於此部發現消蝕等.蓋熱灰凝水積存於此,與硫質遂起化學作用.各鐵路常以鑄鐵護鈑釘救此處,良有意也.消蝕之處,須刮去其銹垢,驗其厚度,其充足者,可清洗後,塗以紅養化鉛.凡極短之裂縫 Crack,可沿裂縫鑽眼.割以螺紋 Tapping,而旋塞鐵質或紅銅塞(直徑約自⅝"至¾").各塞互相搭連,其直

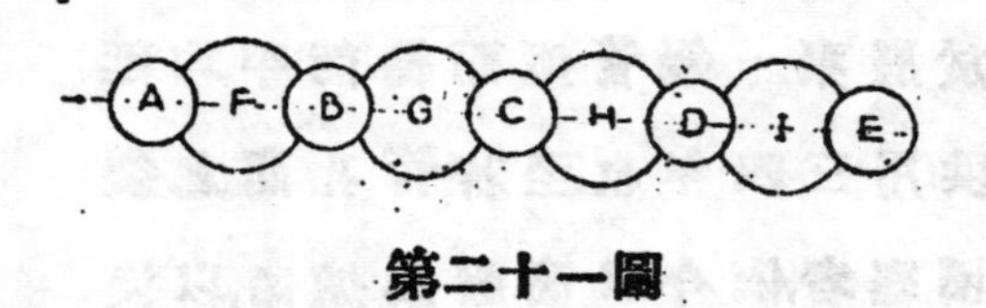

第二十一圖

徑之四分之一.其旋塞法,如第二十一圖,先鑽A,B,C,D,E,割螺紋,而一一塞之.次鑽F, G, H, I再割螺紋而塞之.如此不邁停止其裂縫之展開,且亦祇限於短裂縫其長大者,仍以接補爲宜.

(十二節完全篇未完)

汽車廢氣妨礙衛生

從汽車引擎內燃燒後放出之氣,內含 Carbon Monoxide 於衛生甚有妨礙.美國爲世界上汽車最多之國,廢氣之毒,大有危害公衆之景象.故近年政府 U. S. Public Health Survey 舉行考測,其結果簡述如下:

考測所及,計大城十四,共有居民一千九百萬 19,000,000 所取汚濁空氣之樣子共二百五十種.其中一百四十一種,取自熱鬧街市最擁擠之時,經化驗後,得其所含 Carbon Monoxido之平均量爲萬分之〇・八份(0.8 ports per 10,000).含炭氣最高之一種,在一上有天棚之走路上發現,計萬分之二份,(2 ports per 10,000).從公共汽車之樣子,檢得炭氣更爲輕淡.再從二十七汽車間內取得樣子一百〇二種,平均灰氣量爲萬分之二.一份 (2 ports per 10,000) 其中有十八處,竟高出萬分之四以上.由此可見在道路之上,汽車廢氣,影響於衛生甚微,然在汽車內,確有炭毒之危險,而以個人所有之小車間爲最可慮云.

我國近年來,汽車日多,而以上海爲最.我人試細心觀察上海之空氣汚濁何如,是固所謂「人烟稠密」爲不可避免之事實.然汽車引擎廢氣,隨處放射,未能嚴加取締,蓋亦一大原因也.殊不知是種毒質,於不知不覺之間侵入,人生蓋大有害也.倘望主持市政衛生者三注意焉.

WORTHINGTON

PUMPS-COMPRESSORS-METERS
DIESEL and GAS ENGINES
CONDENSERS-FEED WATER HEATRES

In Each of Our Offices Throughout China There is an Engineer Who is Thoroughly Qualified to Give You Advies on the Selection on any Products of

WORTHINGTON

To Meet Your Particular Problem, and in Shanghai We Maintain a Number of Engineers Who Specialize in these Lines.

The Services and Experience of these Men is Available to You and They Will be Pleased to Help You at any Time.

Estimates and descriptive literature on request.

Sole Agents for China :

ANDERSEN, MEYER & COMPANY, LTD.

Head Office - Shanghai

Branch Offices at Canton, Hankow, Harbin, Hangkong, Mukden, Peking, Tientsin, and Tsinan.

閘北水電公司新水廠建築之經過

著者：施道元

閘北水電廠創始於前清宣統三年,位置於蘇州河畔;迨後市面日繁,工廠日多,來源日濁,水質惡劣,及水量缺乏,官廳無力改良,市民紛紛要求商辦.民國十三年九月正式成立,改組公司.一方將舊水廠極力整頓擴充改良.一方進行計劃建築新水廠.在殷行鄉軍工路閘殷路旁購地一百五十畝,專備建築水電兩廠之用.雖距目前用戶約七哩至十五哩之遙,於實際上甚不經濟,但時局已平,若大上海新計劃次第實現,則該處正爲淞滬工廠區之中心點也.

水源之佳,亦在英法租界及南市水廠之上.但吳淞口外海潮湧進,則閘北新廠,首當其衝,不免有供結鹹水之虞!

查建造水電兩廠,必倚濱江.現該地距浦江約一千五百呎,(第一圖)未免稍遠.幸水廠帮浦俱用電力運轉,并已在浦濱與水廠毘連之處,另購有相當之地建築電廠,將來尚不致蒙若何損失.

第一圖

第二圖

普通水廠之清水法,大概由進水機間 Intake 用幫浦打水送至澄凝池, Coagulation Basin 加礬水調和,使污質自凝澄澱,再過砂濾池濾清儲入清水池中,待出水幫浦輸送.再加以綠素 Liquid Chlorine 殺除黴菌,使成爲適合衛生之飲料,及各種工廠之需要.今將逐部工程分別說明如下:(各部位置參觀第二圖)

(一) 進水機間(第三圖) 由濬浦局特許伸出濬浦綫外三十呎,距灘岸三百九十九呎.按該局章程,非臨時建築不得造在濬浦綫一百呎以內.因水廠爲公用事業,得許通融.全廠工程以此爲最重要.進水機間有自動鋼絲網箱及泥水幫浦間設在浦中.進水口較最小潮綫尙低六呎半,方終年無竭水之虞.幫浦間建造時和用不滲水泥 Waterproof Cement 成份極高,工竣後從未漏水.

該工程建築投標時說明造進水機間或須先築水壩,工作較妥.但須費銀

第　三　圖

約二萬兩.若承包者有同樣穩妥之他種方法,准其使用.最後卒放棄築壩方法,將長十八呎,寬十呎,高十五呎,重五十四噸,鋼絲水泥箱三座之下半截,各架空澆就,用起重機吊起,然後沉入水中,租用能舉八十噸之上海最大吊船置放.租費每天五百兩,須用工人八十餘.內一座放下時鉛絲稍鬆,壓斷十六吋方木三根,幸未肇禍.

該箱放妥後高出最低潮面少許.其餘工程乘冬季小汛時竣工.迨接高至地面時,全部建築高三十餘呎,向外傾斜四吋,致已裝就之鋼絲網軌道不成垂綫.重裝改正,頗費週折.

為安穩計,機間四週之亂石由二百方,添至四百方,以固樁基.又將頂上鉅大招牌折去.該牌長三十八呎半,高十呎,重約五噸.屹立屋頂,加重阻風,更易外傾.若不折除,日後帮浦開動時必致發危險,無補救之餘地.

進水口前有一吋半洋圓一排,六吋開擋,以去水中較大雜物.次有半吋馬眼鐵絲網兩道,以備不時冲洗,除去較小雜質.口內更有每方吋六百二十五空自動鋼絲網,Mechanical Screen 雖極細之污物,亦可節除冲去矣.

過濾之水,由馬達帮浦抽送至澄凝池.此項馬達為二百五十匹馬力感因式.帮浦每二十四小時打水一千五百萬加侖.容量放大,得先被電廠一萬基

第四圖

羅華德之凝汽櫃所用,再至澄凝池.則水電兩廠合用一具,可省去二百五十四馬力日夜開用之電力矣.

（二）澄凝池 Continueous Coagulation Basin（第四圖）與沉澱池 Sedimentation Basin 之別,前者乃加礬水速污物之凝結而澄清之.後者待其天然沉澱.因此時間減短,池積縮小.按黃浦水加以適當礬水,由四小時至六小時之化合及沉澱,即可澄清.以一千二百萬加侖計,二百呎長,九十呎寬,十二呎深,二座即足敷用.江水由浦濱進水機間送至澄凝池之節制間,加礬水,先經十呎方十二呎深上下走十六道,污質已次第凝結.再平走十呎寬四十呎長五道,較大之凝結物得以沉下.再平走三十呎寬一百六十呎長三道,使極小之凝結物亦得逐漸沉去.每池分爲一百八十方,俱係斗式,下通污水管,隨時開放凡而以洩污質.不論大小均可排去,使用極爲滿意.

（三）快濾池（第五圖）Rapid Filter 計六座.每座一千方呎.每二十四小時濾水二百加侖以上.澄清之水,由總水管分至各池,再由各池水溝流至各水槽,均散沙面.水槽邊另用木條較準平直,及使各槽等高,否則有不均之弊.爲試驗起見,水槽用水泥及鋼製二種,各佔其半,以定優劣.池內砂石分粗細大

第五圖

小數種,高三呎三吋.底上排有四吋鐵管百餘條,相距一呎,管底每隔六吋鑽有半吋眼一排,以備砂濾水流入清水管,及清水反冲砂面污泥之用.

(四)清水池(二,四,五圖)共分五座.二座在快濾池下,三座在澄凝池下.各池備有風洞,天窗,扶梯,進出水閘門凡而,溢水污水水管等等.池小者一端進水,一端出水.池大者進出水俱在一端,中間則砌有隔牆一道,使用時則池內不積死水矣.

該廠清水池之缺點,即不應位置於澄凝池底下.本處輸出污水之鐵管,接頭處甚多,恐有漏水.但使用時,水泥底之滲漏.更屬出人意外.嗣後水廠設計,切勿以澄凝池建在清水地上為最妥.如必要時則澄凝池底須用平面式.且完全隔離,則可免混水滲入清水池之弊矣.

(五)出水機間Pump House與普通機房相仿,無用贅言.中間較反面低五呎.安設八百四馬力馬達帮浦二座,每座每晝夜出水一千二百萬加侖.二邊係平台,一邊行人,一邊裝置配電版.機件底脚凹之詳細圖樣,裝置時所費工料甚多,損失不少.大帮浦吸水管較平地高出三呎許,橫貫中心,阻礙交通,極為不便.

吸水圓井不當附在屋旁,須另設一處,相去機間約二三丈.雖造費稍大,然

第六圖

若當時建築完善,則將來機房擴充時可毫無妨礙及危險.

(六)水塔(第六圖)共高一百另五呎,分爲五層.最高層高八十呎,而容水五萬加倫,以供鄰鄉及本廠之用.次層高六十呎,容水十二萬加倫,專備反流冲洗快濾池之用.下三層本作公事房及水表較準間.後斜底漏水,重舖油毛毡一層,再加水泥三吋,重量加增,因此另添大柱八枝爲撑,以致公事房等不得適用.

全廠鋼筋水泥工程招工建築,投標者共十九份,最低價銀廿四萬九千兩,最高價四十八萬六千五百兩,相差一倍.內近廿五萬兩者四份.廿七至三十萬兩者七份.三十一至三十四萬兩者七份.餘兩份一爲四十七萬餘兩,一爲四十八萬餘兩.經董監會議決,以廿五萬九千兩,泰昌洋貨木器公司之建築部得標,其各部原標如下:

進水機間	16,740 兩
出水機間	12,800 兩
澄凝池	139,000 ,,
水塔	28,980 ,,
快濾池	79,980 ,,
總價	277,500 ,,

大凡承造者對於工廠建築須有相當經驗,方能合格.至水廠建造,及黃浦深水中之機間構造,更非有特別經驗不可.該公司職工多係親友.非當局者所能隨意指揮,以致差誤迭出,甯可折去重做,費時耗工所不計焉.

開始打樁時,二十呎長之八吋方樁打至地面下十五呎至十八呎之地層,極爲堅固.待穿過十八呎則復鬆如前.經建築師及彙監工員羅德洋行實地試驗,認爲每樁之負重力,不及預算之數,須隨時添加樁數.快濾池之中間,安放管子,本無木樁,因試驗結果,亦須加增.但竣工後快濾池三面下沉,裂縫遍地,蓋被添樁之所誤也.

澄凝池及快濾池之四週,計劃內須塡泥築壁.不知塡泥後二池牆脚均見沉陷,立將護泥挑去,添加二十呎長十吋方樁百餘根,另行設法撐柱,以致占去留待將來擴充時排大管之地位,殊爲憾也.

總計全部工程添加及修理之費,約六萬餘兩之鉅,按建築工程之不良,非建築師之設計不週,卽承造者之建造未妥,而廠方僅待工竣驗收而已,但此次廠方非祗誤期,受各方詰責,且於鉅大修費之內,不得不擔負其強半,殊爲該廠惜也.

黃　河　水　理

（在平漢鐵路橋北）

速率:	最高流速	3.0 m/Sec.
	平均高流速	1.5 〃
	平均低流速	0.5 〃
面積:	漲水時最大截面	10,000 m^2
	乾涸時最小截面	1,000 m^2
流量:	照上兩項推算	
	最大量	15,000 m^3/Sec.
	最小量	500 m^3/Sec.

水位: 據1915—1919五年之紀錄,漲水時期,延長一月至三月.漲水位與低水位之差,不過1.5 m.

但所知之最高水位,較以上五年中所記者高1 m.故總差爲2.5 m.

截面: 1919年,每月探測河底一次.因知河底遷移不息,冲刷甚易.最大之冲流處,爲17 meters.

土質: 曾鑽孔深50 m.因知河底爲冲積層.在地面之15 m,爲細沙積成,全底幾如是.以下各不同,大致爲沾土,水中石,粗沙,細石等較富阻力之物.

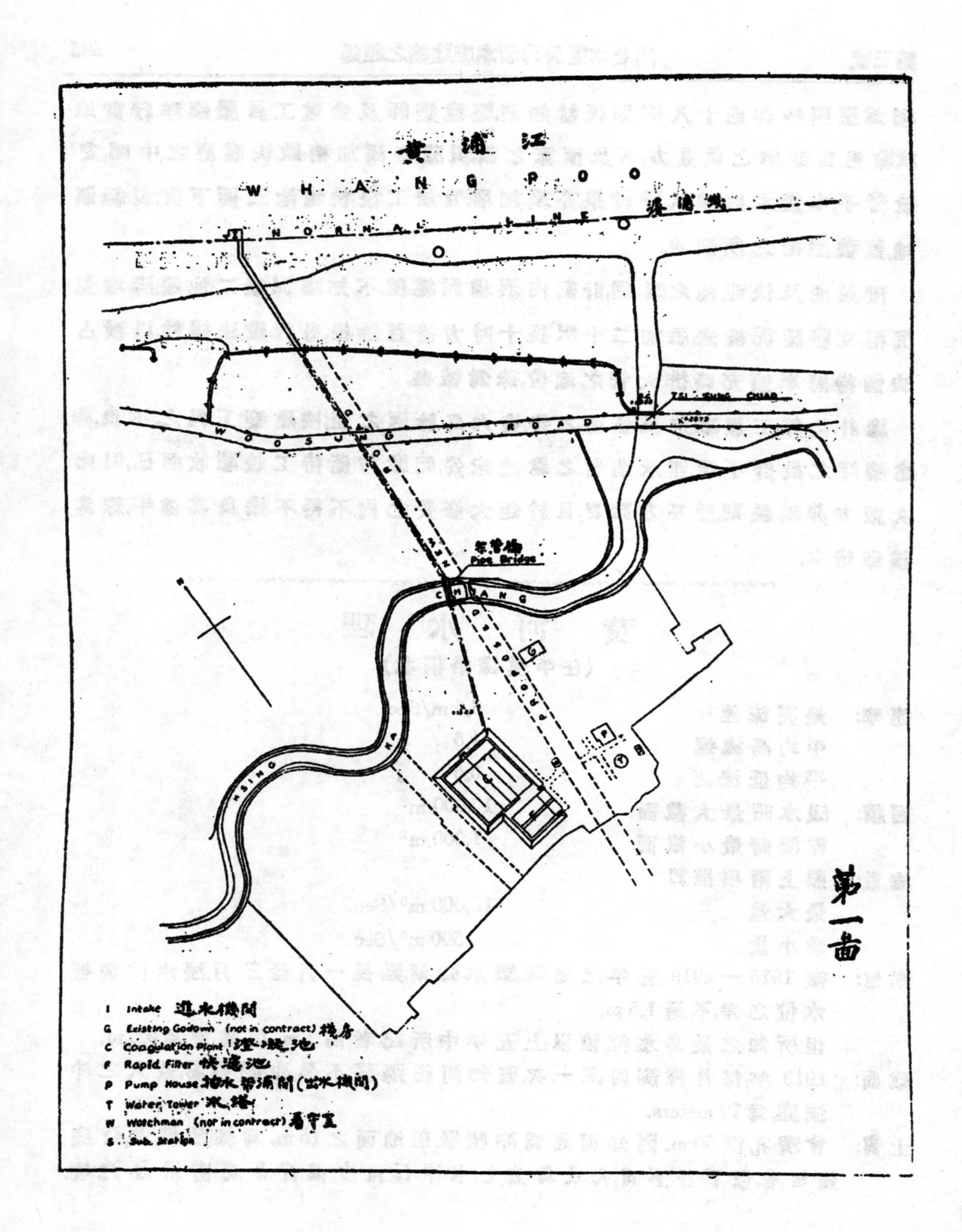
黃浦江
W H A N G P O O
N O R N A L L I N E
W O O S U N G R O A D
TSI SUNG CHIAO
架管橋
Pipe Bridge
C H I A N G
H S I N G K A
I Intake 進水機關
G Existing Godown (not in contract) 棧房
C Coagulation Plant 澄凝池
F Rapid Filter 快濾池
P Pump House 抽水帮浦間(出水機關)
T Water Tower 水塔
W Watchman (not in contract) 看守室
S Sub. Station
第一圖

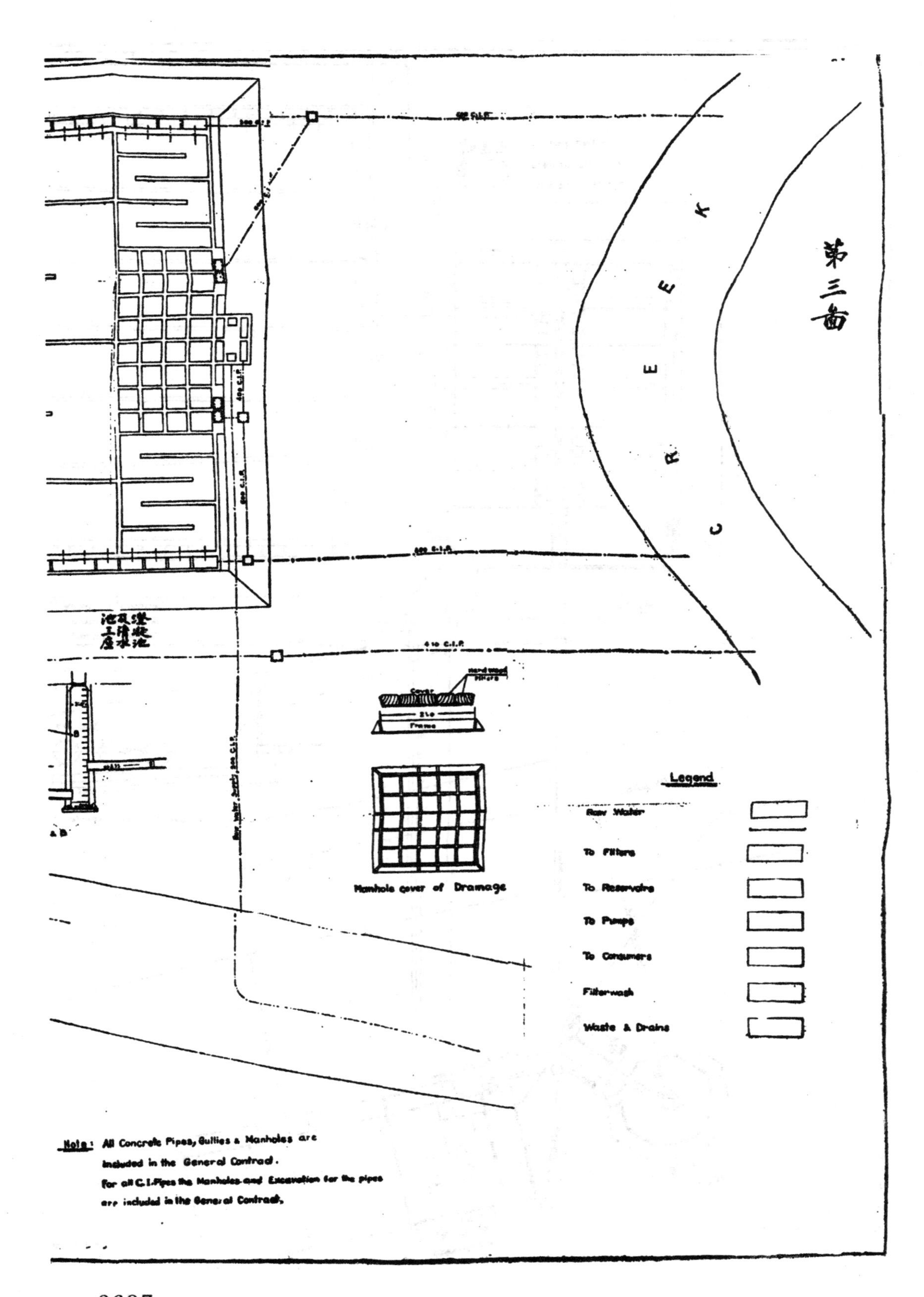
第三亩
C R E E K
沉淀池
及清水
三座池
Legend
Raw Water
To Filters
To Reservoirs
To Pumps
To Consumers
Filterwash
Waste & Drains
Manhole cover of Drainage
Note: All Concrete Pipes, Gullies & Manholes are
included in the General Contract.
For all C.I.-Pipes the Manholes and Excavation for the pipes
are included in the General Contract.

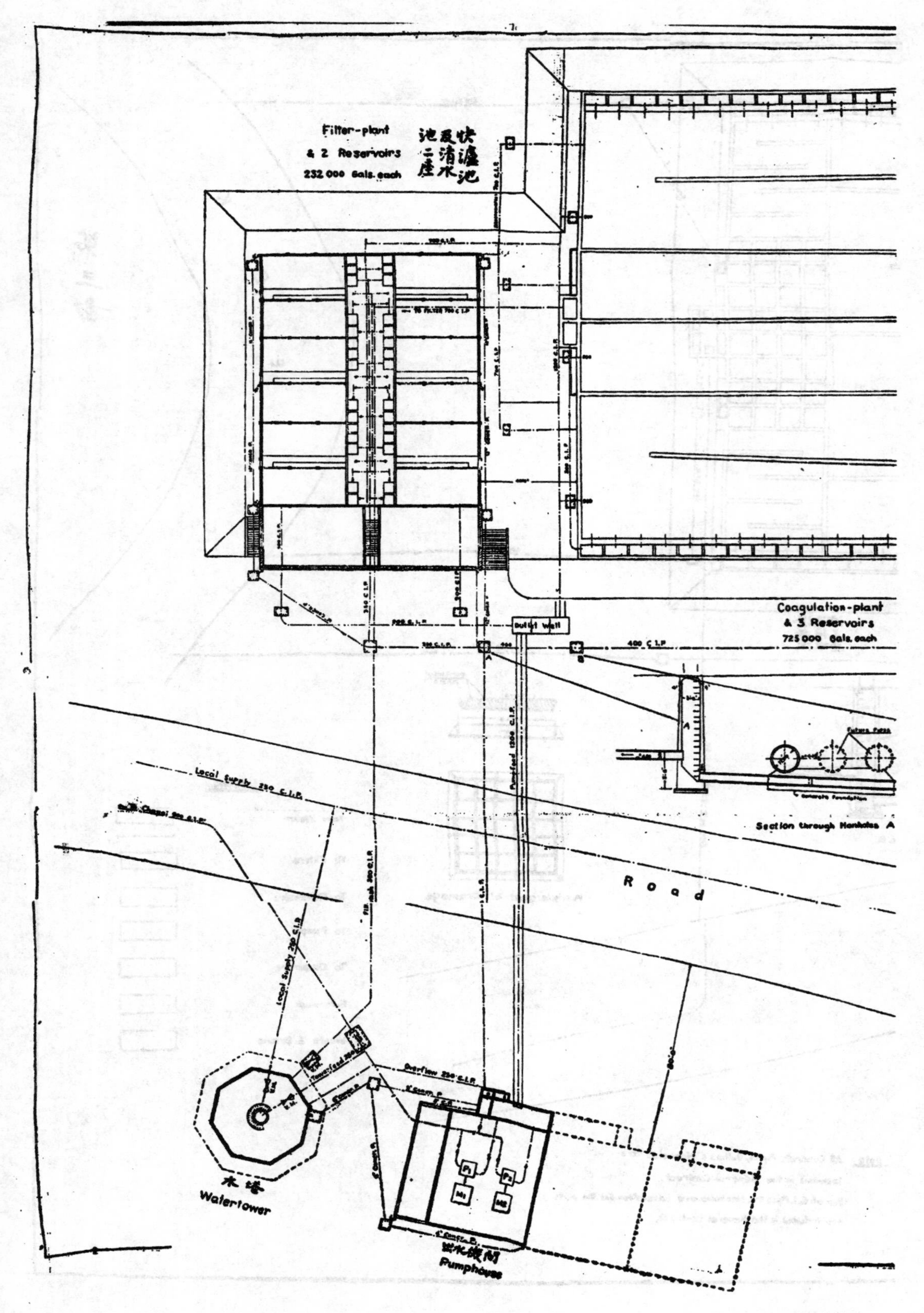

Filter-plant
& 2 Reservoirs
232 000 Gals. each
快濾池
及清水
池二座
Coagulation-plant
& 3 Reservoirs
725 000 Gals. each
Outlet Well
400 C.I.P.
Section through Manholes A
Local Supply 250 C.I.P.
Road
Overflow 250 C.I.P.
水塔
Watertower
Pumphouse

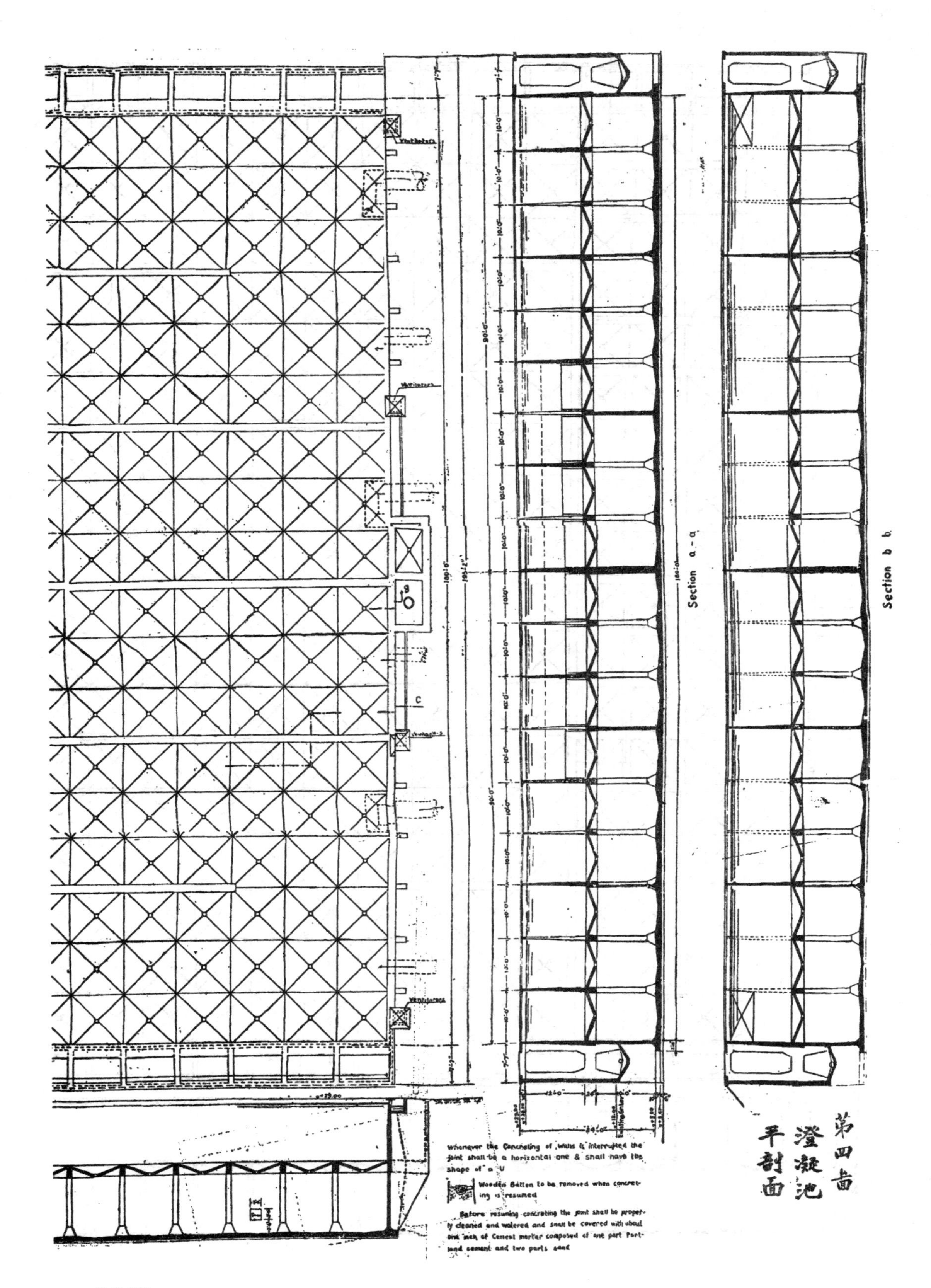

Ventilators
Section a-a
Section b b
Whenever the Concreting of walls is interrupted the joint shall be a horizontal one & shall have the shape of a U
Wooden Batten to be removed when concreting is resumed
Before resuming concreting the joint shall be properly cleaned and watered and shall be covered with about one inch of Cement mortar composed of one part Portland cement and two parts sand
第四亩
澄凝池
平剖面

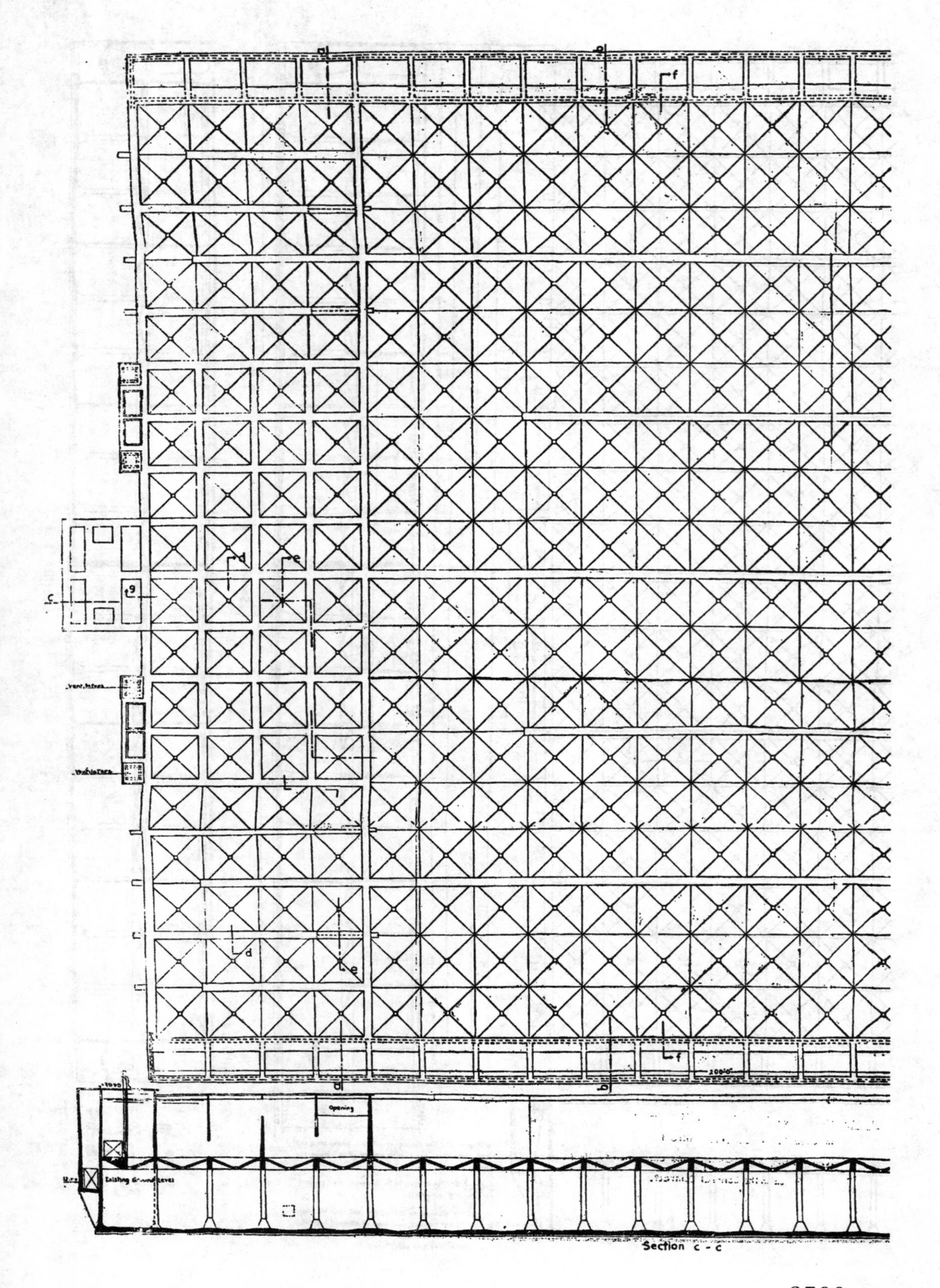
Section c - c
Opening
Existing ground level
Vent.Intake

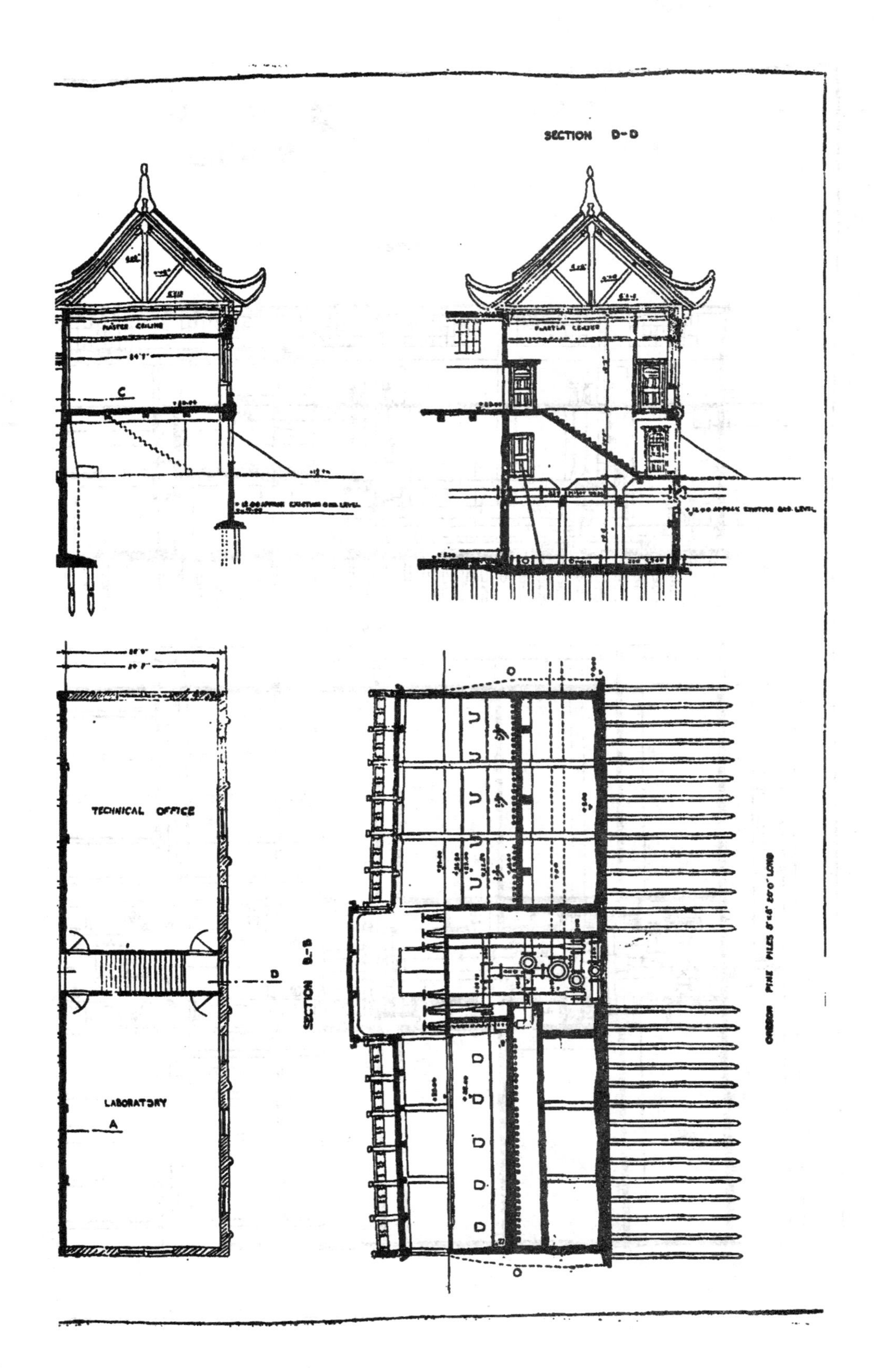
SECTION D-D
C
TECHNICAL OFFICE
LABORATORY
A
D
SECTION B-B

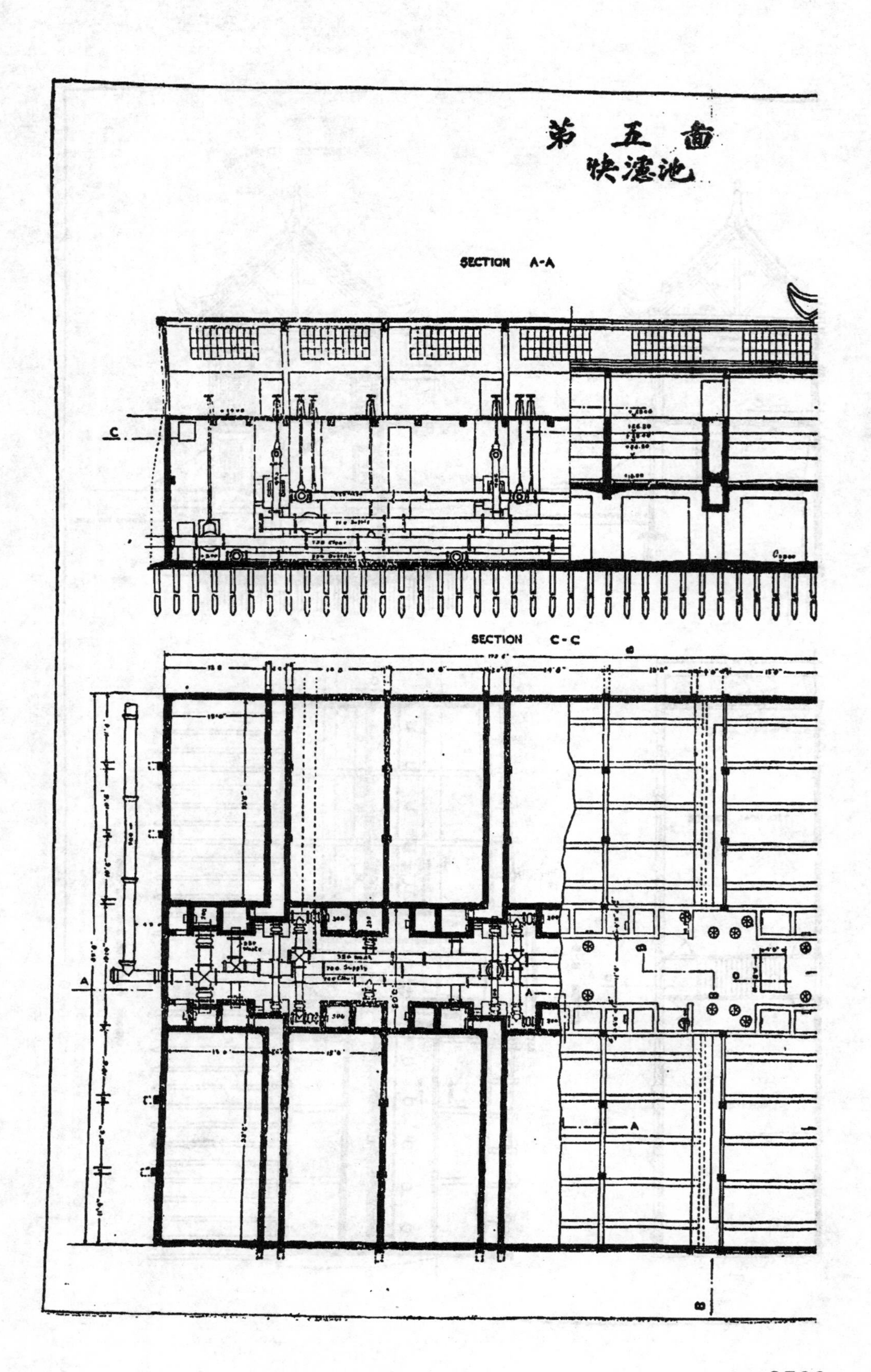
第五圖
快濾池
SECTION A-A
SECTION C-C

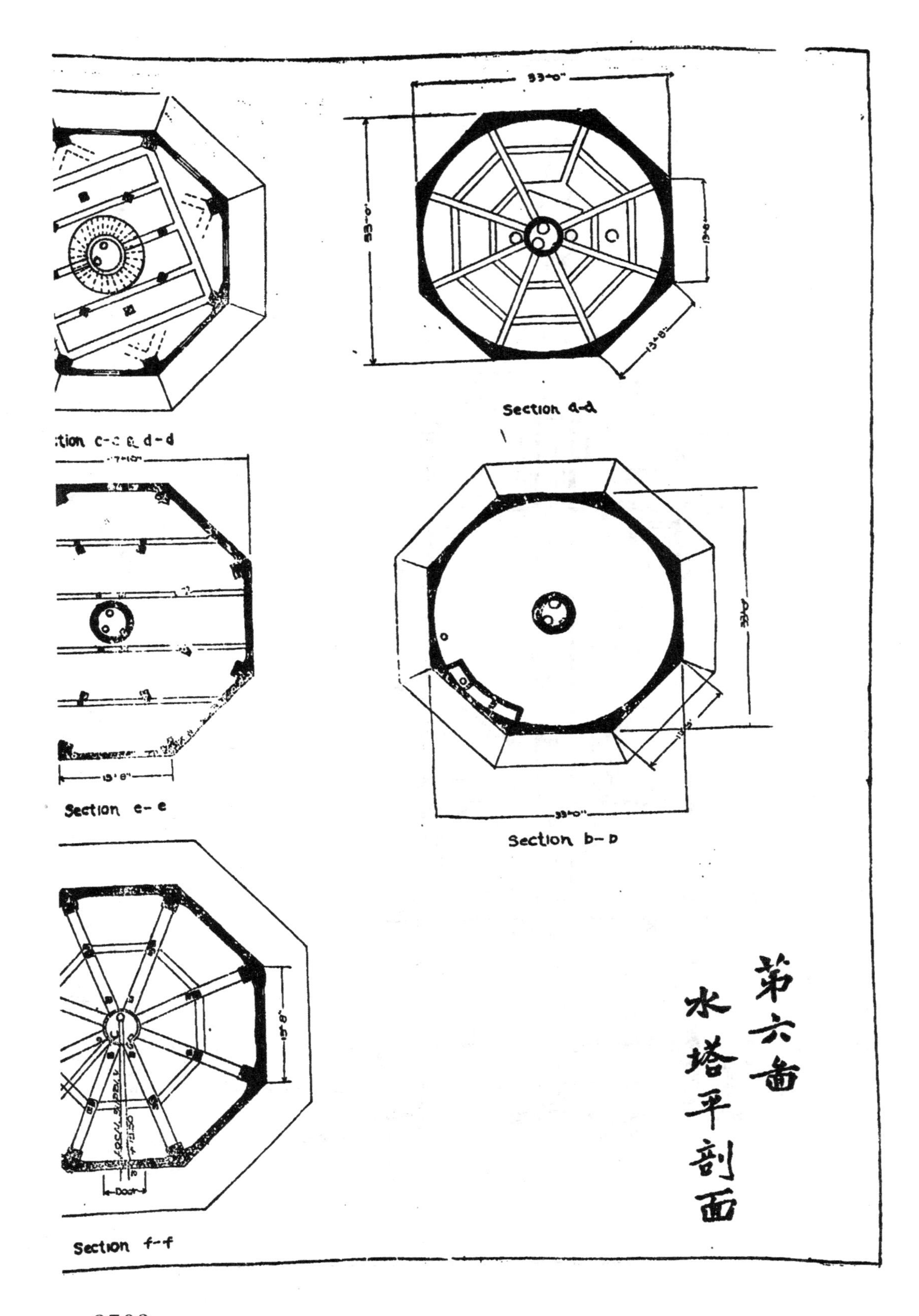

33'-0"
33'-0"
13'-0"
13'-8"
Section a-a
...tion c-c & d-d
7'-10"
15'-8"
Section e-e
33'-0"
33'-0"
Section b-b
13'-8"
Door
Section f-f
第六畣
水塔平剖面

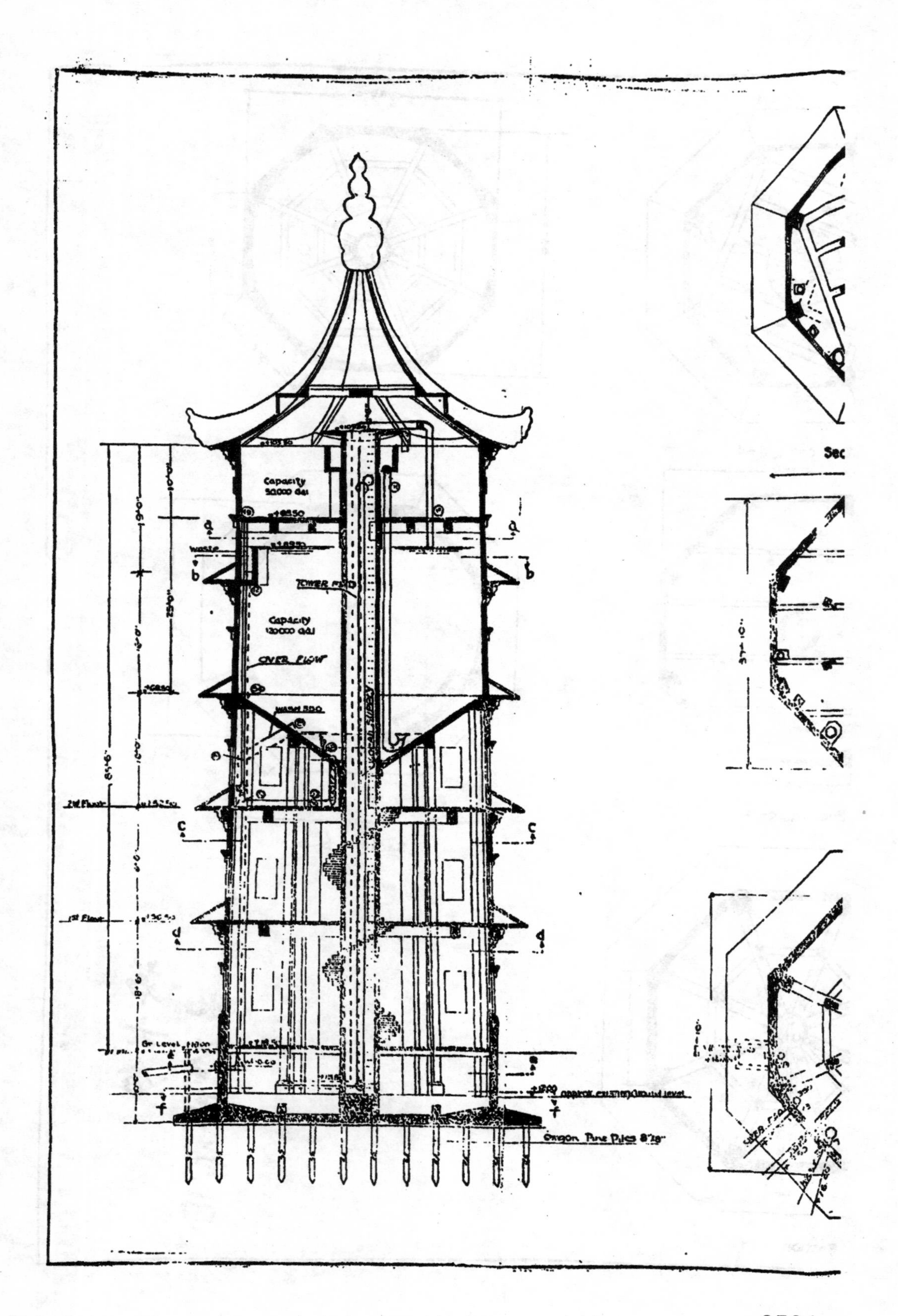
Capacity
50,000 Gal
Capacity
120,000 Gal
TOWER FEED
OVER FLOW
Oregon Pine Piles 8"×8"

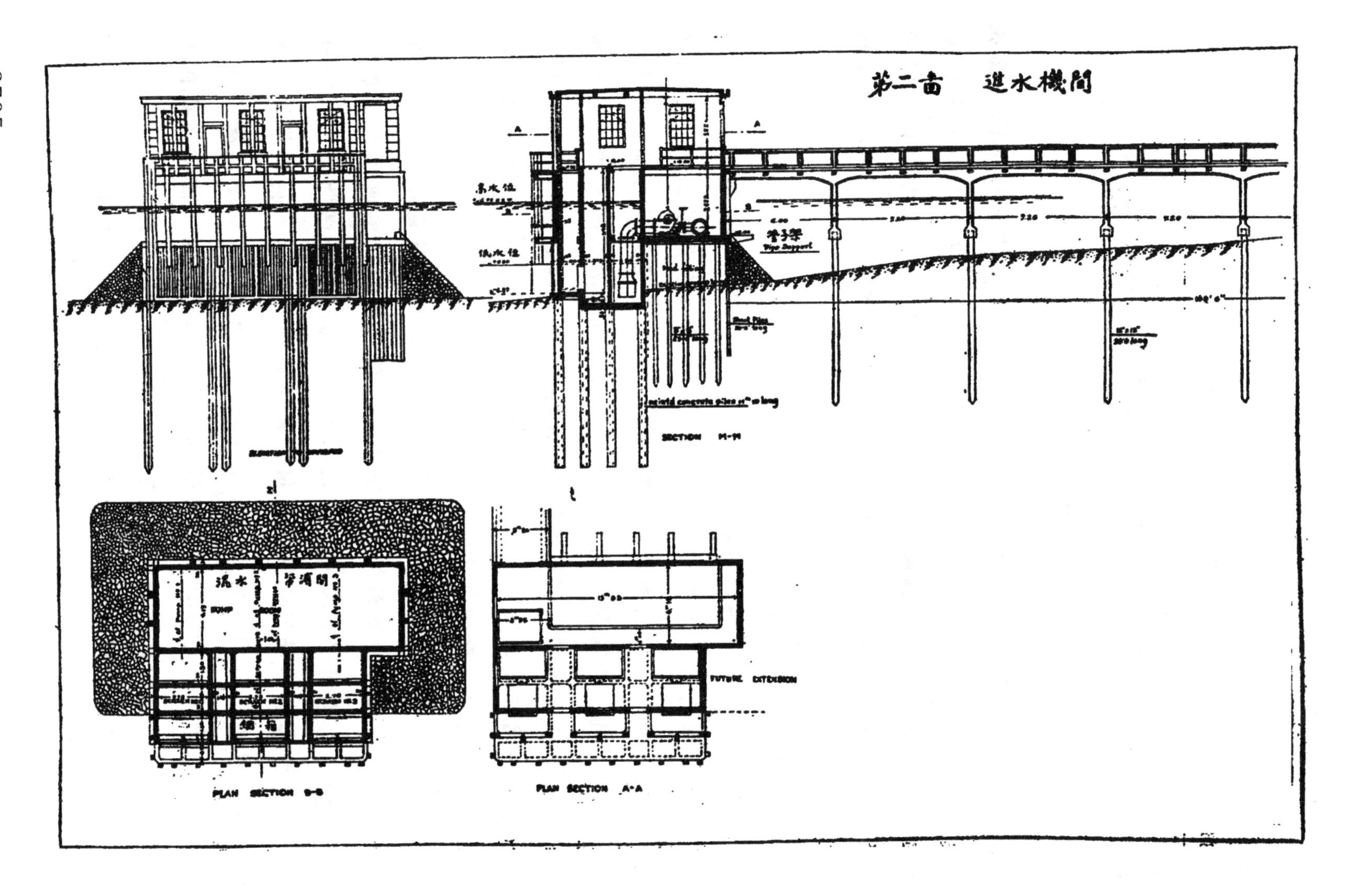
第二圖 進水機間
管子架
Pipe Support
SECTION M-M
FUTURE EXTENSION
PLAN SECTION B-B
PLAN SECTION A-A

二年來服務無線電界之經歷

著者: 王崇植

近十年來,無線電學術猛進,歐美各邦,靡不取精用宏,力求發展,以事競爭.我國在北京偽政府時期,陋簡因仍,不圖改進,持較外人之孜孜經營懸若天壤.自前年國軍底定江南無線電之需要在軍事上頓形緊急,幸主持辦理者努力工作,頗著成績.作者參與其事,迄今已逾二載,玆將個人已往之經歷,椽斷陳之,幸賜教焉.

(甲) 我國興辦無線電之歷史

今欲縷陳最近兩年無線電之設施,表明個人經歷,特先述我國興辦無線電歷史,究其弊病所在,以供考研.前清宣統元年寶山縣獅子林地方,曾設一最小無線電台,是爲我國興辦無線電之創始.迨民國建元,政府與德律風根公司,訂立合同,設立電台六座.此後海圻海琛海容各軍艦,亦均先後裝置無線電台.自民國七年起,日美交涉突起,我國無線電問題之糾紛遂致不堪言狀.屈計宣統元年至民國十六年,爲時將及廿載;無線電信之效用未彰,主權利益之損失迭見,玆分述於左:

(一) 無線電台機器之陳舊與人才之缺乏　全國電台自創辦至民國十六年連海軍所裝置者,爲數約三十餘處,均屬舊式機器,泰半運用不靈.即十五年春,廣州北校場電台,亦受德人之欺,機件仍屬陳舊不堪.此外各地籌設之新式電台,寥寥無幾,姑無論其通信距離遠近,所收成效如何,要皆仰外人之鼻息,甚或締結契約以自縛.至於工程技術管理諸項人材,各處靡不缺乏,匪獨需要供給兩不相應.即就服務各電台人員.加以考詢,確能稱職者,百不獲十.我國之設施如此,遂造成外人共謀侵奪利權之機.言之痛心.

(二) 對外無線電問題之糾紛　民國七年北政府海軍部,與日商三井洋行締結雙橋電台契約.民國十年,北政府交通部與美商費得爾公司,締結上海電台契約.日美挾其帝國主義在我境內侵奪電信交通利權,因猜忌而生爭執,北政府不惜倒行逆施多方遷就,既擔負雙橋建築費借款八百餘萬元,又造成日美共管雙橋上海兩要埠無線電機關.此外如陸軍部購買大批軍用機,造成中英馬可尼公司契約及其債務,計算又約數百萬元.但已往對外之各種僞契約,在我國民政府,早不承認.惟此後國內無線電之新設施必須力謀完善,以免外人有所藉口.蓋昔日對外之糾紛問題,非由外力之強迫,實由己謀之不臧.今欲爲澈底解決,固在我而不在外人也.

(乙) 國軍底定江南後之經營

無線電通訊爲行軍利器,前年國軍底定江南,蔣總司令有鑒於此,特令製機育才,同時並進,而以後方交通處長李範一主其事.當時所以積極興辦者,其故有三,(一)有線電時斷時續,軍訊弗便,北伐正在進行,萬難延誤,爲愼重戎機及傳達迅速計,不得不興辦無線電以利行軍.(二)在北政府時期,國家並無製造電機機關,滬上卽有一二商行設廠研究製造,亦無大宗出品,可供軍用.若向外商訂購,則又重價居奇,稽時耗費,既無多數成品,供給要需,且每以次貨兜攬,徒使利權外溢.故不得不自行設廠,採辦材料,趕製各種機器,源源供給軍用.(三)無線電學術之進步月異而歲不同.自短波機應用完全成功,舊式長波機遂不能與之相衡.因是各國設立電台,靡不舍其舊而新是謀.且此項短波機軍事通訊,運用尤爲便利.故自行設廠監製,既可於軍事時期,便利戎機,更可爲我國無線電機製造上闢一紀元.蓋最初設計,非僅爲一時供應,而實爲永久之經營,所關至匪淺鮮也.

(丙) 設廠製機及設校育才之經過

(一) 上海無線電機製造廠　此廠創辦於前年四月,先由國民革命軍總司令部直轄,嗣歸軍事委員會主管,後移交建設委員會接收改組.前當北伐西征緊急之時,此廠卓著成績,茲將其辦理經過分述於左:

(子) 延聘專材　我國昔時設辦任何製造廠所,其重要工程人員,概係延聘外人充任,仰人鼻息,受人挾制,而設施遂無發展之可言.此廠當創辦時,力祛此弊,多方羅致留學歐美無線電專家,分任設計製造各事,從無外人側入,完全以中國之新人材,興辦中國之新事業,此爲特點.

(丑) 採辦材料　製造所需之材料,滬上至爲缺乏,勢不得不仰給外商.每次採辦時先比較各商行價值之低昂,復查察各商行材料之優劣,幾經審慎始行訂立合同成交.故材料一項,價廉物美,製出之機件,運用極靈.

(寅) 製造出品　現今短波機發明突進,費省用宏.此廠創辦之初,即以專製短波機爲主計,先後造成五百華特機,二百五十華特機,一百華特機約共五十餘架,又造成十五華特軍用機約共百架.此外所造之少數長波機及修理改造各項軍用機件,均爲附帶之工作.屈計上項出品以製造時間比算,至爲迅速.除十五華特軍用機,專供前後方各軍應用外,其各項長途機均以之陸續設立各重要地方電台,(自創辦至移交建設委員會中間爲時年餘設台達三十處)藉利軍事通訊.

(卯) 與外商出品之比較及各軍事機關之接洽　此廠製成各機持與舶來品一較,其效用相等而價值則極廉.所有廠造之各處長途機及軍用機需欵至高六千元,至低二千元,備貨零件俱全,若就馬可尼西門子公司出品定價比擬相去奚啻數倍.至於本國商行亦間有製造短波機者,索價極鉅,一經廠機比較,居奇之風稍殺.因之各軍事機關派員來廠接洽訂製者,絡繹不絕,均得如願而去.其有迫於急需而向商行訂購現貨者,亦多由廠會同商辦,以免欺蒙.凡此情形實足表而出之.

(二) 無線電訓練所及工程師養成所　前年國軍底定江南之後,增設無線電通信所及籌設各處固定電台,苦無報務收發人員應用,於是有無線電訓練所之設立.招考具有相當程度學生,延請專家,授以無線電之學理及應用,並實習電報收發技術,限期六月畢業服務.計舉辦兩期,成材者達一百五十餘人,分赴各通信所及各電台任事,成能盡職.又工程師養成所係在製造廠內附設,隨時考選國內各大學無線電科畢業者入所實習,陸續派赴各電台擔任重要工作.現時籌設各處電台,尙不至無相當人員調遣任用者,實賴此也。

(丁) 民國十六年辦理無線電商報之一瞬

民國十六年冬季寧滬粵漢及重要各地新式電台均經告成,特於同年十二月試辦商報,以利民衆之通訊,其緣由有二:

(一) 有線電問題　我國有線電之腐敗,無可諱言.不獨在軍事時期時斷時續,通信爲難.即在平時短距離之地,商電傳達尙不如置郵之速.因之一般民衆咸受痛苦.對於有線電,時有不信任之表示;故已設無線電各地,自不妨於軍電餘暇試辦兼收商報,俾一般民衆,得享受通訊便捷之利.

(二) 無線電本身問題　從前創設各處新式電台,均無的款,全屬創辦者多方挹注以資維持.但此爲一時權宜辦法,若長此已往,費無來源,即不能辦,更何能發展,故試辦兼收商報,酌取報費,既可闢無線電經費來源,且使人民通信便利,一舉兩得爲計莫善於此.如試辦著有成效,即可於軍用電台之外,趕設民用電台,以應要需.

無線電商報試辦僅及一月,往來頻繁,民衆稱便.不料交通部極端反對,指爲紊亂電政,文行軍事委員會飭令停止,蓋當時各電台均歸軍事委員會管轄也.

(戊) 建設委員會實行管理全國無線電職權

建設委員會自成立後,對於興辦無線電事業進行不遺餘力,上年六月中央政府政治會議議決,凡全國無線電之一切設施管理,均交建設委員會辦理.於是訂立無線電管理條例,組織無線電管理處,以前在軍事時期創辦無線電卓著成績之李範一氏爲處長積極辦理.上年十一月建設委員會組織法呈奉國府通過施行,關於主管全國無線電事宜是其職掌之一,茲特將重

要之設施列舉於左:

(一)設立民用電台　設立民用電台,計京,滬,閩,浙,平,津,皖,漢及其他各處達二十座,專收商報,以利民衆通訊.此外正在分別緩急,賡續籌設,以期民用電台全國普遍.

(二)籌設國際電台　擬在上海地方建設短波無線電發報台一座,置發報機二.電力均爲二十啓羅瓦特至三十啓羅瓦特.通信距離,爲二千五百哩至九千哩.又收報台一座置收報機三,均專爲國際收發電信之用.所有一切材料,裝置,概採最新方式.經於上年十一月向美國合組無線電公司訂立合同,由公司供給機件材料,負責裝設,共需價美金十七萬元.大約一年之內即可告成.此外又與該公司及德國柏林海陸無線電交通公司分別訂立報務合同,以期台成即可通報.

(三)中非及南北美洲無線電報之通行　我國與菲律濱報務合同,已經議妥,中菲間通報已試驗一月有餘,成績甚佳.正式商報收發已於一月十四日開始,南北美洲及歐洲各國電報均可由菲轉達.

(四)邊陲電台之籌設　迪化蒙古甘肅青海西藏各地,交通多阻,音訊不便,現正分別籌設新式電台,期於最短期內告成通報.

(五)上海無線電機製造廠之接收　上海無線電機製造廠,成績優美,前已述及.上年十一月總司令部移交前來,當即接收,將建委會設之無線電修理所併入,另訂規則,擴充製造能力,將來抵制外貨,供給急需,其成績必更超過以前之紀錄.機價方面,更力求低廉,我國政府自辦之製造電機機關,實以此廠開先河矣.

(六)人才之培養　在軍事時期,無線電訓練所曾辦兩期,前已述及.自停止後,建委會應時代之需要,特在上海設立報務人員養成所,招考訓練,約計此後畢業人員,可敷新設電台之任用.至於訓練方法,與前辦之無線電訓練所無異,不過在考取上比較更嚴,且於從前稍有缺點之處,特別改善耳.

(七) 謀職權之統一　建委會主管全國無線電事宜,係遵照中央政治會議議決案及通過之各部會組織法,本無問題可言,無如交通部橫加反對,遂致統系複雜.最近曾呈請國府令飭交通部,從速移交各無線電機關及文卷等項,以便管理而一事權,奉有指令飭部從速移交矣.

(己) 結論

以上所述,特就個人經歷,將最近二年無線電之新設施,條分縷舉,俾國人得明真相.至此後應如何發展,更就管見所及,敷陳於左:

(一) 關於管理職權者　我國往日政治不良,固由於秉國鈞者不學無術,而事權紛歧,組織渙散,亦爲一大原因.現當建設時期,首宜祛除此弊.前述之無線電管理職權,建設委員會依據組織法積極施行,以交通部之阻力,遂致管理事權及統系,時生窒礙,在交通部方面,以爲有線電收入銳減,實受無線電之影響,而一般有線電人員,又多狃於故常,視無線電爲有線電之附屬品,常有無線電可輔助有線電之論調,殊不知就現時世界電信交通趨勢言,無線電由長波而趨於短波,其效力之速,應用之宏,決非有線電所能比擬.就我國需要言,有線電爲固有事業,應力施改善之方,無線電爲新興事業,應另闢發展之逕.若仍援用舊時代之管理辦法,必無進化及功效之可言.故前者宜屬於交通部,後者應屬於建委會,兩兩並行,各不偏倚.由互相觀摩而生競爭,由互相競爭而圖改進,庶幾我國電信交通,可與歐美頡頏.甚望交通部恪遵國府明令,早將所辦無線電事項,完全移交,俾建委會施行管理職權,不生掣肘.建設前途,實利賴之.

(二) 關於無線電本身者　無線電事業,千經萬緯,原非一言可罄,然欲謀今後之發展,要不外注重下列數端.

(子) 經費　值此財政困難之時,興辦無線電事業,具體規畫,在實行上無一不需鉅款.即如籌設國際電台,廣續建立全國民用電台,及擴充製造之能力,並專門人才之培養,均非少數款項所克從事.既不能無米爲炊,更不能因噎廢食.故一方爲事業之進行,一方爲費源之開闢,俾經濟日見寬裕,不興仰屋之嗟.作者就目前觀察,無線電一切設施,正値開始,所需款額,尙須財政機關之補助,一二年後,無線電營業發展,其本身之收入,卽足供本身之需用,將來蒸蒸日上,更可爲國家挽漏卮,裕財源,又不僅專供無線電本身之設施已也.

(丑)人材　在科學幼稚之中國,而欲羅致多數無線電專家,固屬甚難.但用人係在臨事,而造才則在平時,倘能儲養有素,衡鑒有眞,在供給需要上,自不生若何問題.作者以爲國內各大學無線電科學生,年有增加,本其在校所習之基本學理及經驗,前赴新設各無線電機關,先爲實地之練習,再量才以任事,必能用得其人,人盡其用.至於留學歐美歸來者,學驗較深,隆待遇以延攬,嚴考覈以責成,未有不盡爲國用者.又服務技術人員,就現時設學培養人數推計,此後每年至少有百人可供策使.故關於人材一項,延攬與作育,同時兼程並進,將來宏收功効,可斷言也.

(寅)對內之合作　吾人本其所學,服務於無線電界,當視爲終身事業,雖職務各有不同,而爲國家謀建設則一.個人盡職,尤須望人人盡職.人人盡職,尤須望業務發展,故往日因循苟且之習,推諉傾軋之弊,必須掃除淨盡,固結團體,實現分工合作之精神.作者以爲服務無線電界人員,上級對於下級,先進對於後進,既須躬行以作則,復須多方掖誘,使之發生興趣,努力工作,循是以往,在公家可收得人之效,而在個人又得攻錯之益,影響於無線電事業前途,實非淺鮮,願與電界同人共勉之.

(卯)對外之考研　歐美各國無線電之設施,日新月異,我國急起直追,已有望塵莫及之勢.現在所辦各事業,靡不取法列強,以應國內之需要,增高繼長,端在隨時對外考察攻研,以利應用,倘因一時稍有成績,卽故步自封,則前途斷無發展之可能.故一方積極興辦各項無線電事業,一方卽應隨時選派專門人員,分赴各國,考查關於工程技術管理等項新設施,以資採擇,蓋科學研究無止境,即事業發展無止境,知己知彼,方能取精用宏,當局必能注意及之.

(辰)社會人士之贊助　當此建設時期,無線電一切設施,無非供給社會之需要,即有賴社會人士之贊助.例如開放商報之初,一般民衆,咸於有線電之腐敗,而疑無線電或同一轍,及得傳遞迅速費用節省之利益,靡不渙然冰釋,欣欣相慶,當前年十二月商報中止時,輿論之一致批評,商會之陳請開放,皆爲社會人士贊助之表現.作者以爲國家新興一事業,既得民衆之信任,未有不得社會人士之贊助者,故特於結論之末,鄭重言之.

臨城煤礦情形

臨城爲國內一大煤礦,資本七百萬,礦區達三縣,以銷煤受協豐壟斷,年年賠錢,去年因辦事人員內訌,工程主任運動機師,折毀水管,燒壞鍋鑪,將駐礦總工程師比人逐去,以致大井水淹,不可收拾.現南北二大井,均已先後被淹,井下不出煤者已一年餘.去年職員薪水僅開支二個月,今年又欠二月.目下情形,公司無錢恢復大井,僅三小窟出煤,維持門面.辦事人又黨派紛歧;在去年大刀會匪滋事時,礦上機器傢具,以及一切值錢之物,明取暗偸,所餘無幾.工程會計兩主任,又復百端舞弊,獵取外財.是故臨礦已成僵局,將來而否整頓,則一疑問也.　(炎)

首都中山路全綫測量工程經過實況

著者：張連科

自革命軍克復北平,全國統一,訓政開始首都既確定於南京,市政須大加改革而迎葬孫總理靈櫬於紫金山陽,亦為急待舉辦之一事,乘之南京城北,滿目荒涼,實有從事開闢之必要.故當局决先着手建造中山路,以為迎櫬大道,且利首都交通.路線數經審議之後,乃確定由江邊直進挹江門(原名海陵門)至保泰街南行達新街口,由此轉而東,出中山門(即朝陽門)以達中山墓.全線長約12,000公尺,路寬確定為40公尺.但因考慮時間問題,(總理靈櫬,原定為十八年元月一日到甯.故全路工程,亦預定為十七年底竣工.繼因奉安之期改為三月十二日.工程方面,遂亦得延長二月).民居問題,(工務局所造之平民住宅,恐一時難於落成,但現在洪武門及武定門附近之平民住宅各200間,已漸次竣工,租價極為低廉).及施工便利起見,决先築造中心部之20公尺(最先築造中心部之10公尺高速度車道.次造兩旁各4公尺之散步道,再次即放寬成40公尺.如發見誤差,即於此時糾正).此工程施行之步驟也.

市工務局奉令後,即限日測繪路線經過地方之詳圖.但因人數甚少,儀器又不敷分配.為使時間經濟,及工作便宜計,分全線為四段進行,即自江邊起至挹江門止為第一段.自挹江門起至保泰街止為第二段.自保泰街起至新街口止為第三段.自新街口起至中山門止為第四段.(中山門至陵墓一段,則由葬時籌備處負責施行).測繪股全部人員,即日着手測量,努力工作,夜以繼日,幾無片暇,縱逢星期,亦照常進行,以冀縮短時日,全路早覩厥成.此中經過情形,想為留心首都路政者所樂聞,特逐段追記如次.

(一)中山路第一段(自江邊至挹江街),長約1,250公尺,於八月三日開始

測量用雙折角法 (Double deflection angle method) 作導線,用視距法 (Tachymetrical method) 測地形.該段通過下關南部,地多草屋池塘,測員四人,孜孜不息,不三日而告竣.計測成面積約25萬平方公尺.後經多次復測,證明毫無差誤.現在有名之中山橋,即建設於此段中之惠民河上,將爲新都之一美觀.

(二) 中山路第二段 (由挹江門經薩家灣,和會街至鼓樓北大門達保泰新街爲止), 長約3,800公尺.此段因急待動工,故首先着手測繪.所經者,非高粱蘆葦,即桑田竹林.時當盛夏,枝葉繁茂,高逾尋丈,置身其中,幾至東西莫辨.既無善圖足資參考,又鮮大廈可作根據,每定一點,費時輒久,測量困難情形,概可想見.然因破土有期,勢非趕測不可.爰於七月二十九日 (星期日),測繪股全員出發,分組進行,雖地面遼闊,障礙甚多,不二日即告厥成. (導線先經測定,惟有一部去路線甚遠). 於是分數小段趕繪圖底,蓽寫印晒,乃拼成全段,以供設計路線之用.於八月五日,又全股出發,分組定中心椿,測縱橫斷面.而路線所經,竹樹叢雜,黍葦橫生,兼之朝露徧地,衣履盡濕.所幸測員等不避艱辛,奮勇直前,於二日內完成全段工作.八月十二日,如期行「破土典禮」,開工建築.惟此段於復行施工測量時,在和會街與三十三標接圖處,發見幾許誤差,然因全段經過房屋甚少,即時放寬成40公尺,加以糾正,遂無問題.此段與子午線路約成 45° 之角.方向既佳,破壞極少.此路告成,則下關與城南方面之交通,甚爲便利.實可稱爲新都第一理想的幹道.

(三) 中山路第三段,又定爲子午線路,路線適合正南正北.原擬以劉軍師橋爲起點,繼因路線往北延長,將入玄武湖內,乃改自新街口向北,暫至保泰街爲止. (現子午線路向北延長至和平門即神策門西首一段,亦早經測竣動工). 長約1,870公尺.於八月十五日,由測員四人,出發測量.自新街口起,用雙折角法作導線,經糖坊橋,半邊街,韓家巷,駱駝橋,同仁街,吉兆營,薛家巷而至黃泥崗,直達保泰街北與第二段相會.同時用視距法測地形.本段所經,房屋既多,塘田亦復不少,關係重大,測量務求精確,然爲期限所迫,測量者往往早出夜歸,雖烈日當空,而工作仍不遺餘力,至十八日止,共測成面積約20萬平方公尺.嘗卽計算導線,趕繪詳圖,并於二十日夜九時半,至該段附近,作北極星之觀測,以確定首都之眞南北線,卽依此結果,畫定子午線路.後經多次復測,證明此段亦毫無差誤,故已決向南北兩方延長.

(四)中山路第四段(自新街經大行宮通過電廠直達中山門),長約4,030公尺.因期限非常緊迫,係利用舊日測中山門至漢西門幹路之不閉塞導線(Opem traverse),分數小段趕測地形,於八月一日着手,計六日間,共測繪成面積約80萬平方公尺.卽依此圖計劃路線,定中心椿,測縱橫斷面.此段中之天津橋至中山門一段,竹黍繁植,其情形與第二段相仿,新街口至天津橋一段,則房屋衆多,其情形又與第三段類似.故其工作之困難,實兼兩者而有之.又因於夜間計算導線,而趕製成圖,不免略有差誤.故於復行施工測量時,卽查出大行宮附近,路線忽向北稍曲,然對於全段路線,并無影響.且市政府40公尺寬度之原定計劃,旣并未變更,(電燈廠至中山門間,已闢成40公尺寬度).則於二次放寬時,加以糾正,應無問題.外間竟因此而謠傳爲「工務局拆卸不應拆的房屋」云云.眞所謂只知其一,不知其二者也.

結　語

此次首都中山路測繪工作,限期異常急迫,工務局測繪股以全力赴之然僅十餘人.費時約三星期,卽測成長約12,000公尺,寬約200公尺之市街路線.未經復測,卽行動工,而欲求其無一二點微差,已非易事.況於赤帝行天,汗流夾背之中午及夜間,趕行精密工作,加以設備不齊,接圖草率,實爲致誤之源,然全線中所發生之兩處差誤,均在預定計劃之範圍內,如上所述,明眼人自不難了解此中眞相.至於外間種種謠傳,則實不詳工程施行之內容及步驟者之所言也.

漢平長辛店機廠概況（續）

著者：張蔭煊

車輛彈簧之尺度表及其修理狀況

(一) 彈簧及其修理

車輛之本體,不能直接於輪軸,必有調協之物,介乎其間.而後行車時對於路軌高低,參次,以及接軌處留隙所發生之劇烈暴震動,車體與輪軸得免互相衝突.而車體與乘客之平安與舒適藉以保全.彈簧者乃此項調協物也.大體分二種 (一) 鈑簧 Laminated Spring. (二) 螺旋環簧 Coil Spring. 本廠打鐵廠另有鐵工,專為修理.惟螺旋環簧,一旦彈力耗損,卽行換新.不加修理,鈑簧則加上修補燒煆之工.仍可應用.此項工作,分四組,一為煆接組.一為修改製造組.餘為整理裝配組.今就鈑簧片之組合,及修理手續言之.

弓簧有二種.曰單弓鈑簧 Half Elliptic 如第一表內之圖曰雙弓鈑簧 Full Elliptic 如第三表內 (2) 圖,本路機車及煤水車所用彈簧多係單弓式十五噸及二十噸貨車所用者.亦係單弓式.客車,郵車,行李車等,所用者.係雙弓式鈑簧之荷載量,及彈力,與其本車簧片之數量,厚,闊,長度,互成正比例.本路機車弓簧,大者有簧片十三片.每片厚十公厘,闊一百公厘,頂片跨間八百九十公厘.彎曲半徑一公尺一九五公厘.每噸下陷八點一公厘.小者,有簧片十一.每片厚九公厘,闊八十公厘.頂片跨間六九〇公厘.彎曲半徑九四九公厘.每噸下陷八點四公厘.煤水車鈑簧,普通有十三片.每片厚十二公厘,闊九十公厘.頂片跨間九八五公厘,彎曲半徑一公尺八五〇公厘.每噸下陷九點一公厘.十五噸貨車彈簧有十一片.闊一百公厘,厚十二公厘,頂片跨間一公尺九二公厘,彎曲半徑一公尺五百公厘.每噸下陷十二點二公厘.二十噸貨車鈑簧,有十片每片厚十三公厘,闊一百公厘,頂片跨間一公尺四十公厘,彎曲半徑一公尺九百五十公厘,每噸下陷九公厘.

客車等鈑簧之大者,有十一片.每片厚十三公厘,濶一百公厘,頂面跨間一公尺五五五公厘,彎曲半徑二公尺五十公厘.每噸下陷九公厘.小者有七片.每片厚九公厘.闊九十公厘.頂片跨間九二七公厘.彎曲半徑一公尺二三八公厘.每噸下陷五十三點八公厘.茲將本路機車及客貨車所用各種彈簧,列一詳表如下:(附表九張篇末)

普通鈑簧片頂低面有凹凸脊溝.如是逐片叠合,免簧片左右之動移.中心有小孔.叠合後釘有銷栓.免簧片前後之走動.簧片叠成.中部套一腰圈Buckle.以防簧片之分散.其組合可謂備極周詳.

修理鈑簧時以十件鈑簧爲一批.先由整理裝配組之鐵工,在各件之鈑側件用釘鑽打出小眼,以爲同側之標識.次將腰圈 Buckle 拆下.貨車鈑簧之腰圈,因生銹太多.常用冷割刀,在右圖　處割開,而後拆去之.機車煤水車及客車等鈑簧之腰圈生銹較少,可用燒紅之鐵,覆於圈上,使其漲大.久之用鏈頭鏈及鏈鑿,將腰圈推下.腰圈旣拆卸,若巳損壞,卽交接烺組鐵工爲烺接.簧片之破斷者,則一一棄去,易以新片.其破壞者,或由修改製造組鐵工重復改造(卽大改小),再備應用,或送鑄冶廠(不能改造及改造時割下之碎片)作半鋼料用.故所謂新片有改造而成者,有直接由簧片扁鋼(購自外洋)製成者.

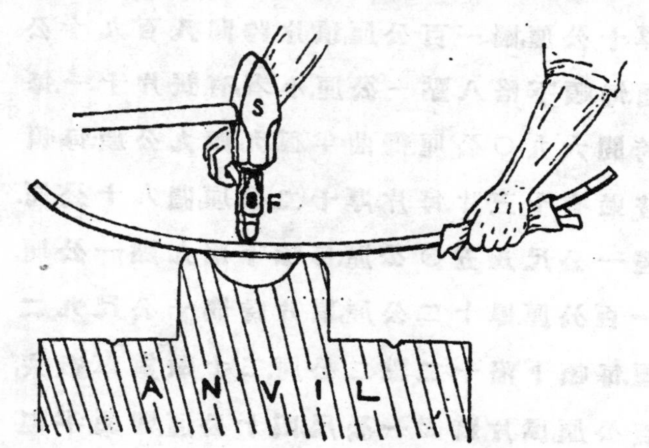

改造或製新片時,頂片及第二片兩端之眼孔,或彎曲鏈頭,須在特設鈑簧撓機上爲之.至各片之弓形,皆在弓形撓機爲之.除舊補新畢,將各件頂片先置反射爐燒熱取出,棄去附着之油汚等,而後細察簧片有否破裂暗紋等,

有則須另易新片,無則先與樣片對照弓形,若小有差異,如前圖.

(一)用錘頭錘在簧片鐵砧上各處打擊,使其恢復原來之弓形,若相差甚大,必置於反射爐燒紅,而後錘擊至完全相同.鋼鈑一經燒紅,則硬度必減少,彈力如之,故必再燒紅之.取出,用冷水淬之,以恢復其原來硬度,完成後,仍安放於原件內.自後取出各件之第二片,去油污,視察如前,即疊於頂片之背.照前法,如右圖(二)之情形使其弓形與頂片弓形相符合.同樣將各件第三片疊合於第二片之背,而較正之,第四片疊於第三片之背而校正之,至底片而止.各片弓形校正畢,即逐件加以視察,是否釘鑽眼同在一面,後用鐵夾夾緊,釘上八公厘銷栓.釘畢鐵夾仍夾持如前,同時將一已經煅接或全新腰圈燒紅,用錘擊推入疊合之簧片中部,此時腰圈尚熱燒熱紅,即運入鈑簧鐵夾內,將頂底夾持,加極大錘擊於腰圈左右面,使各處緊合畢,再運入冷水箱,用冷水逼其緊縮,以為更上一層之緊合,迄全冷時取出,完成一件鈑簧之修理,同樣逐件完成之.此種修理,平均每十件需時八日.

(二)輪箍輪軸之修理

輪箍為輪心之外圈,承受全車重載,直接受鐵軌之擦磨.輪軸為車體之基柱,承受全車體之重載,直接受銅瓦之擦磨.二者動用後,日漸磨蝕,久之形體不能整確,於行車之安全,發生障礙,必為修飾整理,方得復用.為是有輪箍廠之設,專司裝拆輪箍,發交機器廠修理.輪箍廠並無一定工人,裝拆多係小工為之.而輪箍出入,若者應修,若者應換,若者應廢,在機器廠有一打磨匠專管之.故輪箍廠及機器廠之輪箍工作,亦須經此專管之鑲配匠,發交小工頭及機器匠首,而後該工頭匠首分別派工為之.

(甲)輪軸修理　入廠修理之機車,及客貨車,其車輪撤出後,輪與軸連成一體,運移入機器廠,經專管輪軸之鑲配匠,以量圓規Caliper量軸之直徑,若已小過原直徑十分之一時,不能復用,即交輪箍廠拆卸輪箍,而後再交機器廠在水壓機上藉水力將輪心推移出軸外.此項推移力須自八十噸至二百餘噸,遺下之軸,或改作小軸,或作廢軸,重易新軸,若直徑尚未減少原直徑十分之一時,則交機匠首在輪軸鏇機上修飾之.修飾後,再用量規量軸之直徑,若已小過原徑十分之一時,仍作廢軸,若未小過原直徑十分之一時,仍裝原車,應用.更換新軸時,裝上輪心,仍在水機為之,其推力規定客貨車輪心須過四十噸,機車輪心須過五十噸,若規定噸數未過,仍須將輪心推下,用電銲塗上新鐵一層,再在鏇機上割齊後,重行推上輪心,務使推力過規定之噸數.

(乙)輪箍修理 入廠修理之輪箍,由上述專管輪軸之鑲配匠以特備之輪箍厚度量規,量箍面中部厚度,機車及煤水車輪箍在規定限度三十六公厘之下,則交由輪箍廠將輪箍拆下,作為廢箍,若客貨輪箍厚度已在規定限度三十公厘之下,亦作為廢箍,若尚在規定限度以上,則交輪箍廠,在脫輪箍爐內將輪箍熱燒約十五分,輪箍已至高熱程度,漲大其直徑,同時用冷水在輪心上噴洒,使內心縮小,洒水二分鐘後,用吊機將輪心吊起,輪箍即脫在爐內,另為舉出,於是輪心連軸(若軸仍可用),交機器廠在輪箍鏇機上將輪心割切成整圓形,而後再交輪箍廠將脫下之輪箍裝上.有時輪心無不整現象,可不必修飾,惟箍面之鐵質,已被壓擠堅實,須在爐內燒之使鬆,方可在鏇機上修飾之.裝箍之前,先將輪箍在反射式輪箍爐內熱燒之,半小時後,輪箍已続紅,用吊機開移爐蓋,用另一吊機吊出已燒紅之輪箍,置另設之鐵架上,而後再吊起已修整之輪心,鑲入箍內,至適合時,用冷水噴洒箍之周圍,使其縮小而緊縛輪心.待稍冷舉起,以錘擊箍面,若發出尖銳之音,即證確已各處緊縛,若發出啞音,即證明尚未完全緊縛,必再在脫輪箍內燒紅之,用吊機舉起,置緊箍器內,在箍外釘插楦楔,逼箍向內緊縮.十分鐘後,再噴洒冷水,使更為縮小,而後舉起.若已發尖音,則已緊縛輪心,否則須如前法脫下,另裝他箍.已裝就之輪箍,經錘擊發銳音者,即交機器廠,在車輪鏇機上修飾箍之曲面,及其圓形.迨修畢,再經量厚規測量,若在規定限度以上,則發出應用,否則仍須脫下,作為廢箍.

TABLE I.

Table of Laminated Spring for Locomotives.

Peiping—Hankow Ry.

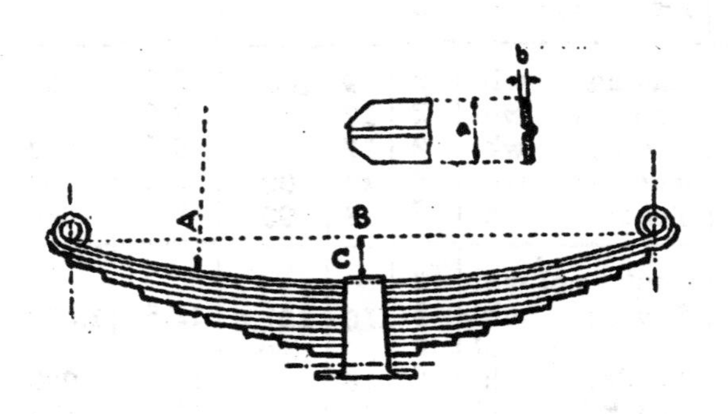

Notations:

T..............Type of Locomotive concerned;

L..............Location of Springs.

N..............Number of Springs.

n..... ....Number of Plates.

a...............Width of Plates.

b ....Thickness of Each Plate.

A...............Radius at No Load.

B..............Span at No Load.

C..............Vertical Height At No Load.

F..............Flexibility per Ton.

cpl. whl......Coupling wheel.

T whl.........Truck wheel.

T	L	N	n	a	b	A	B	C	F
LOCOMOTIVE	front cpl whl	2							
type 51	driving whl	2	13	100	10	1.195	890	70	8.1
Etat Belge	rear cpl whl	2							
Tank Engine	front cpl whl	2							
	driving whl	2	15	80	10	—	900	—	8.5
Cockerill	rear cpl whl	2							
Locomotive	leading whl	2	9	100	9.5	550	645	70	8.5
	front cpl whl	2	17	90	9.5	550	870	140	7.9
	driving whl	2	17	90	9.5	550	870	140	7.9
Rogers	rear cpl whl	2	20	90	9.5	550	875	120	6.5
	Tender whl	5	18	90	9	880	900	150	9
Locomotive	front cpl whl	2							
	driving whl	2	10	101.6	12.5	1.680	1.080	96.8	9.2
	rear cpl whl	2		90					
	Tender whl	6	16		11	900	945	145	8
Baldwin	Shock (tender)	1	10	90	12	820	780	82	8
Locomotive	leading whl	2	11	80	9	949	690	65	8.4
	front cpl whl	2							
	driving whl	2	13	90	12	1.392	985	90	9.1
	rear cpl whl	2							
	Tender whl	6	13	90	12	1.850	986	90	9.1
Society	Shock (tender)	1	10	90	12	820	780	82	8
Locomotive	bogie whl	4	13	90	10	2.682	800	30	6.2
	driving whl	2	13	90	12	2.088	995	60	6.8
Compound	driving whl	2	15	90	12	2.088	995	60	6.5
	rear cpl whl	2							
No. 200	Tender whl	6	13	90	12	1.850	985	90	9.1
	Shock (tender)	1	10	90	12	776	787	82	8
Locomotive	bogie whl	4	13	90	10	2.682	800	30	6.2
	driving whl	2							
Compound	driving whl	2	15	90	12	2.088	995	60	6
	rear cpl whl	2							
No. 250	Tender whl	6	13	90	12	1.850	985	90	9.1
	Shock (tender)	1	10	90	12	820	780	82	8
Locomotive	bogie whl	4	13	90	10	2.682	800	30	6.2
	driving whl	2							
Compound	driving whl	2	15	90	12	2.088	995	60	6
	rear cpl whl	2							
No. 260	Tender whl	6	13	90	12	1.850	985	90	9.1
	Shock (tender)	1	10	90	12	820	780	82	8

T	L	N	n	a	b	A	B	C	F
Locomotive	T whl	4	6	90	12	1.403	623	35	5.8
Rompes	driving whl								
	coupling whl	12	13	90	15	1.646.5	950	70	4.9
	bogie whl								
Locomotive	driving whl		15	90	12	1.000			
	driving whl								
Praie Lima	rear cpl whl								
	trailing whl								
Locomotive	bogie whl								
Praie	driving whl			100	9.5				
Baldwin	driving whl								
	rear cpl whl								
	trailing whl								
Locomotive	bogie whl								
Praie	driving whl			100	9.5				
Belge	driving whl								
	rear cpl whl								
	trailing whl								
Locomotive	front cpl whl	2							
Consolidation	interm cpl whl	2	18	101.6	9.52			28.6	
	driving whl								
	rear cpl whl	2	18	101.6	9.52			28.6	
No. 407	Tender whl	6	13	90	13				
	Shock		10	90	12.5			82	

TABLE II.

Table of Coil Springs for Locomotives.

Peiping—Hankow Ry.

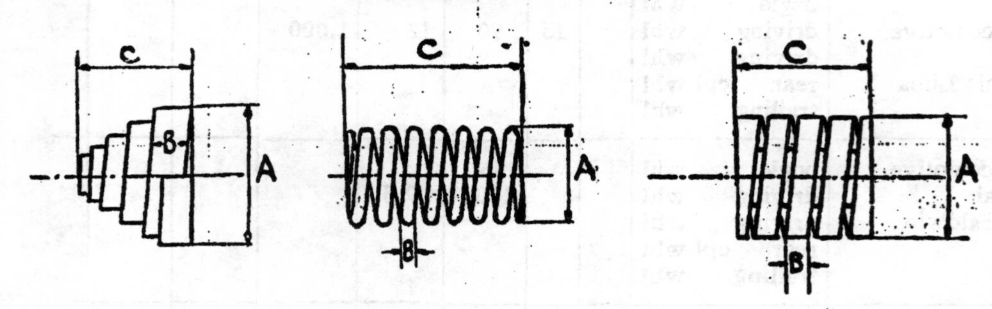

(1) The Volute　　(2) The Holical　　(3) The Coil

T..............Type of Locomotive Concerned.

L..............Location of Springs.

N..............Number of Springs.

n..............Number of Turns.

A..............External Diameter.

B..............Diameter of Section.

C..............Length at no Load.

F..............Flexilible per Ton.

R..............Remarks.

S_s..............Shock spring.

S_L..............Driving Spring.

S_{df}............Spring for Draw Bar, or traction spring (front side).

S_l..............Leading wheel Spring.

S_T.............Trailing Wheel Spring.

S_{dr}............Spring for Draw Bar (rear side).

S_g.............Bogie Spring.

S_d.............Spring for Draw Bar.

e..............Exterior.

i ....Interior.

T	L	N	A	B	n	C	F	R
Locomotive type 51 Etat Belge	S_s	4	185	19x45	5	110	15.5	(1)
Locomotive tender Cockerill	S_s	2	225	18x42	7	160	14.5	(1)
Locomotive Rogers	S_L S_{st} S_{df} 	4 2 2 2 2	100 164 113 164 113	24 32 18 32 18	6.5 5 8 5 8	238 215 215 215 215	19.1 10.8 26.2 10.8 26.2	(2) Same S_s and S_d for tender.
Locomotive Baldwin	S_l e S_l i S_T e S_T i	4 4 1 1	112 69 164 113	20 13 32 18	6 10 5 8	195 195 215 215	19.1 19.1 10.8 26.2	(2) same springs S_s and S_d for tenders.
Locomotive Society	S_{df} S_{dr} e S_{dr} i	1 1 1	223 160 945	17x64 30 18.5	6 5 8	166 215 215	10.5 10.8 26.2	(1) (2) tender
Locomotive compound No. 200	S_g S_{df} S_{dr} e S_{dr} i	2 1 1 1	130 223 160 945	28x28 17x64 30 19.5	17 5.5 5 8	610 166 215 215	20 10.5 10.8 26.2	(3) (1) (2) tender
Locomotive compound No. 250	S_g S_{df} S_{dr} e S_{dr} i	2 1 1 1	130 200 216 117	28x28 35x60 40 23	17 4.5 7 12	610 186 436 436	20 7.8 10.22 26.1	(3) (2) tender 20000 liter.
Locomotive compound No. 260	S_g S_{df} S_{dr} e S_{dr} i	2 1 1 1	130 220 216 117	28x28 35x60 40 23	17 4.8 7 12	610 180 430 436	20 2.7 10.22 26.1	(3) (3) (2) tender 20000 L.
Locomotive Rompes	S_{df} S_{dr} S_s e S_d i	2 2 2 2	45.5 45.5 198 110	7.5 7.5 42 26	10 10 7.5 11.5	160 160 420 420	10 10 7.32 12	for 72 kilos. (2)
Locomotive Consolidation 400	S_l e S_l i	2 2	177.8 88.9	36 18	5 7	200 184		

TABLE III.

Table of Springs for Cars.

Peiping—Hankow Ry.

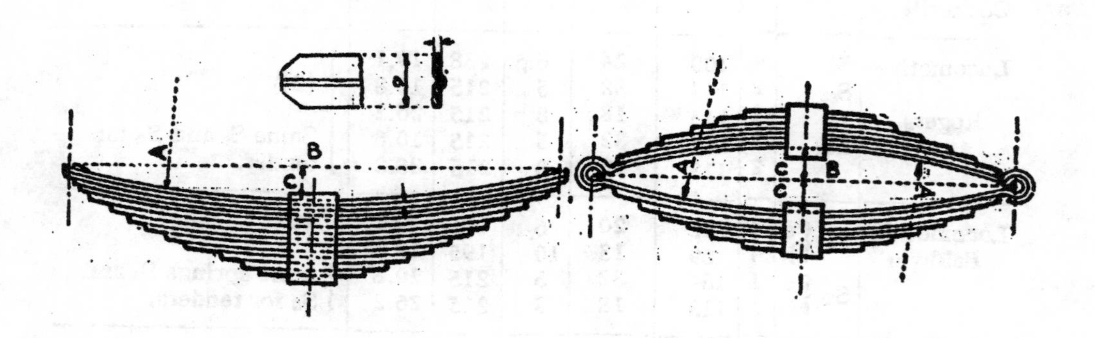

(1) Semielliptic (2) Full-elliptic.

T..............Designation.

L ....Location of Springs.

N........... Number of Springs.

n ....Number of Plates.

a ....Width of Plates.

b ....Thickness of Each Plate.

A..... ....Radius at no Load.

B ....Span at No Load.

C..............Vertical Height at No Load.

F ....Flexibility per Ton.

R .... .Rimarks.

T	N	n	a	b	A	B	C	F	R
Freight Car 15-Ton	4	11	100	12	1.500	1.092	103	1.22	
Freight Car 20-Ton	4	10	100	13	1.950	1.046	725	9	
Freight Car old type	8	11	105	10	1.950	1.080	115	17	
Post Car	4	11	100	13	2.050	1.555	154	9	
Bagage Car 861-870	16	6	76	9.5	1.080	895	97	58	(2)
Passenger Car 1st., 2nd., 3rd., class	12	7	90	9	1.2385	927	90	53.8	(2)
Sleeping Car	12	7	90	10.5	1.2385	927	90	5.34	(2)

TABLE IV.

Table of Springs on Cars.

Peiping—Hankow Ry.

Notations:

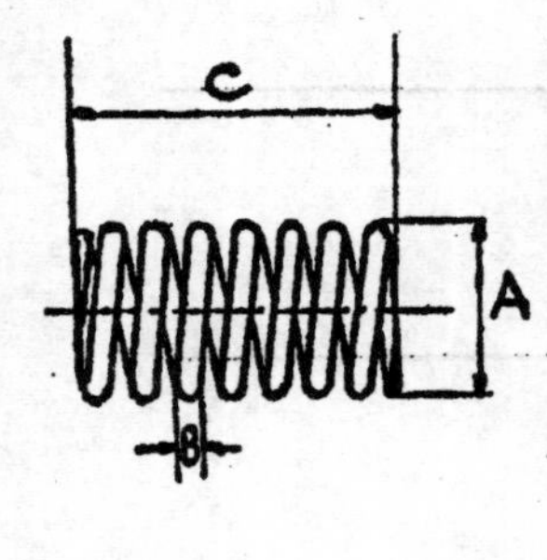

L......Location or Applications.
T......Designation.
N......Number of Springs.
n ......Number of turns.
A......External Diameter.
B..... Diameter of Section.
C......Height at No Load.
F.........Flexibility per Ton.
R.........Remarks.
S_{st}.......Spring for shock and traction.
S_b........Balancing Spring.
S_L........Driving Spring.
S_s........Shock Spring.

T	L	N	A	B	n	C	F	R
Passenger car and Freight Car	S_{st}	2 2	160 94.5	30 18.5	5 8	215 215	10.8 26.2	Coupled.
do	do	2 2	182 99	40 21x21	4.5 8	215 215	5 13	Load on bloak 15000 kilos.
Passenger Car	S_b S_s	4 2	70 135	10 27	17 7	280 267	34.2 14.2	Per 100 kilos.
Passenger Car, 3rd. class, bogie type	S_L	8 8	183 122	25 20	8 10	354 354	75.7 63	Coupled, old type.
Bagage car 861-870	S_L	8 8 8	94 143 202	16 23 28	10.5 7 6	250 250 250	61 34.5 41	Coupled.
Passenger Car, 1st., 2nd., 3rd., class	do	8	192	32	5	232	16	
Sleeping Car	do	8	192	35	5	247	10.4	
American Citern (for oil)	do	16	146	23x44	5	168	3.5	Section.
Freight Car 40-Ton	do	16 16	76 139	16 29	12 8	257 290	34 12	

中國國內蒸汽旋輪(透平)發電機之調查

(RECORD OF TURBO PLANTS IN CHINA)

編者：張延祥 袁丕烈

我國自前清末葉,各處創辦電氣廠,大者多用蒸汽旋輪(或稱透平)發電機.此項機器規模宏大,製作精巧,全世界著名製造者僅十餘廠,而我國則幾莫不俱備.至於週波電壓等項,更各行其是,毫無標準,此實我國電氣事業之根本大誤也.而各處裝置於二十年來尙無紀錄可查,常有工程家企業家欲詢問調查而不得,因發表此篇;一以利企業家參考觀察之用,一以供工程家之研究比較之需,或亦邦人士之所樂聞也.

此次調查後,復就各處裝置年月可稽之機,列一總表,幷附一圖,比較各年裝置之座數及電量,就所得比較觀察之,有下列數點,特誌之以供研究.

(一) 歷年裝置座數,實視國家治亂而消長.試觀民國紀元以來,當國家無故,海內安謐之時,則裝置必多.而大兵之後,則必衰落.最近北伐告成,全國統一,二年來人民得稍蘇息,而透平機之裝置,亦突然增進.執是而言,國家工商業之消長,實恃乎政局之穩定.苟政治清明,則人各安其業,而圖發展.此俾斯麥之治德,明治之興日,均從政治着手,蓋亦良有以也.

(二) 各廠銷售之多少,實有關世界政局之變遷.當大戰之前,正德商雄飛之秋.而開風氣之先.及歐戰爆發,美商乘機而起,同時我國需要正急,故輸入夥多,殆無他國插足之地.至今其銷售總數最多,蓋亦緊於此也.洎乎歐戰告終,各國復從事於工商.於是勵精圖治,各以物質之優良,製造之精密,成績之垂遠,競相頡頏於我商場.於是局勢又復一變,蓋亦非無因也.

(三) 就各處裝置之大小而論,我國近年電氣事業發展,漸有集中之趨向,故近年來所置座數雖少,而電量反大,或由於此也.

新通公司 (Sintoon Overseas Trading Co., Ltd.) 經理瑞士卜郎比廠 (Brown Boveri & Co., Ltd.)

廠名 Name of Plant	地址 Location	座數 Number of units	每座電量 Capacity each unit	轉數 R.P.M.	電壓 Volts	週波 Cycle	裝置年份 Year Installed	備註 Notes
既濟水電公司 Hankow W. & E. Co., Ltd.	漢口 Hankow	2	3,750 K.W.	3600	2300	60	1923	
北京電車公司 Peking Tramway Co.	北京 Peking	1	1,500 K.W.	3000	5250	50	1922	
		2	750 K.W.	3000	5250	50	1922	
		1	100 K.W.	4500	380	50	1922	
天津電車公司 Tientsin Tramway Co.	天津 Tientsin	2	3,000 K.W.	30000	5250	50	1922	
		2	1,500 K.W.				1926	
天津法租界電燈公司 L'Energie Electriguede Tientsin	天津 Tientsin	2	1,250 K.W.	3000	5000	50	1924	
		1	2,800 K.W.	3000	5000	50	1926	
開灤礦務局 Kailan Mining Administration	唐山 Tongshan	2	6,000 K.W.	1500	2300	25	1915	
安山製鋼廠 Anshan Iron & Steel Works	安山 Anshan	2	10,000 K.W.	1500	3300	25	1919	
北票煤礦公司 Peipiao Coal Mining Co.	天津 Tientsin	2	750 K.W.	3000	550	50	1924	
內外紗廠 Naigai Wata Kaisha	上海 Shanghai	1	2,000 K.W.	3000	6200	50	1923	
日華紡織廠 Japan China Cotton Mill	上海 Shanghai	1	2,000 K.W.	3000	2300	50	1923	
浦東電氣公司 Pootung Electric Co.	上海 Shanghai	1	600 K.W.	3600	2300	60	1923	
長崎紗廠 Nagasaki Cotton Mill.	青島 Tsingtao	1	1,000 K.W.	3000	6600	50	1922	
大日本紗廠 Nippon Boseki Kaisha	青島 Tsingtao	1	2,500 K.W.	3000	3300	50	1922	
South Manchuria Electric Co.	Dairen	1	16,500 K.W.	3000	11,000	50	1928	

大有利電氣公司 Dah Yoh Lee Electric Light Co.	杭州 Hangchow	1	2,000 K.W.	3000	5250	50	1922	
武進電氣公司 Changchow Electric Co.	常州 Changchow	1	1,500 K.W.	3000	2200	50	1924	
常州紗廠 Changchow Cotton Mill	常州 Changchow	1	500 K.W.	3000	2200	50	1919	
大照電氣公司 Dah Chao Electric Light Co.	鎮江 Chinkiang	1 1	750 K.W. 1,700 K.W.	3000 3000	3150 3150	50 50	1922 1926	
耀淮電燈公司	蚌埠 Pengpu	1	250 K.W.	3600	2300	50	1922	
廈門電燈電力公司 Amoy Electric Light & Power Co.	廈門 Amoy	1	1,500 K.W.	3600	2300	60	1926	
蘇州電氣廠 Soochow Electric Light Co.	蘇州 Soochow	1	3,600 K.W.	3000	2300	50	1924	
柳江礦路公司 Liukiang Mining Co.	秦皇島 Chingwangtao	1	390 K.W.	3600	2300	60	1927	
吉林自來水公司 Kirin Waterworks Co.	吉林 Kirin	1	210 K.W.	5000	2300	60	1927	
光華火柴公司 Kwang Hwa Match Factory	杭州 Hangchow	1	1-8 K.W.				1928	
山西兵工廠 Shense Arsenal	太原 Taiyuan	1	1,000 K.W.	3600	2300	60	1929	
綏遠電燈公司 Shuyuan Electric Light Co.	綏遠 Suiyuan	1	400 K.W.	3600	2300	60	1929	
梧州市電力廠 Wuchow Municipal Electric Works	梧州 Wuchow	1	1,000 K.W.	3000	3150	50	1929	
華新紗廠 Washing Cotton Mill	青島 Tsingtao	1	1,500 K.W.	3000	600	50	1929	
太原新記電燈公司	太原	1	1,150 K.W.	3600	2300	60	1929	
山西榆次晉華紗廠	Taiyuan	1	1,150 K.W.	3600	5200	60	1929	
永耀電燈公司 Yungyao Electric Light Co.	寧波 Ningpo	1	2,500 K.W.	3000	2300	50	1929	
Total		43	104,100 K.W.					

西門子電機廠 (Siemens China Co.) 經理查來聯廠 (Zoelly Group)

廠 名 Name of Plant	地 址 Location	座數 Number of Units	每座電量 Capacity each Unit	轉數 R.P.M.	電壓 Volt	週波 Cycle	裝置年份 Year Installed	備 注 Notes
廈門電燈電力公司 Amoy Electric Light & Power Co.	廈 門 Amoy	1	1,000 KVA	3600	2300	60	1921	Siemens
安慶電燈公司 Anking Electric Light Co.	安 慶 Anking	1	760 KVA	3000	3000	50	1926	Siemens
大連洋灰廠 Cement Works	大 連 Dairen	1	2,000 KVA	3000	2200	50	1910	Echer Wyss
啟新洋灰公司 Chee Hsin Cement Works	唐 山 Tongshan	1	6,000 KVA	3000	2300	50	1925	Gorlitzer
北京電燈公司 China Chartered Electric Light Co.	北 京 Peking	2	1,250 KVA	3000	5400	50	1911	M.A.N.
南市華商電氣公司 Chinese Electric Power Co.	上 海 Shanghai	2 1	8,000 KVA 4,000 KVA	3000	5500	50	1923 1925 1921	Krupp M. A. N.
大豐紗廠 Dah Foong Cotton Mill	上 海 Shanghai	1	1,250 KVA	3000	350	50	1921	Siemens
奉天礦務局 Fengtien Mining Administration	Patachao	2	4,000 KVA	3000	6600	50	1924 1926	Siemens
大中華紗廠(即今永安第二紗廠) Great China Cotton Mill	吳 淞 Woosung	1	1,250 KVA	3000	550	50	1921	G.N.A.

漢陽漢冶萍鐵廠 Han Yeh Ping I. & C. Co.	漢陽 Hanyang	1	2,250 KVA	3000	5250	50	1915	Dick Kerr
哈爾濱電車公司 Harbin Tramway	哈爾濱 Harbin	2	2,800 KVA	3000	6600	50	1927	Echer Wyss
黑龍江電燈公司 Heilungkiang Tsitsihar	齊齊哈爾	2	800 KVA	3000	5500	50	1928	Siemens
宜山煤礦 Ihsien Coal Mines	宜山	2	2,000 KVA	3000	5250	50	1924	M.A.N.
鞏縣兵工廠 Kunghsien Arsenal	鞏縣 Honan	2	1,375 KVA	3000	2000	50	1911	Siemens
青島內外紗廠 Naigai Wata Boseki	青島 Tsingtao	1	3,100 KVA	3000	3300	50	1924	Echer Wyss
萍鄉煤礦 Pinghsiang Mines	萍鄉 Kiangse	2	1,875 KVA	3000	3000	50	1915	Siemens
上海水泥公司 Shanghai Portland Cement Co.	上海 Lungwha	1	1,500 KVA		550	50	1922	M.A.N.
震華電機廠 Tseng Hua Electric M. & P. Co.	戚墅堰 Tsishuyen	2	4,000 KVA	3000	6600	50	1922	Krupp
振新紗廠 Tsung Hsing Cotton Mill	無錫 Wusih	1	1,560 KVA	3000	350	50	1921	Gorlitzer
蕪湖電燈公司 Ming Yuen Electric Light Co.	蕪湖 Wuhu	1 1	1,920 KVA 800 KVA	3000	2000	50	1928 1922	Siemens
青島電燈公司 Tsingtao Electric Light Co.	青島 Tsingtao	1	1,250 K.W.	3000	3300	50	1910	Gorlitzer
Total		32	64,900 K.W.					

禪臣洋行 (Siemssen & Co.) 經理德國𤁉益吉廠 (A. E. G., Germany)

廠名 Name of Plant	地址 Location	座數 Number of Units	每座電量 Capacity each Unit	轉數 R.P.M.	電壓 Volt	週波 Cycle	裝置年份 Year Installed	備註 Notes
振新紗廠 Chin Sing Cotton Mill	無錫 Wusieh	1	1,620 KVA.		550	50	1910	
撫順煤礦 Fushun Collieries	撫順 Fushun	3	1,875 KVA.		2200	60	1913	
湖南第一紗廠 Hunan No. 1 Cotton Mill	長沙 Changsha	3	690 KVA.		350	50	1913	
光華電燈公司 Kuang Hua Electric Light Co.	長沙 Changsha	2	325 KVA.		350	50	1913	
上海工部局電氣處 Shanghai Municipal Council	上海 Shanghai	2 2	2,500 KVA. 6,250 KVA.		6600 2200	50 50		Dismantled
本溪湖煤礦公司 Penchihu Iron & Coal Co.	本溪湖 Penchihu	2 1	1,875 KVA. 3,750 KVA.		2200 2200	60 60	1913 1924	
永耀電燈公司 Ningpo Electric Light Co.	寧波 Ningpo	2	814 KVA.		2400	50	1923 1925	
大有利電氣公司 Dah Yoh Lee Electric Light Co.	杭州 Hangchow	1	2,880 KVA.		5250	50	1922	
湖南電燈公司 Hunan Light & Power Co.	長沙 Changsha	1	1,250 KVA.		3300	50	1923	
溫州電燈公司 Wenchow Electric Light Co.	溫州 Wenchow	1	420 KVA.		2400	50	1924	
南滿鐵路公司 South Manchurian Railway	安順 Anzan	1	1,875 KVA.		2200	60	1924	
哈爾濱電力公司 Harbin Electric Light Works	哈爾濱 Harbin	1	3,600 KVA.				1923	
Total		23	37,290 KVA.					

萬泰洋行 (Inniss & Riddles Co., Ltd.) 經理英國皮梯愛去廠 (British Thomson-Houston Co., Ltd., England)

廠名 Name of Plant	地址 Location	座數 Number of Units	每座電量 Capacity each Unit	轉數 R.P.M.	電壓 Volts	週波 Cycle	裝置年份 Year Installed	備註 Notes
香港電氣公司 The Hongkong Electric Co.	香港 Hongkong	2 1 1	1,500 K.W. 5,000 K.W. 10,000 K.W.	3000 3000 3000	6600 6600 6600	50 50 50	1919 1924 1929	
太古糖廠 The Taikoo Sugar Refining Co.,	香港 Hongkong	5	750 K.W. (Back pressure)	3000	440	50	1920-5	
中華電氣公司 The China Light & Power (1918)	九龍 Kowloon	2 1	750 K.W. 3,000 K.W.	3600 3600	2200 2200	60 60	1922 1924	
南昌電燈公司 Nanchang Electric Light	南昌 Nanchang	1	750 K.W.	3600	2300	60	1928	
Mentoukou Mines	nr. Peking	2	750 K.W.	3000	5250	50	1928	
武昌電燈公司 Wuchang Electric	武昌 Wuchang	2	800 K.W.	2400	2300	40	—	
Total		17	30,10 K.W.					

通用電氣公司 (General Electric Co. of China) 經理英國佛蘭雪却墨爾廠 (Fraser & Chalmers Engineering Works)

廠名 Name of Plant	地址 Location	座數 Number of Units	每座電量 Capacity each Unit	轉數 R.P.M.	電壓 Volts	週波 Cycle	裝置年份 Year Installed	備註 Notes
漢冶萍公司 Han-Yeh-Ping Iron & Coal Co.	漢陽 Hanyang	2 3	1,500 K.W. 1,490 H.P.	3000 2830	5250	50	1920	
上海工部局電氣處 Shanghai Municipal Electricity Dep't	上海 Shanghai	1	5,000 K.W.	3000	6600	50	1916	
英美煙公司工廠 British American Tobacco Co.	上海 Shanghai	2 1	625 K.W. 100 K.W.	4300 4800	235		1924	
Total		9	12,800 K.W.					

安利洋行 (Arnhold & Co., Ltd.) 經理英國茂偉電廠 (The Metropolitan-Vickers Electrical Export Co., Ltd.)

廠名 Name of Plant	地址 Location	座數 Number of Units	每座電量 Capacity each Unit	轉數 R.P.M.	電壓 Volts	週波 Cycle	裝置年份 Year Installed	備註 Notes
上海工部局電氣處 Shanghai Municipal Electricity Department	上海 Shanghai	2 1 2	3,000 K.W. 20,000 K.W. 20,000 K.W.	3000 1500 3000	6600	50	1921 1921 1927-9	
中華電氣公司(卽九龍電燈公司) The China Light & Power Co., Ltd.	九龍 Kowloon	1	5,000 K.W.	3600	2200	60	1925	
天津英工部局電氣處 Tientsin British Municipal Council	天津 Tientsin	2 1	2,500 K.W. 5,000 K.W.	3000 3000	5000 5000	50 50	1924-7 1929	
北京電燈公司 Chinese Electric Light & Power Co.	北京 Peking	1 1	5,000 K.W. 10,000 K.W.	3000	5200	50	1924 1929	
開灤礦務局 Kailan Mining Administration	唐山 Tongshan	2	3,000 K.W.	1500		50	1913	
奉天兵工廠 Mukden Arsenal	瀋陽 Mukden	2 1 1	1,000 K.W. 3,000 K.W. 5,000 K.W.	3000	2300	50	1924 1927 1929	
奉天呼海鐵路 Hu Hai Railway	奉天 Fengtien	1	350 K.W.	4500 1000	3300	50	1927	
Japan China Spinning & Weaving Co., Ltd.	Woosung	1	1,250 K.W.	5000/ 1200	600	60	1929	
Total		19	113,600 K.W.					

茂和公司 (Hugo Reiss & Co.) 經理美國威斯汀好司電氣廠 (Westinghouse International Electric Co., U.S.A.)

廠名 Name of Plant	地址 Location	座數 Number of Units	每座電量 Capacity each Unit	轉數 R.P.M.	電壓 Volts	週波 Cycle	裝置年份 Year Installed	備註 Notes
安山鋼鐵廠 Anshan Iron & Steel Works	安山 Anshan	2	3,500 K.W.	3600		60	1917	
安東電氣公司 Antung Elect. Light & Power Co.	安東 Antung	2	3,000 K.W.	3600		60	1917	
中華電氣公司 China Light & Power Co.	九龍 Kowloon	2	1,000 K.W.	3600	2200	60	1919	
,, ,, ,, ,, ,,	Hongkong	1	1,000 K.W.	3600	2200	60	1918	
啓新洋灰公司 Chee Hsin Cement Mill	唐山 Tongshan	1	1,500 K.W.	3600	2200	60	1919	
大興紗廠 Dah Shing Cotton Mill	石家莊 Shikiachwang	1	1,000 K.W.	3600	550	60	1922	
,, ,, ,, ,,	,,	1	1,000 K.W.	3600	550	60	1929	
大有利電燈公司 Dah Yoh Lee Co.	杭州 Hangchow	1	800 K.W.	3000	2300	50	1920	
漢陽鐵廠 Hanyang Iron & Steel Works	漢陽 Hanyang	1	2,000 K.W.	3000	2300	60	1917	
漢陽兵工廠 Hanyang Arsenal	Wunchang	2	1,000 K.W.	3000	2300	60	1917	
開灤礦務局 Kailan Mining Administration	唐山 Tongshan	2	3,000 K.W.	3000	2300	50	1918	
南滿電氣公司 South Manchuria Light & Power Co.	Amagonawa	1	5,000 K.W.				1918	
武昌大利紗廠 Wuchang Dee Yee Cotton Mill	武昌 Wuchang	2	2,000 K.W.	550		60	1918	
裕大紗廠 Yu Ta Cotton Mill	天津 Tientsin	1	1,000 K.W.	550		60	1920	
Total		20	40,300 K.W.					

(注意：在 500 K.W. 以下之發電機均未列入上表)

怡和機器公司 (Jardine Engineering Corp. Ltd.) 經理英國電機公司 (English Electric Co., Ltd., England)

廠名 Name of Plant	地址 Location	座數 Number of Units	每座電量 Capacity each Unit	轉數 R.P.M.	電壓 Volt	週波 Cycle	裝置年份 Year Installed	備註 Notes
香港電氣公司 The Hongkong Electric Co., Ltd.	香港 Hongkong	2	5,000 K.W.	3000	6600	50	1921-1922	
中華火車糖局 China Sugar Refining Co., Ltd.	香港 Hongkong	1	1,000 K.W.	3000	6600	50	1921	
慶豐紡織公司 Ching Fong Cotton Mill	無錫 Wusih	1	1,000 K.W.	3000	2300	50	1921	
大中華紗廠(即永安第二廠) Great China Cotton Mill	吳淞 Woosung	1	1,000 K.W.	3000	550	50	1921	
津浦鐵路局 Tientsin-Pukow Ra way Pukow Elect. Power Station	浦口 Pukow	1	1,000 K.W.	3000	6600	50	1922	
福新第五麵粉廠 Foh Sing Flour Mill No. 5	漢口 Hankow	1	1,000 K.W.	6000	3300	50	1927	
Total		7	15,000 K.W.					

斯可達工廠 (Skoda Works, Czecho-Slovakea)

廠名 Name of Plant	地址 Location	座數 Number of Units	每座電量 Capacity each Unit	轉數 R.P.M.	電壓 Volts	週波 Cycle	裝置年份 Year Installed	備註 Notes
閘北水電公司 Chapei Waterworks & Electricity Co.	上海 Shanghai	2 1	12,500 K.W. 500 K.W.	3000 6000/1000	6600 3300	50	1929	
Total		3	25,500 K.W					

愼昌洋行 (Andersen, Meyer & Co., Ltd.) 經理美國奇異公司 (General Electric Co., U.S.A.)

廠名 Name of Plant	地址 Location	座數 Number of Units	每座電量 Capacity each Unit	轉數 R.P.M.	電壓 Volt	週波 Cycle	裝置年份 Year Installed	備註 Notes
廈門電燈公司 Amoy Electric Light & Power Co., Ltd.	廈門 Amoy	1	300 K.W.	3600	2300	60	1915	Dismantled
長春電燈公司 Chang Chun Electric Light Co.	長春 Changchun	1 1	300 K.W. 500 K.W.	3600 3600	2300 2300	60 60	1920 1927	
Santo Railway Power Plant		1	2,000 K.W.	3000	3000	50	1922	
錦州電燈公司 Chinchow Electric Light Works	錦州 Chinchow	1 1	200 K.W. 300 K.W.	3600 3600	2300 2300	60 60	1919 1925	
南市華商電氣公司 Chinese Electric Light Co.	上海 Shanghai	1	1,500 K.W.	3600	6600	60	1920	
大生第六紗廠 Dah Sung Cotton Mill, No. 6	南通 Nantungchow	1	750 K.W.	3600	600	60	1921	
大有利電燈公司 Dah Yoh Lee Electric Light Co.	杭州 Hangchow	1 1	500 K.W. 1,000 K.W.	3000 3000	2300 5250	50 50	1919 1921	
大照電燈公司 Dah Chao Electric Light Co.	鎮江 Chinkiang	1	300 K.W.	3000	3000	50	1920	
福州電燈公司 Foochow Electric Light Co.	福州 Foochow	1 2	500 K.W. 1,000 K.W.	3600 3600	2300 2300	60 60	1914 1917 1923	
旣濟水電公司 Hankow Waterworks & Electric Light Co., Ltd.	漢口 Hankow	2 1	1,500 K.W. 1,000 K.W.	3600	2300	60	1921	

恆源紗廠 Heng Yuen Textile Co.	天津 Tientsin	2 1	750 K.W. 1,250 K.W.	3600	600	60	1920 1921
長沙電燈公司 Hunan Government Elec. Light Co.	湖南,長沙 Changsha	1	625 K.W.	3000	3000	50	1921
恆大紗廠 Hung Dah Cotton Mill	上海 Shanghai	1	500 K.W.	3600	600	60	1923
久興紗廠 Kiushing Cotton Mill	江西,九江 Kiukiang	1	750 K.W.	3600	600	60	1923
廣州市電力公司 Kwangtung Electric Supply Co.	廣州 Canton	2 1 1	2,500 K.W. 5,000 K.W. 6,000 K.W.	3600	2300	60	1920 1924 1927
奉天紡紗廠 Mukden Cotton Mill	奉天 Mukden	1	1,000 K.W.	3600	600	60	1922
奉天電燈廠 Mukden Electric Light Works	奉天 Mukden	1 1 1 1	500 K.W. 1,500 K.W. 2,500 K.W. 5,000 K.W.	3600	}2300 6600	60	1921 1923 1928
內外紗廠 Naigai Wata Kaisha Mill	青島 Tsingtau	1	1,250 K.W.	3000	3300	50	1921
南昌電燈公司 Nanchang Electric Light Co.	江西,南昌 Nanchang	1	300 K.W.	3600	2300	60	1921
南京電燈公司 Nanking Electric Light Co.	南京 Nanking	1 1	1,000 K.W. 750 K.W.	3600	2300	60	1921 1929
北洋第一紡織公司 Paiyang No. 1 Cotton Mill	天津 Tientsin	1 1	800 K.W. 1,000 K.W.	3600	600	60	1921 1923
上海工部局電氣處 Sha'i Municipal Electricity Dept.	上海 Shanghai	2 2	10,000 K.W. 20,000 K.W.				

四川煤礦局 Szechuen Collieries		1	2,000 K.W.					
太原電燈公司 Taiyuanfu Electric Light Co.	太原 Taiyuanfu	2	300 K.W.	3600	2300	60	1921 1926	
濟南電燈公司 Tsinan Electric Light Co.	濟南 Tsinan	1 1	500 K.W, 1,000 K.W.	3000	5000	50	1920 1921	
通遼鎮電燈公司 Tungliaochen Electric Light Co.	通遼鎮 Shinking	1 1	200 K.W. 500 K.W.	3600	2300	60	1923 1929	
華興紗廠 Wahsing Cotton Mill	天津 Tientsin	1 1	750 K.W. 1,000 K.W.	3600	600	60	1921 1922	
永安第二紗廠 Wing On No. 2 Cotton Mill	吳淞 Woosung	1	1,500 K.W.	3000	580	50	1928	
耀濱電燈公司 Yueh Ping Electric Light Co.	哈爾濱 Harbin	2 1 1	600 K.W. 1,250 K.W. 1,500 K.W.	3600	2300	60	1922 1927 1928	
豫豐紗廠 Yu Foong Cotton Mill	鄭州 Chengchow	2 1 1	500 K.W. 1,000 K.W.* 1,500 K.W.	3600	600	60	1920 1921 1928	*Dismantled
永衡電燈公司 Yung Heng Electric Light Co.	吉林 Kirin	2 1	500 K.W. 1,500 K.W.	3600	2300	60	1921 1923 1928	
裕源紗廠 Yu Yuen Cotton Mill	天津 Tientsin	3 1	800 K.W. 1,250 K.W.	3600	600	60	1921 1922 1924	
柳州電力廠 Liuchow Electric Works	柳州 Liuchow	1	1,000 K.W.	3600	2300	60	1929	
Taonan Electric Co.		1	350 K.W.	3600	2300	60	1925	
Total		69	133,375 K.W.					

其他各廠

廠名 Name of Plant	地址 Location	座數 No. of Units	每座電量 Capacity of each Unit	製造廠名 Name of Manufactures
上海工部局電氣處 Shanghai Municipal Electricity Department	上海 Shanghai	1 1	10,000 K.W. 20,000 K.W.	Parsons & Co.
Shuang Chia Wireless Station		1	1,000 K.W.	ditto
漢陽鐵廠 Hanyang Iron & Steel Works	漢陽 Hanyang	1 1	800 H. P. 1,120 H. P.	ditto ditto
蘇州電氣廠 Soochow Electricity Works	蘇州 Soochow	1	2,000 KVA.	Jonkoping Mekaniska Verkstads, A. B. Sweden
申新紗廠 Sung Sing Cotton Mill	無錫 Wusih	2	2,000 K.W.	Allis-Chalmers
Tsingtao Electric Light Co.	青島	2	1,500 K.W.	S. T. A. L.
Changchun Pumping & Electric Light Station		2	1,000 K.W.	S. T. A. L.
British Municipal Council	天津	2	1,250 K.W.	Howden
Japanese ,, ,,	,,	2	1,400 K.W.	Ljungstrem
Taian Spinning Co.	長沙	2	800 K.W.	Soc. Alsacian de construction Mechanique

廠名 / 年份	A.E.G.禮益吉		B.B.C. 新通		B.T.H. 萬泰		English 怡和		F. & C. 通用		G. E. 愼昌		M. V. 安利		Siemens 西門子		Skoda 斯可達		Westinghoure 茂和		總計	
	座數	電量KW	座數	電量KW	座數	電量KW	座數	電量KW	座數	電量KW	座數	電量KW	座數	電量KW	座數	電量KW	座數	電量KW	座數	電量KW	座數	電量KW
1910	1	1,296													2	2,850					3	4,146
1911															4	4,200					4	4,200
1912																						
1913	10	9,676											2	6.000							12	15,676
1914											1	500									1	500
1915			2	12,000							1	300			3	4,800					6	17,100
1916									1	5,000											1	5,000
1917											1	1,000							7	17,000	8	18,000
1918																			6	16,000	6	16,000
1919			3	20,500	2	3,000					2	700							3	3,500	10	27,700
1920					3	2,250			5	6,450	10	10,100							2	1,800	20	20,600
1921							4	8,000			20	18,125	3	26,000	5	7,248					32	59,373
1922	1	2,304	11	15,600	2	1,500	2	6,000			6	6,000			4	8,240			1	1,000	27	40,644
1923	3	4,531	5	12,100							7	6,450			1	6,400					16	29,481
1924	3	4,836	6	9,100	2	8,000			3	1,350	2	6,250	4	9,500	4	8,880					24	47,916
1925	1	651			2	1,500					2	650	1	5,000	2	11,200					8	19,001
1926			5	9,000							1	300			2	3,808					8	13,108
1927			2	600			1	1,000			3	7,750	4	25,850	2	4,480					12	39,680
1928			2	16,500	3	2,250					5	11,000			3	2,816					13	32,567
1929			7	8,700	1	10,000					3	2,250	5	41,250			3	25,500	1	1,000	20	88,700
Total	19	23,294	48	104,100	15	28,500	7	15,000	9	12,800	64	71,375	19	113,600	32	64,922	3	25,500	20	40,300	231	499,392

以上調查所得,計國內透平發電機共二百三十一座,發電量 499,392 Kw. 國內最大之透平機,係上海工部局電氣處所置之 20,000 Kw. 爲 Metropolitan-Vickers 廠製造.國內最小之透平機,係杭州光華火柴公司一九二八年所置之 1.8 Kw. 爲 Brown, Boveri 廠製造.

自一九一〇年起至一七二九年三月止,以一九二〇年所裝者最多,而發電量以今年爲最多,其列年消長,如下圖所示.

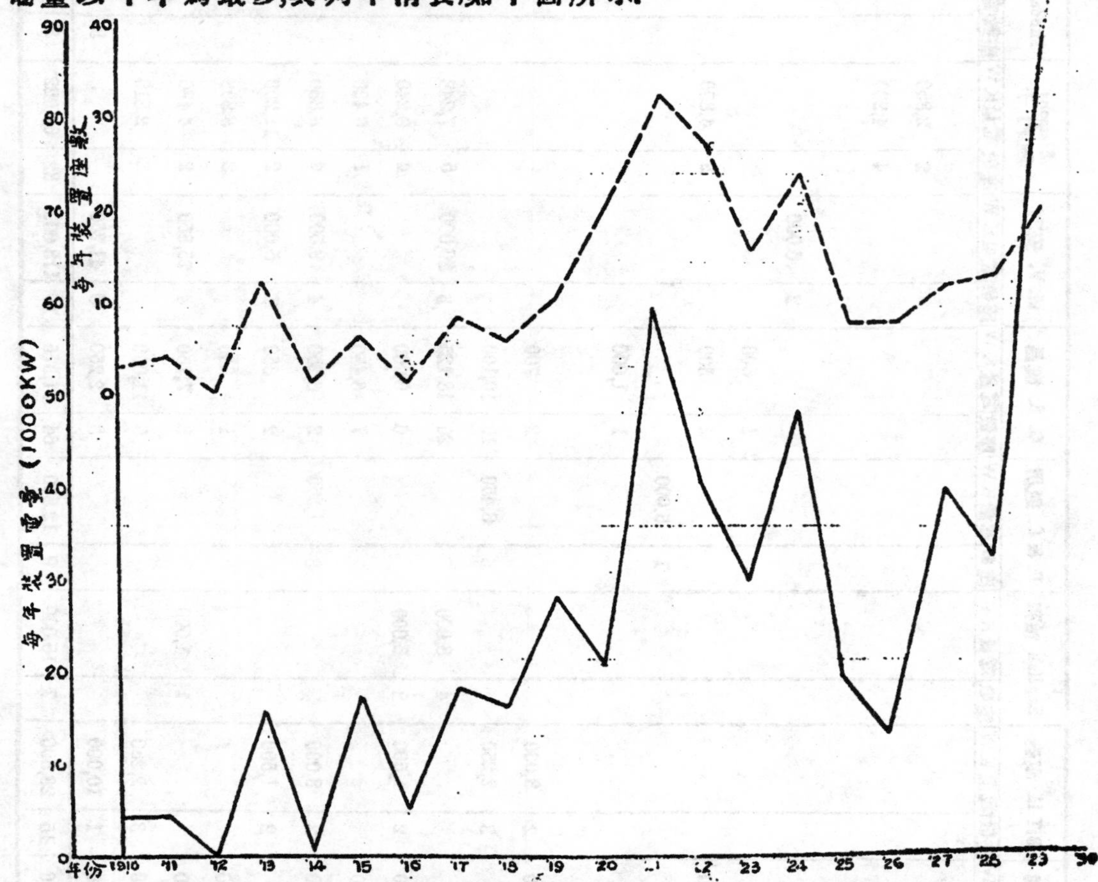

此次調查,尙屬初步.各項記錄,均得諸經售公司或洋行,其翔實正確與否,及現在已經折除不用者均未能詳盡.至如轉數,電壓,週波等均就調查可得者記載之.蒸汽壓力及蒸汽熱度等以不易調查,故只可暫缺.倘望各界人士隨時指正,俾得陸續編纂,以成信史.

此番調查,蒙新通,怡和,萬泰,西門子,安利,茂和,愼昌等公司,賜予指正,得成一比較可靠之記錄,特此附誌,聊伸謝悃.

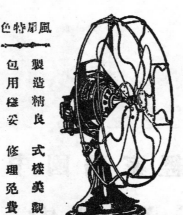

(一)度量衡新舊市制對照表

類	名稱	數值	名稱	數值	名稱	數值	名稱	數值
度	福州木尺	0.598	日本法定尺	0.909	魯班尺(木尺)	1.020	杭莊尺	1.100
	浙江海山魯班尺	0.610	杭州魯班尺	0.914	鎮海裁尺	1.020	廣尺	1.118
	浙江象山官尺	0.695	英尺	0.914	天津裁尺	1.023	汕頭絲鐵尺	1.122
	浙江慈谿命削用尺	0.710	俄尺	0.914	漢口九八尺	1.030	日本鯨尺	1.136
	蘇州營造尺	0.728	漳州棉木局廈門裁尺	0.933	天津布尺	1.031	汕頭舊官尺	1.145
	福州織物尺	0.746	蘇州織物尺	0.935	蘇尺	1.032	天津舊官尺	1.145
	[illegible]	0.750	象山裁尺	0.937	北京綢尺	1.032	舊裁尺	1.147
	浙江慈谿裁尺	0.809	天津木尺	0.938	蘇裁尺	1.035	上海木尺	1.150
	浙江鎮海裁尺	0.834	北京工部尺	0.945	漢口綢緞尺	1.040	杭織尺	1.156
	上海大工尺	0.849	南園裁尺	0.953	北京舊尺	1.045	山東建築木尺	1.162
	廈門金齒細尺	0.857	農商部營造尺	0.960	山東裁尺	1.046	上海舊官尺	1.164
	浙江象山營造尺	0.863	舊部尺	0.963	滁州民船織用尺	1.048	上海京貨尺	1.169
	漳州造船尺	0.867	天津木尺	0.974	武人撥	1.050	舊寧織尺	1.198
	漳州染房尺	0.884	農工大學劃分紅之正尺	0.981	漢口網杆尺	1.052	陳徽廣易撥	1.200
	廈門彫刻尺	0.895	漢口九五尺	0.996	北京木尺	1.055	上海造船尺	1.202
	漳州石工用尺	0.899	現定市用尺	333.4公分=1.000市尺			鐵理(鐵路新測所用)	1.212
	汕頭木尺	0.899	北方用舊官尺	1.001	漢口京貨尺木尺裁尺	1.058	蘇織尺	1.216
	阮志明之建築(鐵尺之建築)	0.900	上海收稅用尺	1.004	杭裁尺	1.058	蘇莊尺	1.398
	廈門木尺及造船尺	0.902	漢口碼頭用房尺	1.010	漢口度(尺碼布尺)	1.067	武人撥(舍以)	1.500
	汕頭尺	0.909	漢口灘尺	1.013	海關尺	1.074	上海撥尺	1.675
量	現定市用升(等於公升)	1.000	農工大學實測撥正升	1.048	象山海斛	1.075	上海大斗	1.183
	鎮海平斛	1.009	上海廟斛(城隍廟)	1.075	鎮海廟斛	1.120	無錫南門斛	1.321
	舊部升	1.035	上海漕斛	1.075	上海海斛	1.183	無錫西門斛	1.329
衡	阮志明撥	0.540	上海新會館秤	1.056	象山平秤	1.158	廣秤	1.202
	農工大學劃分紅等撥之磅	0.699	漢口蘇秤	1.068	上海油餅秤	1.158	關秤	1.209
	上海磅砝	0.704	鎮海雜貨秤	1.076	慈谿藥砝秤	1.171	漢口建幫秤	1.210
	陳徽廣撥	0.800	漢口公議秤	1.089	漕秤	1.173	漢口磅秤	1.224
	俄磅	0.819	上海燭秤	1.089	上海標準秤(人名上海大秤)	1.173	鄞縣老秤	1.231
	英磅	0.907	上海折秤	1.112	漢口關行秤	1.174	上海司馬秤	1.232
	上海磅秤	0.924	上海敦和公所魚秤	1.135	庫秤	1.194	上海公秤	1.246
	上海浙秤	0.939	漢口鐵秤	1.138	杭州肥絲秤(人名叫查公秤)	1.194	漢口加一秤	1.253
	漢口加二秤	0.967	上海部秤	1.141	慈谿象山秤	1.194	上海撥秤	1.255
	上海茶食秤	0.987	慈谿行秤	1.141	上海茶葉秤	1.195	杭州細絲秤	1.268
	現定市用斤	500公分=1.000市斤			漢口浙寧秤	1.196	漢口四幫秤	1.302
	鎮海折秤	1.009	象山舖秤	1.144	杭州中約秤	1.197	象山街秤	1.313
	鄞縣折秤	1.030	上海老會館秤	1.144	同鈔施孔懷撥	1.200	杭州買菜秤	1.343
	慈谿折秤	1.030	鎮海藥砝秤	1.147	日本斤	1.200	工商部技術處製	

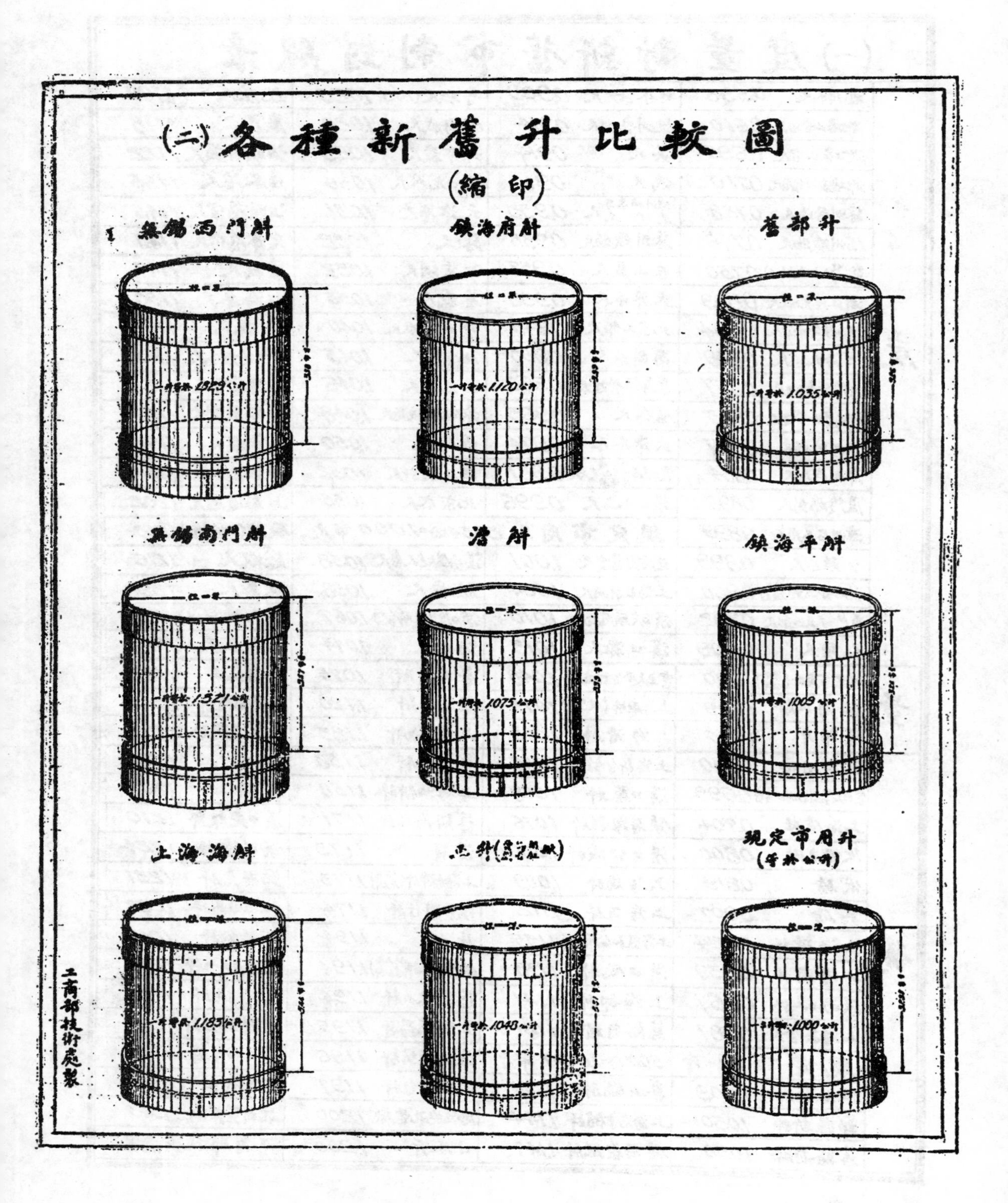
(二)各種新舊升比較圖
(縮印)
無錫西門斛
一升等於1329公升
鎮海府斛
一升等於1.120公升
舊部升
一升等於1.035公升
無錫南門斛
一升等於1.521公升
漕斛
一升等於1.075公升
鎮海平斛
一升等於1.009公升
上海海斛
一升等於1.183公升
正斛
一升等於1.048公升
現定市用升
(等於公升)
一升等於1.000公升
工商部技術處製

斤兩比較圖

印)

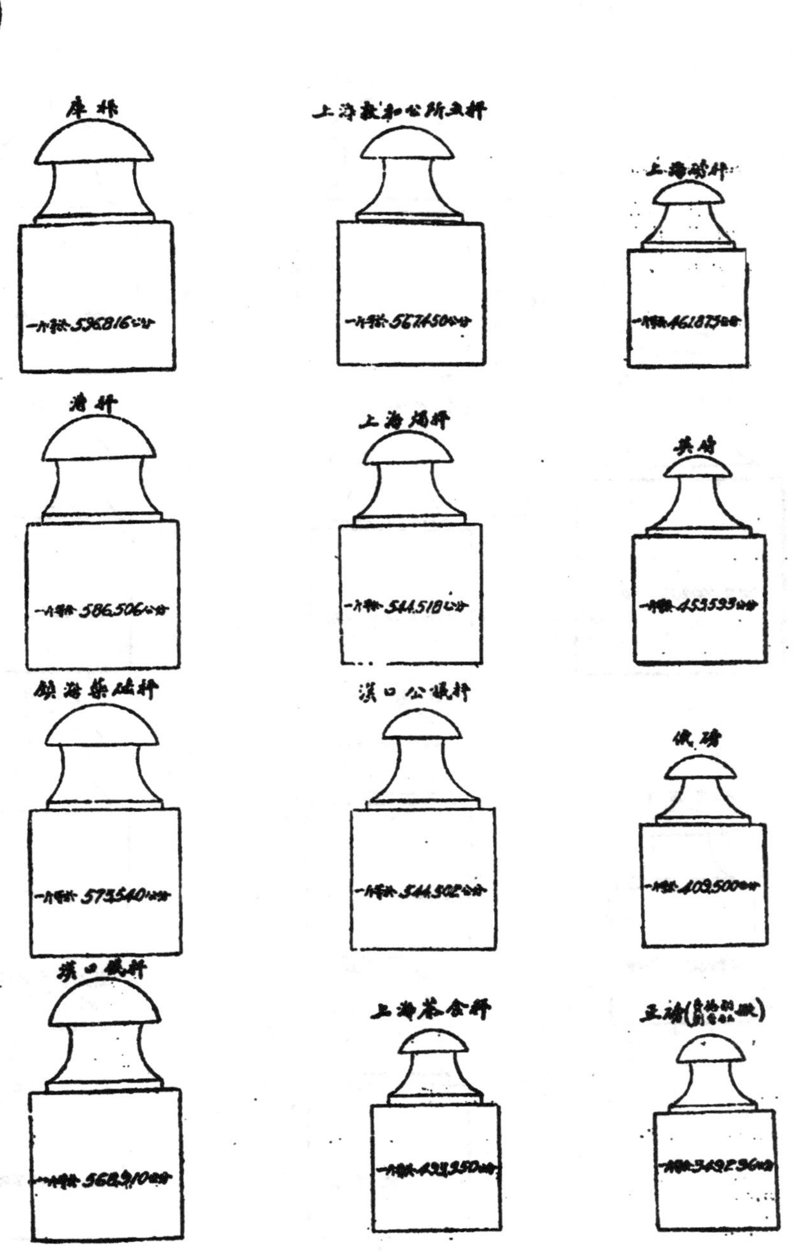

庫秤
一斤等於596.816公分
一斤等於567.450公分
一斤等於461.875公分
漕秤
一斤等於586.506公分
一斤等於544.518公分
英磅
一斤等於453.593公分
一斤等於573.540公分
一斤等於544.502公分
俄磅
一斤等於409.500公分
一斤等於568.910公分
上海茶會秤

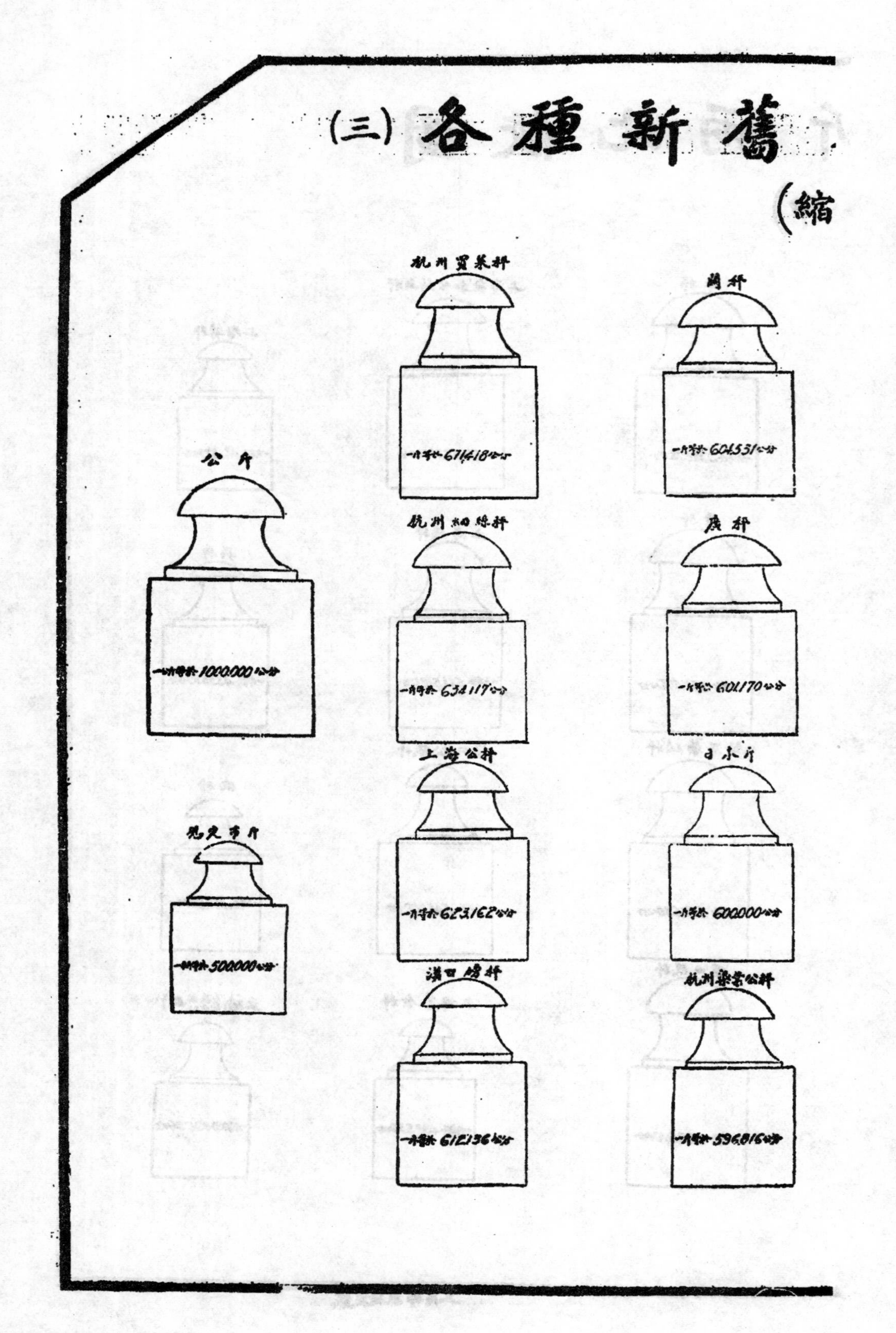
(三) 各種新舊
(縮
杭州買茶秤
一斤等於671.418公分
一斤等於604.531公分
公斤
一公斤等於1000.000公分
杭州細絲秤
一斤等於634.117公分
廣秤
一斤等於601.170公分
上海公秤
一斤等於623.162公分
日本斤
一斤等於600.000公分
一市斤等於500.000公分
漢口磅秤
一斤等於612.136公分
杭州染業公秤
一斤等於596.816公分

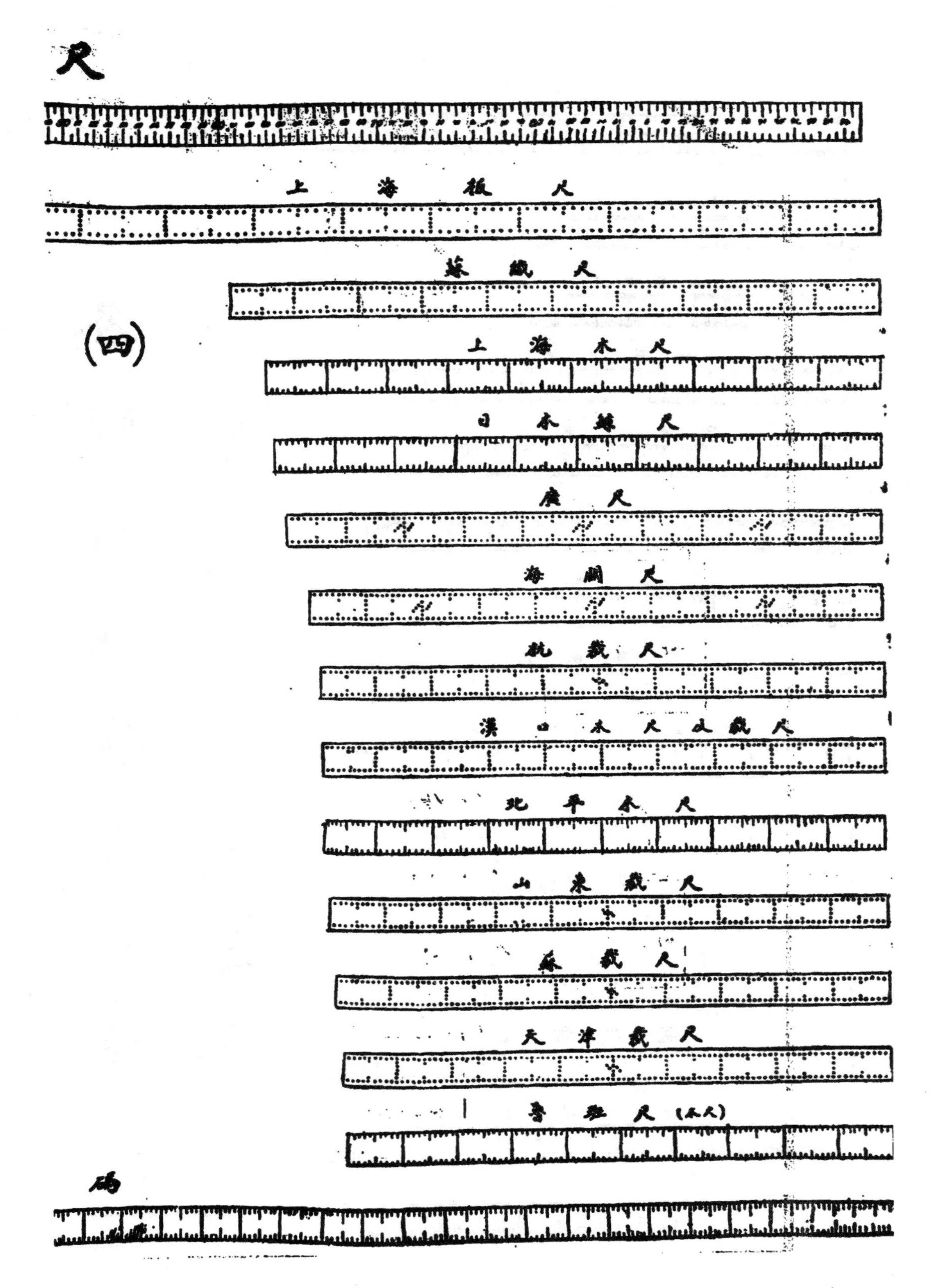
尺
(四)
上海板尺
蘇緞尺
上海木尺
日本鯨尺
廣尺
海關尺
杭裁尺
漢口木尺又裁尺
北平木尺
山東裁尺
縣裁尺
天津裁尺
魯班尺(木尺)
碼

公

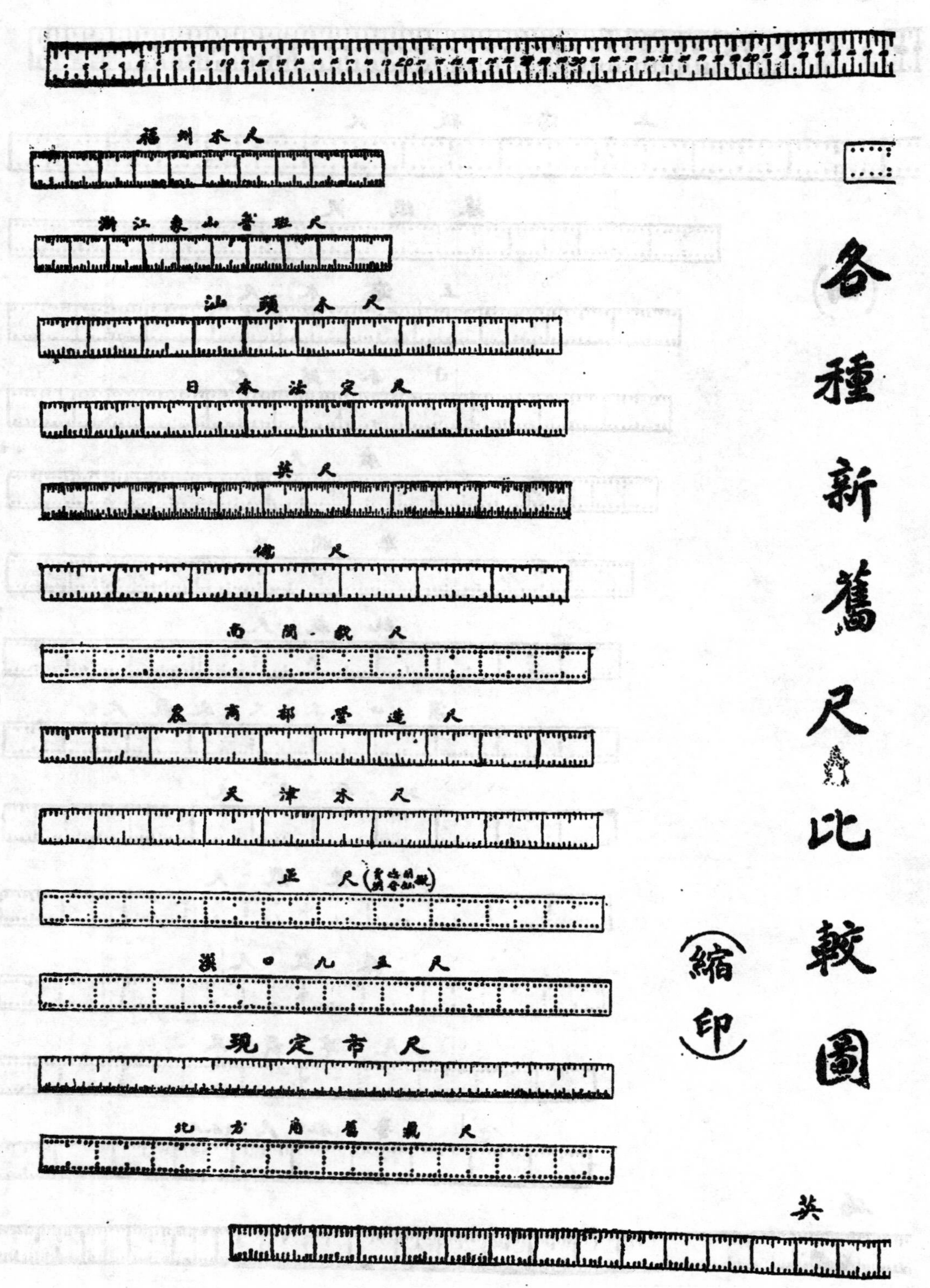
福州木尺
浙江象山營造尺
汕頭木尺
日本法定尺
英尺
農商部營造尺
天津木尺
正尺
漢口九五尺
現定市尺
各種新舊尺比較圖
縮印
英

我國進口之木材

(轉錄經濟半月第二卷第廿二期)

我國著名產木材之區.首推吉林省鴨綠江流域.其次爲福建省閩江流域.廣西省西江流域.湖南省沅江資江湘江流域.他如甘肅(河州一帶).貴州等省.亦頗有出產.惟內地運輸不便.距產區較遠地方所用之建築木料.仍多取材於外國.每年外國木材進口之價值.在民國二年至民國六年間.平均年值六百餘萬兩(民國二年五,九二四,八九九兩.三年七,二六四,九九一兩.四年四,六七一,九一一兩.五年九,二八九,三三六兩.六年五,四六○,三二九兩.民六以後.進口木材逐年增加.最近五年之進口淨數.計民國十二年值一一,四四一,七三九兩.十三年值一八,九六六,一○一兩.十四年值一二,一九一,五一五兩.十五年值一六,一三四,六八二兩.十六年值一三,五五九,七七○兩五年平均每年價值一千四百餘萬兩.木材之來源以美國爲最多.每年進口價值約七百萬兩.其次爲日本年約三百餘萬兩.次爲俄國年約百餘萬兩.他如坎拿大,新加坡,菲律賓,朝鮮,暹羅,爪哇,澳洲,安南等處.每年進口亦不少.內容如下表.(價值關平兩)

來自何處		民國十三年	民國十四年	民國十五年	三年平均
香港		1,867,473	886,473	650,035	1,134,820
美國		8,278,382	4,445,956	8,219,015	6,981,117
日本		2,683,547	4,033,289	3,342,592	3,353,142
俄國	由陸路	562,798	218,265	147,542	309,535
	太平洋各口	1,509,346	987,902	512,868	1,003,338
坎拿大		1,350,406	191,815	719,325	753,848
新加坡等處		910,401	354,823	125,296	463,506
菲律濱		302,636	227,793	769,434	433,287
朝鮮		434,279	257,810	523,816	405,268
暹羅		219,694	205,042	517,897	314,211

爪哇等處	246,487	191,019	136,982	191,466
澳洲紐絲綸等處	321,291	1,150	224.343	182,261
安　南	67,663	58,216	183,817	104,898
其　他	244,637	167,090	94,746	168,824
總　計	18,999,040	12,227,122	16,172,749	15,799,602
復往外洋	32,939	35,607	29,067	
進口淨數	18,966,101	12,191,515	16,143,682	15,767,099

備考　其他一欄包含由印度英德丹比和及西班牙波蘭等國運來之數

各關進口數上海爲最多.約占進口總額百分之四十九.天津次之.約占百分之十四.此外大連,安東,哈爾濱,秦皇島,膠州,漢口,南京,鎭江,杭州,甯波,九龍,拱北等處.每年進口亦均不在少數.茲將各關進口淨數表列於下.(單位關平兩)

輸入口岸	民國十三年	民國十四年	民國十五年	三年平均
哈爾濱屬關	552,637	218,265	147,542	306,148
安　東	316,733	375,267	373,451	355 150
大　連	411,225	978,532	885,114	758,293
秦皇島	1,056,002	507,354	124,927	562,761
天　津	2,005,390	2,780,624	2,255,170	2,347,063
膠　州	1,004,503	1,085,321	630,518	906,780
漢　口	553,015	263,091	474,273	430,163
南　京	628,863	362,806	397,906	463,191
上　海	9,685,186	4,471,060	9,072,451	7,742,899
杭　州	144,944	105,777	153,334	134,685
甯　波	38,510	101,671	229,632	123,271
廣　州	18,995	34,683	461,770	171,816
九　龍	922,041	386,401	100,218	469,553
拱　北	626,764	235,715	126,763	329,747
其　他	779,317	415,158	602,511	598,995
計	18,764,125	12,421,725	16,035,580	15,740,476

備考　其他一欄包含牛莊龍口煙台重慶萬縣宜昌沙市長沙岳州九江

蕪湖鎮江蘇州溫州三都澳福州廈門汕頭江門三水梧州瓊州北海龍州蒙自等埠之進口數

進口木材種類極繁.我國關冊分爲重木材 Hardwood 輕木材 Softwood 鐵路枕木 Railway Sleepers 柚木樑木板木段 Teak-wood. Beams, Planks, & Logs 及未列名木材凡五項.所謂重木者係指一切闊葉樹而言.輕木則謂各種結毬葉及針葉剌葉之樹木.如松,杉,檜,落葉松,柏,水松,杜松,扁柏等樹是.進口數量以輕木材爲最多.重木材次之.鐵路枕木及柚木等又次之.

重木材　民國十四年進口有五一,七四四千英方尺.價值二,〇八九,二三〇兩.十五年進口四五,三一九千英方尺.價值二,〇六六,一一八兩.十六年進口三九,一七六千英方尺.價值一,七五二,二四三兩.平均每年進口四五,四一三千英方尺.價值一,九六九,一九七兩.其中以由日本來者爲最多約占百分之三十五.菲律賓次之約占百分之三十.新加坡又次之約占百分之十.此外爪哇暹羅安南及俄國太平洋各口來亦不少.(一)日本所來者以猶木梻木爲大宗.亞克木 (Oak 或作啞克) 桂木 (Katasura) 欅木 (俗稱椐木) 栓木等次之.楢木梻木類似我國之麻栗木.上海商人稱其色之白者爲白麻栗木英名 Ash white,黃者爲黃麻栗木英名爲 Ash yellow 亞克木外觀似我國橡櫟及青剛樹之類.此等木材均來自日本之北海道.進口貨多係方料.其尺寸大小不一.長度自六英尺至十八英尺.方十英寸至三十英寸不等.麻栗木普通多方十二英寸至二十四英寸.長八英尺至十二英尺.桂木多方十二英寸至二十四英寸.長八英尺至十八英尺.此等木材往往有疵節及損傷.不適於大建築之用.普通用作木器及門窗框架等物.亞克木之市價比雖麻栗爲廉.而製成木器後售價反比麻栗木爲昂.蓋其質甚堅且取材時廢棄者最多故也.較佳之亞克木可以製造上等地板.(二)菲律賓所來者以安必東板 Apitong 留安木 Luan 兩種爲大宗.進口貨多係板料.留安板長六英尺至二十四英尺.厚三英寸至六英寸.寬四英寸至二十英寸.安必東板之長度約爲八英尺至二十英尺.寬厚與留安板相彷彿.品質以安必東板爲最佳.此外有 Lunbyan, Yecal, Tungal, Jarrah 四種.亦係板料.品質與安必東木略相等.此等板料多作板壁地板及木器傢具之用.(三)新嘉坡所來者概係硬木.進口貨以方料板料爲最多.硬木企口板亦間有來貨.方料有大小兩種.小者長六英尺至十六英尺.上海市場俗名火介方.售價較廉.大者長十六英尺至二十英尺.售價較昂.板料多長十六英尺至二十英尺.亦有紅白兩種.紅板料英名 Serich Plank, Red 售價比白板料爲廉.白料俗名抄板英名 Poonac Plank, whate 售價比紅板料約高百分之二十五.此等硬木.質地,甚堅.多作木器及門窗櫃架百葉窗地格柵等用硬企口板.普通寬四英寸.厚一寸二分半.此外有銅抄鐵抄兩種.英名皆爲 Hardwood 亦來自新嘉坡.專供製造大門之用.但到貨無多.

輕木材　民國十四年進口有二〇八,八九二千英方尺.價值六,八九〇,四三九兩.十五年進口有三〇四,七一〇千英方尺.價值一一,五七九,五一七兩.十六年進口二一九,九二一千英方尺.價值八,八二二,四〇七兩.其中以美國來者爲最多約占百分之五十九.日本次之約占百分之二十二.俄國太平洋各口又次之約占百分之十.此外坎拿大朝鮮及俄國由陸路均有來貨.(一)美國所來者以美松 Oregon Pine 俗名花旗松或洋松爲大宗.北美松(Hemlock 俗名白洋松)及加利福尼亞紅松亦有來者.美松在我國進口木材中數量最多而用途亦最廣.例如方料可供洋式房屋建築之用.而橋樑碼頭等建築上所用之木柱亦有用之者.板料之厚者可作橋梁之用薄者可作地板之用.進口美松概係已經鋸解或製成之木材.其種類大致如下.

(一) 圓木段 Lumber { Clears 無疵 / Selects 選料 / Merchantable 商品用 }　　(四) 鐵路枕木 Railroad Ties & Sleeper

(二) 板　料 Plank　　(五) 尖　棔 Pickets

(三) 地　板 Flooring (T. & G Flooring 企口板最多)　　(六) 板　條 Lath

上述各種以(一)(二)(三)三種之進口數量爲最多.(四)(五)(六)三種

進口較少.美松方料多方八英寸至二十四英寸長八英尺至七十英尺.其中以方十英寸及方十二英尺.長十六英尺至四十英尺者爲最多.板料之長度自八英尺至三十二英尺.寬六英寸至十二英寸.厚一英寸至三英寸不等.其品質以薄者爲佳.厚者售價反較廉.地板之長度自四英尺至二十四英尺.厚一英寸或一寸二分半.寬四英寸或六英寸.板條長四英尺.寬一英寸.厚二分半.美松地板之尺寸大小最爲整齊.品質亦爲一律.使用極便.北美松品質較美松爲劣.進口貨亦有方料,板料,地板,及圓木段等數種.其圓木段多作製造箱板之用.普通盛煤油茶葉火柴之木箱多以此項材料充之.(二)日本所來者以松木爲大宗杉樅落葉松等木亦有來貨.日本松木俗稱東洋白松.或簡稱曰白松.進口貨以方料爲最多.長度自八英尺至二十英尺.方十英寸至二十四英寸.其木多有龜裂及節疵等缺點.不適於大建築之用.除平常中國式房屋使用之外多作板壁木器等用.杉木俗稱紅柳.樅木俗稱香樟木.多作板材之用.

上述各種重木及輕木.海關征稅時分爲平常斬方木材及圓木段Ordinary, Rough and Round Logs 平常鋸方木材 Ordinary, Sawn 平常製成木材 Ordinary Manufactured 三級.所謂斬方木材卽木材之僅加斧削而未經鋸解者.俗稱斬方料.鋸方木材俗稱方料.曾經鋸解之板料亦屬此類.製成木材則不僅鋸解而已.卽凡已製成之木材可直接用於建築上者皆包含在內.例如地板卽爲製成木材之一種.此等製成木之貨色高低不一價値亦相差甚遠.故稅則又區分爲無疵及可作商品用兩級.無疵謂上等貨色.可作商品用者係普通貨色而言.地板之寬度及厚薄雖有一定之尺寸.但其實際上之尺寸類比通稱之尺寸稍小.又如企口板之類.其板之兩邊原爲陰陽形.裝就後必較原來之尺寸爲小.故計算地板之尺寸習慣上約以七折計算.例如厚一英寸寬六英寸之企口板恒作爲厚四分三英寸寬五又二分一英寸計算.海關徵稅亦係依此法計算.關册上所謂淨量Or net measure 者卽此義也.最近四年之進口

統計如下表.(數量單位千英方尺價值單位海關兩)

貨名	民國十二年		民國十四年		民國十五年		民國十六年	
	數量	價值	數量	價值	數量	價值	數量	價值
平常斬方木材及圓木段								
重木	37,086	1,575,060	36,622	1,290,140	26,663	916,133	32,156	1,297,817
輕木	74,827	2,124,676	79,345	2,113,723	84,117	2,673,741	83,558	2,971,329
平常鋸方木材								
重木	26,057	1,523,294	14,850	786,351	16,778	969,547	6,906	442,984
輕木	183,111	8,023,072	121,989	4,421,408	192,617	7,569,451	112,562	4,650,450
平常鋸成木材								
重木 無疵淨量	108	12,391	208	25,399	994	125,874	73	7,854
重木 可作商品用淨量	237	15,905	64	5,340	884	54,564	41	3,588
輕木 無疵淨量	3,837	252,927	2,619	140,928	3,238	212,304	4,679	264,382
輕木 可作商品用淨量	10,725	640,044	4,939	214,378	24,738	1,124,021	19,122	936,346

鐵路枕木 此項進口貨近數年來受時局影響.逐漸減少.在民國十三年進口有一,六〇八,九〇四塊.價值二,五八三,三六八兩.十四年爲一,二二五,五六〇塊.價值一,五二四,〇五八兩.十五年減爲四二六,五三六塊.價值七三八,四六四兩.十六年減爲三六八八七九塊.價值五八三,一〇六兩.從前進口枕木.全部殆由日本運來.近數年來美國貨亦占一部分之勢力.然仍以日本貨爲最多.約占百分之七十三.美國貨約占百分之十六.此外俄國,澳洲,坎拿大,德,和等處.亦有來貨.日本枕木通常長八英尺寬九英寸厚六英寸內外.其中以栺木櫟木爲最多.栓木桂木落葉松等次之.品質以栺木最佳.從前栓木以價廉之關係.進口頗不少.但價用之結果不良.近來改用栺木者居多.枕木之等級.視其角面之大小斜直及疵損之有無而異.疵傷輕微角面整齊不彎曲者爲頭等貨.專供鐵路之用.其二三等貨多作木器傢具之用.美國所來之枕木以美松爲最多.價格比栺木稍廉.

柚木 民國十四年進口有五,六九九千英方尺.價值七二九,〇五一兩.十五年進口八,一四六千英方尺.價值九七九,一八三兩.十六年進口七八八六千英方尺.價值一,〇一一,三七九兩.平均每年進口七,二四三千英方尺.價值九〇六,五四三兩.大部分來自暹羅及新加坡.由香港轉口運來者亦不少.柚木原爲硬木之一種.商業上亦名爲印度亞克木.爲闊葉樹.高八十乃至一百尺.產於印度緬甸暹羅東印度馬來羣島等處.其色由淡黃至深黃或紅色.性堅實而不甚重.(比重量約爲〇.七四至〇.八六)製成木器無龜裂及蟲蛀之虞.其強韌及耐久性殆非他種木材所能及.且木中含有一種油質.當其於鐵幷用時.此油質可防鐵防鐵質之銹壞.以之造船.實爲最佳之材料.從前進口貨多係板料.然板料不若方料可以自由鋸製之便利.故近數年方料進口較多.圓木段進口亦不少.方料之長度自十二英尺至二十四英尺.方八英寸十英寸或二十英寸不等.此項貴重木材.價值甚昂.故惟造船(桅桿甲板均可用之)、車及上等房屋貴重木器等始用之.

此外有關册所謂未列名木材者.其進口價值民國十四年爲九五八,七三九兩.十五年爲七八〇,四〇一兩.十六年爲一,三九〇,六一七兩.此中包含之木有板條,桅桿,Masts and Shars杉木,椿木,Poles and Piles及箱板,車輪等類.(一)木條來自美國.原材爲美松.普通長四英尺寬一英寸厚二分半.專作洋式房屋天花板及中國式房屋上半截之格條用.民國十五年上海進口有五,四九八,二〇七條.價值二九,七一四兩.在上海市場與溫州福建等處所產之板條爲競爭品.美松板條售價較昂.目下溫州貨每千條約售四兩五錢.美松板條則需六兩.(二)桅桿貨色極繁.以原料言有較美松製成者.有用新嘉硬木製成者.有用尋常松杉等木製成者.以形式言則可大別爲方料及圓料兩種.而尺寸之大小長短亦極不一致.圓料係未經鋸解者.故根部大而頭部小.中間之直徑.自一英尺至二英尺.長度自四十英尺至八十英尺不等.方料兩端尺寸大小相同.其長度亦爲四十英尺至八十英尺.而身幹則有方六寸,方八寸,方十寸,以至四十寸不等.上海方面以方料爲最多.大連方面以圓料爲最多.民國十五年上海大連兩處進口價值共爲二一六,三七二兩.上海方面多爲美國貨.大連方面日本貨較多.(三)杉木樁木多來自日本.其原料以椵松落葉松爲最多.挂栓等處次之.對於我國福建及湖南所產之杉木桿爲競爭品.在北部各口岸頗有相當之銷路.

以上所述.概爲各種建築上所用之木材.即英語所謂 Timber 者是也.此外專供製造用器及雕刻器皿或作裝飾香料藥品等用者.每年進口亦不少.此項進口貨在關册係列入木品 Wood 中.其種類有毛柿木 Camagon Wood 樟木 Camphor Wood 烏木 Elony Wood 馨木 Fragrant Wood 沉香 Garoo Wood 鐵木 Lignum-vitae Wood 啤嚕木 Puru Wood 紅木花梨木 Red and Rose Wood 檀香木 Sandal Wood 及呀嘛治木 Kranjee Wood 油木 Oil Wood 香木 Scented Wood 枰桿木等 Wood Scale (一)毛柿木.產於菲律賓南洋羣島.嫩木白色或帶淡紅.質甚堅硬.老木則色變棕有灰黃綠紋其質更硬.價值亦最貴.此木有伸縮性可耐久用.蟲不易蛀.且磨擦工作時極易光滑.惟其組織緻密難以製造.我國多用以製作筷子木器.或其他裝飾品.此木與烏木相彷彿.故市場上多以冲作烏木出售.惟品質較烏木爲次.民國十三年進口有一六,一七八擔.價值六八,七八〇兩.十四年進口一九,四七九擔.價值八四,六九〇兩.十五年進口一〇,三三七擔.價值四五,八七七兩.十六年進口有一,六七五擔.價值七,六二三.多來自爪哇及新嘉坡.由香港轉口運來者亦不少.我國浙江亦產此木.上海紡廠所用者多來自浙江.(二)樟木.我國福建浙江江西廣東廣西湖南多產之.貴州四川湖北等省亦間有出產.海外則以台灣所產爲最多.婆羅門一帶亦有之.其樹植後五十年始能成材.高約五十英尺.葉互生.色青而有光.幷帶香氣.夏初開黃白色之花結球形之實.其枝葉可煉製樟腦.樟實可爲製蠟原料.樟材性質堅軟適中.色淡黃中心稍呈赤黑色.氣乾比重量心材爲〇·七一.邊材爲〇·五七.一加鉋削木理燦然.且富有香氣.能耐水濕.經久不壞.昔爲造船重要材料.近時船艦雖多用鐵.而艦內之几桌階梯欄杆艙板等仍有使生樟木者.此木多含樟腦質.有預防蠹蟲之效.故貯藏書畫珍器及裝飾品之箱匣多取用之.亦可製作几桌衣櫥衣箱等傢具及橋梁柱棟雕刻器.樟材木理具有大小環狀或旋渦狀之紋.薄刨之可製各種樂器.通常以根部之材充之.蓋以根部之紋理最多故也.進口樟木爲數無多.上海天津等處間有進口.概由台灣運來.(三)烏木亦名烏紋木.產於錫蘭及東印度等處.嫩木白色或灰色.老木則黑色帶黃紋.質堅而重.紋細且密.一加鉋削異常光滑.可作衣箱器具筷子刀柄刷子琴拍及雕刻器皿等.此木進口數量無多.(四)馨木.或曰香柴.產於呂宋,波斯,暹羅,新嘉坡等處.廣東瓊州亦產之.稍有香味.價值較低.古時多用薰衣.利其有香氣也.現時進口無多.(五)沉香木.質地更堅.量亦更重.入水即沉.故謂之沉香.沉香木一經打磨極其光滑.我國用以雕刻念珠及器皿.其屑末可製香料或作藥材用.最貴重者爲馬蹄香,鷄骨香,青桂香,及棧香等.市上買賣以斤計.上海每年進口價值萬餘兩.(六)鐵木.亦名癒瘡木.爲一種常綠樹.大者高四五英尺產於西印度,古巴,聖杜米哥,及南美州等處.此木身量最重.每立方尺之乾量約重八十磅.其極薄之外皮置於水中立即下沉.可見其質量之緊密.嫩木黃色.老木棕黑色或暗褐色.帶黑色條紋.其木理細滑而無光.割面分泌綠色膠質.白木質爲黃色.部分甚狹.然亦如其心材之可貴.鐵木身貴堅實且富於脂性.可作船枕滾珠轆轤及其他器具.最耐久用.亦作藥材或製革用.進口者概爲短小之材.長三英尺乃至十二英尺.徑三英寸至十英寸.多帶有杯形之傷痕.(七)啤囉木.產於荷屬東印度,暹羅,馬來半島一帶.身量頗重.色紅黑或紅棕.望似紅木.但不及紅木色之鮮麗.且其色內外有深淡.不如紅木之全體一色.紋較紅木爲粗.故二者之區別鋸開後頗爲顯然.且其質量亦不及紅木之重也.進口貨多長十英尺.徑十二英寸至十八英寸.皆作傢具用.民國十三年進口有九四,九九三擔.價值二一〇,六七二兩.十四年進口一〇七,七二三擔.價值二四七,五二九兩.十五年進口一〇八,九四四擔.價值二四八四六九兩.十六年進口九六,〇七三擔.價值二一九,七〇四兩.由香港轉口運來者最多.間亦有自暹羅運來者.(八)紅木.樹身高大.產於孟加拉,阿羅密. Assam 孟買,及緬甸等處之潮濕森林中.色深紅.紋細身重.多作製造器具.其屑末可爲顏料.花梨木產於澳洲.高百三十英尺.徑四英尺至六英尺.帶玫瑰香氣.木質堅實紋頗細密.能耐久用.多作上等木器或雕刻品.進口花梨多有以 Red bean 混冲者.此木亦產於澳洲.高百英尺.徑約四英尺.其色較眞花梨木更爲紅黑.紋細質亦堅實耐用.紅木與花梨木兩項.民國十三年進口有一三三,八七九擔.價值六五二,〇〇六兩.十四年進口一一五,九八六擔.價值五九〇,二〇五兩.十五年進口一五五,六五九擔.價值七七七,三三四兩.十六年進口一三二,六九五擔.價值六三三,一四五兩.其中以由香港轉口運來者爲最多.亦有自暹羅安南新嘉坡印度等處運來者.(九)檀香木.產於印度馬來羣島及太平洋各島.澳洲亦產此木.色棕黃.依木之老嫩而略有深淡.性質堅實.且帶油質.紋密而平.并有香味.此樹長成伐下後.稍隔時日卽將外皮除去,鋸成木條.進口貨多長二英尺至六英尺.厚三英寸至八英寸.品質以無裂紋多油質形狀整齊者爲佳.此木除作木器念珠扇骨小盒外.檀香末可製造香料藥品神香及顏料等.十四年進口有一〇六,九〇六擔.價值一,五二四,八八四兩.十五進口有一〇七,七九四擔.價值一,八八七,〇三七兩.十六年進口有一一八,四五一擔.價值二,一二六,三一三兩.其中以由香港轉口運來者爲最多.澳洲及美國檀香山次之.印度新嘉坡又次之.安南暹羅亦有來貨.上海市場之貨色分老山頁香,地們香,統支,揀支等數種.統支銷行最盛.揀支地們香次之.檀香末進口價值年約二萬上下.(十)秤桿木.產於暹羅新嘉坡等處.有紅紫色及赤紫色兩種.赤紫者質輕而鬆.不如紅紫者之堅重.我國多用製造秤桿.民國十四年進口價值一二,四二一兩.民國十五年進口價值二四,二七二兩.十六年進口價值一八,二一五兩.上海市場之貨物以暹羅貨爲最多.買賣以百條計.每條長七英尺至八英尺.方一英寸至三英寸.分大中小三號.小號方一英寸.最合製秤之用.銷行亦最盛.中號方一英寸半,銷路比小號稍遜.大號方二英寸.銷路最少.

上海市場交易習慣　上海爲進口木材之最大市場.每年進口價值多至八九百萬兩.日本美國及南洋等處之木材交易均極興盛.美國木材多由載重六千噸之專船輸送.普通每艘可裝美松三百乃至三百五十萬平英方尺.日本北海道所來之方料亦有載重三千噸之專輪輸運.其板料則由不定期之貨船或郵船運來.印度,暹羅,蘇門答臘,菲律賓,爪哇,澳洲等處之各種硬木.多由香港轉口裝貨船或郵船運來.各進口洋行及批發商均設有廣大之堆木場.批發商資力雄厚者.每預先訂購大批貨物以應付市面.其經售日本木材者.間亦派人往原產地方直接採辦.同業組織有震巽木業公會.爲謀公共利益解決紛爭之機關.木材市價亦由公會議定.木材之尺度概用英尺.麻栗木,亞克木,桂木,柚木,美松,及其他各種普通輕重木材之計價.均以一千英方尺爲單位.惟紅木花梨木烏木等貴重木材.則以一擔(百斤)爲單位.枕木以千塊爲單位.板條以一捆(每捆一百條)爲單位.日本板料以寬一丈爲單位.市價之漲落通常以滙兌,產地市價,上海存貨之多寡,及市面狀況如何爲轉移.而產地之消息關係尤爲重要.美松方料及板料之買賣.有普通材與特材之分別.其長在四十尺以下者爲普通材.過四十尺以上者爲特材.木材例須於本價之外再行加若干.例如方十二英寸長八尺至四十尺者之本價爲每千英方尺規元五十五兩.若長四十一尺至五十尺則每千英方尺加價二十四兩.長五十一尺至六十尺則每千英方尺加價四十兩.長六十一尺至七十尺者每千英方尺加價五十兩.方料之量尺法直徑則計算其中央部分.半寸以下者不計.半寸以上不滿一寸者仍以半寸計.量其身長凡在六寸以下者不計.六寸以上不滿一尺者仍以六寸計.日本板料概係斬方料.故量尺時不能如美松之簡單計算.遇有腐蝕損傷之處.必須將其扣除折算.留安板及安必東板之買賣.板面愈寬者售價愈高.例如留安板寬四英寸至六英寸者每千英方尺售九十兩.寬八英寸至十二英寸者則售九十五兩.寬十四英寸至十八英寸者一百兩.十八英寸以上者一百零五兩.

商埠之治理

著者：黃 炎

客有以商埠治理制度下詢者,因述此篇.

治理商埠之政體制度,至不一致.列攷現世各商埠之成規,可歸納之,而得五種:—

1. 中央治理 State Control
2. 地方自治 Antonomous Control
3. 鐵路管理 Railway Control
4. 市政機關管理 Municipal Control
5. 私人控制 Private Control

第一 中央治理

(甲) 南非洲 Dominion of South Africa —— 英國南非洲屬地之商埠,純粹的由中央政府節制.治理之權屬諸鐵路商港管理局 Railway and Harbour Administration. 其局長直接對於國會負完全責任.關於管理及舉辦路港兩項之方針大計,須商榷於由政府指派之路港委員會,會長一職,以局長兼任之.

其利所在,以爲中央政府用遠大眼光,發展全國之實業,而不拘於一區一城,不限於目前之利害.所定稅捐則列,更能公允.以達發展全國工商之政策,人民所受利益,各業惟均,而無大業壟斷之弊.鐵路與商港相連,規劃更爲周善.又當商務不振市面搖動之時,歸政府維持,可免變動.

其弊亦有可言者,官辦事業,往往乏進取之精神,而流於保守舊轍,故效率較低.且受政局之影響,官様之束縛,無謂之耗費,流弊且無窮也.

(乙)歐洲——各國商埠,其一部份之政權,屬諸中央政府.如法蘭西意大利二國,商港之骨幹,如避浪堤Break Water岸壁Quay wall等巨工,港外進程及港內水泊之疏濬,以及各工之保持,均歸政府舉辦.其餘關於營業事務,如建造轉貨棚Transit Shed貯貨棧 Warehouse裝設起重機Crane等,概歸當地商會或自治團體承辦之.

今舉哈浮Havre爲例.法國政府建設船塢 Dock, 乾船塢 Dry Dock, 以及岸壁 Quay wall 以下一切水中建築,又經營護港拒海及挖泥之工作.今爲建造船塢之用,政府徵收其費之半於商會及市民,意謂商民利用船塢,應出代價也.政府復徵收港捐 Habour dues, 噸位捐 tounage, 領港費 Pilotage, 及燈塔捐 Light dues, 由出入之船隻繳納之.商會方面,建設主用管理一切貨棚,棧房,鐵路轉橋 Swing bridges,固定的或浮水的起重機 fixed or floating cranes,拖駁船,以及各種器具,於上下之貨物上,收取相當之費用租金,以爲酬報.

馬賽商埠 Marseilles之組織,與上相同,惟有一例外之點,即某船塢公司Dock Company 經營一部份船塢事業是已.

(丙)美國——中央政府直轄之制度,至美而又一變.中央之權,僅達於濬治保管近埠之水程航路,由工程隊 Corps of Engineers 主其事.其餘建築經營,突堤 Piers, 貨棚,壁岸等,或歸省政府,或歸市政機關,或私人團體辦理之.據美陸軍部 War Department 所宣佈,中央政府管轄範圍,僅及下列諸端:維持航路,航行條例,徵收關稅,在數要埠設定泊船地位 Anchorage Grounds, 安設維護塔燈及其他便航之具,防疫章程,檢驗疾病,僑民遷徙,船隻給照,以及關於沿海國防事宜.

省政府節制——美國商埠,多有隸屬一省者,如波斯頓 Boston 一埠,自1916年起,歸麻薩省水道公地委員會 Waterways and Public Land Commission 管理.此會自 1919年起爲工程部 Department of Public Works 之一部屬.該會有委員三人,主管港前之岸地以及港內之設施,任期三載,由省長任免之.

由上以觀;省營與中央直轄,性質上無甚分別.執政人員,同有受政局影響及隨意任免之弊.

第二 地方自治

第二種政體為地方團體,得法律之賦與,而組織商埠治理局Port Authority,以管理全埠事務.此種制度,亦極參差而無定則,如英國為盛行斯制之國,其各埠之組織,亦不同,試舉例以明之:

(甲)倫敦——商埠治理局 The Port of London Authority 成立於1909年,主有管理太晤士河兩旁所有一切船塢 Complete Dock Systems.然沿河兩岸之壁岸碼頭等,均非其所有,而歸商人所建造.至於太晤士河河底,可謂為治理局產,而兩岸則否.治理局職務,為濬挖河道,去除沉船及障礙,制定航行規則,發給船隻執照等.又主有貯貨棧多處,經營生利.在船塢內,亦承攬裝卸貨物之生意.惟水警,領港,衛生檢疫,燈塔,浮泊Buoying諸項,均不歸局辦理.

(乙)利物浦——貿舍船塢商港局 The Mersey Docks and Harbour Poard, 1858成立.主有管理利物浦與別根海 Birkenhead (在對江) 兩處之船塢.為貿舍河下游之治水機關,挖濬河底沙障,開深航行水道.同時為自海入河之領港機關,負維持安設燈塔浮泊在河內及港內之責任.在利物浦與別根海,均有上下行旅之碼頭,而渡船則不歸局辦理.又經營貯貨棧房之業務.沿江壁岸上,雖安置船貨之機械利便,而貨物上下之營業,則不過問.

(丙)格拉斯哥 Glasgow——克拉特河航運信托委員會 The Trustees of the Clyde Navigation 經1858國會頒佈法制而成立.其職務為濬深,開直,放寬,挖掘,改善,維持克拉特河身河岸,以及安置浮泊標誌等物.該會同時為治港機關,得建造船塢壁岸碼頭等工.并裝置起重機,建造貨棚及他項利便之具.但不直接經營裝卸分運貨物之業務,概以領有執照之商人承辦之.商港以內,無私人自置之碼頭,惟在下游之油碼頭,不在此例.

河道工程局——世有若干商埠,其治理權,操諸河道工程局,而局之組織,亦屬地方自治之類.例如生賓蘭埠 Sunderland 之有 River Wear Commission, 牛卞塞耳 New Castle 之有 Tyne Improvement Commission 是也.名稱雖殊,性質則一.

代表—— 綜觀上述三例,自治機關,廣容各業之代表,實爲精意之所寄.如(1)倫敦之治理局,委員十八人經人民選任,十人由政府委派,共二十八人.(2)利物浦之船塢商港局,委員廿四人經納稅人選任,四人係委派,共二十八人.(3)格拉斯哥之信托會,共有委員四十二人,其中十八人係選任,餘爲各地方機關指派.

利弊—— 委員會中,既包羅各項代表,則商埠內各業之利益,必能兼顧並籌.利物浦人之言曰,利物浦爲商業之中心,各業設有公會,如船業公會,棉業公會,五穀公會等,各會會員,均爲合法的選舉人.選舉之時,各業深明利害關係,必推選能者任之.是以會議之內,一有新問題發生,其中必有若干人,深悉情形,貢獻周詳,俾得措置咸宜云云.

反之,此多數委員制,流弊亦甚可慮.各業代表,往往以己業爲重,而置全體利益於不顧.甚或利用其優越之地位,爲己業謀私利.卽不至若是之甚,至少亦必監視他業之與己對待者,使不得勝過己業.如此互相嫉妒,貽害大局,其弊一也.聚多致利害相反五光十色之人物於一堂,以共籌建設,往往聚訟紛紛,莫衷一是,而大權操縱,致落於一二人之手中,多數之委員,竟同猪仔,其弊二也.此種現象,雖英國最高等之商埠機關,亦難免焉.

至於第三第四第五三種,則均規模甚小,僅爲一路,一市,或私人團體之營業,茲不備論.

首都一年來之建築道路工程概觀

著者：盧毓駿

南京特別市工務局建築科長盧毓駿答天津特別市市政府調查京市修築道路狀況書對於該局一年來修築道路工作狀況甚詳特披露於後　　　　民國十七年秋

溯自工務局成立之始.適值大戰破壞之餘.本市所有馬路.類皆毀壞不堪.加以區域遼闊.經濟困難.所有工作.大抵限於局部之修築及改良.若夫大規模之改造.則俟諸來日之工作.茲欲明本局建築科一年來對於建築馬路及改良道路之概況.用特分類略述如左.

（一）新闢馬路　本市新闢之馬路已成者.有國府所在之獅子巷馬路.未成者有中山大馬路.奇望街至益仁巷經中正街至國府馬路.其工程最大者.當推中山大道.該路由下關江邊起至中山門止.全線計長一萬二千零二米達.路面寬四十米達.興工以來.爲時才及兩月.所有全線之土方工程.業已完竣.敷設路面亦在進行之中.此項新築馬路均屬將來本市道路之幹線.

（二）修繕馬路　本市原有之.馬路.統共計長十萬八千八百三十六丈零八寸.折合六百零四里有奇.歷久失修.類多凸凹不平.車馬行人往來均感不便.工務局成立之後.卽次第修理.計已經修理者.則爲儀鳳門,三牌樓,獅子巷,鼓樓,保泰街,十廟口,成賢街,浮橋,碑亭巷,楊公井,及唱經樓,北門橋,南門大街,至下關等處.其餘各路現仍逐段修理之.

（三）改良計劃　晚近歐美諸邦汽車事業.日臻發達.幾至駕鐵路而上之.然其衝擊力之大.迥非碎石路面所能勝任.故重要城市.碎石路已逐漸淘汰.吾國將來自不能逃此公例.本市既爲首都所在.欲期交通發達,尤以汽車輸送爲首要.將來汽車車輛增加.則原有之碎石路面.實難勝交通之繁劇.故工務局建築科.就經濟之可能範圍.本逐漸改良之旨.通盤籌算.其計劃有二.

(一) 碎石路次第改敷柏油路面.以期耐久.

(二) 舊有之石片路.則保留之.此二種計劃現已實施.第一步改造柏油路面工程.亦着手進行.至若鼓樓之四圍.車馬衝繁之馬路.亦主張改爲Mosaique 路.因坡度甚大也.

(四) 放寬路面　凡街道之放寬.或向一側.或分兩側.必須因地制宜.本京舊有之街道.迂迴狹隘.車馬行人,均苦擁擠.一年以來.雖經逐漸放寬.但放寬街道須假以時日,更有建築費之準備.非一蹴所可就.工務局於每次翻修馬路時.凡兩旁稍有可以放寬者.則儘量放寬之.現道上有時見有電燈或電報等桿木植立道中者.卽此種過渡時代之現象也.

(五) 分區養路　首都區域遼闊.道路損壞不堪.一面計劃開闢新幹路.一面仍須修理舊有馬路.以維現狀.現特將本市轄境.劃爲十區.擬從人口稠密商業繁盛之東北區,及中區東部,中區西部,暨下關區四處.先行舉辦.如設置養路工隊.次第擇要修理.並各地附設儲材所一所.俾可就近取材.此項養路工隊.並負有調查道路溝渠之責務.將全市馬路及溝渠,一律加以修理.俾收整齊平坦之功.而免道路難行之憾.

(六) 築路材料材　料爲工程重要原素之一.茲略述砂與石子二項.

(甲) 砂　築路之砂.須多角而潔淨者.本京習用之砂.多含泥土.且患粒細.不適於築路之用.但每年五六月間.沙隨水至.工務局宜於此時備款購儲.蘊存倉庫.旁及石子.以備不時之需.惟此種辦法.現尚限於經濟.致雖有計畫.尚未實現.

(乙) 石子　本局建築工程所需之石子.係用包工採石制.凡市區內採石山.均劃歸工務局管轄.此制旣免商人居奇之弊.又可免緩急不濟之虞.現已在小九華山試行開採.但該山石質尚嫌不良.目下中山路所用之石子.係採自達摩洞.並已派員採集市區內各山之石.分別試驗.以備將來擇尤採用.候至相當時機.九華山石自可廢置矣.嗣後尚擬採購軋石機.以增產率.

(七) 築路器具　首都之馬路.須有大規模之建築及改造.所用器具亦應採用或添購.造路新器具.如 Marteaux beches, Malaxeur, betonnier. 等.以減縮人工及增加造路速率.藉收完善之效果.現已陸續購置.

(八) 道路獎勵條例.本京市政現既積極進行改良.將來市政發達.自爲勢所必至.工務局對於舊有馬路.旣多加寬.新闢馬路亦漸增加.養路工作尤關重要.查柏林都上散佈巡路工人.若發見路面損壞.卽立電市所修理之.法比之養路法亦相同.其大要分大保養,小保養,二種.小保養則由路局分段負責.大保養則包工負責.並定有獎勵條例.如混凝土路面.包工營造.其保養期爲五年.若在五年以上.概不損壞.卽可獲獎.本市養路.擬採用此制.

(九) 取締破壞路面之物　時至今日.南京之運輸方法.嘗以舊式之板車,大車,手車,等項,粗笨之車爲最夥.載物過重.行駛頻繁.且輪幅狹窄,又無彈簧設備,最易損壞路面.雖經本局公用科.定有規章.取締此類車輛之載重.與輪圈之放寬.然不能不有相輔而行之辦法.現擬 (一) 劃定此項車輛往來之路線.然不致以少數車輛.破壞多數路面.(二) 特定此項車輛往來之路徑.其辦法卽於柏油路面之旁砌一石塊長條.專供此種笨車之轉運.

(十) 整理溝渠　本市固有之溝渠佈置既無統系.又不適合地勢之傾斜.出水殊多窒礙.且溝渠多係碎磚砌結者.難收洩水之效.卽此簡便之溝渠,亦復强半淤塞.敷設未遍.目下全市地形尙未測竣.雨量之多寡.亦未窺察準確.欲求整頓舊有溝渠.祇能先將渠底淤泥逐漸挖清.其有渠道過於淺狹者.則放寬之.務於最近之將來.分區整理.並於相距百尺置一進人井.大溝則用混凝土管.旁溝則用瓦管.冀將全市溝渠.作有統系之改建.遇有霪雨.庶免路面有淹浸之患.

(十一) 修建橋梁　本市內則秦淮逶迤.外則護城河環繞.故本市橋梁有五十餘座.類多舊式石橋.橋面坡度太大.橋身强半損壞.本局以橋梁與馬路有連帶關係.前經派出專員從事調查.業已調查完畢.擇要修理,其已經竣工者.前爲下關復興橋與龍江橋.水西門之覓渡橋.北區之北門橋.以及南門內外橋.此外復成橋石城橋亦擬逐漸修理.

(十二)開通汲水道　首都奠定伊始.經費及全城詳圖人口總數均甚缺乏.故自來水未能卽辦.查城南一帶居民飲料.原多取自東關水閘.但該閘工程方在進行中.飲料來源.頓形斷絕.城廂一帶居民多用水車在通濟門外,九龍橋下.及中華門外護城河.兩處取水.困難已極.且城門狹小.車馬往來.擁擠不堪.本局奉市長之命.爲暫時救濟城南一帶居民飲料.及減少南門通濟門交通擠擁起見.故在武定門正覺寺傍.拆闢城牆.築大路以利汲水.此路一通.則取水問題卽可解決.

以上所述不過僅就本局一年來對於建築與改良道路之大概約略言之.此外尙有修築東關水閘.改造台城大閘.以及設置秦淮小公園.整理玄武湖.及疏浚秦淮河各項工程.或仍在進行中.或業經辦理完竣.連同上述諸項.均有精密圖樣詳細計畫書及表册可資考證.

再者本局鑒於石子材料.關係建修馬路異常重要.往者馬路工程處向包商購買.價值既貴.而包商取石資本復有限.每遇需要多量之時.往往不能應付.常有誤工之虞.且包商以石子爲建築馬路所必需.視爲奇貨可居.復從中操縱.公家自不免損失.本局通盤籌劃.惟有收回山權.自行開山取石.非但經費可以節省.且緩急亦可調劑.當查九華山自經僱工開辦以.來僱工約計二百名.施用土藥炮炸開山石.每日三次.以汽車十數輛常川開駛運載.每輛計載重約一噸合十二籮.每車輛每日往返山場及修路處約六次.計載料約一方四角四分.十五輛合計二十一方六角.將來再事擴充.

徵求本刊三卷四號

南京國立中央大學唐元乾君缺本刊三卷四號一册倘有肯割愛者請逕函知唐君是禱

廣東西區各縣市長途電話計劃

著者：彭 昕

(一) 路線之規劃

本區轄縣三十,地勢成一方形,無縱長橫短之弊,路線頗可集中,特將全區幹線劃分爲四大組,以廣州爲中心,設一總局於廣州,直轄南海番禺三水化縣清遠從化佛岡七縣,爲第一組,東莞寶安增城龍門四縣爲第二組,集中於石龍,順德中山鶴山新會台山赤溪開平恩平八縣爲第三組,集中於江門.高要高明雲浮新興四會廣寧德慶封川開建鬱南羅定十一縣爲第四組,集中於肇慶.其石龍江門肇慶三處,各設支局一所,分轄所屬各縣局,支局則暫用幹線二條,直通廣州總局,成小組集中,然後大組集中之勢.(參視附圖)

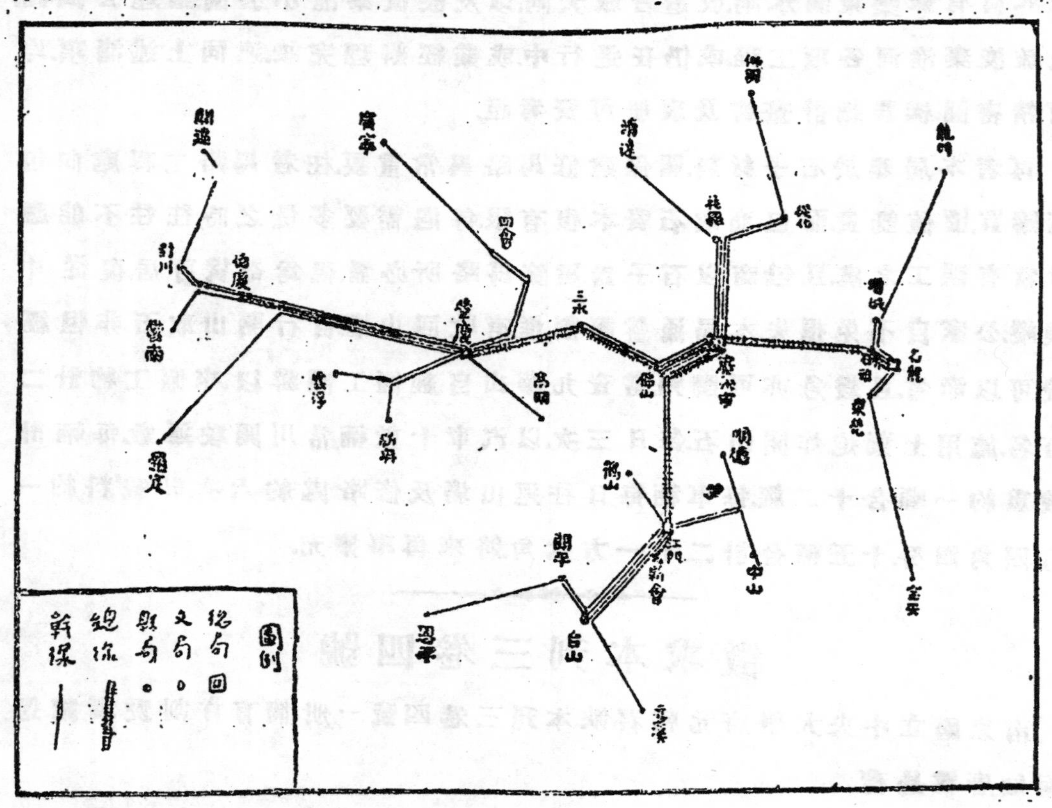

（二）制度之採擇

本區極東之龍門縣公署起，至極西之開建縣公署止，線路之長，約八百華里，暫時爲經濟方面着想，只得採用單線制，以其容易築成，又所費最廉也，此制於將來各省區長途電話通話時，略加修改，即可適由，現目補救之法，（一）將總機分機及各種機件，特別選擇，以適合長途之用，（二）分組集中，以減少線路，（三）用較大之線，及增加平行線間之距離，以減少其阻力及感應，俟將來通話暢旺，再行籌欵，加築雙線，或改換銅線，及用相消器，擴音機，等以增其效率。

（三）預採及進行程序

全區木桿約三萬二千條，由各縣市就其線路所經之地段，分別徵發，以省手續及經費，其餘鐵線機件人工等項，平均每里約二十五元，全區約共需十萬元．現由西區善後公署總其成，分令各縣市長負責徵桿集款，預期繳集，按組興築．全區幹線，期於六個月內完成之．

（四）組織統系表

本區長途電話局之組織，可分五級，由省局而支局而縣局而區局而鄉局，現在先築由總局達於支局縣局之線．其各縣市區鄉之線，則由總局指導，各縣負責，分別籌辦，使縣區鄉間電話交通，臻於完善，茲將各局統系圖表如下．

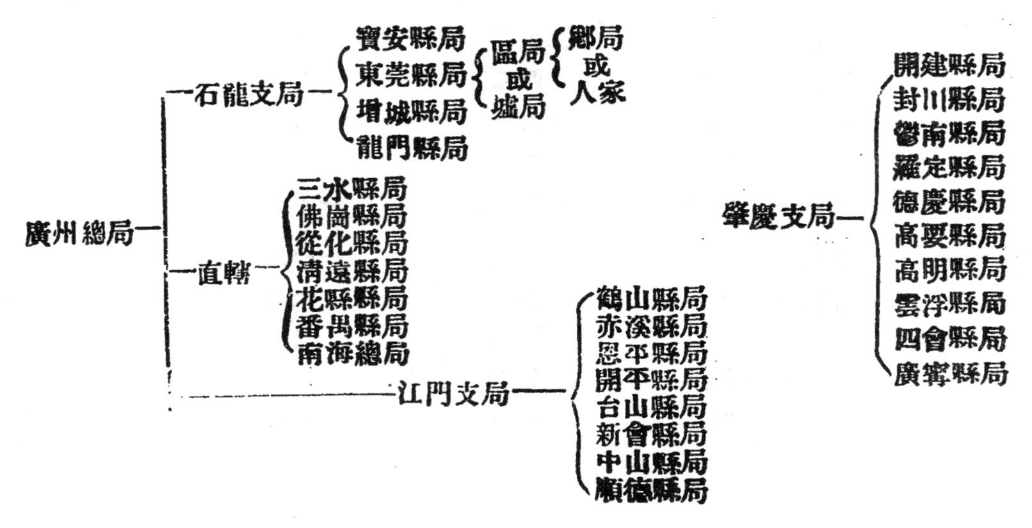

(五) 總支縣局組織人員表

本區爲促成電話事業,及節省經費起見,局制採擇單簡,以最少人數,足敷分備事功爲限,下表所列,於必要時,仍需節減,至建築時期,得臨時用雇員若干,功作完成,卽行解職,不在此表之內.

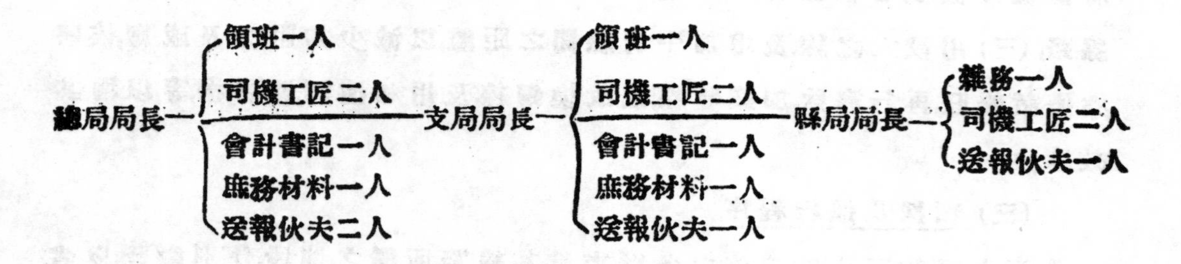

(六) 各組線路桿路一覽表

組 別	端 名	線 路	桿 路	備 考
第一組	廣州——佛山	三〇里	三〇里	
	廣州——三水	九〇	六〇	
	廣州——花縣	六九	六九	
	廣州——淸遠	一四三	七四	
	廣州——從化	一一八	九四	
	廣州——佛岡	二一五	七九	
第二組	廣州——石龍	二六四	一三二	
	石龍——增城	四二	二五	
	石龍——龍門	一六三	一二一	
	石龍——東莞	二五	二五	
	石龍——寶安	一七〇	一四五	
第三組	廣州——江門	二八四	一二二	
	江門——順德	六二	六二	
	江門——中山	六六	三六	
	江門——鶴山	三六	三六	
	江門——新會	一五	一五	

	江門——台山	八七	七二
	江門——赤溪	一六七	八〇
	江門——開平	一一七	三〇
	江門——恩平	二〇一	八四
第四組	廣州——肇慶	三五二	八六
	肇慶——高明	三七	三七
	肇慶——四會	一〇三	七八
	肇慶——廣寧	二〇三	一〇〇
	肇慶——新興	八二	八二
	肇慶——雲浮	九四	四〇
	肇慶——德慶	一五五	一五五
	肇慶——羅定	二五九	一一二
	肇慶——鬱南	二〇九	五四
	肇慶——封川	二四〇	五九
	肇慶——門建	三三五	九五
全區合計		四,四三三	二,二三五

（說明）全區幹線,由廣州西區善後公署起,至各縣縣公署止,計線路共長四千四百三十三里,桿路共長二千二百三十五里,此係照本署公路圖之距離計算,實行架設時,其數目或有多少出入.

（七）所需材料及其價目表

物品名目	數量	單位價值	總值	備考
二十門長途電話機	四座	五六〇元	二,二四〇元	
十門長途電話機	三〇座	三九〇	一一,七〇〇元	
長途電話機	二架	七八	一五六元	
八號鉛水線	五〇〇担	九,五元	一五六元	
十四號鉛水線	一〇〇担	一〇元	一,〇〇〇元	
中號磁碗及鐵鈎	六二,五〇〇只	〇,二元	一二,四〇〇元	
其他裝置材料			九,〇〇〇元	
木　桿	三二,〇〇〇條		徵　發	

(八) 所需材料質量說明

物品名目	說明
二十門長途電話機	(甲)現裝十五門(乙)五副接線機(丙)壁式(丁)司機聽講機一副(戊)夜鈴線一副(己)搖鈴線一副用五根磁鐵搖鈴機
十門長途電話機	(甲)現裝五門(乙)二副接線機(丙)(丁)(戊)(己)同上
長途電話機	(甲)壁式(乙)五根磁鐵搖鈴機(丙)聽講線分開(丁)電鈴安置電制
木　桿	普通長二十五至三十尺三寸半至四寸尾如渡河用四十尺至五十尺者
鉛水線	鐵質鍍鋅用八號作路線十四作抑纏之用

(九) 全路所需經費

類列	總數	備考
電話機	一四,〇九六元	
鐵線	四八,五〇〇元	
磁碗	一二,四〇〇元	
其他材料	九,〇〇〇元	
木桿	徵發	
工	一五,〇〇〇元	
合計	九八,九九六元	

本刊誌謝

本期會刊蒙會員李開第,朱樹怡,炎黃黃元吉,黃潔,徐佩璜,顧耀鎏,葛學瑄,榮章翰,胡選之,黃炳奎,朱北清,王元康,支秉淵,呂謨承,諸先生,介紹廣告甚多,為前此未有之盛舉.既利讀者參考,復裕本刊經濟,熱忱為會,欽佩無已,特此附言誌謝.

總務袁丕烈啟

呂

萬國無線電信聯合會刊物出版

萬國無線電信聯合會英文名 International Union of Scientific Radiotelegraphy 縮寫爲U. R. S. I. 曾於一九二七年十月,乘各國無線電當局與專家齊集美京華盛頓,進行討論萬國無線電政會議時,舉行大會.以無線電地位之重要,學理之精深,欲求其事業發達,闡其眞理,實有邀集各國人士,共同研究之必要.況無線電種種通信現象,吾人目前尙多未能明瞭,此種集會,實有大助於科學.查該聯合會職員均爲各國當代專家,現任會長爲法國 General Ferriè 副會長四人爲 L. W. Austin, V. Bjerknes, W. Eecles, G. Vauni, 書記一人爲, R. B. Goldschrindt. 當大會開會時,除討論會務外,其最關緊要最有色彩者,厥爲各國專家論文之宣讀;與分組討論委員會之報告論文,共計有二十二篇之多.討論委員會共分四組,爲測量與標準組,電波傳佈組,天電組,與業餘家合作事宜討論組.其報告與論文,均屬極有價值之文章;琳瑯滿目,堪稱盛事.該項刊物,業已出版,全部計分七本裝訂;價洋一百法郎,吾國研究無線電學者,誠不可不人手一篇也.

中法間短波無線電通信之創舉

法國巴黎無線電通信社 (Sociètè d'èxploitation radioelectrique Paris) 駐華代表兼法商長途電話公司總經理 (Sociètè Frangaise des Telèphones Interurbaius) 柏佛羅斯希 (M. Pavlovsky) 爲求中法兩國間通信迅速,並增進兩國人民間感情起見,特發起組織短波無線電之通信.法國方面即利用巴黎無線電通信社之西貢電台,中國方面即利用上海霞飛路中華三極銳電公司之無線電機,臨時架設於汶林路該公司無線電機製造廠之試驗室中.三日內架設妥當,即於十八年一月二十一日,正式與西貢電台試驗.第一日彼此雖能聯絡,惟西貢電台殊嫌滬台音浪微弱,當由三極公司工程師等詳加研究,重加整理,第二日繼續試驗,結果頓佳.據西貢電台第二日之報告,謂滬台音浪極爲清晰響亮,有 R9 之成績,殊足可賀云.當時柏氏在旁守視,對此異常滿意,於是中法兩方即開始交換通信,計雙方收發電報各十數通,甚爲通暢.且由滬發往巴黎之電報,二小時內即可得到回電,殊稱迅速.查上海西貢直線距離,爲一千八百七十五英里,而上海呂宋間僅一千二百五十英里,今得彼此互相暢通,頗爲難得.當時三極公司電台所用電波波長爲二十八米達,呼號用 XRA3,電機電力爲五百華特,用直流電推挽式之電路天線用平行半波電流輸送式,天線電流約有二安培,餘天線高度僅十數尺,現該公司正進行架設較高之天線等,以備日後正式之通信云.

日本業餘家短波無線電台增加消息

無線電事業之在日本在最近之數年前,初亦視爲禁品,民家不得裝用.自廣播無線電事業昌明,日政府迫於時勢之變遷,勢不能再加阻止,乃毅然開放公用,然對於一般業餘家之欲作種種試驗,用之電台,仍加以禁止.前年日本遞信當局有鑒於各國業餘家對於無線電學之貢獻殊大,久禁人民研究,殊有礙科學之發步,影響於國家亦至鉅,因亦加以有限制的開放,其取締條例極嚴,非有確切担保,相當學識之人,萬難領到裝用電機執照.據其滑於去年春赴日考察所知,當時日本全國得有政府許可狀,准予設立電台之業餘家爲數不滿十二人,其苛刻可知.最近聞此項業餘家短波電台又增加六所之多.其呼號爲 J3CC, J3CD, J3CE, J3CF, J3CG, 及 J3CH, 出電力最大限不過十華特,所用波長均爲三十八米達,其傳發無定時,在滬地凡裝有短波收信機者,偶能接收該項電台信號,音頗清晰云.

最近各國廣播無線電台之調查

廣播無線電台約在五六年前,其勃興之象,誠有非筆墨所能描述者,考當時廣播事業,最爲發達之國家,當首推美國.全國大小廣播電台,綜計實約八百數十餘所,其發達可見.年來各國對於廣播電台,均主增加電力減少台所,進行不遺餘力.結果對於廣播本身事業,頗多裨益之處.據最近調查（一九二八年）所得各國現存廣播電台,約如下表.如參照編者所著『無線電之新事業』,篇內所載,當時各國所有廣播無線電台台數,當可見其年來電台之隆替焉.(詳民國十四年三月東方雜誌拙著)

國別	德國	英國	法國	荷蘭	義大利	奧國	俄國	瑞典	美國	日本	西班牙
台數	22	20	18	6	3	6	10	30	400	9	17

住的問題

近年以來,物質進步,居於通商城市的人,俱感着房租激增的痛苦.今將美國地方各種居戶視其進款高下所能擔負之房租,列表於下:

每年進款	房屋租金
$ 1,500	$ 300 — 375
2,000	400 — 500
3,000	600 — 750
4,000	800—1,000
5,000	1,000—1,250
6,000	1,200—1,500
7,000	1,400—1,750
8,000	1,600—2,000
9,000	1,800—2,250
10,000	2,000—2,500

(炎)

書籍介紹

無線電書籍與雜誌之介紹

年來國內無線電事業,日漸發達,研究無線電學之人士,亦日益增多.惟每以不知各國出版之書籍雜誌,以致無從購閱,加以研究,作者憾之.茲特先將英文之無線電書籍與雜誌介紹於次,以供讀者諸君參攷.至德法意大利諸國之無線電刊物,容於下期發表之.編輯匆促,加以一人之見聞有限,遺漏及錯誤之處,還祈讀者加以指正幸甚.(朱其清)

雜誌項下:—

書名	出版或發行者	刊期
American Radio Journal	No. 116 West 39th Street, New York, N. Y., U. S. A.	月刊
Modern Wireless	3 Bolt Court, Fleet Street, London, E. C. 4, England	,,
Popular Radio	9 East 40th Street New York N. Y., U. S. A.	,,
Q. S. T.	American Radio Relay Leaque, Hartford, Conn. U. S. A.	,,
Radio and Model Engineering	88 Park Place New York N, Y., U. S. A.	,,
Radio	Pacific Building, San Francisco, Calif ...	,,
Radio News of Cavala	257 West Adelaide St., Taronts, Outario, Caiala	,,
Radio Broadeast,	Doubleday Page & Co., Garden City, N. Y. U. S. A.	,,
Radio World	1493 Broadway, New York, N. Y. U. S. A.	,,
Radio Digest	123 West Madison St., Chicago, Ill, U. S. A.	,,
Radio Dealer	1133 Broadway, New York, N. Y., U. S. A.	,,
Radio Merchandising	342 Madison Ave., ,, ,, ,,	,,
Radio Journal	113 Stimson Bldg., Losaugles, Calif ...	,,
*Wireless World & Radio Review	12 Heuriette St., London, England ...	週刊
Radio News	235 Fulton St., New York N.Y. U.S.A.	月刊
Telegraph & Telephone Age	253 Broadway, New York N.Y. U.S.A.	半月刊
Radio Telegrapher	44 Broad St., New York N.Y. U.S.A....	月刊
Wireless Age	326 Broadway, New York N.Y. U.S.A.	,,

*Experimental Wireless & Wireless Engineer, Iliffe & Sons Ltd., Dorset House, Tuder St., London, E. C. 4. ... ,,

*Proceedings of Institute of Radio Engineers, 33 West 39th St., New York, N. Y. U. S. A. ... ... ,,

*Proceedings of the Wireless Section, of the Institution of Electrical Engineers, Savoy Place, Victoria Embankment, London W. C. 2, England ... ... 每年三次

The Wireless Annual for Amateurs & Experimenters The Wireless Press Ltd., London ... ... 年刊

The Year Book of Wireless Telegraphy & Telephary The Wireless Press Ltd., London ... ... ,,

The Radio Year Book　Sir Isaac Pitman & Sons Ltd., Parker St., Kinsway, W. C. 2, London ... ,,

Radio Service Bulletin　Superintendent of Documents, Government Printings office, Washington, D. C., U. S. A. ... ... 月刊

書籍項下:—

(甲)　通俗類

Radio for Everybody. A. C. Lescarboura. Scientific American Publishing Co., N. Y.

Radio Handbook. Dellinger & Whittmore. Lefax Inc., Philadelphia, Pa., U.S.A.

The Easy Course in Home Radio. Review of Review Co., N.Y. U.S.A.

The Complete Radio Book. Yates & Pacent. Century Co., N. Y. U. S. A.

Radio Receiving of Beginners. Snodgrass & Camp. The McMillan Co., N.Y.U.S.A.

Radio Telephony for Everyone. L. M. Cockaday. Frederick A Stokes Co., N.Y., U.S.A.

Radio Mirade of the 20th Century. F. E. Drinker. National Publishing Co., Philadelphia Pa.,

An Introduction to Radio. Wireles Press Inc., New York U.S.A.

Radio Reception, A. J. Marx. G. P. Putnam's Sons, N.Y. U.S.A.

The Book of Radio. C. W. Taussig. D. Appleton & Co., N.Y. U.S.A .

(乙)　初學類

Practical Wireless Telegraphy. E. E. Bucher. Wireless Press Inc. New York, U. S. A.

Wireless Experimenter's Manual. E. E. Bucher. "

How to Become a Wireless Operator. C. B. Hayward. American Technical Society, Chicago, U. S. A.

Robison's Manual of Radio Telepaphy and Telephery. United States Naval Institute, Annapolis, Md., U. S. A.

The Admiralty Manual of Wireless Telegraphy. H. M. Stationary Office, London, England.

Design Data for Radio Transmitters and Receivers. M. B. Sleeper. Norman W. Henley Publishing Co., N. Y.

Construction of Radio phone and telepaph receivers for beginners "

How to make commercial type radio apparatus. "

Design of modern radio receiving sets. "

Radio Experimenter's Handbook. "

101 Radio Receiving Circuits. "

Radio for Beginners. J. E. Cameron. Technical Book Co., New York N. Y. U. S. A.

Textbook on Wireless. J. E. Cameron. "

Radio Amateurs Handbook. G. F. Collins. T. Y. Crowell Co., New York N. Y. U. S. A.

Experimental Wireless Stations. P. E. Edleman. Norman W. Henley Publishing Co., New York N. Y., U. S. A.

Radiophone Receiving. Morecroft, Hazeltine, and others. D. Van Noctraud Co., New York N. Y., U. S. A.

Elements of Radio telephary. W. C. Ballard. McGraw Hill Book Co., New York N. Y., U. S. A.

Vacuum Tubes in wireless Communication. E. E. Butcher. The Wireless Press Inc., New York N. Y., U. S. A.

A Short Course in Elementary Mathematics and Their Application to Wireless Telegraphy. S. J. Willis. Wireless Press Ltd., London.

How to Pass U. S. Government Wireless License Examinations. Wireless Press Inc. New York.

Wireless Telephary. R. D. Bangay. The Wireless Press Ltd., London.

Henley's 222 Radio Circuits Designs. Norman W. Henley Publishing Co. New York.

Wireless Transmission of Photographs. M. J. Martin. Wireless Press Ltd. London.

Radio Communication. J. Mills. McGraw-Hill Book Co., New York.

The Radio Trouble Faider. The E. I. Company 230 Fifth Ave., New York.

Maintanance of Wireless Telegraphy Apparatus. P. W. Harris. The Wireless Press Ltd., London.

The Amateur's Book of Wireless Circuits. F. H. Haynes. ,,

The Elements of Radio Communication. O. F. Brown. From Oxford Univ. Press. England.

(丙) 高深類

The Principles underlying radio Communication. Radio Pamphlet No. 40. Government Printing Office, Washington, D.c. U. S. A.

Radio Telephary for Amateurs. S. Ballantine. David Mekay Co., Philadelphia, Pa.

Modern Theory and Practice in Radio Communication. by G. D. Robinson. United States Naval Institute, Annapolis Md. U. S. A.

Elements of Radio Telepaphy. E. W. Stone. D. Van Nostraud Co., New York,

Handbook of Technical instructions for wireless Telegraphists. J. C. Hawkheads H. M. Dowsett. Wireless Press Ltd., London, England.

Wireless Telegraphy and Telephary. H. M. Dowsett.

Radio Telephary. A. N. Goldsmith. Wireless Press Inc. New York.

The Oscillation Valve. R. D. Bangay. Wireless Press Ltd. London.

Radio Engineering Principles. Laner and Brown. McGraw Hill & Co. N.Y.C.

Elementery Text Book on Wireless Vacuum Tubes. John Scott Taggart. Wireless Press Ltd. London.

The C. W. Manual. J. B. Dow. Pacific Radio Publishing Co. San Francisco Califonia.

Modern radio Operation. J. O. Smith. Wireless Press Inc. New York.

Radio Instruments & Measurements. Bureau of Standards Circular No. 74. Government Printing Office, Washington D.c. U. S. A.

Textbook of Wireless Telegraphy (2 Volumes). R. Stanley. Longmans Green & Co., London.

Principles of Radio Communication. J. H. Morecroft. John Wiley & Sons, N. Y.

The Principles of Electric Wave Telegraphy and Telephary. J. A. Fleming. Longmans Green & Co., London.

The Wireless Telegraphists Pocketbook of Notes, formulaes & Calculations. J. A. Fleming. Wireless Press Ltd., London.

Wireless Telegraphy & Telephary. W. M. Ecales. Benn Brothers Ltd., London.

Thermironic Tubes in Radio Telegraphy. J. Scott-Taggart Wireless Press Ltd., London.

Wireless Telegraphy, with Special refereuce to Quanched Spark System. B. Leggett. Chaparans & Hall Ltd., London.

Wireless Telegraphy and Telephary. L. B. Tumer. Cambridge Univ. Press, Cambridge, England.

The Thermianic Vacuum tube & Its Applications. H. J. Van der Bjil McGraw Hill Book Co., New York N. Y., U. S. A.

Wireless Valve Transmitters. W. James. Jliffe and Sons Ltd., London.

Direction & Position Finding by Wireless. R. Keen. Wireless Press Ltd., London.

Admiralty Handbook of Wireless Telegraphy. W. J. H. Miles. H. M. Stationarys office, London.

Wireless Telegraphy. J. Zeuneck. McGraw-Hill Book Co. N.Y.C.

Electric Osiallations & Electric waves. G. W. Pierce.

The Radio Experimenters Handbook (2 vol.). P. R. Coursey. The Wireless Press Ltd., London.

Telephary without wires. P. R. Coursey. The Wireless Press Ltd., London.

The Thermionic Valve & Its Developments in Radiotelegraphy & Telephary. J. A. Fleming The Wireless Press Ltd., London.

Standard Tables & Equations in Radio Telegraphy. B. Hoyle. The Wireless Press Ltd., London.

Prepared Radio Measurements with Self Computing Charts. R. Batcher. The Wireless Press Inc. New Yory.

The Calculation & Measurement of Inductance & Capacity. W. H. Nottage. The Wireless Press Ltd., London.

Continious wave wireless Telegraphy. W. H. Seeles. The Wireless Press New York.

Contimaris Wave Wireless Telegraphy. W. H. Scales. The Wireless Press Ltd., London.

Radio Amateur's Handbook. American Radio Relay League, Hartford, U. S. A.

Preparation of Radio Waves. P. O. Pederson. G. E. C. Gad, Coperhagen, Eurupe,

德國永固廠出品

雙配司登柴油引擎

JUNKERS DOUBLE PISTON DIESEL ENGINE

不用凡耳
無汽缸頭
冷氣開車
輕便堅固
用油甚省
毫無震動
佔地甚小
管理簡捷
裝置迅易

Without Valve
Without Cylinder Head
Starting with Compressed Air
Light and Compact
Low Fuel Consumption
Entirely Vibrationless
Occupies Small Space
Easy Control
Easy Erection

中國獨家經理

孔士洋行

SOLE AGENTS: KUNST & ALBERS

機器部設四川路二十九號七樓

樣子間設圓明園路一號

請聲明由中國工程學會『工程』介紹

工程師建築師題名錄

中國工程學會會章摘要

第二章　宗旨　本會以聯絡工程界同志研究應用學術協力發展國內工程事業爲宗旨

第三章　會員

(一)會員　凡具下列資格之一由會員二人以上之介紹再由董事部審查合格者得爲本會會員

(甲)經部認可之國內外大學及相當程度學校之工程科畢業生并確有一年以上之工業研究或經驗者

(乙)曾受中等工業教育并有五年以上之工程經驗者

(二)仲會員　凡具下列資格之一由會員或仲會員二人之介紹並經董事部審查合格者得爲本會仲會員

(甲)經部認可之國內外大學及當相程度學校之工業科畢業生

(乙)曾受中等工業教育并有三年以上之工程經驗者

(三)學生會員　經部認可之國內外大學及相當程度學校之工程科學生在二年級以上者由會員或仲會員二人之介紹經董事部審查合格者得爲本會學生會員

(四)永久會員　凡會員一次繳足會費一百元或先繳五十元餘數於五年內分期繳清者得被推爲本會永久會員

(五)機關會員　凡具下列資格之一由會員或其他機關會員二會員之介紹並經董事部審查合格者得爲本會機關會員

(甲)經部認可之國內工科大學或工業專門學校或設有工科之大學

(乙)國內實業機關或團體對於工程事業確有貢獻者

(六)名譽會員　凡捐助巨款或施特殊利益於本會者經總會或分會介紹並得董事部多數通過可被舉爲本會名譽會員舉定後由董事部書記正式通告該會員入會

(七)特別名譽會員　凡於工程界有成績昭著者由總會或分會介紹並得董事部多數通過可被舉爲本會特別名譽會員舉定後由董事部書記正式通告該會員入會

(八)仲會員及學生會員之升格　凡仲會員或學生會員具有會員或仲會員資格時可加繳入會費正式請求升格由董事部審查核准之

第四章　組織　本會組織分爲三部(甲)執行部(乙)董事部(丙)分會(本會總事務所設於上海)

(一)執行部　由會長一人副會長一人書記一人會計一人總務一人組織之

(三)董事部　由會長及全體會員舉出之董事六人組織之

(七)委員會　由會長指派之人數無定額

(八)分　會　凡會員十人以上同處一地者得呈請董事部認可組織分會其章程得另訂之但以不與本會章程衝突者爲限

第六章　會費

(一)會員會費每年五元入會費五元

(二)仲會員會費每年二元入會費三元

(三)學生會員會費每年一元

(四)機關會員會費每年十元入會費二十元

工程 THE JOURNAL OF THE CHINESE ENGINEERING SOCIETY.

FOUNDED MARCH 1925—PUBLISHED QUARTERLY

OFFICE: ROOM No. 207, 7 NINGPO ROAD, SHANGHAI, C. 1.

TELEPHONE: No. 19824

交換書報

凡欲與本刊交換者，該向本會辦事處接洽，並請先寄樣本。

總經理

德國專利朋滋牌

無空氣注射地士爾柴油引擎

陸用式及船用式

自九匹馬力起大小俱備 並常川備有現貨如蒙各界光顧曷勝歡迎

請聲明由中國工程學會『工程』介紹

益中機器有限公司

事務所 上海漢口路七號

電流限制表

最新吸鐵式

商標

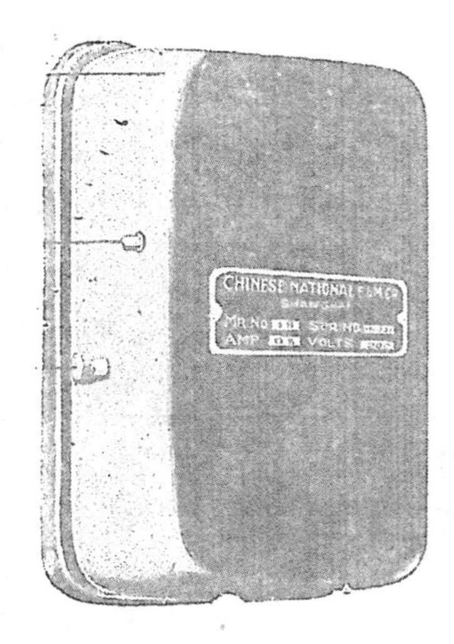

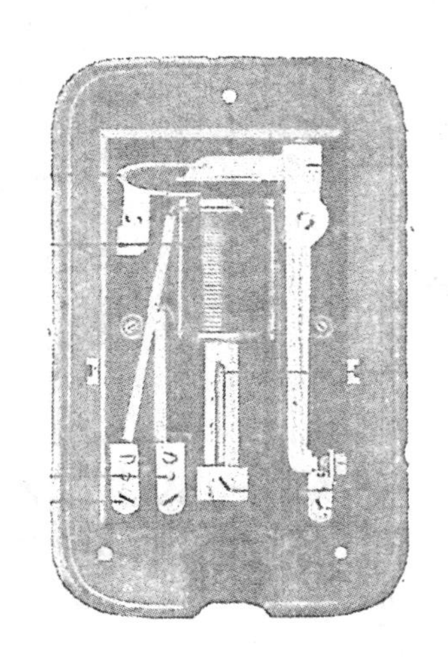

此限制表爲本公司專心研究所成之結晶品。不論電燈廠之大小。用以防止用戶偷電。收效極爲神妙。比衆不同。具四大特色。

一 裝較準確
二 堅固耐用
三 修配便當
四 價格低廉

請聲明由中國工程學會『工程』介紹

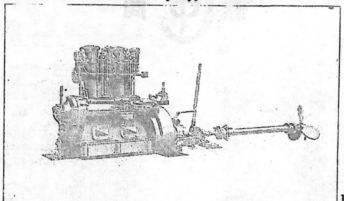

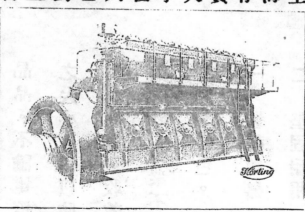

工場全景
棉花拆包機
創辦二十七年之
上海大隆機器鐵廠
樣子間上海江西路二號
製造廠上海戈登路低浜北
新式織布機
臥式軋花機
低壓噴霧機
火油引擎
切皮帶機
專造
紡織機器
工業機器
農家機具
鐵木船隻
柴油引擎
水力打包機
圓式搖絨機
高速織帶機
請聲明由中國工程學會『工程』介紹

▲中華郵政特准掛號認爲新聞紙類▼

中國工程學會會刊

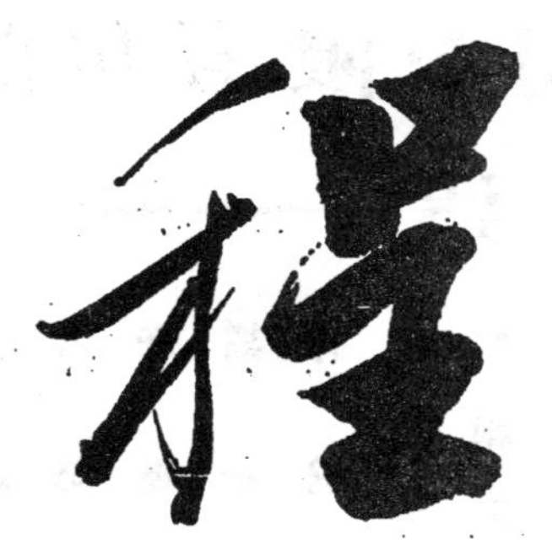

THE JOURNAL OF THE CHINESE ENGINEERING SOCIETY

第四卷 第四號 ★ 民國十八年七月

Vol. IV, No. 4. July 1929

中國工程學會發行

總會會所：上海甯波路七號

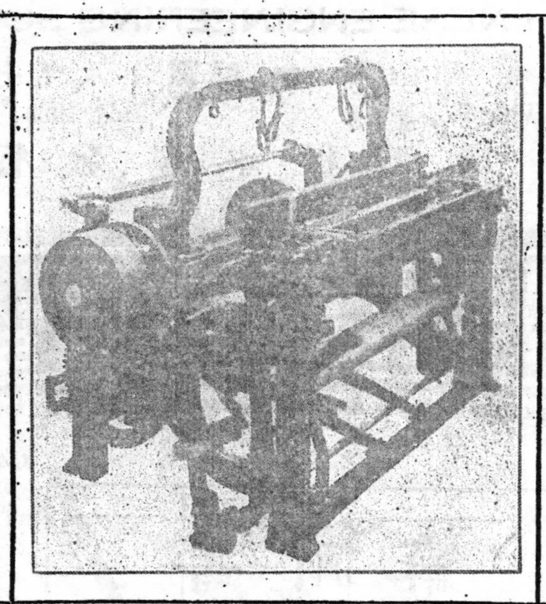

新通貿易公司

Sintoon Overseas Trading Co., Ltd.

Sole Agents for **CROSSLEY** OIL ENGINES

克勞司萊廠立
式狄實爾引擎
二十五四至三
百四馬力→

克勞司萊廠臥
式狄實爾引擎
二十二四至三
百四馬力↓

總公司
上海九江路
二十二號
電話 16519
電報 四六四六
(各處一律)

請聲明由中國工程學會『工程』介紹

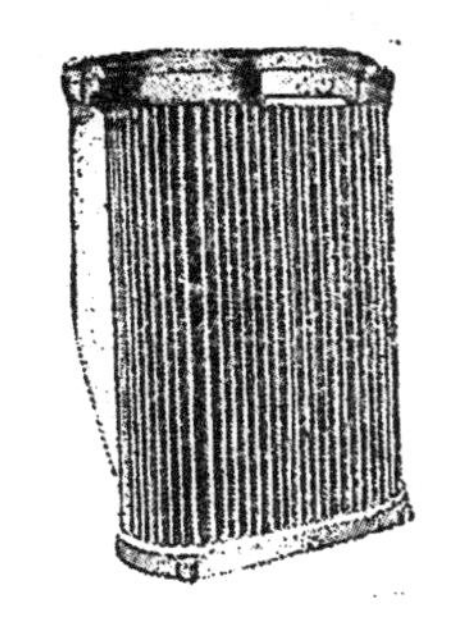

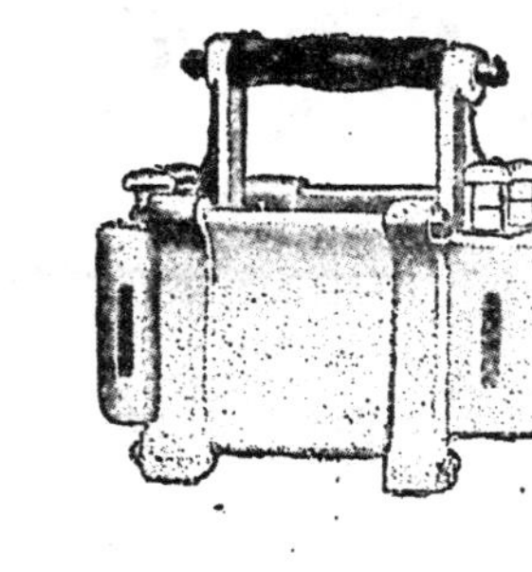

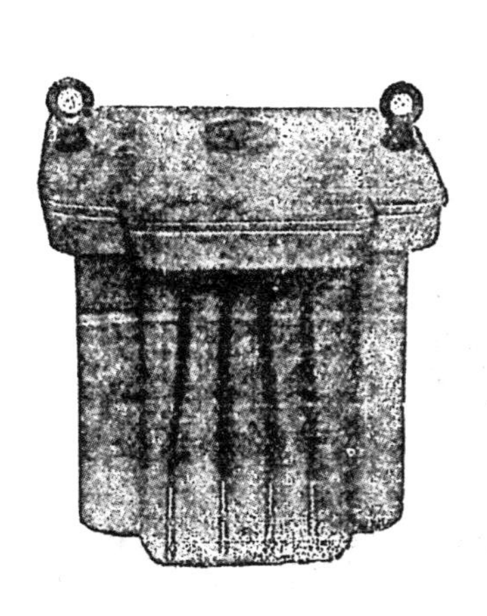

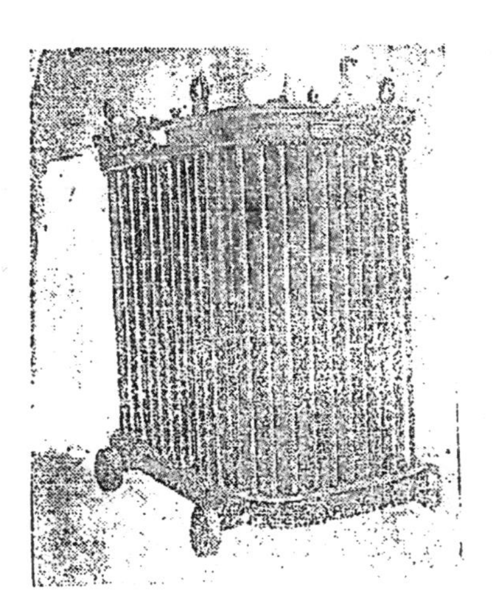

中國

西門子電機廠

上海　天津　北平　奉天　哈爾濱　漢口　重慶　香港

代表

德國西門子廠

發售各種電氣物品

如蒙惠詢或賜顧不勝歡迎

當工務紛繁時吸一支超等國貨香烟提神醒腦增加效率

工◎程◎師◎是◎建◎設◎我◎國◎的◎唯◎一◎人◎物◎

請聲明由中國工程學會『工程』介紹　怡

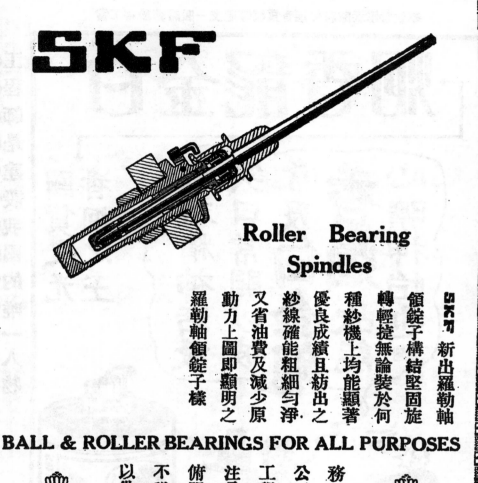

中國工程學會會刊

工程

季刊第四卷第四號目錄 ★ 民國十八年七月發行

總編輯 黃 炎　　　　總務 袁丕烈

本刊文字由著者各自負責

中國工程學會發行

廣告目錄

DODWELL & Co., Ltd.

天祥洋行

廣東路二十六號

葛納牌柴油引擎燃料經濟

堅固可靠歷久耐用

GARDNER HEAVY OIL ENGINES

立式船用柴油引擎
六匹至五百匹

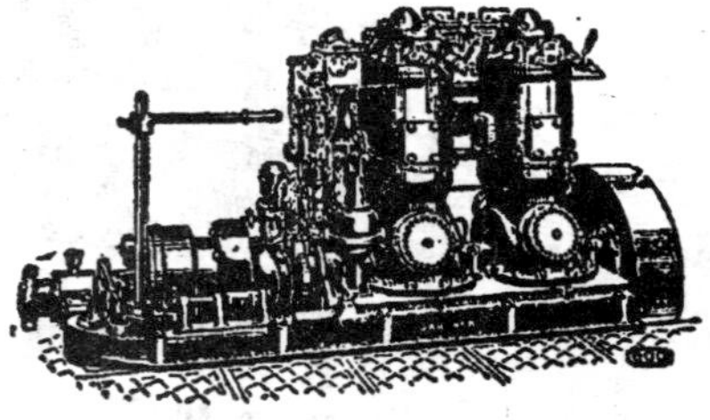

臥式柴油引擎
七匹至二百十匹

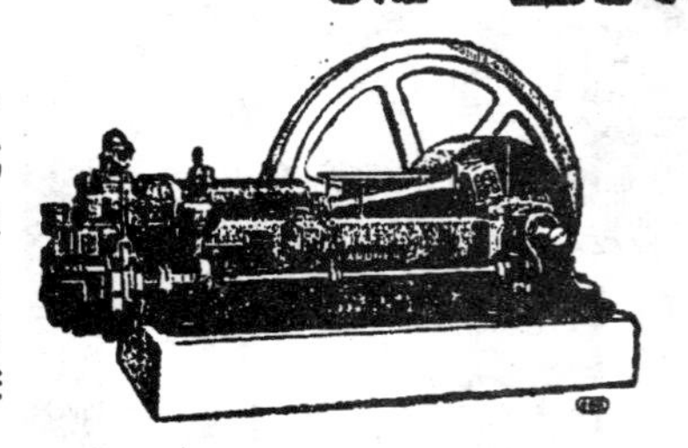

大小馬力備有現貨

葛納牌柴油引擎直接連絡雷克休牌發電機

愛而克賽牌火油船用引擎六匹至六十匹

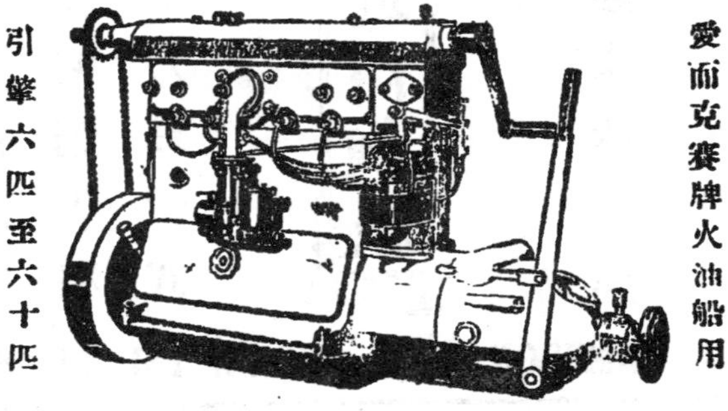

詳細樣本函索必寄

請聲明由中國工程學會『工程』介紹

DORMAN LONG & Co., Ltd.,

圖上係香港亞細亞火油公司之房屋以工字鐵及槽鋼等料建造乃最新式

之建築法此屋鋼料全是英國道門鋼廠製造

上海英商茂隆有限公司經理

Agents: A. CAMERON & Co. (CHINA). Ltd., SHANGHAI

請聲明由中國工程學會『工程』介紹

本會會員呂彥直先生遺作之一

本會會員呂彥直先生遺作之二

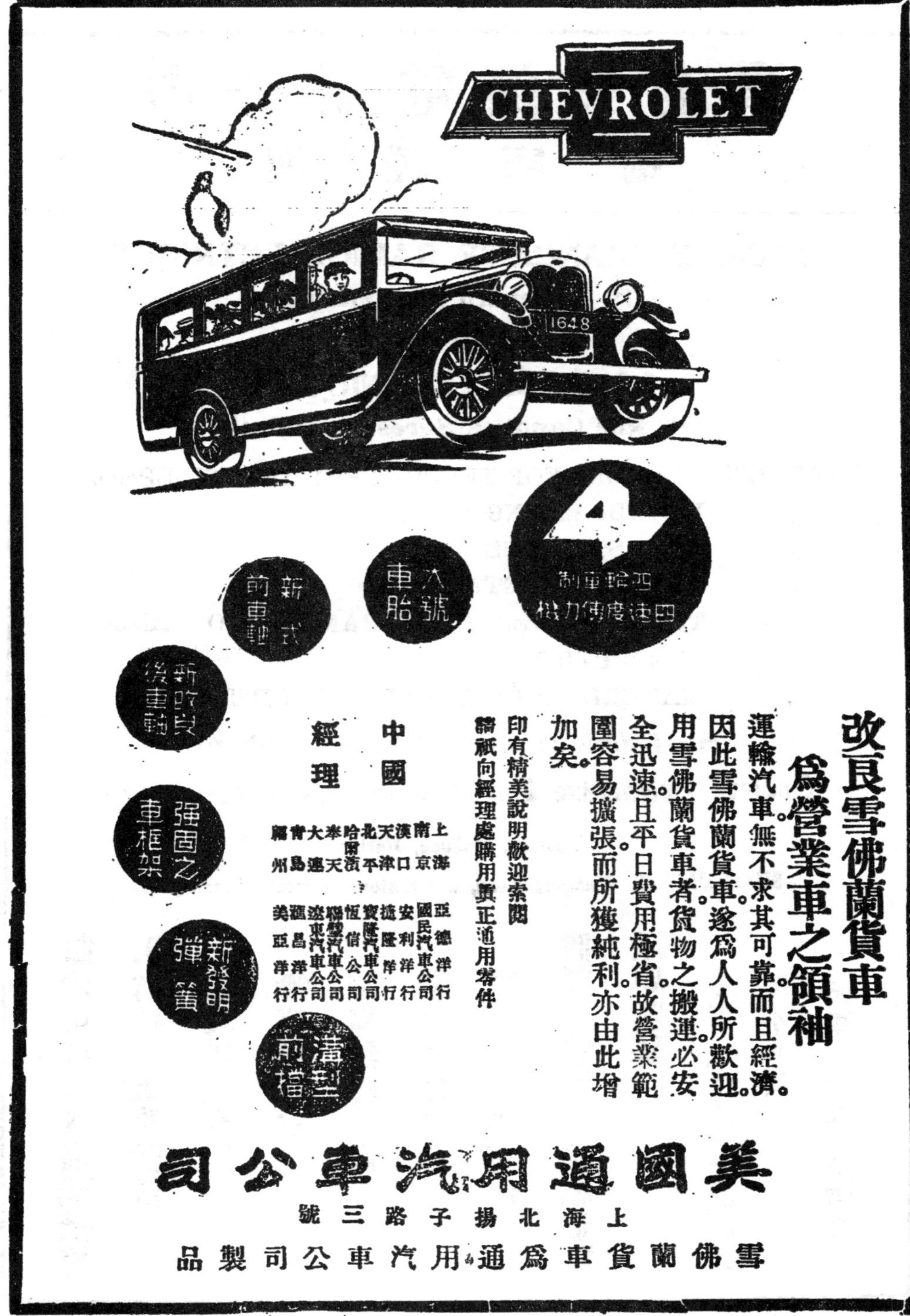
CHEVROLET
1648
改良雪佛蘭貨車
爲營業車之領袖
運輸汽車。無不求其可靠而且經濟。因此雪佛蘭貨車。遂爲人人所歡迎。用雪佛蘭貨車者。貨物之搬運。必安全迅速。且平日費用極省。故營業範圍容易擴張。而所獲純利。亦由此增加矣。
四輪剎車制
四速度傳力機
大號車胎
新式前車軸
新改良後車軸
強固之車框架
新發明彈簧
滿型前擋
印有精美說明歡迎索閱
請祇向經理處購用真正通用零件
中國經理
上海 亞德洋行
南京 國民汽車公司
漢口 安利洋行
天津 捷隆洋行
北平 寶隆汽車公司
哈爾濱 恒信公司
奉天 聯發汽車公司
大連 遼東汽車公司
青島 福昌洋行
廣州 美亞洋行
美國通用汽車公司
上海北揚子路三號
雪佛蘭貨車爲通用汽車公司製品

上海分會聯歡會

前本會會長李壂身先生將其珍藏書籍三百餘本捐助本會圖書
室以公同好用將李先生玉照刊登以資紀念附誌數語聊伸謝悃

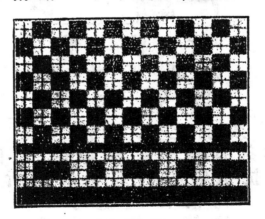

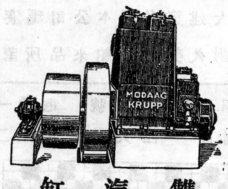

新業工廠

Senior Engineering Works.

Makers of Fine Metal Articles

本廠聘請專門技師製造各種五金用品儀器文具普通什件以及化粧品用瓶帽罐蓋等物價值克己出品精良定期交貨決不致誤如蒙賜顧無任歡迎

地址戈登路（海防路轉角）Z字七一五號

譚泮蓄電池公司

專製電池

價廉物美

汽車蓄電池
電車蓄電池
輪船蓄電池
飛機蓄電池
潛艇蓄電池
軍用蓄電池
無線電蓄電池
火車燈蓄電池
礦場燈蓄電池
工廠燈蓄電池
市鎮燈蓄電池
鄉村燈蓄電池

● 總行上海孟納拉路八三三至八三五號 ●
● 老店上海勞合路五十一至五十二號 ●

請聲明由中國工程學會『工程』介紹

英國亨利細磨麵粉機製造廠

HENRY SIMON, Ltd.,

MANCHESTER.

FLOUR MILLING ENGINEERS
GRAIN HANDLING & CONVEYING APPLIANCES
COAL HANDLING APPLIANCES

亨利細磨廠所造麵粉機器爲世界麵粉機中最精良最完善者故現時中國經營麵粉廠事業富有經驗者競相添置可爲明證凡裝置細磨廠麵粉機器可得下列優點卽成色優良粉質潔凈麵筋質不受熱則發力大馬力拖輕支持費及修理費省並可常得專家顧問無論全部新機或加添擴充等均由富有經驗專門工程師代爲計畫一切如蒙垂詢無不竭誠歡迎

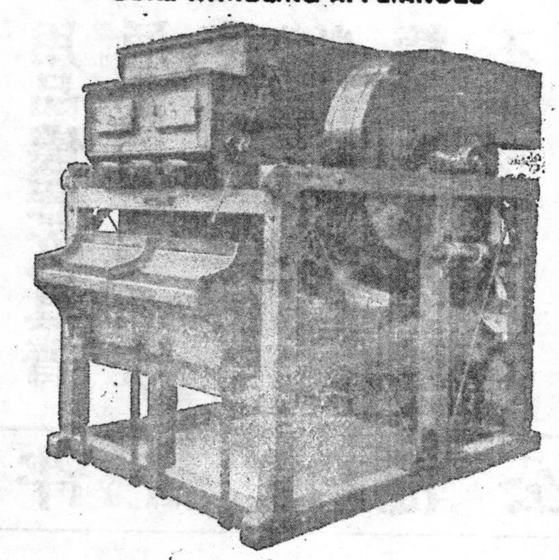

The "Simon" Receiving and Milling Separators
With the improved drive no Eccentric Shaft

亨利細 磨新式 頭二道 清麥機 改良拖 動機關 不用離 心地軸

中國獨家經售

安利洋行

上海南京路沙遜新屋三層

電話一一四三〇

分行：天津　漢口　北平

分行：香港　哈爾濱　奉天

請聲明由中國工程學會「工程」介紹

編輯引言

食水供給

食水供給爲工程師對於人類康健幸福之絕大供獻.吾國人飲食洗濯之所需,向取之附近之河,宅旁之井,或積貯天雨之水以爲之.旣不便挈取,復以水源不潔,未經澄濾,易受疾病之傳染.近來城市居民,日漸增多,工藝製造,亦漸發展,故水供問題,遂爲社會人士所注意.據編者所聞,吾國大城市之急於興辦自來水者,有十餘處之多,梧州南京,其較著者也.梧州處地雖僻,然年來建設,不遺餘力,自來水工程,已在建設中.讀本期所載凌鴻勛君之計劃及預算,可見一斑.南京亦亟從事進行,而先穿鑿自流井多處以救急需.本期有徐百揆君建築首都自流井之經過,詳述該處之地質,爲工程界頗有價值之貢獻.所以自來水建設,行將在工程上佔一重要之地位,而今代爲計劃籌措者,大多爲承辦機器之外商,甚望國人有急起組織以經營此項事業者.

電燈電力

西方物質文明之最足爲國人所歡迎者,厥惟電燈,而其興辦也,亦較他種事業本輕而利厚.故各處縣鎮,戶口在數千以上者,類皆能辦一電廠,燈光照燿,不復如往日之黑暗矣.然而電廠固多,其間辦理合法者,大有其人,內容腐敗者,十居八九焉.小者固無論矣,即通都大邑,若南京,若九江,似宜有新式之廠,明潔之燈.而考其實際,則大不然.電廠辦理之不善,其原因頗爲複雜.張延祥君本期之「南寧電燈整理之成功及其方法」,及上兩期所載關於改良梧州電廠各篇,對此均有所發明,頗堪借鑑.

橋梁工廠

鐵路建設,除軌道外,其費用以橋梁爲最巨,其關係極為亦極重要.吾國鐵路上所有橋梁,悉由外洋定造,距今年代已久,負力不足,頻年戰爭,毀壞損傷,又不計其數.爲發展交通計,津浦漢平等幹路上橋梁之當加固修繕,大有不容稍緩者矣.此類工程,若一一須向外洋定造,曠日持久,不經濟孰甚.且一旦發生事故,工程緊急,而猶須賴外洋廠家,定製於數萬里之外,則緩不濟急,其害立見.邇來鐵道部特聘美顧問魏類克來華,漢平路上加固橋樑,建設橋樑工廠一處,爲其努力籌劃中之一.本期孟肇罍君「建設津浦鐵路橋梁工廠意見書」,允稱及時之作.

市政

吾國向來祇有市而無政.故市之繁盛,全恃地勢之衝要,出產之富庶,商賈之輻湊而成,一任其自然發展,而無人爲之作通盤籌劃以經營主持之者.故商務雖繁盛,而街衢仍湫隘,人烟雖稠密,而食水仍汚濁.內地各處市鎮,大率皆然,不僅蕪湖一埠如是也.張連科君「蕪湖市政問題之考察」,所舉各條,頗簡明切實,登載本期,以質當世.

鐵路橋工

吾人今日所有之技術經驗,所用之材料工具,均較數十年前豐富精確,強固便利.故今日工程專家所能舉辦者,較向時偉大迅速,有把握而無危險.此皆由前人經歷其事之時,費盡無限腦力光陰,以索得良善之方法,解決當時之困難.及其事成之後,又不憚煩瑣,將親歷所得,一一筆之於書,傳佈於世,以供參證與研究.積之旣久,學術愈新,經驗愈富,而人類之幸福,亦因之而進矣.本會劉崚峰君主持柳江橋墩工程,今將其所經歷者,不論巨細,一一紀錄之,著成長篇,囑本刊付印.劉君之作,不僅本刊增多有價值之材料,卽全國工程界,亦增添不易覓得之參考書,殊可貴也.

機車修理

吾人在求學時代,往往注重於學理及機械重要部份之名稱部位,而對於一枝一節微細之處,則一概忽之.及出而任事,則對於各種 Detail,始逐漸加以注意.及至老於其事,則於大綱節目,反不甚經意.而專對於一枝一葉極微甚小之處,則反覆深思,層層考慮焉.此無他,身體爲髮膚之積,機械爲小件之積,小件之緊要,固無異於大體也.張蔭煊君著「機車鍋爐之修理」,分載上期及本期.敍述學理經驗,細大不捐,是爲趨重 Detail 之文.

無綫電

無線電之建設,近年來頗能積極進行,成績良佳.讀本期錢鳳章君「建造梧州無線電台記」,電台內部之情形,可見一斑.吾國無線電今旣有若是成績,將來發展,更多希望.惟事業之發達,與學術之進步,不能分離.若欲學術進步,則又賴乎共同努力探討研究.朱其清君「徵求無線電界同志合作啓」一篇,刊本期後,閱者必有以賜教焉.

烏柏子及其產物

以上所述各項新事物,如清潔之水,光明之燈,完善之市政,平寬之道路,長橋如虹,電線如網,無一不爲吾人所樂有,無一不爲現代之人所宜有,且無一不爲吾工程界人士所悉心經營者.然而此新事業所需之原料,所用之機器,大都來自外洋.於是新事業愈發達,外來貨物愈充斥,吾人將何以善其後.是以一方面採用西方學術以發展各業,同時尤須研究國有物產,加以改良,銳意推銷於海外,以有易無,方不匱乏.烏柏子 Stillingia Sebifera 爲吾國特產之一,用途甚廣,製造油漆,功用尤著.早已風行世界,成國際之貿易品.沈熊慶錢嘉集二君,詳加化驗,幷示種種改良之方法,此誠當今之急務也.

黃河

黃河爲患.史不絕書,生命財產之喪失於是者,何可勝計.惟工程浩大,民生窮促,雖明知其險急,而亦無可奈何.雖然,黃之不治,國家之憂,今雖無力,固未可淡然置之也.鄭肇經君譯「制馭黃河論」,附有圖表,爲他處所不經見.列入本期,以供參閱.

機器製造

費福燾君「瑞士卜郎比製造廠之略述」篇,能與吾人不少奮興與感歎之處.瑞士爲蕞爾小國,有若斯巨大之製造廠,推銷其出品於全球而至吾國,一也.歷時僅三十八年,自七十人工作之小廠,逐步推廣,而成今日完備之規模,二也.吾國地大物博,百業未興,方之歐州,彷彿卜郎比未成立以前之光景,而前途之寬廣,希望之遠大,則又過之.吾國其亦有白郎樸萬里其人乎!用汝心思,竭汝才力,師彼堅苦卓絕耐久勤進之精神.則卜郎比廠之實現於吾國,亦非不可能者矣.

本　刊

本刊發行,至今完成四卷,雖無多大成績,可供稱述.却也經過若干變更,若干改良,而至今日之情形.篇幅增多,內容較富,一也.材料漸趨實用,多圖繪照片表册,不復徒托空言,二也.改良紙張及印刷,清晰悅目,價值倍增,三也.銷數推廣,廣告加多,使本刊能自身維持其生命,而免本會經濟上之負擔,四也.竭力注重時日,以求按期出版,確守信用,而免延誤之懲,五也.凡此均本會多數會員共同合作之成功,亦本會進取精神表現之一點.惟本刊至今,尙極幼稚,不過稍具專門刊物之粗形,而其精采身份,一與西洋刊物較,相去何可以道里計.是以進步改良,奮勇直前,尤須審密加工,刻不容緩.敬望閱者諸君,無論其爲本會會員抑非會員,常賜協助,或撰著文稿,或擔任編輯,或推廣銷數,或介紹廣告,或作事務上之幫忙,或與精神上之指示,不論巨細,均所歡迎,地無遠近,均可合作,同志諸君,不吝賜敎.

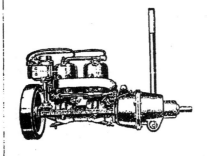

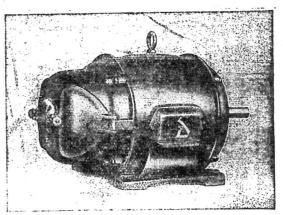

中國唯一大船廠

召遣旗幟

上海 江南造船所

電話號數
六一六六一
六一六七六
六一六七八

電報掛號
中文 七一三五
洋文 SINODOCK
郵政信箱 一三三七號

現有設備

船塢兩隻可容540尺長之大船
碼頭起重機可起重七十五噸
浮船起重機可起重四十噸
船台可建二萬噸之大船
浦面浮標可繫大船五艘

承辦各項工程

兵商輪船 碼頭浮船
機器鍋爐 電焊鍍鉛
電機工作 鋼鐵建築

歷來成績

曾造美國政府淺水砲艦六艘
美國運輸部萬餘噸運艦四艘
承造本國海軍軍用艦隻
經造火油公司鋼質儲油櫃
造修中外大小航業商船

本所承造招商局江華輪船

請聲明由中國工程學會「工程」介紹

梧州市自來水供給計劃及預算

著者：凌鴻勛

緣起

梧州市食水之困難　梧州市舊有井泉甚少,市民食水以取自大河,(卽西江)撫河,及冰井,三處爲多.大河之水,常年混濁,由上游帶下之泥土雜質甚多.撫河之水,每歲約有三四十日混濁,其餘則頗清潔.冰井冲之水,則較之河水爲清.市民取水,每以地之遠近,爲選擇水源之標準,而於水之潔淨與否,絕不注意.每屆冬令,河水乾涸,水面較之河邊馬路低落五十餘呎,婦孺肩挑上下,至感困難.而取水時祇能挑取靠近岸邊之水,水流較爲停滯,沙坭穢物挾帶至夥.冰井冲至冬季水源亦枯竭不敷應用,挑取亦至困難.夏令河水陡漲,通常水汛高出河邊馬路約十呎.民國四年,大汛高出近三十呎,城市半淹於水,居民就地取水作飲料,汚濁情形,尤難筆述.梧市市民處此情形之下,食水至爲不潔,供給尤感困難,水費負擔至重.他如身體之不能有相當之洗浴,衣服之不能有充分之濯滌,間接影響於生活之愉快,更不待言矣.

梧州火患之危險　梧市取水之困難,既如上述.每屆天高物燥,火警至屬堪虞.民十三年,九坊五坊諸街大火,全市精華幾盡付一炬;梧人至今譚之色變.年來馬路多已開闢,而層樓高聳,市房繁密.冬令河水低落,每遇火患無從挽救,市民生命財產,祇可一付天命,言之實足驚心動魄也.

梧市供給自來水之容易　凡一市建設自來水之難易,當視水源之遠近,及質地水量等主要問題而定.他如地理上之情形,與城市發展之狀況,均與供水計劃至有關係.譬如上海閘北水電廠水源取自吳淞,離閘北約二十四華里,總管費用近百萬元.又如廈門自來水因瀕海之故,須建築極大水塘以蓄雨水,因之水廠全部工程較爲浩大.梧市撫河之水頗爲清潔,離市區至近,而不至爲市區所汚濁.河邊有山,山上有平地可以建池,抽水入池,即可分佈全市,而市區範圍又狹窄,故梧市自來水供給之經營,在工程上比較容易,在經濟上因之較爲易舉.

梧市自來水宜市辦或宜商辦 自來水爲公用事業之一,一方以利便市民改進生活爲目的,一方亦爲一生利之事業.在我國則公營商營兩例具在,與電力廠較,則水廠之生利較之電廠爲緩,爲利亦較微,而成本則較大,故本國城市有電燈者已多,而有自來水者則僅少數也.以梧州而論,商辦電力公司成績不著,改歸市辦後結果至爲美滿.加以自來水之抽水機,倘另行設機發動,成本更高,若用電力廠電力發動,則電費一項爲常年經費一大宗,(照梧州情形,水廠如用電力發動,每年須付電廠之電費,照電廠定價付給,約居全年支出百分之六十).負擔亦重.今梧市電廠既係市辦,若水廠亦由市辦,則所用電力同係出自公家,可以照本收費,其他人員及設備,均可互通.加以水廠三四年內難期生利,由市經營則贏縮易於調劑,水廠資本較大,商辦一時不易號召,故以市辦爲較宜也.

市府創辦自來水之決定 梧市自來水之需要既亟,而公營又有種種便利,故梧州市政府已決定由市創辦.市工務局業於十七年夏間,開始測量取水及水塘地點,水管分配,並調查各街道用戶多少,及水量情形.茲已將全部計劃完成,將於年內開始動工,明年年內當有清水之供給.市府既爲便民起見,將來對於水費務求低廉,並擬於貧民住居區域,設置公共售水站,俾市民都能享受自來水之利益,而工務局方面對於市民之裝用,亦務期手續迅速佈置周全,則又可預爲市民告者也.

計 劃

水量 一市之供水計劃,應有若干之供水量爲一最關重要之問題.計劃過大則資本鉅而收利微,計劃過小則無以應城市將來之發展,將有供不應求之苦.故欲決定一市供水之多寡,當先研究一市現在之人口,歷年人口增進之統計,將來人口增加之趨勢,工業之發達,市政之進展,以及社會一般之情況,方能得一較適當之結果.今試將自來水之用途而分析之.(一)家庭用水.如飲食,洗浴,洗衣,洒掃等之類,此項用水固與人口爲正比例,亦視社會之文明程度,與經濟狀況而異.譬如地方較開通者,人民咸知洗浴,滌衣,洒掃之必要,且多有水廁之設備,家庭內之用水必較多,用戶亦必增加,即常人平日感受取水之難,水費之貴,今有廉價之清水,取之又便,每家每日所用之量,自難與昔日河中挑水時代一律觀察.(二)工業用水,此項水量視工業之發達情形而異,如工廠衆多或爲鐵路終站,則用水必較之工業不盛之地爲多,殊難得一平均之數目.(三)市政用水.此項當視市政之建設情形而異,如馬路廣闊常須洒水,或園林茂盛常須灌水,或市場所在常須冲洗,則耗水較多,數量亦略視地方之氣候而異,而同一地方之數量,亦視節候而不同.(四)消防用水.此項殊難預計,無論何處城市,不能不有所預防,其數量及需用之時間均無從預定也.以上四者,各處情形不同,爲便利起見,亦多按人口計算,以每人每日用水若干爲標準,而依其地方情形於(二)(三)兩項增加或減少之.英美兩國都以英國加侖 Imperial Gallon 爲量水標準.(每加侖約合四公升半重約十磅).我國茲已頒行萬國公制,故梧州今後量水當以新制爲標準.

梧州市人口,據梧州市公安局民國十七年十一月公佈調查之結果,連三角嘴一帶及水上結筏而居者,共計一萬五千餘戶,人數八萬九千九百餘人.在一,二,三,三警區範圍內,爲目前自來水供給所能及者,計約六萬三千餘人,而此六萬三千餘人之中,其居潯撫大兩河之濱者,必有一部分因挑水之便利.不裝用自來水,而其他或有因經濟關係不裝用自來水者,故目前用水之戶口,爲數當不逾六萬人.又據工務局十七年秋間對於市民用水之調查,就所得之報告,每人每日用水約一桶至一桶半.(每桶爲量四加侖,重約三十斤,是每人每日用四加侖至六加侖,重自三十斤至四十五斤也).然前項報告多來自用水較多之戶,其貧戶未經填報者,平均之數必較低.惟梧市工商業日臻茂盛,人口亦與俱進,計劃之始不容不略爲鬆放.故茲次計劃係預計目前用水人口爲八萬人,每人平均每日用水六十五公升.(約合十四加倫半,重約一百零八斤),並預計二十年後用水之戶,增至十二萬人,故目前設計,係以十二萬人計,每日水廠出水七千八百立方公尺,即七千八百公噸,平均計算每小時須出水三百二十五公噸,但日間用水較之夜間爲多,今假定最多之一小時內所用水爲平均數目之一倍,即六百五十公噸,今設同樣之抽水機二副,每副每小時能出水三百六十公噸,每機分兩班開駛十二小時,即足敷一日之用,或遇一機修理,其他一機全日行駛,足以應付.倘二十年後人口果增至十二萬以上,則抽水塔地位,抽水機抽量,濾水池地位,皆已留有擴充一倍之餘地,將來供給二十四萬市民之用水,非難事也.

水源 大河撫河冰井三處水質,曾經化學之分析,其平均之結果如下:

梧州水質試驗表

驗水種類	大河水濾過後試驗者	撫河水濾過後試驗者	冰井冲水以原水試驗者
色度	微濁	無色透明	無色透明
臭味	無	無	無
反應	中性	中性	中性
綠氣	10.65 公絲	10.13 公絲	8.05 公絲
硫酸	0.982 公絲	0.534 公絲	無
硝酸	1.086 公絲	1.064 公絲	無
亞硝酸	0.00014 公絲	0.00013 公絲	無
安母尼亞	0.00163 公絲	0.00025 公絲	無
硬度	15.937 度	14.82 度	14.2 度
固形物總量	31.84 公絲	13.85 公絲	12.76 公絲
過錳酸加里消費量	10.24 公絲	10.64 公絲	10.5 公絲
細菌聚落數	約三百以上	約三百以上	約二百以上
試水回數之平均	五十回	三十二回	十五回

備考 每次試驗之水量爲一公升

照上分析之結果,則以冰井爲最清,撫河次之,大河最濁.冰井水量不多,故取水決自撫河上游虎榜橋相近之處.該處河岸石壁陡立,人烟絕少,河水不至受市區之污濁,距離市區祇二華里.至於水量之充足,更不成問題也.

抽水　梧市供水困難之點,厥爲河水漲落之過大.在過去三十年內,平均漲落相差約六十呎,最漲之年近八十呎.取水之口須常在水面之下,而抽水之電動機,又須常在水面之上,昔曾計及以躉船作機房,俾可依河水之長落而上下,而以活動鐵管接連於總管所備之各接口.但以撫河之水,在夏季速度甚大,而上流在雨季陡漲時,一日可漲十數呎,日常提防注意,至費經營,萬一疏虞,損失莫大.故決定不用躉船計劃,第於河邊建築極堅固之抽水塔一座,下部裝置抽水機,其取水管口常在水中,上部裝設電動機,轉動抽水機,抽水而上.電動機之地位,高出於歷年最高之水度,使之永無淹及之危險,如此一勞永逸,維持費至爲輕減.水抽上即用管通至沉澱池,其間距離約爲六百公尺,抽水機之能力,約能達一百公尺之高度.

水塘　河水之濾淨方法,可分緩性與急性兩種.緩性濾淨法,係建築較大之水塘,貯以數層之碎石,石子,及沙,使塘內之水緩緩濾過,此法需用地面較廣,人工較多.急性濾淨法,係建築較小之塘,所用沙石略同,但水係以壓力經過水塘,其濾淨之時間較短,且水塘之內各分小室,依時啟閉,運用靈便.以梧市市區之狹窄,水塘地位之難得,兩者比較自以急性濾淨法爲優.茲擇定北山背後舊定中山紀念堂地點爲水塘地點,該處已有一部份開掘平坦,土方工程可以減省,而高度高出九坊五坊等路約有二百五十尺,市面最高房屋及山邊一帶房屋,皆能有充分壓力可以達到.水塘共分三個:第一個爲沉澱池,河水抽上流入此池時即加以明礬(Alum),使與水中所挾帶之沙泥雜質結合而俱沉下.池內之水使以漸緩之速度慢慢周迴流過,及出沉澱池則水已頗清潔矣.此池預備將來擴充一倍.第二個爲濾水池,即施行急性濾水法之處,使水受壓力經過沙石厚層,然後流出.凡水中所帶之微生細物皆已濾

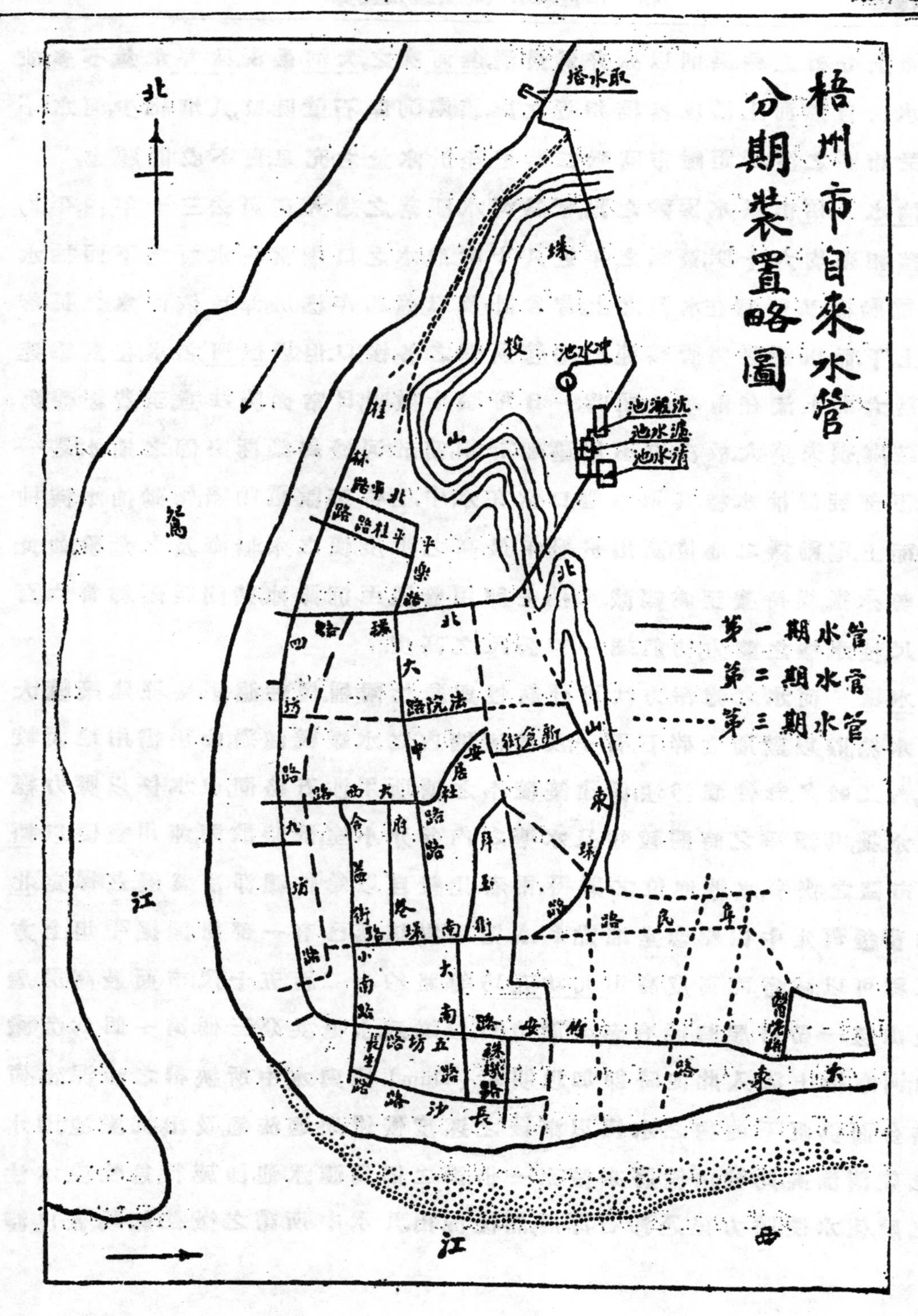
梧州市自來水管
分期裝置略圖
北
取水塔
沖水池
沉澱池
濾水池
清水池
第一期水管
第二期水管
第三期水管
北山
大東路
長沙路
五坊路
大南路
小南路
九坊路
四坊路
大中路
大西路
平桂路
北平路
新倉街
法沉路
阜民路
珠山
江

淨.此池亦預備將來擴充一㨁;第三個爲清水池,即接受濾水池所流出之清水,貯以待用者也.由此即接連總管,再以分管分佈市區.

水管分配　河水自抽水塔抽上後,即以四公寸（十六英寸）之總管接至水塘,復由水塘以同樣之水管接入市區.市區內之分管,最大者爲三公寸,(十二英寸)最小者爲一公寸.(四英寸)附圖示市區內水管埋設於各街道之情形.其所謂第一第二第三期之分,乃係一時所預定,其中先後當臨時體察情形再行決定也.

水鏢　各都市收取水費,有照水鏢計者,有照人口或房屋間數計者.近來多趨重於照水鏢計算,蓋以付費照所用之水量計算,其辦法至爲正當.在用戶欲圖省費,可減省無謂之虛耗,而不至隨意耗用,而在水廠方面,則出水多寡有所稽核,兩感便利.故將來梧州市供水,一照電廠辦法概行裝鏢.用戶一次繳納按櫃若干,以後即按月照鏢付費,至於按櫃之多寡容後酌定.

公共售水站　市民用水,自以裝設水管於室內爲便.但市府爲便利貧民,使咸享清水利益起見,當於貧戶區域一帶,設置公共售水站,以低於成本之水價售於貧民.至於售水站之多寡及其地點,容後定之.

救火水龍　爲消防起見當於每路上設置救火水龍.俾消防隊得以隨處啓用.至於水平較低之馬路,夏季爲水潦所淹沒時,或先在地面上駁接水龍,或用救火電船就地抽水滅火當兼用之.

預　算

建設預算　梧市水廠建設費一部分已詢得確價,一部分祇能估算,因小洋兌換時有上下,今悉以港銀爲標準.

梧州市自來水建設經費預算

(甲)機械及電機設備	
1, 抽水機及電動機	港銀 22,000 元
2, 冲水池抽水機	1,400
3, 化學物料調和機	1,290
4, 綠氣機	3,380
5, 量水設備	7,200
	港銀 35,270 元
(乙)建築工程	
1, 取水塔	港銀 10,000 元
2, 沉澱池	25,000
3, 濾水池	40,000
4, 冲水池	3,000
5, 清水池	42,000
6, 辦公室	10,000
	港銀 130,000 元
(丙)水管工程(第一期)	
1, 水　管	港銀 65,182 元
2, 附　件	37,008
3, 水　錶	17,660
4, 水管裝置	19,230
	港銀 139,080 元
(丁)由港至梧運費	港銀 15,000 元
(戊)關稅 7.5%	11,634 元
(己)建築時期內之工程費用	11,200 元
全部資本	港銀 342,184 元

經常預算　下表所列每年經常預算,係指第一期全部份裝置及使用而言.若僅一部份使用則電費一項當可比較省節.他如職工薪氷,機械修理等,所省無幾.利息折舊不能節省.故出水愈多水價成本愈廉,(詳見營業預算)至於所開電費係照電廠發電成本計算.

梧州市自來水廠每年經常預算

全部分水量

1,職員工役薪水	港銀 21,600	元
2,電　費	81,100	元
3,修理及油料	15,000	元
4,沉澱池及化學物料	11,000	元
5,資本利息及折舊(15%)	51,300	元
每年	港銀 180,000	元

以上係全部分水量計算

如發四分之三水量	(常年經費約為)	港銀 150,000	元
如發二分之一水量	″　″	125,000	元
如發四分之一水量	″　″	95,000	元

售水預算　水廠出水量全數為每日七千八百立方公尺,即七千八百公噸,內除四分之一為公用,十分之一為消耗,計每日可售出之水,為五千零七十立方公尺,即五千零七十公噸,每年以三百六十五日計,可出水一百八十五萬立方公尺或公噸.

水價　各處城市所收水價,視公營私營及成本之大小而不同.其計算法有以錶計者,有以戶計者.其用錶計者多以每一千加倫為單位.(每千加倫約重一萬磅,即七千五百斤).政府現已公佈統一權度制,水量應以每立方公尺即每公噸為單位.(每一立方公尺合二百二十加倫),今將各處城市水價表列於後以資比較.(表附於570頁)

依上統計,每公噸水價廉者為大一角一分,貴者為大洋五角五分.梧市規模較小,成本較重,所收水價假定為每公噸收價港銀一角七分,(照現時兌換率約合桂小洋三角二分,與電廠每度電費之數同,每公噸合二千二百磅,即一千六百五十斤),則水廠之營業預算如左:

地　別	每千加倫水價	折合每立方公尺水價
上海閘北	大洋五角三分	大洋一角一分七厘
上海南市	五角	一角一分
上海租界	五角	一角一分
上海法界	五角五分	一角二分一厘
天　津	七角五分	一角六分五厘
天津英界	一元	二角二分
漢　口	一元	二角二分
廈　門	二元五角	五角五分
廣　州	東毫七角五分	東毫一角六分五厘
香　港	港銀七角五分	港銀一角六分五厘
九　龍	港銀七角五分	港銀一角六分五厘
北　平		
汕　頭		

營業預算　今將水廠出水量分爲四期計算;第一期出水四分之一,第二期出水二分之一,第三期出水四分之三,第四期全量出水.依此四時期之成本,售價,及贏虧,預算表列於左,以醒眉目:

梧州市自來水廠營業預算

出水量	每年出水立方公尺	成本每立方公尺港銀	成本每立方公尺梧銀	成本每千加倫港銀	水價每立方公尺港銀	水價每立方公尺梧銀	水價每千加倫港銀	每年贏虧港銀(元)	每年贏虧梧銀(元)
¼	462,500	.20	.37	.93	.17	.32	.77	虧13,875	虧23,125
½	925,000	.14	.26	.61	.17	.32	.77	贏27,750	贏5[illegible],273
¾	1,387,500	.11	.21	.50	.17	.32	.77	贏83,250	贏125,625
全量	1,850,000	.10	.18	.45	.14	.25	.64	贏74,000	贏133,200

依上計算,如用水量祇及¼,則每年經費不敷港銀一萬三千餘元,如係暫時情形當無問題,否則或將水價略爲加增,以資彌補.第以梧市人口之稠密,初期裝用諒即可達到四分一之數,倘略爲高出四分一之水量則收支即可相抵也.

建設津浦鐵路橋梁工廠意見書

著者：聶肇靈

（一）緒言

鐵路建設費，除軌道一款外，以橋梁爲最大，且其關係運務亦甚重要。無論橋梁跨度長短，其最要目的，爲保持行車安全，繼續運輸任務。茲據津浦鐵路史料所載本路橋梁涵洞之座數，總長，及造價等，列爲第一表如下：

第一表　津浦橋梁涵洞表

橋洞種類	座數	總長(公尺)	造價(銀幣)	平均每公尺造價
橋	378	14,499.40	14,804,430.40	1021.04
石橋	1290	8,098.00	6,134,556.75	757.54
涵洞	371	550.70	362,673.07	658.75
總計	2048	23,148.10	21,301,660.22	920.63

又據十三年交通部國有鐵路統計報告，津浦路路線及設備品之原價爲119,716,583.72元；則橋洞之資產，約合全資產百分之十八。又按鐵路工程與修養叢書所述，美國鐵路幹線橋梁之修養年費，由經驗上假定，平均約合橋梁原價百分之一·五；則津浦路每年修養橋梁應有三十二萬元之支出。查十三年份津浦工務維持費爲1,827,691.01元，占營業用款總數百分之十八·八。但第五項第四目橋工之支出以舊總局案卷被焚，無從查攷。如以美國假定爲據，則橋工修養費約占工務維持費百分之十七·五。準此則知橋工亦爲養路重要條款之一，吾人不容忽視者也。

美國北太平洋鐵路，於一九零三年判定，一千輛機車之服務該路者，平均不過十零·四（10.4）年。如以上述機車爲代表，則機車最長壽命可認爲二零·八（20.8）年。其意即爲每隔二十一年，所有機車概須換新。如機車之重

量增加,則每二十一年後,所有橋梁亦須加固增強,以資負荷較大之載重.茲舉美國鋼橋十座,實際上服務之時期列爲第二表如下:

第二表 鋼橋服務年限表

	路名	橋梁所在地	建造年代	改造年代	壽年
1	C. M. & St. P.	Rock River	1884	1903	19
2	Wabash	Sangamon River	1885	1906	21
3	C. B. & Q.	Big Rock Creek	1881	1903	22
4	Ill. Central	Big Muddy River	1889	1902	13
5	Ill. Central	Tennessee River	1888	1905	17
6	C. & N. W.	Kinnikinnic River	1880	1909	19
7	P. M.	St. Joseph River	1881	1904	17
8	Grand Trunk	Niagara River	1887	1906	19
9	C. M. & St. P.	Menominee River	1886	1903	17
10	C. R. R. of N. Y.	Newark Bag	1887	1904	17

鋼橋本視爲永久的建築物,但照第二表所載,頗不盡然.其年壽之限制,係因載重之增加,而非因材料之磨損.其改造之年限,各路微有不同,因其運輸之密度,機車之輪重,列車之載重,及行車速度等之差別而定其建築物之能否負荷.如第二表所示,各橋平均壽命爲十八·一年,內有七種相差不過二年.於此可知鐵路橋梁,在普通情形下,不過維持二十餘年之久.是改造計劃,須與修養工事並重.查津浦橋梁自建造迄今,將屆二十年;即無其他關係,亦應亟謀改造,以期適應運務之發達也.

(二)津浦橋梁之概況

津浦橋梁涵洞之數目,已如第一表所載.其間津韓段橋梁爲德國承造,韓浦段橋梁爲英國承造;後者多爲鈑梁橋,尙能維持現狀;前者就核算及試驗之結果,審查該項橋梁,用以行駛美式機車頗有危險之處.查該段鋼橋,自十公尺平鈑橋,以至四十五公尺之構桁橋,皆係照德國規律設計;德式機車,擊力不大,故設計橋梁之標準,祗以跨度之長短,定鋼料安全力之多少;不另加衝擊力,而衝擊力已包括在內,然爲數甚微.而美國設計橋梁之標準,鋼料安全力定爲每英方吋一萬六千磅所負之重量,另加衝擊力.交通部採用美法規定衝擊力公式如下, $I=S\frac{2,800}{2,800+L}$ ($I=S\frac{30,000}{30,000+L'^2}$, L' 以呎計). 上式I爲衝擊應力, S爲活重應力, L爲橋身荷重之長度.其衝擊力係數,可至百分之百.爲數甚大,因美式機車衝擊力較大故也.肇靈前在工程股時,曾用美國規律核算本路各式橋梁之強弱;就中以三十公尺開頂橋爲最弱.其結果如第三表所示.梁桿之載重,竟有僅至古柏式 E 類二十四號者;而本路美式機車行駛各種跨度上之重率,均超過 E 類三十五號,如第四表所示;足徵原有建築物之薄弱,不足負此重率,此就核算方面本路鋼橋已生疑問者一

第四表　津浦美式機車重率表

Span Ft.	Span M.	Max. Mom. No. 271—280 2—8—2	Max. Mom. E—50 2—8—0	Rating E'
10		50.7	70.3	36.0
12		72.05	100.0	36.0
15		112.35	156.2	36.0
18		152.65	212.5	35.9
20		185.75	257.8	36.0
23		238.75	331.8	36.0
27		309.25	430.8	35.9
30		372.75	513.2	36.3
33	10	439.75	597.2	36.8
47	15	781.55	1074.0	36.4
66	20	1402.54	1924.0	36.4
82	25	2120.5	2821.0	37.6
98	30	2973.5	3883.0	38.3
131	40	5147.4	6820.0	37.7
148	45	6579.5	8610.0	38.2

第三表 30 M. THROUGH TRUSS

Member	Total Stress E-35	Section	I Cm⁴	A Cm²	Area of Rivets	Net Area Cm²	r Cm	l Cm	l/r	16,000-70 l/r	Area In²	Allowable Stress	Rating E
U_1 U_3	−377,600	280:10, 2 [95:15], 1PL 420/10	18,900	148.6			11.3	394.0	35.0	13,550 #/in²	23.03	−312,000	29
U_3 U_4	−485,400	280:10, 2 [95:15], 1PL 420/20	23,150	190.6			11.0	394.0	35.8	13,550 "	29.53	−398,500	29
L_0 L_2	+226,000	280:10, 2 [95:15]		106.6	12.0	94.6				16,000 "	14.66	+234,500	36
L_2 L_4	+455,400	280:14, 2 [95:15], 2PL 270/18		203.9	22.4	181.5				16,000 "	28.11	+450,000	35
U_1 L_0	−319,800	300:10, 2 [100:16]	16 052	117.6			11 7	557.8	47.7	12,660 "	18.22	−231,000	25
U_1 L_2	+246,800	260:10, 2 [90:14]		96.6		85.4				16,000 "	13.24	+212,000	30
U_3 L_2	−181,150	220:9, 2 [80:125]	5,380	74.8	11.2		8.4	557.5	66.4	11,352 "	11.60	+131,700	25
U_3 L_4	+141,520	160:75, 2 [65:125]		48 0		39.6				16,000 "	6.14	+ 98,400	24
U_1 L_1	+ 95,200	20 B / Differd		70 4	8 4	59.35				16,000 "	9.20	+147,000	54
U_2 L_2					11.05								
U_3 L_3	+ 95,200	20 B / Differd		70.4	11.05	59.35				16,000 "	9.20	+147,000	54
U_4 L_4													

民國十年春,本路車工機三處會同試驗濟南四十五公尺構桁橋梁,並比較德美二式機車之衝擊力.據試驗所得撓度(Deflection)比較,美式客車用之機車,較德式機車衝擊力爲大,而美式貨車用之機車爲尤甚;且撓度隨機車速率以俱增;蓋機車主動輪旋轉率與受動建築物之震動率相調時,則引起累積之震動.此種震動,即爲長跨度上衝擊力發生之重要原因.十三年春又經前第四分段(現第七分段)試驗二十至四十五公尺鋼橋行駛德美二式機車之撓度結果,如第一圖所示.其相差之數,足證美式機車衝擊力之大,不過尙未超過規定之數.如試驗所得三十公尺橋梁之撓度爲二十五公厘,德人規定者爲二十五公厘三(25.3 mm),但相去僅一間耳.此就試驗方面本路鋼橋已生疑問者二.

據上述核算,與試驗結果,本路德式鋼橋不宜行駛美式機車,已屬彰彰可考.然爲增加運輸密度,車隊載重計,又不能廢棄原有美式機車及鋼車,則改造橋梁似爲惟一之救濟辦法.縱目前未見若何險狀,然橋梁載重已近於彈性限度;倘日後續購機車,車輛再較原有者爲重大,則超過彈性限度,鋼質易至變性;雖能僥倖於一時,必有崩折之一日.此則養路人員所深爲疑懼者也.

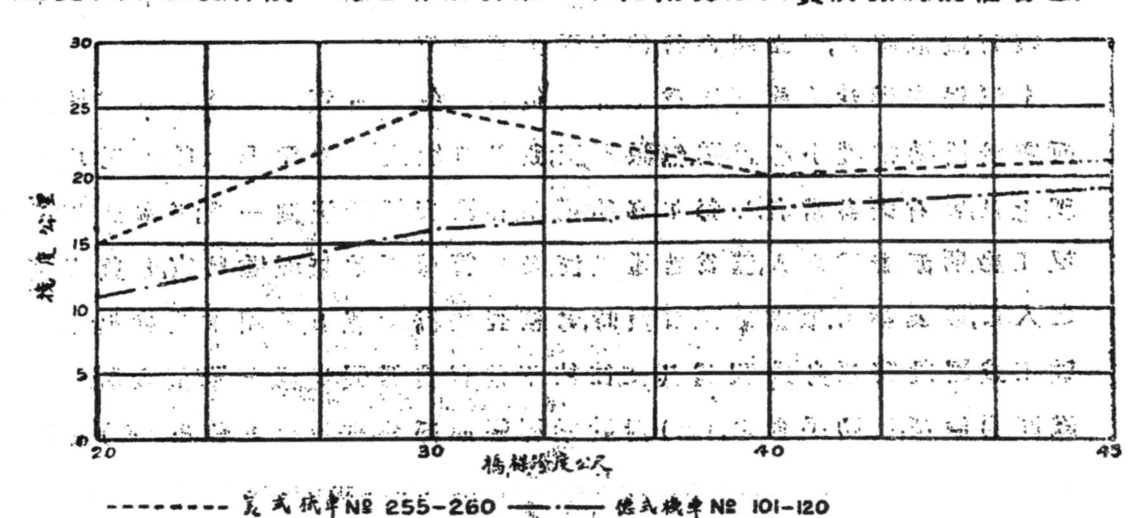

第一圖　美德機車經過鋼橋之最大撓度數

(三) 現在處置之情形

本路北段橋梁薄弱,不適行美式機車,前於試行美式機車之初,曾由車工機三處就行駛美式機車應行注意各項,會訂保安辦法數條如下:

(一) 橋梁鉚釘,軌道道釘,俱應勤察;倘有鬆動,隨時修理.其橋梁全體,仍應由各該管工程司隨時考察,不得疏忽.

(二) 應勤察鋼軌,有無折斷;若於折斷後,立時發覺,並施設當之處置,因而列車得免於危險者,得由該管工程司查明酌請獎勵.

(三) 若橋梁軌道已有損壞,而不能察覺,因致發生事變或危險者,從嚴懲罰.

(四) 美式機車,不得兩輛直接聯掛;倘遇機車在中途損壞,不能行動,另派機車拖曳時,並應注意,若兩機車均係美式,應在兩機車間夾掛重貨車兩輛.

(五) 津韓段內,客車速率,至大不得過六十五公里(四十英里);貨車速率,至大不得過五十六公里(三十五英里);無論誤點或下坡時,均不得超過此數.

(六) 司機駕駛列車,必須遵守號誌所指示,無論在站或在路上,見號誌指示緩行,或危險時,應立刻遵行;倘有疏忽,從嚴懲辦.

上述保安辦法,除前三條為工務處負責外,後三條責在車務機務.工務方面對於橋梁維護,小心謹慎,無微不至;顧以路款之支絀,設備之簡陋,現時處理之法,容有未盡當者.每年春秋兩季,各檢查橋梁涵洞一次;但本路無橋梁工廠,所派查驗之人,僅為普通鐵匠及該管監工,並無經驗豐富,擔負專責之人員,以為指導.肇鑒兼巡查員時,考核查驗橋梁報告,發現下列諸弊:(一)監工或因段務羈身,或視為具文,往往不能親自監視,任鐵匠單獨查驗.(二)鐵匠有偷惰,任助手查之.(三)對於梁桿彎曲部分,常誤記其位置.(四)鉚釘之鬆動與否,信手標記.總之,此項查驗,於橋梁涵洞之實在情形,殊鮮正確之報告,非特設橋梁稽查,不足以資整理.

鋼橋鉚釘鬆動過多者,例須改鉚,以昭愼重;惟本路工務處,無嫻熟鉚匠,屆時非借用機務處機匠,即臨時雇用鉚匠;但此項匠工,平時既不隸屬工段,對於加鉚工作,難望完全盡心,切實負責;且手鉚鉚釘,強度較機鉚者差百分之二十,非有完備之組織,優良之設備,恐難維持固有之現狀.

本路軍事期內毀壞橋梁之數目如第五表所載,現時均用道木支架暫維現狀,亟待修理或根本改造.

第五表　津浦軍事毀壞橋梁估計表

段名	毀壞橋梁數		約計	附記
	毀壞甚重者	微遭損壞者	$	
第一總段	13 座	7 座	158,000	此項係由報紙轉錄者實數須由工務處查核
第二總段	3 ,,	8 ,,		
第三總段	3 ,,	1 ,,	18,000	
黃河橋		1 ,,	150,000	恢復預算
總計	19 座	17 座	$ 326,000	

津韓段橋梁之較弱者,均先後設立慢行號誌,指示車隊慢行,藉資救濟;但積久懈生,現時司機多不注意,殊失保安初意.

各路機車重量,各與其橋梁耐力有相當之比例限度;如或超越,危險立即發生.年來軍運繁忙,往往有不問橋梁之強弱,車輛之重輕,貿然用他路機車在本路行駛;甚或雙機三機魚貫並駛,若再不設法制止,必至發生絕大危險.

(四) 橋梁工廠之需要

橋梁載重之種類,普通以古柏氏E類某號表之.前交通部規定,今後幹路鋼橋之標準載重,爲古柏氏E類五十號 (Cooper's Class E—50 Loading). 如第二圖所示,乃參照美國習慣,以凝固式(Consolidotion)機車二輛,連同煤水車,隨以列車之勻布載重,其輪數及各輪間之距離爲一定,而各輪所載之重量,則視古柏氏E類號數爲定,如E類五十號,則各輪所載之重量,爲五萬磅,E類四十號,則各輪所載之重量爲四萬磅,餘可類推.但國有鐵路現有之橋梁,不及E類三十五號者,仍不在少數.顧以運務發達,不能不採用強力之機車,重大之車輛,原有橋梁頗難勝任,並非因其修養之不當,或橋梁之磨損,實因建築物之原來計劃太弱,不能負荷過量之重.如漢平膠濟等路,以德法式之橋梁,而行駛美式之機車,故演橋斷車墜之慘劇.津浦北段橋梁,並爲德式,與京漢膠濟情形頗相類似.由核算及試驗之結果,如第二節所述,目前雖未見何險狀,改建加固之謀,亦終不能避免.兼以連年軍事破壞,補苴罅漏,事倍功半,不如趁此機會,先將毀橋之載重不足者,一律改建新橋,此種工作,非自設橋梁工廠,不足以收敏捷經濟之效.

第二圖

古柏氏E—50號載重圖

距離,英尺	8′	5′	5′	5′	9′	5′	6′	5′	8′	8′	5′	5′	5′	9′	5′	6′	5′	5′	
〃〃,公〃	2.62	1.64	1.64	1.64	2.95	1.64	1.97	1.64	2.62	2.62	1.64	1.64	1.64	2.95	1.64	1.97	1.64	1.64	
古柏氏載重磅數	25000	50000	50000	50000	50000	32500	32500	32500	32500	25000	50000	50000	50000	50000	32500	32500	32500	32500	每尺重5000磅
古柏氏載重改合為國制度制公噸數	11.3	22.7	22.7	22.7	22.7	14.7	14.7	14.7	14.7	11.3	22.7	22.7	22.7	22.7	14.7	14.7	14.7	14.7	每公尺重7.44噸

各查國規模較大之鐵路,工務處組織之下,無不設立橋梁一部,有充分之工作設備,熟練之長班工人,故指揮靈便,工作迅速,任何修理或改造橋梁計劃,均不難措置裕如.但中國國有鐵路,除平奉山海關鐵工廠規模粗具外,其他各路對於橋工之設備及工人之培儲,均欠相當之籌劃.一旦遇有緊急工程,勢必束手無策;且如極小桿件之小有損壞,尚可在野外修理者,亦須向外購買新料;此漢平所以於今春改組時,添設橋梁工段,及北段橋梁工廠,以資補救,其規模雖小,究尚有擴張之希望.津浦北段橋梁之弱,軍事毀傷之多,不

亞於漢,平鐵路,縱不能步平漢山海關工廠之後塵,亦應設立一小規模之橋梁工廠,以期從事修理工作;並於檢驗橋梁,更換鉚釘時,亦有相當負責人員,可免敷衍誤事.即黃河橋之修理工程,亦不必多方籌措,致費巨額之現象.是橋梁工廠爲本路不可少之設備,就各方需要情形論,勢有不得不然者也.

(五) 橋梁工廠之組織

本路橋梁工廠之組織,在經濟不甚充裕時代,開始創設,諸可暫從節省,以免礙及經濟.茲擬定統系如第六表:

第六表　組織統系表

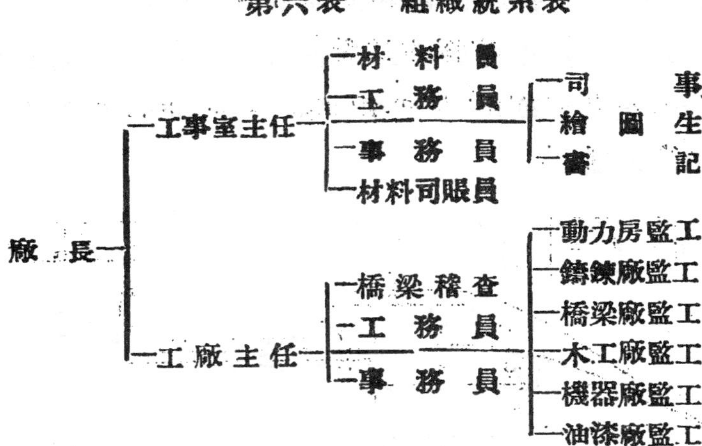

(一) 橋梁廠廠長,直轄於工務處處長,總理一切橋梁工程.須兼備機械土木各種之工程學識,及駕馭員工之管理經驗,對於本路橋梁有相當之研究者充任之.

(二) 工事室主任,直轄於廠長,辦理橋梁設計,繪圖預算及收發材料事項.可就本路不管段之工程司中,擇一富有橋梁學識者兼任之.

(三) 工廠主任,直轄於廠長,管理各廠工作,並製造橋梁事項.可就本路不管段之工程司中,擇一兼具機械學者兼充之.

(四) 以下員司,均可分別由本路舊有人員調用,或另添雇.總以費省易舉,使路款不致虛糜,工事得以施行爲主旨.

(六) 橋梁工廠之設備

本路橋梁工廠,爲經濟所限,規模不必過大,以能周轉爲度.茲就地點,佈置,機械三種,節述於下:

(一) 地點選擇. 建設橋梁工廠,最好在水陸交通之地;蓋原料之輸入,及成品之運出,均須靈便無阻,方能指揮如意.本路適應此等條件者,以天津,陳唐莊,浦口三處爲佳.查陳唐莊原有材料總廠,餘地頗多,又在海岸旁設有碼頭,鋼料運入既便,成品輸出亦易,似以此地最爲適宜,並免購地費用.

(二) 工廠佈置. 橋梁工廠與普通鐵工廠不同者,內多橋梁廠一部;其廠屋之大小,與所造之橋梁跨度有關;本路除黃河橋外,最長之橋,不過四十五公尺,故橋梁廠之大小,暫定20 m × 60 m. 鈑工廠 (Plate Shop) 附設於內,其他工廠之簡要佈置如第三圖.

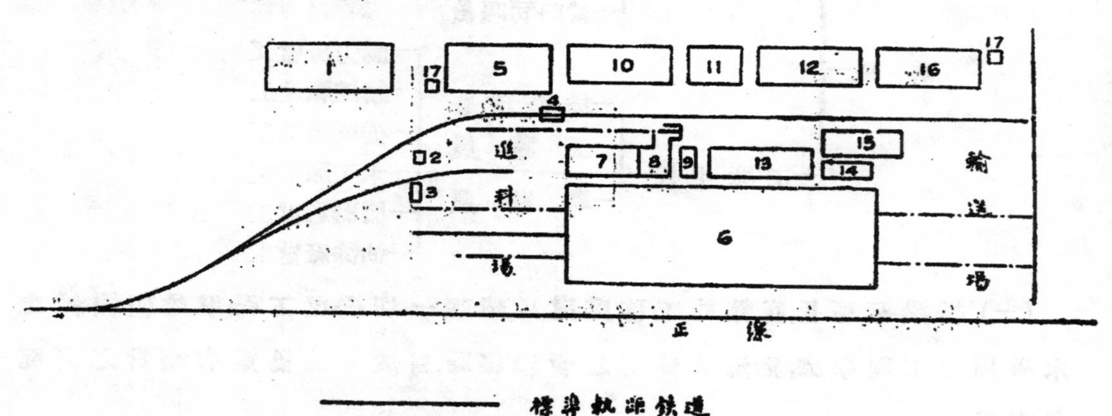

1	大公事房	5	機器廠	9	盥洗房	13	鍛鑄廠	17	廁所
2	看守夫房	6	橋梁廠	10	木工廠	14	鉚釘倉		
3	存物雨蓋	7	動力房	11	工廠公事房	15	油漆廠		
4	軌道磅秤	8	鍋爐房	12	材料房	16	造橋設備儲藏房		

第三圖　津浦路橋梁工廠佈置圖

(三) 機械購備. 橋梁工廠中所用機械,如起重機,銜孔機,鉚釘機,鏇床,鉋床,剪機,鑽床,汽機,鍋爐,煉爐,汽錘,其他機械工具,及造橋設備等,種類繁多,不及備載.如決定建設是項工廠,須一面製就佈置詳圖,一面函詢各國著名行廠,俟得其說明書後,再行詳細比較,決定取舍,自不致於靡費.

(七) 建設費用之估計

建設橋梁工廠,費用可分地基,房屋,機件三目.分別估計於下:

(一) 地基. 建設橋梁工廠,地基最小須用寬七十公尺,長一百七十公尺之長方形.約合華畝一九三.五.就以二百畝計,每畝估價價一百元.共需地基費二萬元.如本路有相當空地,此欵無須付現.

(二) 房屋. 房屋估價須俟設計圖製成後,方能精確,茲就經驗上估計約數如第七表:

第七表　房屋估價表

房屋名稱	大小方式	單價	共計	附記
		$	$	
橋梁廠	20m×60m=1200平方公尺 鋼架建築	45.00	54,000.00	
動力房鍋爐房	6m×20m=120平方公尺 鐵筋混凝土建築	35.00	4,200.00	
機器廠	10m×20m=200平方公尺 筋混凝土建築	35.00	9,000.00	
鍛鑄廠	8m×20m=160平方公尺 鐵筋混凝土建築	35.00	5,600.00	
木工廠	同上	35.00	5,600.00	
油漆廠	5m×15m=75平方公尺 磚建築	30.00	7,500.00	
公事房	10m×25m=250平方公尺 磚建築	30.00	2,500.00	
材料房	8m×20m=160平方公尺 磚建築	30.00	4,800.00	
造橋設備儲藏房		30.00	4,800.00	
工廠公事房	8m×10m=80平方公尺 磚建築	30.00	2,400.00	
其他房屋			1,350.00	
總計			$100,000.00	

(三)機械工具——機械工具等之估價,須經詳細計劃,及實地考察後,方能準確.茲就理論方面擬定,約數如第八表:

第八表　機械工具估價表

廠名	機械工具	約計	附記
橋梁廠	起重機　衝孔機　鑽釘機 剪鐵機　削角機　刨　床 磅　秤	$ 50,000.00	
鍋爐房動力房	蒸汽機及鍋爐水管等	35,000.00	以一匹馬力計算
機器廠	起重機　衝孔機　鏇　床 刨　床　鑽　床　磨　床 截螺旋器　鑿槽刨床　其他工具	25,000.00	
鍛鑄廠	起重機　蒸汽鍋　煉鐵爐 鑄型沙箱　作螺釘機　作鉚釘機 壓　機　其他工具	15,000.00	
木工廠	鏇鋸床　刨床鑽床　其他工具	5,000.00	
油漆廠	工　具	1.000.00	
造橋設備	吊車打捲機　千斤頂鉚釘機 混凝土攪和機　其他工具	50,000.00	
其他		9,000.00	
總計		$ 180,000.00	

總計　(一)地基　洋二萬元

(二)房屋　洋十萬元

(三)機械工具　洋十八萬元

共計　洋三十萬元

第九表　津浦北段鋼梁重量表（黃河橋在外）

跨度	構式		空數	每空重量(公噸)	總重
10 meter	Plate Girder	Deck	49	10.22	500
		Through	9	15.13	136
15 meter	Plate Girder	Deck	29	17.25	500
		Through	10	23.54	235.40
20 meter	Truss	Deck	9	27.91	251.30
		Through	34	31.93	1085
25 meter	Truss	Deck			
		Through	2	46.49	93
30 meter	Truss	Deck	16	63.53	1015
		Through	54	58.10	3140
40 meter	Truss	Deck	14	99.39	1390
		Through	7	95.48	668
45 meter	Truss	Deck			
		Through	19	108.47	2061

北段鋼梁總重 = 11,674.60

(八) 結　論

建設橋梁工廠,從事改造橋梁,不惟能保運輸之安全,實有相當之利益.如本路北段橋梁,按交通部規定古柏氏E類五十號標準一律更換,新橋約須購鋼梁一萬八千噸.但現時結構鋼頗貴,平均每噸以三百五十元計算,路局須有六百三十萬元之支出.拆下之舊料總計約一萬一千噸,如第九表所示,若按上等廢鐵出售,每噸以八十元計算,約值洋八十八萬元,是全行換新之費用,約需洋五百四十二萬元.

如路局自建橋梁工廠,則凡在十五公尺以下之鈑梁橋,均可用舊梁添加新料而改造之,約可省購鋼梁一千噸.十五公尺以上之構桁橋,可用合併法改製,又可省購鋼梁六千八百噸.則改造橋梁費用估計如下:

購買新梁 18000－(1000＋6800)＝1200 噸 洋三百三十七萬元

添用新鋼料約一千噸(每噸二百元) 洋二十萬元

改造工費約共七千八百噸(每噸四十元) 洋三十一萬元

橋梁工廠建設費 洋三十萬元

共洋四百三十八萬元

減去廢鐵約三千噸(每噸八十元) 洋二十四萬元

總計洋四百一十四萬元

全行換新需洋五百四十二萬元.

加新改造需洋四百十四萬元.

兩相比較,後者可省一百二十八萬元,即係自建橋梁工廠之利益.

現在路款支絀,僅能維持目前;雖明知橋梁薄弱危險堪虞,自建工廠利益滋多;然懸於建設需費之鉅,不免觀望不前,倘一旦事變,卒至釀成巨災,不惟傷害旅客生命,抑且損壞車輛路軌鐵路,經濟及名譽上所受損失,殊非吾人所願設想者.是在主其事者,思患預防,未雨綢繆,即由購買機車,車輛債劵,或客貨票,修理捐內,撥出一部經費,以充建設橋梁工廠之用,庶橋梁能保安全,運務得以發達,需要之急,似不在購置車輛下也.

如路局仍覺費重難舉,似可仿照平漢路辦法,暫設一橋梁修理廠於陳唐莊;除建立小機廠購置野外設備外,其他房屋可假用現有材料廠,水泵房及窰廠等,不必另行新造.約有十餘萬元,即足以敷分配.則修整此次軍事毀壞橋梁,庶不致仰人鼻息.並以後橋梁一切修養工程,亦得革新整理.竊以此項最小限度之建設事業,誠爲目前不可須臾或緩,管窺蠡測,幸垂鑒

本刊啟事一

本刊自增加篇幅,改良紙張後,銷數突增,足證社會上重視本刊之深.凡各地商行公司欲在本刊登載廣告,預留地位,特刻新樣等,請函致鄙人接洽是荷.

總務袁丕烈啓

美國約克廠製冰及冷藏機器

YORK

Ice Making & Refrigerating Machinery

冷藏機器，於現代實業之發展，日臻重要。舉凡製造香皂，火藥，化學物品，調濟氣溫，貯藏皮貨，咸需此項機器。又如牛奶棚，影片室，冰鮮廠，蛋廠，屠場，旅館，等等尤爲必須之品。

約克廠造製冰及冷藏機器，爲環球著名。大小式樣俱備。如蒙垂詢，極誠歡迎。

美商約克洋行

上海仁記路廿一號

York Shipley Incorporated

21 JINKEE ROAD

SHANGHAI

蕪湖市政問題之一考察

著者：張連科

蕪湖爲長江重鎮之一,東南有長河一達宣城,西北有裕溪以通巢湖沿岸各要地.交通便利,物產豐饒.現在又距首都甚近,其重要更加一等,余本年元旦應友人之約,特往一觀其附近之形勢及市街之內容.茲僅將見聞所及,加以鄙意,略述於次,敢求斯道大家之教正.

蕪湖商務繁盛,人口稠密.現在市警區所轄範圍之面積,稱爲14.7方里,全市分爲5區,即第一區城內,第二區長街,第三區江口,第四區河南,第五區租界.據最近調查,其各區分局所轄戶口如次:

區別	戶數	男人數	女人數
第一區	4,716	14,395	10,452
第二區	5,530	24,893	13,215
第三區	10,080	27575	17,726
第四區	4,631	10'468	7,262
第五區	1,167	2,684	2,106
共計	26,124	79,945	50,761

現在市警區內全數人口,爲130,706人.(據另一調查,稱總數爲135,973人,不知何者爲準.以下計算標準,係用此大數).推其密度,約合每方里9,249人.換言之,每人所占面積約合357方尺.(查世界各大都市之人口密度,巴黎爲每人299方尺,柏林爲331方尺,大阪爲410方尺,倫敦爲720方尺,紐約爲1,584方尺).其稠密之狀況,竟超乎紐約,倫敦,大阪之上,幾與柏林,巴黎相伯仲.其面積與人口之調查,或稍欠精確,而其密度之大,已可想見.一方試觀其市內之情形,狹隘之狀,竟出乎意想之外.即鼎鼎大名之「十里長街」,黑車亦不能通行.城內外之交通,非常不便.因居民飲料,皆擔運江水之故,雖在晴天亦滿

街濡泥.其在大馬路一帶,街衢雖稍爲寬展,然亦尚欠整潔.且其各方之出路,概屬陋巷,往來亦不甚便利.在各要路交會處,若有車輛對面相逢,卽途爲之塞.常有數十分鐘不克通行之事.似此情形,再不大加整頓,將來蕪湖市街,必呈「寸步難移」之現象.卽或不然,以如此長江重鎭,電車之交通,姑暫置不論而普通之馬車及汽車,亦難以暢行無阻,實不得不謂爲蕪湖市之一大弱點,而不足以副其盛名.然此皆有待於市政工程之計劃與設施也.惟聞當局以蕪湖市人口尚少,不足以設立市政府,凡關於市政問題,皆委之於蕪湖縣政府及公安局,共同解決.須俟有二十萬人口,乃設立市政府,辦理市政.但愚以爲此十三萬餘人口之城市,不能設獨立的市政機關之根據,甚爲薄弱.試查各國都市計畫法,歐洲大陸如意大利,法蘭西及瑞典等國,皆以人口一萬以上之密集住所,須舉辦市政.英國定二萬人以上,美國則定2,500人以上,卽須實施城市計畫.德國之統計,則細分2,000人以下爲地方的居住地,2,000人至5,000人爲地方都市,5,000人至20,000人爲小都市,20,000人至100,000人爲中都市,十萬人以上爲大都市.卽日本亦以人口10,001至20,000之町村爲地方方都會,20,001人至50,000人之區域爲小都會,50,001至100,000人之市區爲中都會,100,001人以上之市區爲大都會.由此以觀,蕪湖不特爲長江之重鎭,且可稱爲市界大城市之一,其應設置獨立的市政機關,積極的舉辦市政,不待多辯而自明矣.所成問題者,在乎建設經費之有無着落耳.然據某市紳謂一般知識階級,希望興辦市政之心甚切,而海關方面,亦願極力援助.若有負責者着手計劃,則蕪湖關可附徵市捐若干成,又將現有之鋪房各捐,加以整頓,一旦動工建築,數十萬元經費,不難立辦云云.愚意若在現刻情況之下,驟設完全的市政府,因組織複雜,政費龐大,市民之負擔加重,或於實際的建設事業,反裨益甚小.但可先設一「市政工程局」,直屬省政府建設廳.視建設經費來源之多寡,以確定工程之規模及步驟.一俟工程大有進展,乃組織一完全獨立市政機關,使精神上與物質上之建設,相輔而行,庶不至貽虛縻公款之譏,亦不至呈畸形發達之象.若以之附設於其他機關,則須受重重監督,實難謀市政之自由的發展.至關於地方行政及取締等事項,儘可暫與公安局及縣政府分工合作,自不難收事半功倍之効.在初步整理時期,此法似較爲妥善.果能見諸實行,則依蕪湖市現況之輕重緩急,對症下藥,亟應提前依次着手建設者如左:

(一)建築沿江馬路. 蕪湖爲長江沿岸之一大商埠,已如上所述,然輪船泊岸,除太古,怡和,鴻安等有登陸碼頭外,餘皆碇泊江心.招商局雖有新式碼頭,亦廢而不用.乘客上下,大感不便.故沿江築造碼頭,已成不可或緩之事.現由驛磯山下至招商碼頭沿岸,已有較良好之馬路.將來即可依此馬路之寬度,向南順江延長.雖不必成一直線,須使之大致平滑.其彎曲凸凹之處,須略加截齊或填補.故工程比較浩大.須先有精確之測量,乃能作詳細的計劃.此項工程,大致可分爲三部;(甲)由招商碼頭南順江延長,直造至江口之江塔下.(乙)由中江塔下架一開閉鐵橋,過太平關,與河南方面連絡.(丙)再由此鐵橋之南,沿江築造馬路,直至新灘頭爲止.此路若成,不惟河北方面,立可呈今日南京下關之狀態,即河南之魚塘埂,潮音庵一帶,亦可漸次發達,地價必隨之而增,對於大蕪湖市之前途裨益,實非淺鮮.

(二)拆城修路. 今之縣城,聞係建於萬曆三年.城垣厚一丈餘,外周739丈,高2.2丈.門凡八:東曰宣春,南曰長虹,西曰弼賦,北曰來鳳.宣春門迤南曰迎秀,東南隅曰金馬,長虹門迤西曰上水,再迤西曰下水.水關一,在西北隅.城低陋傾圮,不過代表昔年戈矛時代之一遺物,爲市內交通之大障礙,實已毫無保存紀念之價值,正可早日從事拆除.即依此城址(遇有凸凹過甚處須略加改正,例如桑葉園附近,以達至孫公廟前利用現有馬路爲宜)連同現有牆外小道,闢一環狀街路,以爲將來大蕪湖市發展之一中心.同時以城內十字街附近爲一聚集點,即利用拆城所得之材料,向四方築造幹路四條:一由城隍廟前,經安義街出東門,直達農業學校.一由花街出南門過邇津橋直達南關附近.一由則子街經油坊巷直至西門馬路口爲止.一由樵樓過高便頭出北門,使之直抵北關附近.此項幹路,僅將現有街道,略爲放寬或改正.寬度不宜過大,使二汽車能往來自由即可,俾免多毁民居.此五路若成,不惟城內外之交通便利,沿道商店,必逐日加多,地價亦隨之而大漲.沿線住宅,雖不免路爲破壞,然所得總不止可以償失.而附近居民實受益不少矣.

(三) 加寬蕪宣汽車路.　蕪湖至宣城之間,原定修一鐵道,路基及橋梁,早經築造完竣,因事中止.土工經日既久,堅固異常.現在地方人士,已決將此路改爲長途汽車道,正從事修理,預定今春通車.惟以之作市街道路,寬度稍嫌不足.本計劃擬將此汽車道之市內部分(即由江岸起至長河鐵橋之間)每邊各加人行道三公尺.并造較良好的路面,務使「無風不起塵,有雨亦少泥」.便於步行.因現在長河兩岸,居宅密集,已無退讓餘地.將來此路通車後,沿線住宅,必漸次加多.而大蕪湖市亦有漸向此方發展之趨勢.故往來行人必衆,設不加築步道,不惟失去市街道路之價値,且行人亦頗感危險,故有急待籌辦之必要.

(四) 整理救生局巷至馬路口路線.　現在因長街不能通車.由江岸進城,必須繞道轉灣,大費周折,殊覺不便.故河北之沿江馬路完成後,即可由救生局巷口起,闢一路順江濂里穿過新橫街,經鑄綉坊美仁里前達陡門巷北口,而與現在之大馬路相啣接.并由此東行.過中國銀行前,直達育嬰堂附近;與環狀馬路相聯絡.此實爲東西交通之一大要道,苟能見諸事實,往來當近便不少也.

(五) 整理長河兩岸.　長河爲東南各縣出長江之要道.水大時,輪船可直達宣城.縱冬枯之季,帆船亦往來甚多.此實致蕪湖市於盛况之一大源流.惟現在兩岸篷戶雜居,水樓密集,垃圾逼棄,河道漸狹.匪特有礙都市美觀,抑且危險萬狀.設不速加整頓,聽其自然,將來或至呈南京秦淮河今日之現象壅狹隘,以至於大船不克暢行.此實蕪湖全市之生死問題,未可等閒視之.但整理之法,須採漸進主義.務使兩岸居民,先有所準備,不至破壞過大,損失過鉅,可分數期進行.即如第一期,自布告之日起,長河兩岸之十公尺內,即不許添造房屋.同時限於若干月內,將侵入河內之水樓,一律拆除.第二期,自江口至利涉橋止,限令於若干月內,兩岸以內之房屋,須完全拆除.若查明確係私有地,則除給住戶以相當之拆讓費外,土地則依法收用.第三期,俟第二期內之房屋拆竣後,即着手建築整齊的堤岸及道路.同時限令利涉橋至通津橋之兩岸,照樣拆除房屋各十公尺.第四期,即將第三期內所築成之堤岸及道路,向東延長.同時限期拆毀通津橋至鐵橋間之障礙物.第五期,完成全段堤岸及道路,并沿岸每隔十公尺,植桃柳各一.若此種計劃,能成事實.則當春光明媚之際,桃紅柳綠.散步或蕩舟其間,遊人之清興爲何如乎.都市之觀瞻爲何如乎.概可瞑目而想像也.

(六)整理長街.　長街爲蕪湖市之精華,商業繁盛,人所共知.惟狹隘過甚,以致不能通車.於其商務上,不無影響.且行人往來相擠,亦殊屬危險.若再不設法改善,將令人有「行不得也」之感.惟此路因商務關係,斷不可採急進辦法,取消極的改善主義則可.市政工程局成立後,可佈告凡自中江塔下順長街至西門馬路口之攤位,一律不准擺設.當先期另闢一適當之寬宏市場,以容納之.其次,即取締各舖戶之涼篷,限期拆除.并改正電線桿之位置.再次,則凡遇當街舖戶,改修門面,或重造屋宇時,必須退讓三公尺以上.如此漸次推行,經過若干年後,乃下令一律退讓.居民既早有相當之準備,不至倉皇失措.商業亦不至受其影響.而長街已變成整齊較寬之街道.今日擁擠之情形,必大可緩和矣.

(七)整理去和街.　此路爲本市南北交通要道.雖可勉強通車,惟嫌其寬度不足,彎曲亦覺稍大.確有略爲放寬.且除去凸凹之必要.一面可向南方延長,過關帝廟,直出中江塔下,與予定之鐵橋相會.一方向北延長修理,使與租界界硬連接,直達赭磯山下.以作本街將來逐漸發展之準備.

(八)開闢河南幹道. 河南方面,除已計劃有沿江馬路,及沿河道路外,須另闢一二幹道,貫通聯絡,以作大蕪湖市人口大增,發展之準備.以現況而觀,似可由四喜巷附近闢一路,過二街,向東南行,經前道尹署,直達觀音閣街,以與城內南來之幹路相會.另由南關附近闢一路向西南行,使與沿江馬路相接.再於此四路之間,斟酌實地情形,闢支路數條,互相聯絡.則河南方面之規模已備,而河北方面之密集狀態,亦可隨之緩和矣.

(九)籌 立公園. 蕪湖因無正式公園之設置,及各種遊藝場之辦理.旅行至此者,幾有無地可以遊覽之感.其實烟雨墩之風緻天然,大赭山之眺望雄闊,均屬不可多得之佳景.其他市外之足供培植者,更指不勝屈.在此田園都市之主張,風行全世界之時代.為調和大城市人口集中後之健康問題起見,市內及近郊「綠化運動」之勃興,實非偶然.即在歐美各國,每當城市設計之時,必使有相當之空地,草地,池沼,或田園地帶,存置於市內之各部,以為市民遊息之所.試觀各文明都市之公園,占全市面積之比例;巴黎為26%,華盛頓為14%,倫敦為9%,紐約及支加哥為4%,某市政工程學者,則主張市內每100人須有一英畝之公園面積,乃得稱為良好之計劃.此雖稍近於理想,而大城市之不可無若干公園,已足充分證明.在建設新蕪湖市之時,第一步可將陶塘,烟雨墩,汪家田,包括李家大小花園及繆家山一帶廟宇,建設一大規模之第一公園.各種高尚之遊藝場,即可配置於其間.第二步,則於大小赭山,戲獅山,包括第五中學校及廣濟寺一帶廣植樹木,培養花草.并利用山之高下地勢,建築幽雅之亭榭.即以之為第二公園.第三步,乃於近郊選擇適當地點,設置相當規模之植物園及運動場等.庶不至為枯燥無趣之蕪湖也.

(十)籌備自來水. 飲料用水之良否,不特於人體肌膚之美惡,及聲音之清濁,發生影響.且與一般衛生上及文化上有莫大之關係.惡疫流行之時,飲用水常為病菌之媒介.故中外各較進步之城市,莫不有自來水之設置.蕪湖全市,擔用江河之水,不獨沿街淋漓,有礙觀瞻及交通.且於市民之健康保護上,大有影響.故在市政略有發展之時,即須籌辦自來水,以利民飲.惟此事需欵浩大,或由市發行公債以自營,或募集商股以承辦,須詳察金融內情,周密規劃,乃不至有弊端發生.至於水源地之選擇,則江河上流均可,而尤以長河上流之農業學校爲佳.

以上數端,僅就旅行中數日間皮相之結果,對蕪湖市之現狀,作一草率的計劃.所舉者皆認爲在十年內「應辦」而且「能辦到」之犖犖大者.决非徒託空言,畫一空中樓閣,以驚世駭俗.至於全盤的百年大計劃;如市區之應如何擴充劃定,商工業區域及住宅區域之應否嚴密的劃分,路線方式之確定,各支路之配置聯絡,全市上下水道之詳細的規劃,小菜場之配置,市街電車及郊外電車之籌備以及橋梁之架設等等.雖亦略具意見,然非先有精確的測量,及詳密的調查.不免紙上談兵,難俾實用.且此非有限的個人學術及工程知識,所能完全解决,將留以待斯道大家之研究討論,故略而不記.總之,新都既定,蕪湖市近在咫尺,其重要性已日益加大.一旦甯蕪間鐵路開通,則大蕪湖市之發展,更可想見.是則居今日而計議及蕪湖之市政工程問題,或亦可免妄唱高調之譏歟.

本刊啟事二

徵稿　本刊爲吾國工程界之唯一刋物,同人等鑒於需要之亟,故力求精進,凡會員諸君,及海內外工程人士如有鴻篇鉅著闡明精深學理發表良善計劃以及各地公用事業如電氣,自來水,電話,電報,煤氣,市政等項之調查,國內外工業發展之成績,個人工程上之經營務望隨時隨地,不拘篇幅,源源賜寄,本刋當擇要刋登,使諸君個人之珍藏,成爲全國工程界上之南針,本刋除分酬本刋自五本至十本外,并每期擇重要著作數篇,印成單行本若干,酬贈著者,以答雅誼.

書報介紹　凡諸君研究所得,有新穎及名貴之著作,或編訂成帙或分載雜誌者,均希將書名,篇名,著者姓名及其內容提要註明,寄交本刋,當於本刋書報介紹欄內陸續公佈,以公同好.

烏柏子及其產物

STILLINGIA SEBIFERA AND ITS PRODUCTS

著者：沈熊慶 錢嘉集

烏柏子爲中國特產,其樹有野生與培栽兩種.野者生於台灣及中國各部,其在湖北,湖南,四川,江西貴州等省者,都經培植.柏子分二層:外層係白色臘狀之油脂,名中國植物脂(Chinese Vegetable Tallows),俗名皮油,爲製皂燭之原料.內層係果仁壓榨時則得黃色清油,英名(Stillingia Oil)俗稱之曰清油,子油,或梓油.子油亦爲肥皂原料,吾國內地向用之燃燈.按中國醫書柏油能治瘍腫諸症,且是瀉藥,作用與蓖麻油同.惟柏油之最大效用則爲製造油漆,因其乾性甚強,價亦低廉.國人屢以入桐油以減成本.美國漆業則用代桐油,據該國漆業專家Toch氏云,光澤富乾性之凡立水,已用柏油爲原料,可知此油如以適當之乾燥劑定能在油漆工業上佔一重要位置,或將取亞麻仁油而代之.著者有鑒於斯,曾用各種乾燥劑爲製油漆之試驗,所得結果誠不出所料也.

是篇詳述柏子,柏油,皮油之化學與物理性狀,油脂之提取法,精製法等等.並附著者各種實驗,以備有志研究者之參考,如蒙海內外化學家指教則幸甚矣.

INTRODUCTION.

Chinese vegetable oils have long been occupying an important place in world market. The most well known example is China wood oil. But little attention has been given to the valuable products obtained from the seeds of Stillingia Sebifera. The seeds as we know yield two kinds of products, a fat and an oil. The latter is a very good drying oil. Should proper driers be found it can compete successfully with linseed and China wood oils. Attempts were therefore made to study the effects of several driers on this oil. Our results show that stillingia oil has a better drying power than linseed oil.

Since vegetable tallow contains palmitic and oleic acids, attempts were made to prepare them in a pure state. Pure palmitic acid and pure oleic acid of a slight reddish color were actually obtained. On account of lack of time, the characteristics of the latter were not determined.

Finally the paper tries to give a general review of the seeds and their products so that further investigation may be intelligently worked out.

CHEMICAL AND BIOLOGICAL DESCRIPTION OF STILLINGIA SEBIFERA.

Stillingia sebifera may be wild or cultivated. Wild trees are found in Formosa and practically in every part of China. But in Hupeh, Szechwan, Hunan, Kiangsi, and Kweichow provinces, the tallow trees are planted and grafted. Those places produce yearly great quantity of oil and tallow. Occuring in the hilly regions, or near the rivers a tallow tree usually grows to a height of 20 feet. It is also called Sapium Sebiferum, Roxb belonging to the family of Euphobieceac.[1] It is a deciduous tree. During Autumn, the leaves become dark red. After the falling of the leaves, we can find seeds in black husks attaching to the stems of the plant. Within each of them can be obtained three waxy seeds.

The composition of the seeds is shown in the following tables:

TABLE I[2]

Composition of the seeds.

	Soochow product	%	Hihyu 歙縣	%
Weight of seed	0.1382 grams		0.141	32.11
Mesocarp	0.0388 „	28.08	——	32.11
Fleshy mass inside	0.0475 „	34.36	——	31.50
Black covering between	0.0519 „	37.56	——	36.38

TABLE II[2]

Chemical composition of the mesocarp.

	Soochow product	Hihyu product
Water	3.87%	1.14%
Nitrogen	1.40%	——
Cellulose matter	1.04%	——
Albuminoid	8.75%	——
Tallow (other extract)	76.40%	70.33%
Non-nitrogenous Compound	8.29%	——
Ash	1.64%	2.85%

TABLE III[3]

Chemical Composition of the Fleshy Mass Inside.

	Soochow product	Hihyu product
Water	6.37%	2.10%
Nitrogen	2.32%	——
Albuminoid	14.50%	——
Oil (ether extract)	58.02%	66.12%
Cellulose matter	6.24%	——
Non-nitrogenous compound	12.36%	——
Ash	2.51%	1.23%

TABLE IV[2]

Chemical Composition of the Hard Covering between Mesocarp and Fleshy Mass.

	Soochow product	Hihyu product
Water	8.27%	7.22%
Ash	2.32%	2.58%
Other Products	89.41%	90.20%

From the mesocarp of the seed a white waxy substance is obtained. It is known as Chinese vegetable tallow or Pi Yu (皮油). The kernel of the same seed yields on expression a limpid pale-yellow oil known as stillingia oil. In China it is called by three names, Tze Yu (子油) or Tsing Yu (青油) or Tsin Yu (梓油). A mixture of the tallow and the oil obtained from the crushing of the whole seed is called Mu Yu (木油).

According to Tortelli and Ruggeri[3] 22% of the seed was tallow, and 19.2% was stillingia oil. On the other hand, Schindler and Waschata[4] found that tallow amounted to 36.4% of the seed and Lewkowitsch [5] obtained 23.29% oil. These results need further confirmation.

Besides the valuable products obtained from the seeds we must not forget that leaves and timber of the tree are also very useful. From the leaves, a black dye can be manufactured while the timber is very suitable for carving.

CHINESE VEGETABLE TALLOW

Of the two valuable products, vegetable tallow will be discussed first.

METHOD OF EXTRACTION.[6]

The fruits when ripe in Autumn are collected. Each of them contains three eliptical seeds in a dark hard shell. These seeds when taken out are white and smooth. The outside white covering, mesocarp, can be separated from the kernel which contains a yellowish fleshy mass. Seeds are heated in a wooden vessel, the size of which is variable, about 4 feet high and three feet in in diameter placed upon a bamboo screen in an iron pan filled with water. The fire place is a cell dug in the ground. The iron pan just acts as a water bath. When the seeds are sufficiently heated, they are transferred to a brick lined mortar and pounded with a wooden pestle which is moved by means of a lever with the aid of feet. Pounding keeps on until black kernel appears and the whole meal is transferred to sieve. By shifting, the mesocarp and black kernel are separated. The mesocarp is used to manufacture vegetable tallow while the kernel is kept for stillingia oil. The separated mesocarp is ground to powder in a stone roller which has a diameter of 0.8 feet and a thickness of 5 feet, and is attached to an axis in the center of a trough. After powdering, it is heated in an iron pan until it becomes sticky and soft. With iron hoops and rings, the sticky mass is made into cakes. Fifteen to twenty cakes are placed in a wooden press to press out the oil, by means of wedges hammered into the press. Process stops when all the oil is expressed. The oil just coming out assumes a yellowish color, but in contact with air and sun-rays, it solidifies and whitened. This shows that sun-rays has the power to bleach the tallow. The tallow made from the mesocarp from the first seiving is of the best grade. Sometimes more heat is added to the seeds partially freed from mesocarp and a second seiving is applied. The tallow obtained from the material seived out is of the second grade. Both are named prima vegetable tallow.

By this method, out of one tou or 15 catties of the seed, 2 catties of vegetable tallow can be obtained. It is fairly pure. So refining is not necessary. Should new methods be applied, more tallow can be obtained. Hydraulic pressing is very suitable.

In close resemblance with the first, another kind of product is usually made and sold in the market under the name of secunda vegetable tallow, or Mu Yu (木油).[7] It is really a mixture of tallow and liquid oil. The whole seed is heated and ground without separation of the mesocarp from the inside part. The meal is pressed as usual. It is soluble at F. 95 degrees while prima vegetable tallow melts at F. 150 degrees.

Prima vegetable tallow[8] can be obtained, if so desired, from secunda product by steeping a bunch of grass in the liquid oil over night. Crystals of prima tallow will be deposited on the grass next morning.

Experimental: The writers prepared a small quantity of tallow by using solvent-extraction method. He used Soxhlet Extractor with ether as the solvent. A bottle of the seeds was collected from the trees on the campus. They were first separated from the outside hard husks and put in the thimble within a glass cylinder which was connected to a flask containing ether. The flask was heated on a water bath for about six hours. The temperature was kept between 40—80°C. At the end of six hours, the seeds were completely free from tallow. The process was stopped. After distilling off the ether, a pure product was obtained.

PHYSICAL AND CHEMICAL PROPERTIES.

Vegetable tallow, when pure is a white waxy solid at ordinary temperature. It does not leave a greasy spot on paper. It is pretty hard. Though insoluble in water, it is quite soluble in ether, hot alcohol, carbon disulphide, benzene, and ether organic solvents. It has no appreciable odor when cold. Its physical and chemical properties are summarized in the following tables.

TABLE V (9)

Physical and Chemical Characteristics of Vegetable Tallow.

Product	Specific gravity	Melting point	Solidifying point	Saponification number	Iodine value	R.M. value	Observer
Commercial	0.9217	36-46	——	179-203	23-38	——	Allen
——	——	43-46	24.2-26.2	200.3	32.1-32.3	——	Lewkowitsch
Lab. ext.	——	39-42	32	203.3	28.5	——	Hobein
Commercial	——	36.5-44.2	27.2-31.1	197-202.2	28.5-37.7		De Negri & Shurlate
Unknown	0.86 (100°C.)	52.5	37.7	231	19.0	0.69	Zay & Musciacco
Unknown	0.918	44.5	26.7	——	——	——	Thomson & Wood
Commercial	0.8843-0.904	35-40.5	——	206.2	9.32-60.76	——	中森廷一
Unknown	0.890 (15.50°C.)	33	28.3	205.7	36.3	——	Seifert
折 譽	0.9032	42.5	——	201.2	36.52	——	許炳熙
荊 州	——	38.0	——	200.8	40.45	——	〃

TABLE VI(9)

Physical and Chemical Characteristics of the Fattty Acids from Vegtable Tallow.

Product	Melting point	Solidifying point	Sapon. value	Iodine value	Observer
Commercial	39.57	——	——	——	Allen
Commercial	——	52.1-53.5	——	34.2-34.3	Lewkewitsch
Lab	49	40	206.4	39.2	Hobein
Commercial	53-56.9	45.2-47.9	202-208.5	30.3-39.5	De Negri & Shurlate
Commercial	——	53.5-53.6	222.9-222.5	31.1-35.67	中森延一
折 省	——	52.5	216.4	38.4	許炳熙
荊 州	——	50.6	210.5	42.6	,,
Unknown	56.4	55.8	——	——	Jules & Jean
Commercial	41	51	207.9	38.1	Hobein
Commercial	42	47	207.9	54.1-54.8	De Negri & Fabris

TABLE VII

Physical and Chemical Characteristics of Vegetable Tallow obtained by Ether Extraction Method

Tallow	Specific Gravity	0.906
	Acid value (one week after extraction)	1.96
	Sapenification value	208.4
	Iodine value (Wijs)	28.45
	Melting point	42.5°C.
	Insoluble fats (Hehner)	94.60%
Fatty acids from tallow	Solidifying point (Titer)	51.5°C.
	Melting point	62.0°C.
	Saponification value	212.6
	Iodine value	30.06

CHEMICAL COMPOSITION

The chemical compositions of vegetable tallow have been carefully studied by many chemists. Makelyne found in vegetable tallow two kinds of acids, palmitic and oleic. Hehner and Mitchell (10) had the same result. The solid acid had an iodine value 28.87 and was shown to be free from stearic acid. This fact was later confirmed by Kliment (11) 中森延一 (21) stated that tallow contained 65.2% palmitic acid and 34.8% oleic acid (iodine value 88). The melting point, iodine value, and neutralization value of the solid acid were found by him to be 60.4°C., 0.33, and 218.8 respectively.

Experimental: On account of limit of time, the writers had no chance to determine the composition quantitavely but these two acids were obtained from the tallow with the view of preparing pure oleic acid.

The method used for the separation of palmitic from the oleic acid is a new one, developed by Professor Kahlenberg of the University of Wisconsin. The success of the process depends upon the fact that magnesium oleate is completely soluble in a mixture containing 70% of pyridine and 30% of water heated to 45—50°C., while magnesium palmitate is entirely insoluble in that liquid.

The first step, therefore, is to prepare sodium soap from the tallow, 100 grams of tallow were gently heated with enough alcohol to cover it in a flask and 25 grams of sodium hydroxide dissolved in alcohol were added with good stirring. The content was digested under a reflux condenser for 26 hours in order to get complete sapenification. Alcohol was constantly added. Care should be taken that the flask was not over heated or too much alcohol had been added. Otherwise strong feaming might result. Digestion was stopped when tallow had been completely saponified. The soap when melted exhibited a dark reddish color. It was cooled and dried.

The next step was to prepare magnesium soap. 100 grams of dried sodium soap were taken and dissolved in a liter of hot water, and filtered through a piece of cloth. A cold 10% magnesium sulphate solution was gradually added accompanied with good stirring until all the soap was completely precipitated. The precipitate was filtered and thoroughly washed with water. It was white in color.

The third step was to extract magnesium oleate from the soap. It was effected as follows:

50 grams of dried magnesium soap were taken and heated in about 100 c.c. of 70% pyridine solution to 45°C. about twenty minutes with constant stirring. The solution was filtered and the insoluble part was again treated with 70% pyridine. The process was repeated three times. The filtrate containing magnesium oleate was orange in color. It was treated with an excess of concentrated hydrochloric acid in order to decompose magnesium oleate and at the same time to neutralize the pyridine. An excess of acid should be used until pyridine odor was no longer perceptible. Pure oleic acid was separated on the surface of the liquid. During the addition of phydrochloric acid, the following points must be carefully noted, otherwise, instead of pure oleic acid, a sticky resinous substance will be obtained.

1. The solution must be cooled with ice as heat is developed when hydrochloric acid is added.
2. The addition of acid should be as slow as possible.
3. Vigerous stirring during addition is indispensible.

Oleic acid was then separated with a separating funnel and washed several times with water until completely free from pyridine and chlorides. Then it was dried on the water bath. It had a reddish color. On standing, it became turbid probably due to the abserption of moisture. On heating to 100 degrees, it underwent a color change to a very dark liquid. Therefore, the best way to get rid of moisture is to extract the oil with ether and then on the evaporation of the latter a clear liquid is alway obtained. The color of oleic acid deepens gradually on standing even at ordinary temperature.

The pyridine solution became dark on standing overnight. This was due to the crystallization of pyridine hydrochloride, which could be obtained by evaporation. The hydrochloric acid used should be pure and free from color. The pyridine used must be colorless. It should be redistilled if it is slightly colored.

The insoluble part of the soap was carefully washed several times with water. Enough hydrochloric acid was added. White palmitic acid was separated. It was filtered and washed several times with water. After recrystallizing from a small quantity of hot alcohol, the acid obtained was a white crystalline mass having a melting point of 62°C.

USES.

Vegetable tallow is chiefly used in the manufacture of soaps and candles. The best quality and second quality which are very white are used in making high grade toilet soap, while the third and fourth qualities which are of greenish shade, for cheaper soaps.

Since tallow contains about 35% oleic acid and 65% palmitic acid, so in future it may be utilized for the manufacture of these two acids.

Vegetable tallow sold in the market is usually leaded in baskets larger at the top. A solid cake is about ½ of an inch high with a diameter of 16 inches. The outer layer of the cake is white and hard but inner layer is darker. The whole cake is made up of two grades of tallow. The outer portion is first made and then the second portion is poured in.

STILLINGIA OIL.

Stillingia oil, a limpid pale-yellowish oil, is obtained from the crushing of the kernels of stillingia sebifera. Commercial method of preparation is as follows:

The kernels separated from mesocarps, are ground in a stone mill to break up the dark covering. The ground mass is then put in a wind mill which, when turns, drives out the broken coverings and leaves the heavy fleshy part behind. It is pulverized in a stone roller and moulded into cakes. They are then heated and pressed. The oil obtained is usually dark in color and appears turbid. On standing, it will become clear with the deposit of sendiments. About two and half catties of oil can be expressed from one tou or fifteen catties of the seed. With hydraulic press, the yield in oil will be increased. Since only a gentle heat is required in this case, the oil obtained has, therefore, a much better color. In the laboratory, it can easily be extracted with ether. The oil obtained is clear and pale yellowish.

OIL REFINING.

Commercial stillingia oil is always dark in color which is probably due to over heating. It contains mucilaginous matter, coloring substances, and free fatty acids apart from mechanical imperities and moisture. Refining is, therefore, necessary.

Refining with sulphuria acid has been tried by some workers but the result is poor and the loss is great. According to Hsu,[18] the oil can best be purified by using 12.5% sodium hydroxide aolution. The oil after this treatment is clear and has a pale yellow color.

Experimental: The writers used a modified Hsu's method to purify the oil with good results. 8c.c. of sodium hydroxide solution having a specific gravity of 1.2 were mixed with 100 c.c. of the commercial oil with thorough stirring. The whole mixture was heated between 60—70°C. for 33 minutes with constant stirring. It was then cooled in air and washed with boiling water three times with a separating funnel, the curdy oil was carefully separated from water. It was then dehydrated by heating on the water bath. A clear oil of light yellow color was obtained. A better way is to dissolve the oil in ether and then on the evaporation of the solvent, clear oil results.

Physical and Chemical Properties.

Stillingia oil has an odor somewhat like China wood oil but much fainter. Its solubility in organic solvents is pretty high. One liter of alcohol dissolves 42.8 grams of oil at ordinary temperature. It has good drying power. Its viscosity is low. According to Lewkewitsch,[14] its optical retation is -29.9 (saccharimeter degrees).

TABLE VIII[15]

Physical and Chemical Characteristics of Stillingia Oil

Oil	Spec. Grav.	Sapon. Value	Iodine value	R. M. value	Thermal test	Refractive index (Butyrorefract-meter)	Observer
Unknown	0.9458	203 8	154.6	——	——	——	Hebein
„	0.9432	210.4	160.6	0.93	136.5 maumene	75 (35° C.) 1.4825 (23°.50° C.)	Tortelli & Buggeri
„	0.9395	——	60.7	——	——	——	Nash
Kashing	0.9542	208.5	158.4	——	——	——	許炳熙
„ Re.	0.9426	206.8	160.8	——	——	——	„
Comm.	0.9390 -0.9460	(15.5 C.) 203-210	145-160	TiterTest	12.2° C.	——	Laucks

TABLE IX[17]

Physical and Chemical Characteristics of Fatty Acids of Stillingia Oil.

Oil	Melting point	Solidifying point	Sapon. value	Iodine valne	Observer
Unknown	14.5	12.2	214.2	161.9	Tortelli & Ruggeri
„	——	——	216 3	181.8	Lewkowitsch
Kashing product	15.5	——	208.4	160.2	許炳熙
Kashing refined	15.0	13.2	210.6	168.6	„

TABLE X[18]

Physical and Chemical Characteristics of Stillingia Cil Obtained by Ether Extraction Method

Specific gravity d_{10}	0.9455
d_{15}	0.9382
Acid number	5.21
Free fatty acid (Oleic)	2.6%
Sapenification value	198.0
Iodine value (Wijs)	160.8
Hehner—Insoluble fatty acid plus unsaponifiable matter... ...	94.6%

TABLE XI[18]

Physical and Chemical Characteristics of the Fatty Acids contained in Stillingia Oil mentioned above.

Solidifying point	12.6
Melting point	15.4
Saponification value...	208.4
Icdine value (Wijs)...	168.8

CHEMICAL COMPOSITION OF STILLINGIA OIL

As to the chemical composition of stillingia oil little has been known. According to Hsu, the oil contains 10.18% saturated fatty acid having an iodine value (wijs) of 10.4 and 84.32% unsaturated fatty acids (Iodine value 180.4). In the unsaturated fatty acids, linolenic, linolic, and oleic acids are present. Their percentages are given in the following table.

TABLE XII[19]

	Actual amount attained	After correction	Percentage	Iodine value
Linelenic	10.56	10.48	8.90	38.72
Linelic	76 43	76.01	64.53	137.86
Oleic	13.66	13.51	11.48	12.16

USES.

Stillingia oil has a wider usage than vegetable tallow.

1. It has been used for years as an illuminating oil in many places of China. Even at present we can still find its use in the interior parts of China where kerosene is too expensive and electricity is unknown.

2. It is also used in soap manufacture.

3. As stated in Chinese medical books, this oil is used in medicine. It has he same function as castor oil It is also used to treat boils and to make black hair dyes.

4. Perhaps the most important use of stillingia oil is in the paint industry. On account of its cheapness as well as of its drying property stillingia oil has been widely used to adulterate China wood oil. In U.S.A. it is used as substitute for the same oil. Hard drying, glossy varnishes[20] have been made from it. The drying power of the oil is just as good, if not better, as that of linseed oil. Therefore with suitable driers it can be used to prepare boiled oils for paint.

The writers tried several driers with satisfactory results. With manganese tungate, and lead tungate as driers, the boiled oils gave transparent, hard and fainty yellowish membrames. They all dried within 16 hours while those made from linseed oil dried in 17 hours. So it is evident that stillingia oil has a higher drying power than linseed oil. The results are given in the following table along with those obtained by Hsu.

TABLE XIV.[21]

Effect of the various driers on stillingia oil

Siccative	Weight in Grams	Time of boiling in Hours	Temperature	Linseed oil Time	Linseed oil Appearance	Stillingia oil Time	Stillingia oil Appearance	Additional weight due to O_2 absorbed	
Pb O	1.0	2¼	220	6 hrs.	faint color	10 hrs.	yellow & hard	12.82%	Hsu
O_2	1.0	2½	240	6 ,,		20 ,,	brown	11.83%	
Zn O	0.5	2¼	250	4.5 ,,	faint	not drying	not so hard	——	
Pb $(C_2H_3O_2)$	1.0	2¼	220	40 ,,	no color	20 hrs.	hard	13.21"	
Pb B_4O_7	1.0	2	240	40 ,,	faint	20 ,,	brown slightly hard	18.25"	
Pb resinate	1.25	2	150	40 ,,	faint	16 ,,	yellow hard	20.06%	
Mn SO_4	1.75	2	240	40" ,,	no color	not drying	yellow	——	
Mn B_4O_7	0.50	1	230	20 ,,	,,	36 hrs.	yellow not-like	12.17%	
Mn resinate	1.0	2	200	—	—	16 ,,	yellow hard	20.00%	
Mn Pb resinate	1.18	1½	150	—	—	16 ,,	faint hard	21.20%	
Lead tungate	0.50	2	200	17	a little	17 ,,	hard membrane	—	Shen and Chien
Mn tungate	0.50	2	200	17½	hard	16 ,,	hard & transparent membrane	—	
Cobalt tungate	0.50	2	200	17½	sticky	16 ,,	hard membrane	—	
Lead borate	0.50	2	200	18	hard		no good too think	—	

According to Lewkowitsch,[22] Stillingia oil absorbed 8.72% and 12.45% of oxygen after 2 and 8 days respectively in Livaches' Test. Hsu gave the following results.

TABLE XV [23]

Date	0.1 gram of oil dried at 15°C. % Adition in weight	0.6 grams dried at 20°C. % Addition in weight
1st day	3.23	5.25
2nd day	7.16	8.27
3rd day	8.62	9.65
4th day	9.53	10.21
5th day	10.34	10.96 } drying
6th day	11.06 } drying	12.50 }
7th day	12.26 }	

EXPERIMENTAL: PREPARATION OF DRIERS.

1. *Lead tungate.* a. Preparation of sodium soap of pure China wood oil. Same method was applied as in the preparation of sodium soap of stillingia oil.

b. Preparation of lead soap. 50 grams of dried sodium soap prepared above were dissolved in 400 c.c. of hot water. A solution of 10% lead nitrate was gradually added into the cold soap solution with stirring until complete precipitation was effected. The precipitates were filtered and washed several times with water until the filtrate contained no trace of nitrate. Lead tungate obtained was a sticky mass. On allowing to dry it assumed a yellowish color.

2. *Manganese tungate.* This was prepared just in the same way as above. A solution of manganese chloride was used instead of lead nitrate. The product had a dark yellowish color.

3. *Cobalt tungate.* Same method of preparation was applied. Solution of cobalt choride was used. The precipitate had a beautiful violet color; but on standing, the color gradually faded.

In place of China wood oil, the corresponding driers were prepared from rosin and linseed oil. The resinates were coarse precipitates while the linoleates were fine. Cobalt linoleate had a bluish color which changed on drying.

PREPARATION OF BOILED OILS.

25 c.c. of stillingia oil were put into a beaker and 0.5 grams of lead tungate were added. The mixture was heated for 2 hours at a temperature of 200°C. Stirring was constantly applied. The boiled oil obtained was a little dark in color and rather thick. Using manganese tungate as

drier, the boiled oil had a reddish color and was thinner while that from cobalt tungate had a brown color.

Lead borate can not be used for the resulting boiled stillingia oil was too thick to be of any value. Boiled linseed oils using lead borate or manganese tungate as driers had a yellowish color and much thinner, while using lead tungate or cobalt tungate as driers, the color was dark and the fluid thick.

In general, the boiled stillingia oils were comparatively thicker and darker in color than the corresponding boiled linseed oils. But the former dried more rapidly than the latter and gave better transparent films.

In preparing the boiled oils, the drier and the oil must be perfectly dry otherwise splashing occurs. Stirring is always necessary. Temperature must be carefully noted because it has intimate relations with the color of the resulted oil.

PRESENT MARKET VALUE OF THE OIL AND THE TALLOW.

The principle producing centers for vegetable tallow and stillingia oil are Hupeh, Szechwan, Hunan, Kiangsi, and Kweichow. In Hupeh province, Ichang (宜昌) produces 50,000 piculs of the tallow yearly; Shihnan (施南), Yunyang (鄖陽),Kiangshan (京山), Kwanghwa (光化), Suichow (隨州), 10,000 piculs; Tsaoyung (棗陽), 4,500 piculs. Price per picul varies with locality. In Hangchow, it costs about $15 to $16 a picul, while in Kinhwa, it only costs $11 to $12 a picul.

The yearly export of the tallow to various countries is as follows: (24)

Year	Quantity in piculs	Amount in Hankow Taels
1910	159,302	1,594,715
1911	44,995	0,480,652
1912	214,349	2,333,759
1913	220,998	2,266,961
1914	191,058	2,074,284
1915	181,824	1,962,179
1916	256,960	3,011,695
1917	151,385	1,782,938
1918	162,381	2,123,869
1919	164,544	1,979,333
1920	69,118	0,789,317
1921	66,125	0,757,156
1922	64,056	0,688,195
1923	96,348	1,086,138
1924	114,856	1,330,404

According to a report[25] on the trade for 1917 by the American consul at Hankow, 10,500,000 lbs. of vegetable tallow valued at $1,400,000 were exported to U. S. A. In 1908 white tallow was sold at 10 to 11 teals a picul but in 1917 the price was raised to 13.50 teals. Stillingia oil is exported with other vegetable oils. So no definite data of the statistics can be found, but we know that besides exporting to other countries a great quantity of it is consumed annually at home.

The chief consuming centers are Great Britain, Germany, Denmark, the Netherland, Sweden, Italy, Belgium, Russia, Japan, and America.

From the data given above, we can realize that vegetable tallow and stillingia oil have a good marked. But the quantity exported decreases yearly. This is probably due to price and quality, so in order to keep on the trade, improvements on the methods of production and the quality of the oil are urgently needed.

The following table shows the net profit that can be gained in running the business.

TABLE XVI[26]

RECEIPTS	coppers	EXPENDITURES	coppers
Vegetable tallow 360 catties ..	12,960	Stillingia seed 120 tou	10,000
Stillingia oil 320 catties	12,800	Wages & Board for 12 mill hands	1,000
Stillingia cakes 400 catties ..	800	Wood 100 catties	100
	26,560	Misc, expenses fodder, tools etc ..	1,500
Expenditure	20,600		20,600
Balance	5,960		

The net profit from 4 hours' operations, amounts to 5,960 coppers or nearly $20. It is by no means a bad business.

SUGGESTIONS FOR THE FUTURE DEVELOPMENT OF THE INDUSTRY.

Judging from the various uses discussed above vegetable tallow and stillingia oil will soon occupy a very important place in the world market should improvements keep pace with its increase in usefulness.

1. Methods for cultivating the fruit and the tree should be improved. Practically no attention has been paid along this line. The trees mostly grow wild by themselves. If we can plant them in better conditions, no doubt, they will produce better and more seeds.

Besides, the quantity of oil obtained from the seeds varies with the locality. Thus, the seeds from Soochow produce more oil than those from Hih Yu. So, in order to get maximum yield in oil, it is necessary to find out the conditions most suitable for their cultivation.

2. Better methods to collect the seeds should be devised, so that within a minimum amount of time, maximum amount of seeds can be collected and at the same time the trees are not damaged.

3. The present method of crushing the seed is too crude. Consequently, the waste is too great. Some simple machines ought to be devised for more thorough crushing so that the largest amount of oil could be extracted and quality of oil can thus be improved.

4. Better transpotation is needed so that the products can be distributed more easily and to a wider area.

5. The quality of the oil should be standardized so as to discourage adulteration.

6. Some systematic investigations should be carried on to study the seeds and its products so as to find out more and better uses for them.

Outlook for the Industry

The future outlook for the tallow and oil is a promising one. Should proper driers be found, stillingia oil can compete successfully with linseed oil and China wood oil. As the trees, though abundant in China, are not cultivated in other countries, it is a good chance for our people to create this industry. It would be unfair if we still regard stillingia oil as simply an illuminant or as an adulterant. The day will soon come when our people will appreciate more the true value of Stillingia Sebifera and its products.

Bibliography.

(1). Botanic Terms—Third Report of General Committee on Scientific Termonology, 9.

(2). Journal & Proceedings of the China Society of Chemical Industry *II*, Part I, 60 (1924).

(3). Lewkowitsch—Chemical Technology and Analysis of Oils, Ftas, and Waxes *II*, 592 (1922).

(4) Zeischer f. daslandw Versuchest in Osterr 643 (1904).

(5). Chemical Technology and Analysis of Oils, Fats, and Waxes II, 92, (1922).

(6). The Chinese Economic Monthly *2*, 13, 22 (1925).

(7). The Chinese Economic Monthly *3*, 1, 48 (1926).

(8). The Chinese Economic Bulletin *10*, 318, 169 (1927).

(9). Journal & Proceedings of the China Society of Chemical Industry *II*, Part I, 63, (1924).
(10). Analyst 328 (1896).
(11). Monatsh f. Chemistry 408 (1903).
(12).
(13). Journal & Proceedings of the China Society of Chemical Industry *II*, Part I, 66, (1924).
(14). Lewkowitsch—Chemical Technology and Analysis of Oils, Fats, and Waxes *II*, 92, (1922).
(15). Journal & Proceedings of the China Society of Chemical Industry *II*, Part I, 67, (1924).
(16). Laucks—Commercial Oils 41, (1919)
(17). Journal & Proceedings of the China Society of Chemical Industry *II*, Part I, 68, (1924).
(18). Journal & Proceedings of the China Society of Chemical Industry *II*, Part I, 66, (1924).
(19). Journal & Proceedings of the China Society of Chemical Industry *II*, Part I, 71, (1924).
(20). Toch—Chemistry & Technology of Paints 224, (1925).
(21). Journal & Proceedings of the China Society of Chemical Industry *II*, Part I, 74, (1924).
(22). Lewkowitsch—Chemical Technology and Analysis of Oils, Fats, and Waxes *II*, 92, (1922).
(23). Journal & Proceedings of the China Society of Chemical Industry *II*, Part, I, 72, (1924).
(24). The China Year Books 180, (1916) 190, (1910) 226, (1923) 153, (1921-22) 545, (1924) 510, (1925) 708, (1926).
(25). Arnold—Commercial Handbook of China *II* 292, (1920).
(26). The Chinese Economic Monthly *II*, 13, 25, (1925).

公平交易

按本會章程,正會員會費,每年五元.總會收取二元五角.當地分會收二元五角.各會員享有閱本會印刷品之權利.

現在總會發行工程季刊,每冊印刷費在四角以上,連同郵費,値到五角,年出四期,每會員所得等於兩元.又會務特刊,工程名詞,會員錄等,合計之至少五角.

是以會員年繳總會會費$2.50,本會還以實質上之利益,其値在$2.50以上,交易至公平也.然而目下情形,外埠會員繳納會費者,寥寥無幾,而本會之供給讀物如故.

夫會員之不繳納會費,非本會職員之過,望各會員三注意焉.

上海
黃浦灘
四十二號

奉天 香港
哈爾濱

SKODAWORKS

Shanghai Office: 24. The Bund, Tel: 62489

Cable Address: Skodaworks-Shanghai

啟者茲將捷克國斯可達工廠所製造者開列如左

完備發電廠或用蒸汽機或用水力機發動

蒸汽透平機蒸汽引擎及狄氏引擎

蒸汽鍋鑪過熱器貯蒸汽器及各種附件

蒸汽機車電氣機車

車輛車軸及車輪等

發電機馬達方棚開關及附件

請聲明由中國工程學會『工程』介紹

陳氏電氣號誌及機車時計表說明書

著者：陳呼宇

電汽時計表之構造歷史與原理

頻年以來,國內鐵道,每遇危險發生,車機兩處輒互相推諉,以致不能詳細查辦.每日各站出進車輛之時間與數量,又甚不精確.茲爲補救此種問題起見,創製此種機件.考余初創之機件,爲機械式者;利用號誌重量,加於打字鐘盤,印於活動紙板上.此後號誌上昇,利用反動力,再加於打字鐘盤,印於活動紙板,即可知放昇號誌之時間.同時機車進站,由車觸號誌桿,傳力於打字鐘盤,即可知機車何時進站.同時又可知其進站若干車輛,由此推想,改用電力.由鐘盤機械上裝一圓形銅筒,其表面裝有印好之時計日份牌.每日由站長更換一紙.其下有六電圈.每圈內有軟圓鐵一根.距此圓鐵有小方鐵,連於指針銅片上.此銅片上端爲指針,指針爲小匣,內含各色油棉,以代筆.電圈一端經過電瓶,再由電瓶連於號誌鈎.他一端則由電圈連於號誌環.號誌放落,則鈎環接觸,電流相通,名之爲號誌輪道.(Electrical Cicuit for Aimaphore)電流經過電圈,則發生電力感應,圓鐵棍變成磁鐵,引動小方鐵,將指針放於鐘筒上.鐘筒自轉,則指針畫成紅直線.如號誌昇起,則鈎環離斷,即電流不通,故指針亦離鐘筒;而鐘筒紅線所標之時間,即號誌放落之時間也.

第一道及第二道均同此理.不過站南北各兩道號誌,共用二線,即可應用.此外列車輪道,(Elec. Circuit for loco. and train)即在二軌接頭處,開口各二端,連以電線.車機通過,即生暫時電流.此電流通過電圈,感應磁鐵,由磁鐵吸引方鐵,即將綠色筆印於日份牌.列車行內,即知進站爲何時間,同時吾人知每機車,每邊有前後各二輪,即知每車爲四點.反之即每四點,爲表示一車輛之數目.如邊輪爲二,則知爲普通車輛.但印點距離總爲一定,由此可知其經過有若干車輛.且每日統計,即可查得,共有若干列車通過,與車輛通過總數.法至善也.

電汽時計表測量機車進站及經過車輛數目之方法

按時計表測量機車進站及經過列車數目,其法有二.一即連絡兩電線於不通電之二軌端.此法甚爲簡便,但計算車輛以每車邊有四輪,即爲四點,卽知爲一輛車.然不易精確.其二卽爲每車有活動絃居車頂上,如過號誌,卽觸及號誌垂弓.垂弓端接觸固定銅片,則電流通.卽印一點於時計表,同時若干點卽可知爲若干車輛也.其聯法與號誌聯法同.

電汽計時表之功効

由上述之理論及計劃觀之,此表功效如下:

(一)每次號誌昇放若干時,可得確實之記載.(二)每日號誌共放若干次數.(三)機車及列車於何時進站.(四)每次共進車輛若干.(五)每日共經過若干列車.(六)每日共有若干車輛經過.(七)當日車機兩處,有無不合法之事實發生.(八)危險事實發生,應由何方負責.(九)車站號誌人員,是否遵守規章及其勤怠.(十)減節號誌人員,及減省不確切之報告與時間.

電汽時計表之應用

機件每二星期開發條一次.日份表每日更易一次.舊表紙由站車呈段長轉處長保存.電瓶及機件如不良時,可由電匠整理之.指針頭務須潔淨,油棉顏色務應鮮明.機匣鎖應由站長負責保管.此機應放置站長房或電報及路簽房,以便辦公順利,而電信及路簽亦可收協助效能,則此後車機之危險,庶可減少矣.

本刊啟事三

凡海內外各機關,各學校,各書局,欲代銷本刊者,請函致本會事務所接洽是荷.　　總務袁丕烈啓

機車鍋爐之檢查及其修理(續)

著者：張蔭煊

(十五)外火箱相及圓筒部各鈑 Wrapped Sheets & Barrel Sheets 之修理　圓筒部各鈑之厚度限點,依理想可舉一例如下:——設有一鍋鑪"T"爲鈑之厚度,"P"爲每方吋之壓力,"D"爲鍋鑪之直徑則鍋鑪鈑所受之拉力,爲$F=\frac{DP}{2T}$若S爲鈑料之破斷拉力,則保安系數爲$\frac{S}{F}$.今以保安系數"5"爲標準,觀其最低之厚度如何.惟通常厚度減至5/16"或9/32",須更換之.鍋鑪圓筒部因蔴面銹蝕,其補塊須覆在內面.此種乾補塊 Dry Patch 足免去劣水之再度消蝕.其厚度常爲5/16"或3/8".在燒熱時覆上,並記出其位置,照 W. J. Bennet 之補法,消蝕處,須洗淨,蔴蕩塡以紅鉛及細鑄鐵屑之混合物,外塗紅鉛漆油,而後覆上補塊,用燒紅鉚釘鉚持之.至於螺栓釘 Bolt 則不適用也.

補塊決不能用以覆蓋裂縫之處,蓋裂縫雖蓋沒,但鍋鑪之或伸或縮足使此裂縫仍繼續在補塊下擴大.故鍋鈑之有裂縫者,宜拆換之.其相接合之鈑面,須潔淨無鐵銹之存在.Webb 常主張淸洗之後,漬以 Sal Ammoniac Sol: 至於利用哼沙 Sand Blast 淸洗,亦無不可.兩鈑相接時,設鉚釘之直徑爲d,自鉚釘中心至鈑端距離常爲1.5 d+1/16"(日後老鉚釘孔須繼漸削大,故此距離決不能小於1.5 d)

外火箱鈑常爲修換螺撐,其螺撐孔逐漸增大迨過度時(例如1/14"以上),若此項大孔數甚多,則必割換新鈑.若其數尙少,可鑽大孔眼塞進墊圈,用原本直徑之螺撐以旋入墊圈中.

外火箱喉鈑 Throat Sheet 及背鈑等左右轉角處之一直立排螺撐孔間,常有裂縫發生於內面(着水面).輕微者,治以電銲.甚者,治以補塊.其尤者,則換新.至於外面銹蝕,亦可以同法治理之.

(十四) 火管 Fire Tube 之裝拆及修理 今日火管有四種:鋼質,鐵質,紅銅,黃銅.

鋼管係冷軋 Cold Drawn, 絕銲 Weldless 而爲最優等之開心鍍鋼料.依 B.E.S.A. (British Engineering Standard Association) 之標準,鋼管須 (1) 光滑完整,絕無裂縫鐵銹.(2) 兩端須整潔平直.(3) 重量須較推算者(489 lbs/1cu-in.) 高出 2 1/2% 至 5%.(4) 拉力不得少於 24 T/D'' (54000 16 5/D''), 伸長不小於 28% (8''). (5) 管之全部須經軟煉 Annealing 其平均厚度如下: 1 3/4'' 管 —12 S.W.G.; 2'' 管 — 11 S.W.G.; 2 1/4'' 管 — 10 S.W.G.

鋼管之利爲: (1) 價廉. (2) 有抵抗今日最高鍋爐壓力之力量.其弊爲: (1) 傳熱不若紅銅或黃銅管之佳良.而易於銹蝕,麻面銹蝕 Pitting, 並在火管鈑內不能如紅銅及黃銅者之緊接.搭銲之鐵管 Lap Welded Iron Tube, 今日已不甚用,昔時之標準,爲: (1) 須用上等煉鐵製造. (2) 兩端須經軟煉 Annealing. (3) 拉力在 19 T 至 24 T/Sq. in.之間.截面縮小,不小於 45%.鋼管能鐵管須經水力試驗.鋼骨之壓力,須達 1000 lbs/Sq. in.鐵管之壓力, 750 lbs/Sq. in. 同時再須經 Bulging, Crushing, Flattening 等試驗.

紅銅火管,依照英國之標準,爲:(1) 紅銅 cu 不可少於 99% AS 不少於 0.35% 至 0.55%.(2) 須忍受漲大兩端直徑較原直徑大 25%, 而不發生裂縫.(3) 須忍受摺撓至較大於原直徑 40%.(4) 須經 Flattening 及 Doubling Over 等試驗 (冷或熱).

紅銅火管兩端之須軟煉與否,已成問題.昔時英國之標準須軟煉.而最近 George Hughes 曾云,管頭不必軟煉,可任其全部"硬"或"半硬".若一經軟煉,其軟硬之分界處,成爲弱點.因而管即斷裂於彼處.事實上,紅銅管,常於火箱附近損壞.似爲 Hughes 之極強理由也.雖然,紅銅過硬,在漲口時,管頭有裂開之虞.

紅銅管之厚度,平常 1 3/4 管 — 12 S. W. G. 若在火箱近端之一呎,其厚度爲10 S.W.G. 自此斜下一呎六吋後,方爲厚度12 S.W.G. 近烟箱一端之三吋,其管孔之直徑,常大出1/16",以適合烟箱端較大之孔. Webb曾經長時間之考察,知紅銅管在近火箱之六呎內底部,常爲消蝕.以致開裂 Webb氏,遂作一給證云.『此項不均匀之消蝕,或由於升火時, Sulfurous Acid (煤中硫質),凝於管底之故.或由於飛飄煤屑擊於管頭護圈 Furrule 之頂內面,而復折於底部,以致消蝕也』.

黃銅管含CU—60—70%,ZN—33—30%,並至多可和雜3/4%之雜質.其Drifting試驗,與紅銅者無異.惟Flanging試驗,祇許大於原管直徑25%.他如Flattening, Doubling試驗均相同.

黃銅管之利爲:(1) Incrustation 水垢不能附着,如鋼鐵管之緊牢.惟不能緊漲於管鈑.且破裂之前.一無警告之現象.常突然而出.

鐵鋼管,常接銲兩端以紅銅,或黃銅頭.俾得與管鈑緊接,惟此法,於重裝管時行之爲妙.(因此時管鈑孔經歷次漲大已大增其直徑).爲免除管鈑漏水(因管漲縮而在鈑孔內移動)、灣曲管會大顯功效.蓋如此漲時,可灣曲Bend而不致伸出管外矣.

抽拔火管,須先撤去護圈,或墊圈Ferrule.其法可以長桿如第二十二圖擊出之.護圈棄去後,將管頭擊向內轉(用魚背鑿Fish Back Chisel).又如第二十三圖以撤管器將管擊向烟箱端退出.迨烟箱端透出直管之長度時,卽抽出

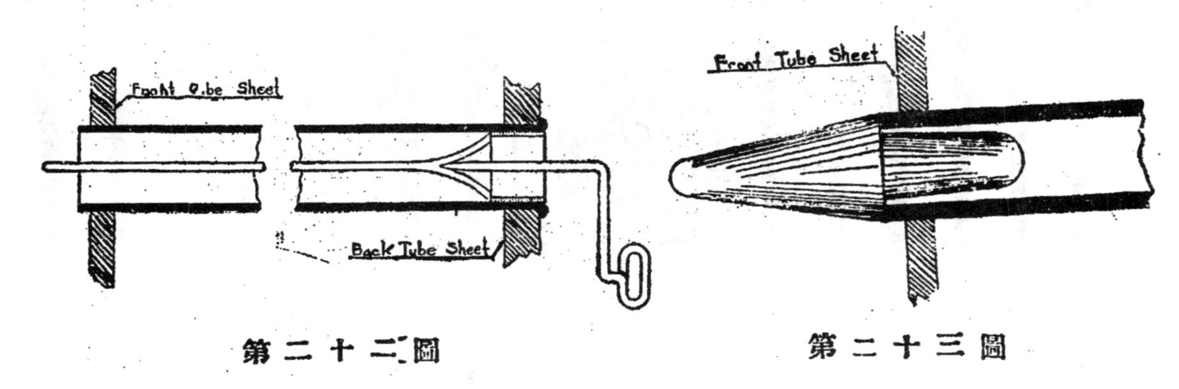

第二十二圖　　第二十三圖

之(烟管鈑孔較火管鈑孔爲大).有時亦可將管頭割去,而後如上法抽出之.抽管時,最宜注意之點,不可使管鈑上受任何刀紋,因此項刀紋,爲出險之源.

今日大多鐵路,用紅銅及黃銅管者,將拔出之管,投入鹽酸液HCL.十八小時,以去棄積垢,而後洗淨,乾之.以防養化.同時查驗之,並權其輕重,以定去留.

鋼管由鍋鑪內抽出,其兩端必損壞.且此等管頭,因屢次之漲大,質殊堅硬,决不能再爲漲大.故必割去之,而銲上六吋長之新頭(淺平用 10").至於割截之處,須割成錐形 Tapered,銲上之管,須漲大其口,而後互插鑲銲之.銲成之管,可取10% 硫鏹液 H_2SO_4 Sol. 將接銲部沉沒於此液中.若佳者,其消蝕必均勻.否則必偏於銲之部分.

今日大多鐵路常於鋼管上銲接黃銅管.如此則原管兩端,須用 Pneumatic Hammer 打小 Swaging 其直徑.同時銅將管頭割成鐘形 Belled, 而鑲插原管如第二十四圖.至於接銲紅銅及黃銅管,其手續相同.惟各管銲時,雄端Male End宜先以粗銼磋出毛紋,俾銲接部分,能牢固.銲後須經"水"壓試驗.雖然,此項銲

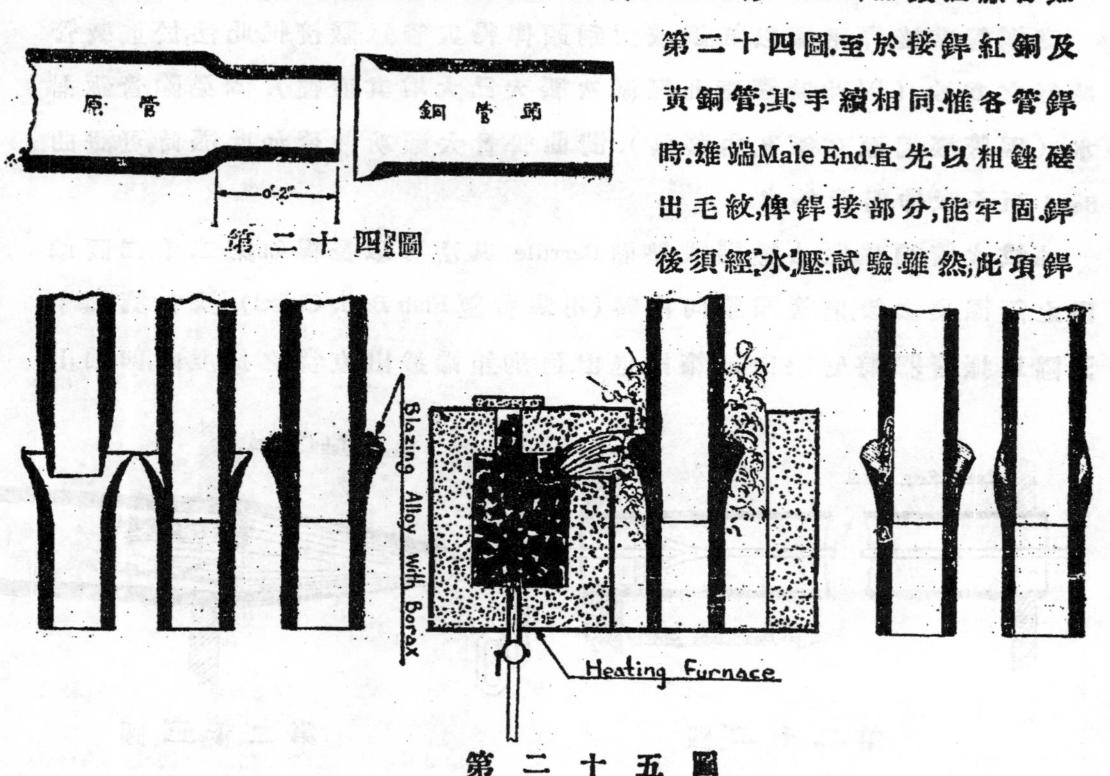

第二十四圖

第二十五圖

管,往往出險.宜割短之而用於較小之鍋爐.第二十五圖爲漢平鐵路,對於普通鋼管接銲之情形.第二十六圖(1)爲歐洲普通所用之平安式Safe Ending,一端接銲紅銅管於鋼鐵管之狀況.(2)爲此式火管裝好漲大管口之狀況.

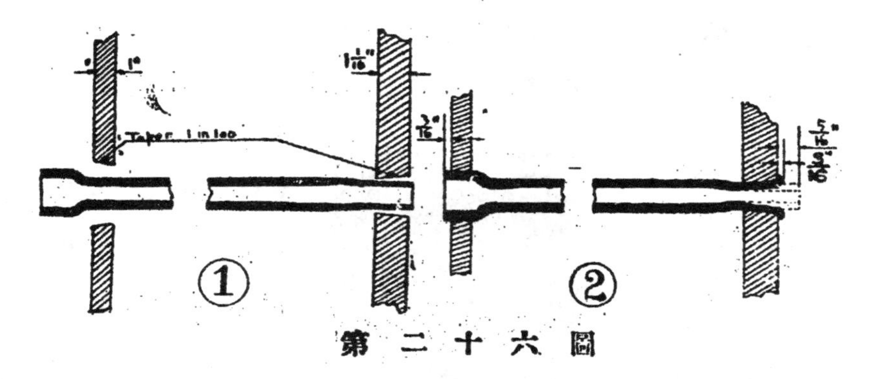

第二十六圖

紅銅或黃銅管之損壞,可割去兩端損壞部後,用伸管機伸長之.今日歐洲對於鋼管,竟亦用水力伸管機伸長者.例如 15'—6" 之管,可伸出一呎.十一呎長者,可伸出6".

裝管工作之次序如下:(1)插管 Mounting.(2)漲管 Expanding.(3)圓轉 Beading.裝管之前,必先將管上之銹及硬鐵皮Scale去棄之,俾得緊接.裝管之法,將管由烟箱一端插入.同時火箱中另一人,在相當鈑孔內伸入鐵桿,以爲該管之引導而後在烟箱端將管擊入後火管鈑孔(如第二十三圖),至兩端透出自 3/16"至1/4".

漲管時,大忌用挺桿 Drift.須用漲管器 Expander.且須由鍋管鈑之外邊而漸入於內部.又不可偏於一邊.漲管器 Expander.大多爲 Dudgeon Expander 如第二十七圖.普通有三轉棍 Rollers.最近查知此式(三轉棍者)

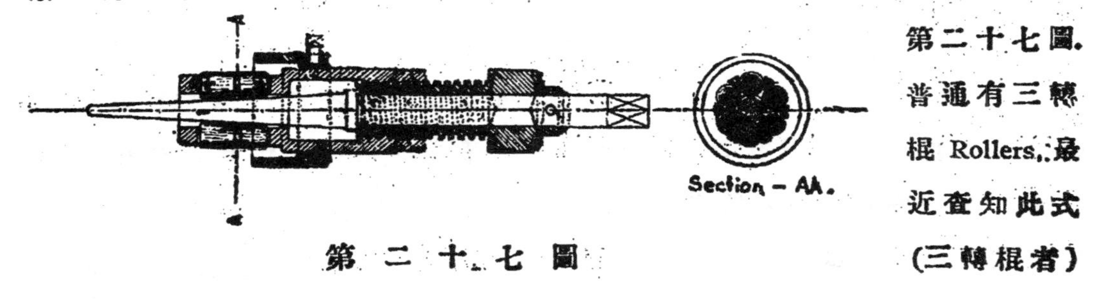

第二十七圖

與管壁之接觸點,距離太遠.漲管時起出波浪 Wave 動作,管形略有三角現象,以致漏水.職是之故,今日多用五轉棍或六轉棍者(我國鐵路大多用三轉棍者,亟宜改良).裝置新管,爲免除管鈑之受損 Distort,有種種裝法,其主旨不外先『裝』,『漲』,外底之管.而續漸向『內』,『上』,『中』,進行.今以二法列下:——(1)如第二十八圖●者先,⊗⊙者次,○者末後.每裝管三排,即將離空孔 Open Hole 最遠之一排管口,漲大之.終之在漲管時,須於空管及工作管之間留出未漲管二排,以防管孔間之裂開.(2)如第二十九圖,●者先裝而漲之.自後以次由 0, 1, 2, 3, 4, 順序而下,至10而止.

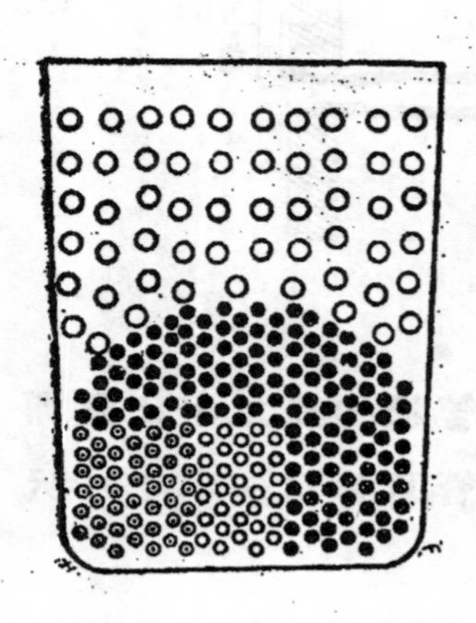

第二十八圖

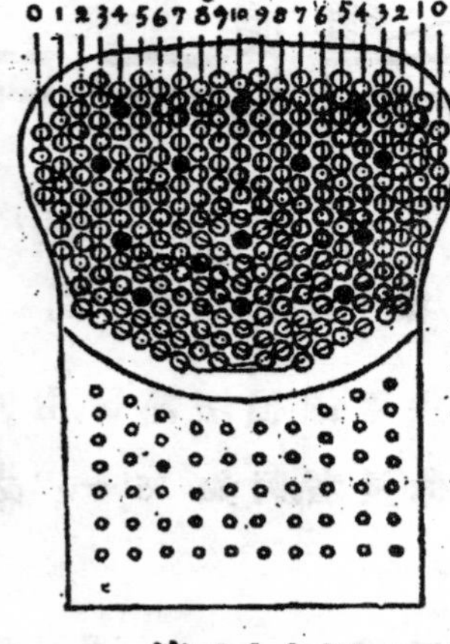

第二十九圖

墊圈 Ferrule 厚 1/8", 常用於二次裝管時,墊於管孔及管壁之間,以抵消前次管孔之漲大部份者也.而黃銅紅銅管之內壁,常襯以此項墊圈者,所以免灰屑之括蝕,寓有保護之意也.有時內墊圈之圓轉者 Flanged Ferrule, 所以保護圈之圓轉口也.第三十圖,爲打緊墊圈 Ferrule, 於紅銅或黃銅管之狀.欲打緊管內面之墊圈 Ferrule, 若於熱鍋時行之,足撓曲或凸起鍋圈皺.故打緊之前,須將原墊圈 Ferrule 取出,漲大該管管口,而後將墊圈重行打入.至若於冷鍋時打進墊圈,須注意管口之損壞.若管口係直行,而打塞係錐形,則結果祇足使口緣緊漲.故管口及墊圈 Ferrule 之錐斜度,須有一定適合標準(通常爲1/05或1/40).英國墊圈 Ferrule 常爲鋼質長 1 1/8" 至 1 1/4", 厚 3/32".有時亦有長 2".至於烟

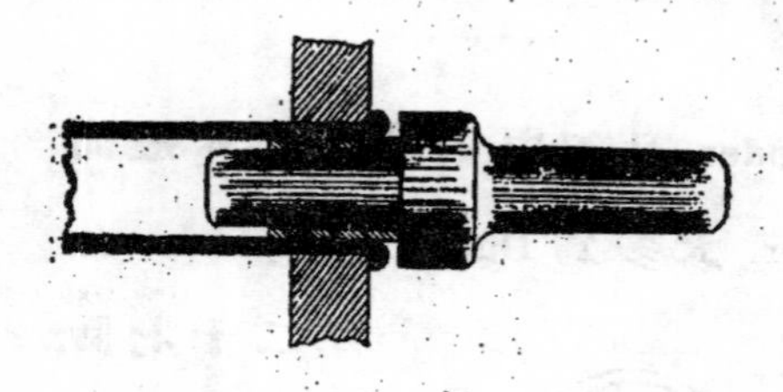

第三十圖

箱一端,則僅漲大管口而已.不用墊圈.第三十一圖為英國常用之黃銅管頭保護法.第三十二圖為漢平鐵路法國社會式機車黃銅管,頭用鋼護圈保護之狀况.第三十三圖為漢平鐵路比國合股公司式機車黃銅管頭用鋼護保護之狀况.美國對於鋼或鐵 Charcoal Iron 管,常先襯一薄墊圈於管孔及管之間,而後漲大管口.如第三十四圖(a)為伸進之狀.(b)為漲大之狀.(c)為圓轉之狀.火管火箱一端漲大後,用轉管器 Beading Tool 圓轉管口於管鈑之上.昔時有先以 Drift 打成口形,而後圓轉

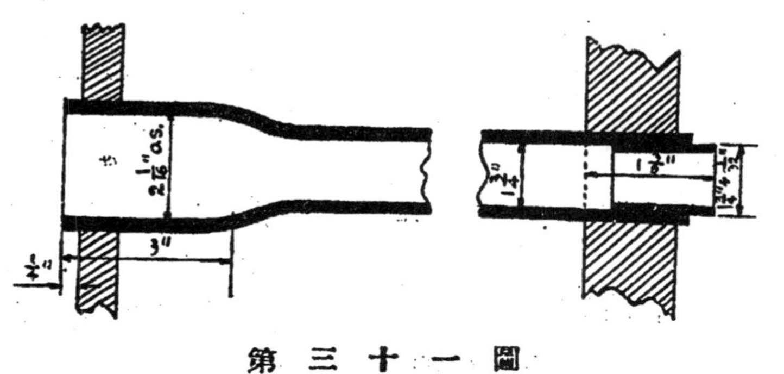

第三十一圖

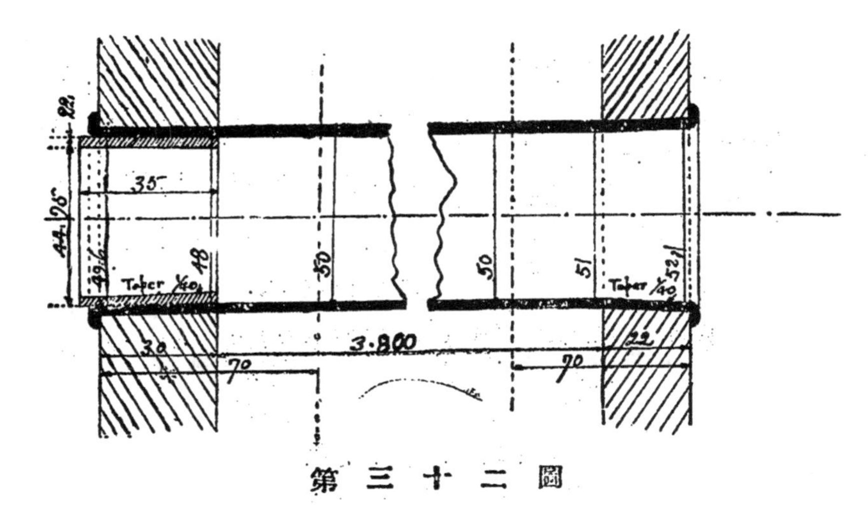

第三十二圖

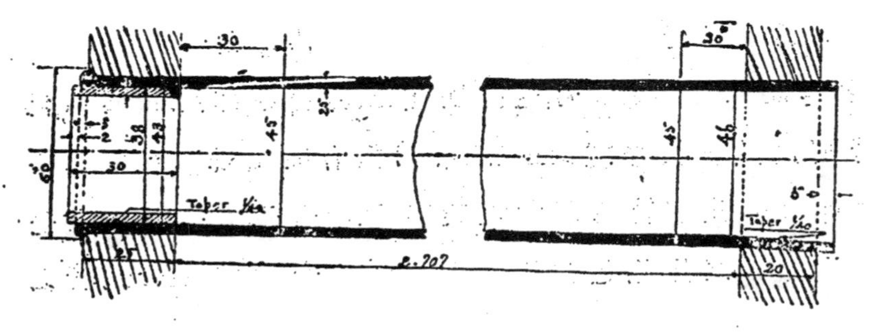

第三十三圖

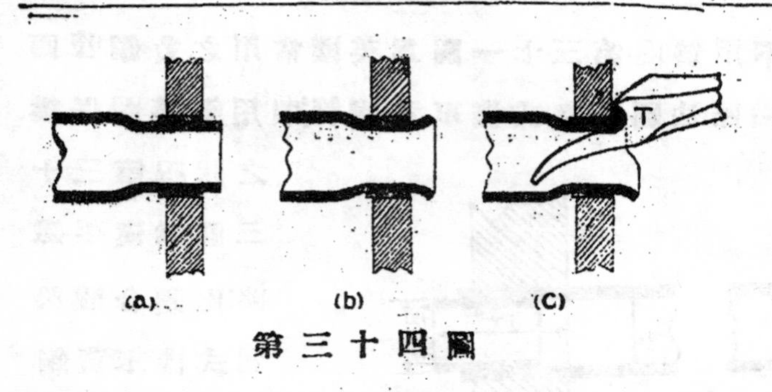

第三十四圖

之者.今則知此不佳,已不復應用.至於烟箱一端之管口,則不加圓轉,祇漲大而已.圓轉之器具,如第三十四圖之"T"為最普通之器具.至於利用壓氣錘以為圓轉管口者,今日歐美頗盛行之.

新管在圓轉管口後Beading,經燒用,圓轉處常離開鍋管鈑某種距離.為是先用一種器具有45°之錐形者,在漲管後使管口略包轉鈑外,經燒用6至8星期後,此管與管鈑必已互相衝突完畢.遂圓轉之Beading Over.如此漏水之弊,可減少也.第三十五圖 (1)為普通鋼管之裝法.(2)為一種堅固而新式之鋼管裝法.大多鐵路,亦有將管口附近在螺紋機上Screw Machine,用割螺紋機械割出紋路Groove深1/64''闊3/32'').插入管鈑,而後用漲管器Expander漲大之,使紅銅深入紋路Groove.此於焰管所常用也.

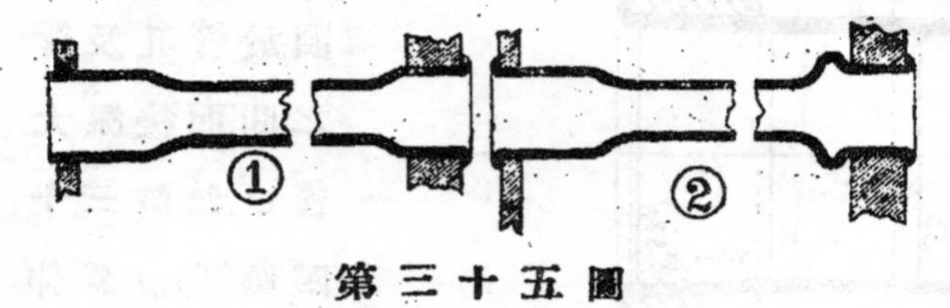

第三十五圖

火管於管孔間所受之緊握力隨其所受之工作而變設火管緊插入管鈑孔則管與管孔間之牢固力為1.漲大管口,而鑲入護圈,其牢固力當為2.若再圓轉之,其牢固力又為5.但實用上漲管之牢固力已甚充足.

內有突出部Rib之賽而佛 Serve 鋼管,法國廣用之.英國亦採用.而其價值之貴,固可不論.其管頭之鑲合及修理Renewing,因內有突出部Rib之故,甚為困難.且此項突出部Rib,足使管體異常挺硬堅實.於管鈑是否有害,尚是疑問.第三十六圖為滬平鐵路比國超熱複漲機車所用賽而佛Serve鋼管之裝法.

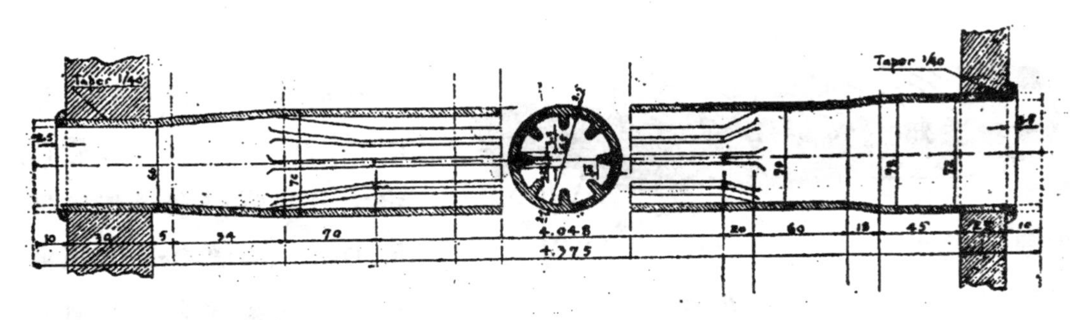

第三十六圖

(十五) 焰管 Superheat Flue 之修理　焰管常可於安全中由鍋爐內抽出。惟管口屢經漲大，質性變硬，往往不能再行漲大及圓轉，因之兩端常割去 6 吋至10吋，管上新頭(與小管相同)。近年漢平鐵路，對於此等焰管新頭之接管，則利用電管，效果甚佳。第三十七圖爲該路銲焰管之情形。餘管裝置之法，約有數種：(1) 管鈑着水面可作出肩架 Recess，而火箱一面包轉之。(2) 割出三四紋路 Grooves 於管口附近 (已如上述)。如此因其直徑之大 (4 3/4'' 至 5 1/2'')，漏水之弊，仍不能免。故今日多割出螺紋(英國用每吋十一螺紋距) 旋進於管鈑矣。惟螺紋管頭旋入管鈑經燒用，不復能旋出，亦必割去，銲上新頭。同時管孔亦須重割螺紋。第三十八圖，爲漢平鐵路美國軍固式機車所用焰管之裝置情形。第三十九圖爲該項焰管應行割切之

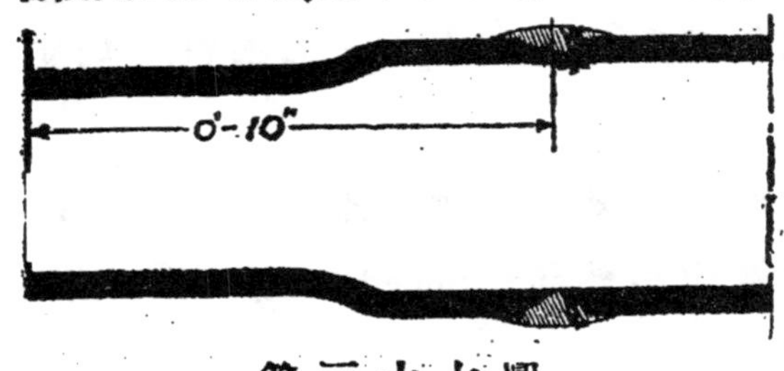

第三十七圖

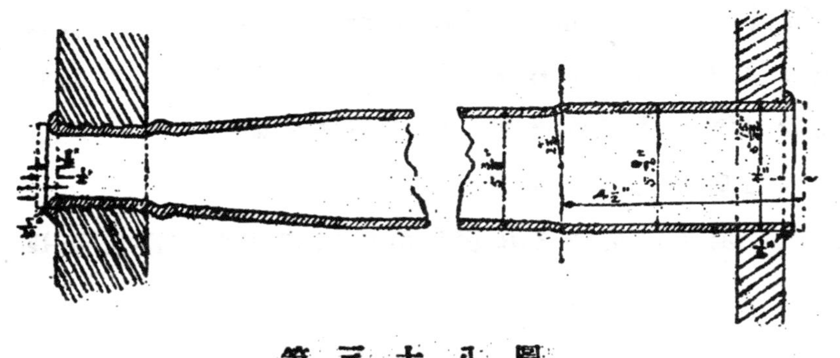

第三十八圖

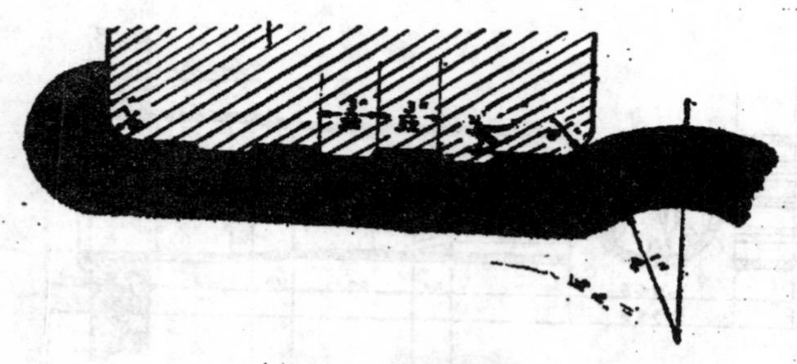

第三十九圖

切路尺度.

割螺紋之管,在火箱一端,須厚 1/4'' 至 5/16''. 漲管時,須十分謹慎.否則恐變成橢圓 Oval, (橢圓 Oval 之現象亦烟管主要病之一). 雖然螺紋管頭,亦不能免漏水,且常有螺紋斷脫現象.一旦發見,必抽出老管,將老孔削刮而重割螺紋,同時換新管頭,重行裝置之.

(十六) 超熱氣管 Superheating Elements 之修理 超熱汽管 Superheating Elements 之主要弊病,爲該管灣曲部之削薄.蓋此部受最熱之火焰,並高速率火屑 Cinder 之猛撲也.爲是此處常用鑄鋼尖帽.一旦發生漏汽.必更換之.此外煤中之硫質 Sulfur, 常使超熱汽管發現沙眼 Pin Holes 而漏汽.此則完全須更換.

雖然超熱汽管 Superheating Elements 之病,甚難尋覓.故每逢洗鍋,可撤去遮鈑 Damper, 而後注水於總汽管,由總汽管而超熱汽管 Superheating Elements,此時超熱汽管之病,可於發現出水之烟管而得之.

超熱汽箱 Superheater Header 在抽去火烟管時,常須撤去之.有時在機車廠 Loco. Shed, 亦有撤去之必要.且在直長撑桿 Longitudinal Stoy 之修理,此汽箱 Header 亦須撤去.同時出汽管 Blast Pipe 及遮鈑 Damper 等,均須撤去.取去超熱汽箱時,須以木橫二根,塞於附近左右適當之烟鋼孔內,脫去汽箱連着於管鈑之螺栓,而後在此二橫上移出.迨達烟箱中部,用繩索將其降至箱底.

超熱汽管與汽箱連接處,亦時常發生漏汽,此大多屬於墊環 Copper Jointing Ring Washer 之損壞,須時常更換之.凡新紅銅墊環,在用之前,必經軟煉 Annealing.

(十七) 底鐵環 Foundation Ring 之修理 火箱底鐵環之材料爲煉鐵 Wrought

Iron, 低炭鋼 Forged Mild Steel, 鑄鋼 Cast Steel 等.煉鐵爲昔時常用之料,今則鑄鋼甚通用.其與各鈑緊着之面,須整確而與各鈑合適.老練之打鐵工,亦能打製之.但大多製造者,常用機器割出平直面,以臻適合.其闊度,常與水間相等,約三吋以上.凡內火箱鈑底,灣出少許者,可用較薄之鐵環.

鍋鑪壓力達150 lbs/Sq. in. 者,其鐵環之鉚釘不過一排.而高壓自180至200 bs/Sq. in. 者,因轉角處用一排鉚釘,難於緊接,常代以較深厚之鐵環,用鉚釘排 (Staggered), 深鐵環於外火箱鈑底,有免除折紋之功效,蓋內火箱鈑之直二高向漲縮,得均佈上部各處,而減低環上之撓曲也.

任何鐵環轉角處,因鉚釘之困難,常特別加深,且至少必有二排鉚釘(雖左右前後之中部爲單排).鐵環轉角處鉚釘之困難,起於外火箱之轉角面較內火箱者爲長.外面鉚釘之距離 Pitch 勢必較內面者爲大,外鈑難於緊着,漏水遂起.且如此鉚釘之排式,甚不雅觀.若鉚釘與鐵環成直角者,此種困難,當可免除.故今日大部製鍋爐者,常使各邊之鉚釘互相並行,而於各外轉角面加釘紅銅或鋼螺釘,如此可免去轉角有鉚釘孔之存在,亦減少弱點之妙處也.第四十圖(1)爲單排鉚釘之小鐵環,用同射式鉚釘 Radial Rivet 者.足見其外角面鉚釘距離Pitch之特大.(2).爲今日最合式之鐵環鉚釘排法,其轉角用螺釘者.(3)爲雙排鉚釘鐵環,其轉角所用螺釘,互相垂直,角之正中,

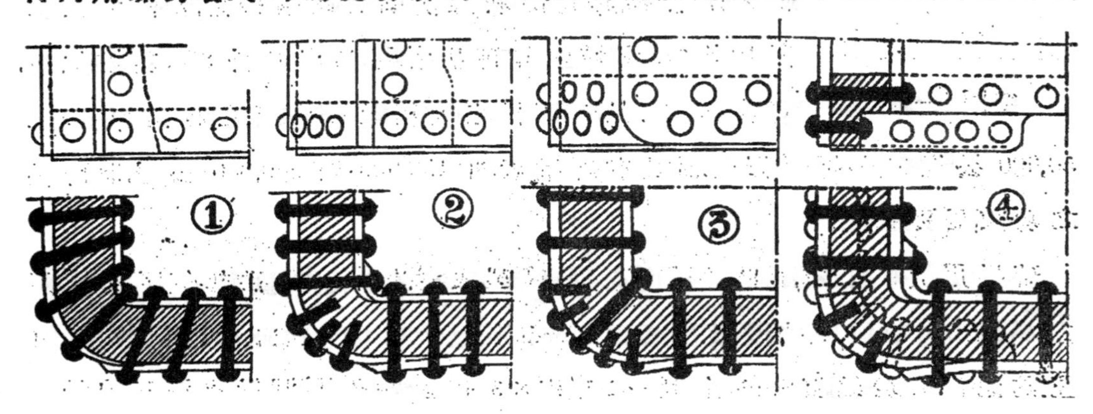

第四十圖

尙用一鉚釘.(4)爲別式之鐵環,其轉角特深 Deepened, 下排之鉚釘,祇鉚持一外鈑.

求轉角之佳良,必鑲合鍋鈑內覆蓋於外覆蓋與鐵環面之間.故內覆蓋之鈑端,必須打薄,將外鈑覆於其上,俾鉚釘連穿二鈑,而無虛隙.各鈑轉角一端.先燒紅撓曲之,使與樣鈑符合,而後鑲配於鐵環之轉角,用平錘 Flat Tool 擊之,務使十分平服於各該環轉角面(其他前後左右面亦如之).此步工作,甚爲緊要,若於鉚釘後覺察漏水,而欲擊服之,已不可能.蓋此時打擊,徒使此打擊部伸長,而愈增其漏水之趨勢也.

若底環伸出於鈑底外者,塡塞 Caulking 時,可用闊圓頭工具.與鈑底平齊者可用平頭塡塞器,以緊閉其接縫.至於內火箱鈑與底鐵環,亦以同樣之法鑲合之.火箱鈑底環附近之拆紋,常爲一種難免之病.須時常撤去水垢,而驗其折紋之損壞程度.欲免除此項箱鈑之折紋 Grooving, 可用 1/16'' 厚紅銅鈑保護之,如第四十一圖.

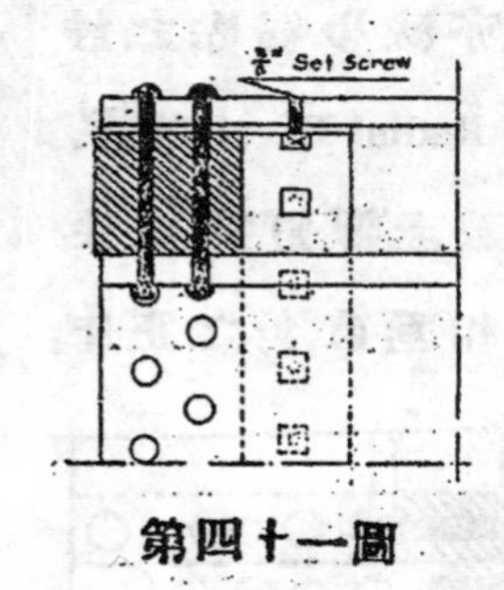

第四十一圖

(十八)火磚拱 Brick Arch 之修理 磚拱之用,所以助益空氣與煤炭氣 Hydrocarbon Vapor 之調和,以臻燃燒之完全,而免墨烟擁塞於烟窗,並可免除冷空氣直由爐口衝入烟管也.其實際利益,法國曾試驗得之.大概磚拱遮蓋爐篦 2/5 者,較之無磚拱者,可節省燃料 8%.其較短者,可節省 6%.且無磚拱之火箱及火管等,在行程 40,000 至 50,000 公里後,必拆下修理.而其有磚拱者,可 150,000 至 200,000 公里.則磚拱之功效,更可知矣.

磚拱用火磚製成,有時亦有用火泥等製成者.其中心常拱起 4'',全部下斜 1/3 以至 1/4. 普通磚拱擱置於托釘 Studs(距離 9'' 至 10'').如此磚拱可移動其上.其他尙有於螺釘 Studs 上擱一 1 1/4'' × 3/4'' 之鐵條,而擱置火泥磚塊於此鐵條之上者.

之鐵條,而擱置火泥磚塊於此鐵條之上者.

砌築磚拱之前,須用拱架 Center. 所用火磚,可取較大之磚塊,俾連縫較少,而生命亦較長.英國常以磚拱緊着管鈑 Tube Sheet. 而美國常留一3''至4''之空間其用意有三:(一)拱頂之灰易於下降於爐底.(二)有利便於抽風 Draft.(三)此空隙附近之蒸發量甚佳,故今日此項空隙,各鐵路多採用之.

美國常以磚拱斜擱於 3''鋼水管上,該管下端接連於前水間,上端接於門鈑爐口與箱頂之間.

磚拱時有燒燬之事,宜時常檢查,得燬壞之火磚,換新之.

(十九) 鍋爐試驗 Boiler Testing　新製鍋爐,或修竣之鍋爐,必經水壓及汽壓試驗.水壓試驗,可用抽水機注水入鍋爐,或鍋爐中滿裝冷水,而熱之.其主要任務,爲證明各接縫 Joints and Seams 之緊閉與否.雖然,鍋爐受 250 lbs/D'' 之水壓者,未必能安全的受汽壓 240 lbs/D''.蓋水壓爲一種靜力,而汽壓復有動力之存在,其情形顯然相異.且冷水壓試驗時,各鈑管等多未稍伸漲,卽熱水壓試驗時,其伸漲亦屬有限.

試驗時,安置鍋爐於手車 Trolly,而登臨一機車坑 Loco. Pit 上,俾各接縫及火箱內外各部,可一覽無遺.至鍋上各孔,須緊蓋,玻璃水表亦撤去.並須將汽水各閥關閉.惟鐘形汽管,及鍋爐最高處之孔,在裝水時,須完全開放,俾空氣盡行逃出鍋外,不至囚禁鍋內.壓力表須用二具(曾經與表準壓力表校對過),設中途損壞一具,餘者仍可供用,此時保安閥可不用,俾壓力之大爲增高.鍋爐滿時,緊塞各孔,繼續注水如前.迨壓力達乎工作壓25%至50%以上而止.惟50%,在今日新式鍋爐上,似屬太大(指工作壓200至225 lbs/Sq. in. 者).故今日歐洲普通規律,爲高出工作壓自70至75 lbs/Sq. in. 昔時 140 至 150 lbs/Sq. in. 之鍋爐,其試驗壓有高出工作壓100%以上者,此種過大壓力,常能發生損壞 Overstrain (尤以螺撐等爲甚).

熱水試驗壓,可與上述者相同.其溫度以 180°F. 爲限.在冷水裝滿後,卽在火箱內用木柴升火.迨應得之壓力達到,卽去火.此法甚善.

上述試驗壓力,祇可延長十分鐘.試驗之前後,(若係新鈑新火箱)須詳察其平整與否.並有無出險之處.試驗完畢,更須內部好爲審察.漏水,螺撑,鉚釘,接縫等之填塞 Coulking, 在壓力之下,决不可工作,必先得壓力縮小而後可.此非特於水壓試驗時宜然,卽後來之汽壓試驗亦無不宜然.塡塞 Couling, 須用闊圓頭工具 Fulling Tool. 試驗時,壓力表須常爲注視,有時針忽下降,此必爲漏水.若無漏水之現象,則必屬內部之損壞,如螺撑之斷裂,因而頂鈑或艢鈑之凸出等.此壓力忽降落之現象,須於試驗報告上詳言之.

鍋爐裝滿水後(壓表指出零壓),自零至最高試驗壓所注入之水量,須逐步記出.又放低壓力時,所放出之水量亦須逐步記出之.若鍋爐在試驗時,未變形者.此二次之水量,必相等.凡大鍋爐,其相差,最多不可過 100 至 120 立方吋.

汽試驗 Steam Test 時,試驗壓可高出工作壓自 5 磅至 10 磅.此時鍋爐附件如 Fittigs, Cocks, Gage Glass 等,均須裝置,一如行車時之情形.惟最高壓,須至少延長自 4 至 5 小時.其間如有漏水等事,須詳爲記出.試驗後,鍋中必經清洗.

(二十) 塗飾 Painting 鍋爐經試驗清洗後,若不卽應用,須塗飾防銹劑.以免損壞.防銹劑有五種 (1) 石灰 Lime (2) 水泥 Cement. (3) 黑油 (一種混合物內含柏油 Coal Tar 及礦墨 Plumbago 各半.礦墨在柏油沸時和入). (4) 鏹液 Sal Ammoniac. (5) 紅鉛 Red Lead. 據 Dr. Unwin 及 Mr. Webb 之意見,防銹劑,祇須於鍋爐熱時,內面以 Sal Ammoniac 洗滌,外面用紅鉛塗飾. (完)

十八年,三月,一日.

本刊啟事四

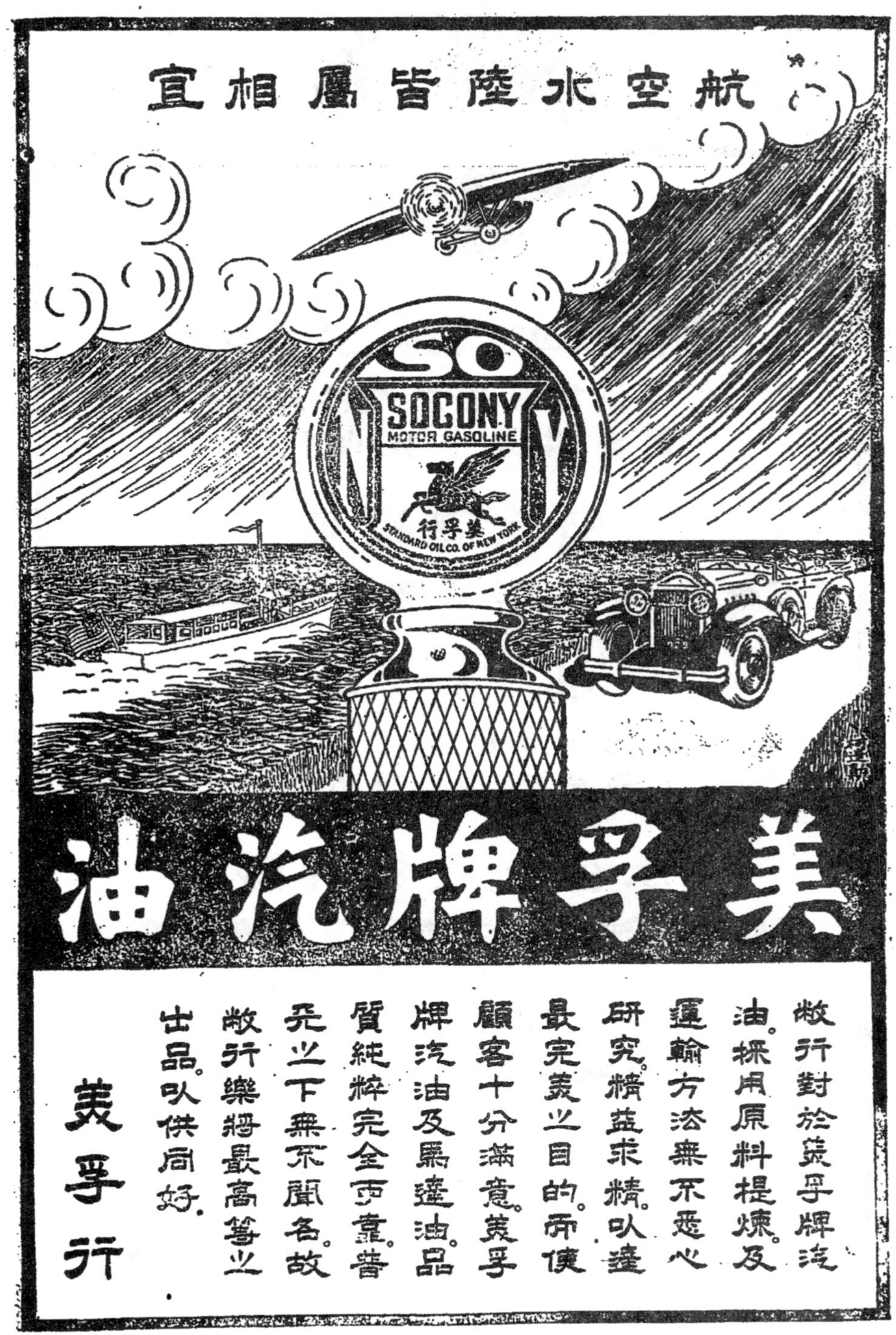
航空水陸皆屬相宜
SO
NY
SOCONY
MOTOR GASOLINE
美孚行
STANDARD OIL CO. OF NEW YORK
美孚牌汽油
敝行對於美孚牌汽油。採用原料提煉。及運輸方法無不悉心研究。精益求精。以達最完美之目的。而使顧客十分滿意。美孚牌汽油及黑達油品質純粹完全可靠。普天之下無不聞名。故敝行樂將最高等之出品。以供同好。
美孚行

THE RECORDS OF LIU HO BRIDGE WITH PNEUMATIC CAISSION FOUNDATIONS

著者劉緣峰 (EVEREST T. F. LIU)

CHAPTER I. LOCATION AND GENERAL FEATURE

The bridge is built to cross the Liu Ho river (柳河), situated at one and three quarter miles from Chang Wu Hsien station (彰武縣車站), 66 miles from Ta Hu Shan (打虎山) and 90 miles from Tung Liao Hsien (通遼縣). It is the largest bridge on Tahushan-Tungliaohsien Branch Line (山通枝路) of the Peiping-Mukden Railway (平奉鐵路). This river appears on the map as Hsin Kai Ho (新開河), starting from Jehol (熱河) passing Changwuhsien, Hsin Ming Fu (新民府), at which the flowing water spreads over so wide an area and the water course is so changeable that the main line of the Peiping-Mukden Railway has to build a series of bridges nearly every year to meet the constant changed conditions. Finally it empties into the gulf of Liao-Tung at Pan Shan (盤山). The water course at the bridge crossing, under consideration, however, is confined to a proper channel at present although there were some changes in the past as told by the old villagers.

The river runs through a country of very fine sand. If you grip a handful of the dry sand, stand in a high position, and let it drop in the quiet air, you will find that no sand would collect on the ground directly underneath, but all fly away. Therefore it gives lot of trouble when brown up by wind in the spring from March to May. The air is so thickly mixed with sand that one can hardly see the objects within a very short distance. On the other hand, when under in water it seems to give a fairly sound foothold. But if you give a little jerk to your legs, you will gradually sink into the sand. Due to this quick-sand action man or beast can hardly get across the river without a special guide whose profession is to find the sound and safe path on the river bed although the water in its lowest stage is only 2 or 3 ft. in depth. Furthermore, the run-off from the surrounding flows to the river always bring in the fine sands when big flood appears in the river during summer time; one can sometimes see at the beginning of flood the running water in a distinctive layer of 5 to 8 ft. thick flowing downward with rapidity much like the crest of a high tide in the sea. The alluvial thus formed is said to be as high as the flood, as the latter always brings along the fine sand with it. This is the principal cause for the shifting of water channel and also the distinctive feature of a river flood in a desert place.

CHAPTER II. BORING

Before we take up the design of bridge foundation the river bed strata must be made known to us. Boring is the first thing to do. As the water in the river is only 2 to 7 ft. deep after the raining season and flowing with fairly low speed the boring work is a comparatively simple and easy task. No machinery is needed; only hand boring tools will be enough for the purpose. One gang of 20 men was engaged in October 1926 for the work. The working platform was built up by sleeper stacks (100 pc.) 3″ × 12″ planks (200 ft. run) 2″ × 12″ planks (150 ft. run), and telegraph poles, scaffolding poles (10 pc. each). A tripod formed by 3 pcs. telegraph poles was used for pulling up the casing pipes, sinker bars etc. by ropes running over a pulley on the top. The casing was 4 inch wrought iron pipes in 10 ft. lengths screwed together so as to present a smooth surface on both sides, while the bottom was provided with a steel cutting shoe, having a mouth slightly larger than the pipe. The sinking was accomplished by driving and twisting after the sinker bar and drilling bit have reached a good depth. Auger, or shell with valve, was used to clean the hole and obtain samples from time to time in accordance with the laver of stratum drilled through. The driving of casing pipes was done by using the common wooden hammers. The depth of hole was thus marked and measured by the number of casing pipe lengths sunk or graduations on the sinker bar. The daily progress of boring was from 5 to 10 ft. For the test hole No. 3 it reached a depth of 72 ft. below water line, but after that it was then only a few inches or none at all in a whole day on account of the fine sand flowing into the casing. It was concluded that a hand drill is only good for a depth of about 50 odd feet. The casing pipe was pulled out when the hole completed.

Before the regular boring started, all the pier positions were pegged out and elevations given on the different points. It was so planned that the test holes would be done for all the odd numbers first, omitting the even ones. If the strata were believed to be nearly uniform throughout from the boring profile thus found it would be unnecessary to go over the even numbers, thus saving the expenses for the less number of test holes made. Should strata prove to be too much reuncriform the even numbers were to be gone through in the second time. Fortunately the boring profile from the odd numbers has furnished us enough knowledge of the river bed strata; and no test hole was made for the even number piers. Throughout the work no other trouble was met with.

We got the results in 50 day's time as roughly shown in the boring profile Drawing plate 1. Strata in the first layer of twenty odd feet fine white quicksand; then a layer of blue fine sand; and some parts with a little percentage of mud. Beneath this, one layer 1 to 5 feet of black hard clay running from piers 1 to 7, while from 7 to 13 one layer of mud with 30 percent sand laying in a greater depath. Boring to a depth of 72 ft. still show fine sand. We discontinued further exploration. Evidently it proves geologically that the original river bed was very low and that the present bed was raised by deposits of fine sand brought down by its tributaries from the desert regions.

Chapter III. General Design of Bridge

WATERWAY.—From the sectional profile of Liu Ho (see Drawing Plate 1), the highest flood level and lowest water line we were brought to understand the condition of river flow during flood. Again, from the highest flood level and the existing feature of the banks, we decided to adopt an over all bridge length of 1250 ft. for the waterway although the ordinary water course covers only a width of 500 ft. In order to utilize the old girders a 12-100 ft. span bridge was taken into design.

The probable highest flood line is 370 ft. and the lowest water 348.75 ft. above the mean sea level, giving a difference of water height 21 ft. approximately. By the common practice the bottom chord of bridge truss should be 5 ft. above the H.F.L. But due to the uncertainty of the flood line and the reduced waterway by the installation of piers a larger clearance must be provided. Hence the bottom chord of the truss was put 8.5 ft. above the H. F. L. With these water openings determined we can proceed to take up the design of structures.

FOUNDATIONS:—We were convinced by the test holes that no hard strata whatever kind could be used to bear foundations within reasonable depth. Now let us discuss the different possible foundations. Pile foundation of shallow depth are unsafe against the heavy scour while piles of longer length than 30′ are exceedingly hard, or impossible to drive into the fine sand by the drop hammers. If coffer dam is built for the pile-driving the work is exceedingly troublesome and too expensive. Sinking wells by open excavating also does not go a farther depth than 20 ft. in one operation. Sinking well by open dredging process, is out of question due to the uncertainty about the removal of obstacles, if any, and the lack of equipments, although it can reach a depth of 100 ft. and over. After all, the only kind of foundation left to meet our requirement must be the sinking of pneumatic caissons. They are the simplest, most satisfactory means to deal with the quick sand, and therefore the most economical one among the deep aqueous foundations although the cost of installing the plant seems high.

In order to reduce the eddy current to the minimum an elliptical caisson with the major axis 23 ft. minor axis 12 ft.-2 in., and the vertical height 7 ft. 2 inches was selected (see Drawing plate II). The plan of caisson was one ft. wider all around than the plinth for the allowance of adjusting error in position which could only be avoided with considerable care. The working chamber was in the shape of an elliptical frustum, with enough room for ten workmen. As the whole caisson was of comparatively small dimension it did not pay to provide separate shafts for men and supplies. And these were combined for all purposes. The shaft was 3 ft. in inner diameter, placed in the center of the working chamber. The concrete foundation would then be cast directly upon the top of the caisson. Four pieces of I-beams were transversely placed on the top plate of working chamber so as to distribute the masonry dead load evenly and to transmit the weight of shaft pipes to the caisson underneath.

The caissons were made of steel plates and angles by Engineering Works of Peiping Mukden Railway in Shan Hai Kuan (山海關). All the detailed dimensions could be refered to from Drawing Plate II. One caisson was made into 4 quarters, and ready to be assembled by field rivets on delivering at site.

The foundation shell was built of concrete reinforced by 2½" x ½" flat iron as shown in Drawing Plates II, III, and IV, since the tensile strength of concrete was not relied upon for holding up so heavy a mass to one unit piece. To the vertical reinforcement a 4" × ½" flat iron hoop was put around in every 15 ft. so as to keep the former in position and hold up the shell from cracks produced in the periphery. The outer perimeter of the foundation shell was of the same shape but slightly smaller than the caisson so that the skin friction might be slightly reduced while the inner area

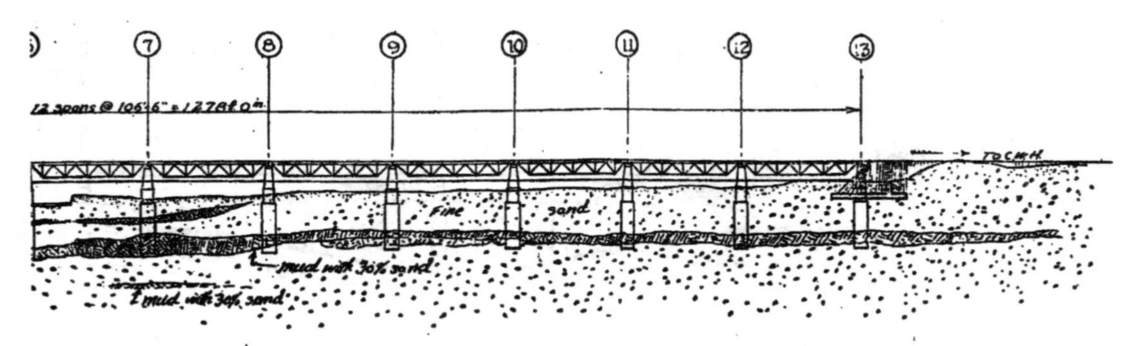

ELEVATION of BRIDGE and
BORING PROFILE of RIVER
BOTTOM

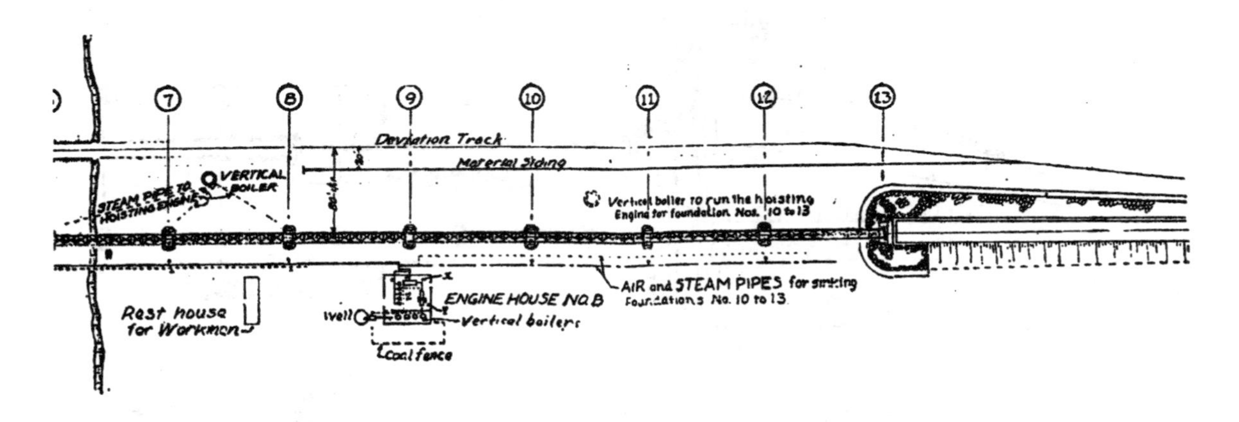

AN of BRIDGE and PLAN of
R PLANT for SINKING WORK
Scale 1 in. = 100 ft

PLATE
I

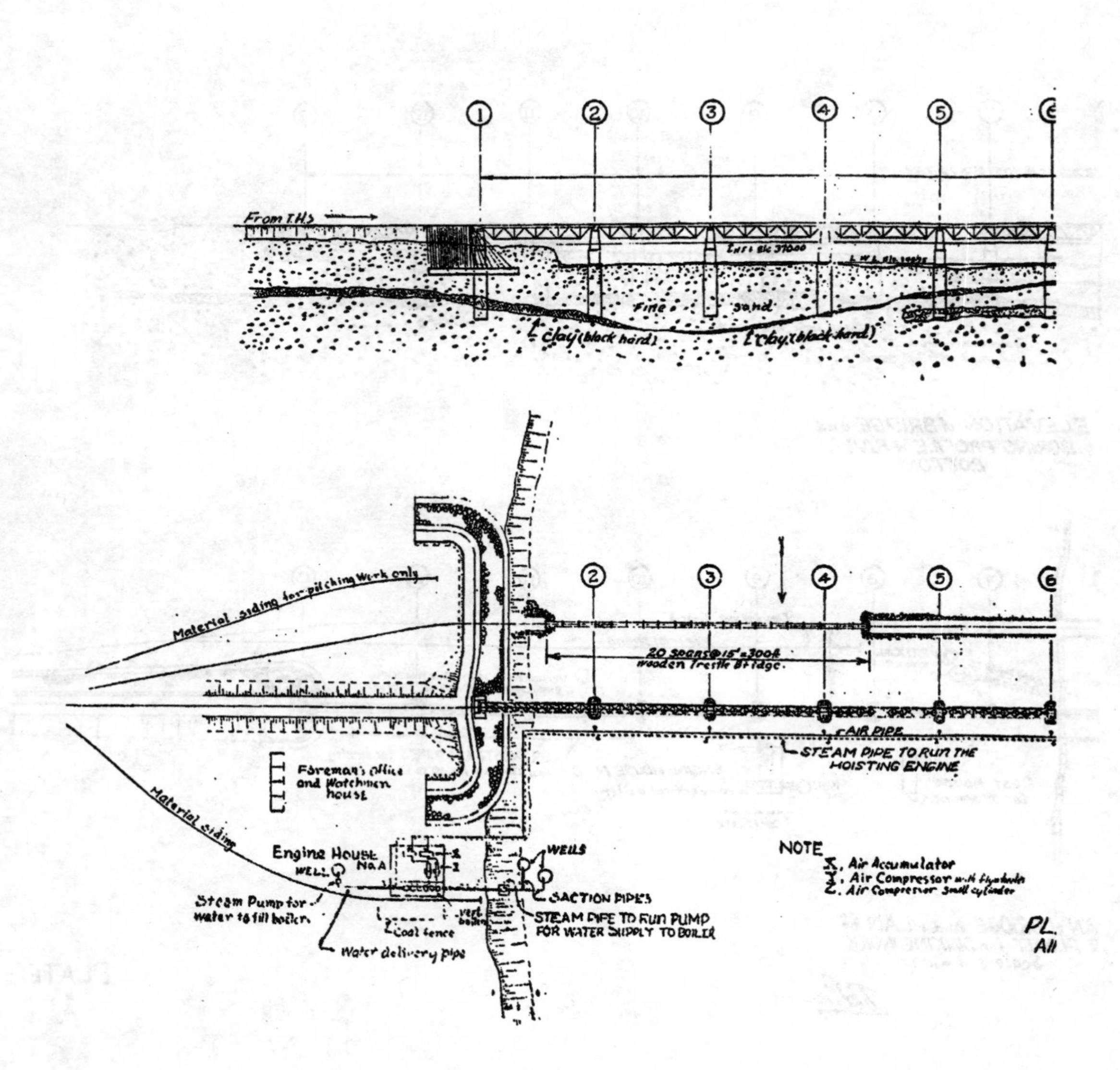
From T.H.S
Fine sand
Clay (black hard)
Clay (black hard)
Material siding for pitching work only
Material siding
20 spans @ 15' = 300ft wooden Trestle Bridge
AIR PIPE
STEAM PIPE TO RUN THE HOISTING ENGINE
Foreman's office and Watchmen house
Engine House
WELL
WELLS
SACTION PIPES
Steam Pump for water to fill boiler
Coal fence
Water delivery pipe
STEAM PIPE TO RUN PUMP FOR WATER SUPPLY TO BOILER
NOTE
Air Accumulator
Air Compressor
Air Compressor Small cylinder

List of Materials for One 100-Ft. Span Caisson

ARTICLES	QUANTITY	UNIT WEIGHT	REMARKS
¼"×6'6"×7'2" Steel plates	6 pcs.	2795 lbs.	Skin or curb plates
¼"×5'6"×7'2" " "	4 "	1576 "	" " " "
⅜"×6'6"×8'0" " "	4 "	2080 "	Air chamber
¼"×6'0"×8'4" " "	4 "	2000 "	" "
¼"×5'3"×8'4" " "	2 "	875 "	" "
⅜"×4'3"×5'3" " "	2 "	669 "	Roof plates
⅜"×4'3"×6'5" " "	1 "	409 "	Gollar
⅜"×4'0"×8'0" " "	4 "	1920 "	Gusset
¼"×3'0"×12'0" " "	1 "	360 "	Drum
TOTAL		12684 lbs.	
7"×9"×10'0" Steel I beam	2 pcs.	1118 lbs.	Roof beams
5"×6"×8'0" " " "	2 "	366 "	" "
TOTAL		1484 lbs.	
⅜"×3½"×5"×15'0" steel Angles	4 pcs.	609 lbs.	Bottom curb.
⅜"×3½"×3½"×15'0" " "	4 "	496 "	Bottom air chamber and curb plates.
⅜"×3½"×3½"×22'0" " "	2 "	364 "	Top air chamber and cover.
⅜"×3"×3"×14'0" " "	7 "	689 "	Stiffener to skin plates.
⅜"×3"×3"×15'0" " "	11 "	1160 "	Stiffener to air chamber plates and bracings.
⅜"×3"×3"×12'0" " "	3 "	253 "	Drum rings.
TOTAL		3571 lbs.	
½"×3"×12'0" steel flat bars	14 pcs.	840 lbs.	Bracings.
½"×2"×15'0" " " "	42 "	2100 "	Vertical tie beams.
½"×4"×25'0" " " "	4 "	666 "	Horizontal.
½"×4"×8'0" " " "	1 "	33 "	Curb angle cover.
LOTAL		3639 lbs.	
¾"dia.×2¼" steel rivets	30 pcs.	14 lbs.	
¾"dia.×2" " "	177 "	75 "	
¾"dia.×1⅝" " "	724 "	262 "	
¾"dia.×1⅜" " "	907 "	294 "	
⅝"dia.×1¾" " "	190 "	40 "	
⅝"dia.×1⅜" " "	653 "	138 "	
TOTAL	2,681 pcs.	823 lbs.	

NOTE:—Wt. for one caisson is 22,201 lbs. in gross total, or 9.18 tons net. COST for one caisson,—Labor for complete reviting (on river bed ready for concreting) is $1,316.92. Material 22,201 lbs. @ 4.6 cts. is $1,021.25. TOTAL $2,338.17.

SS SECTION

RIALS SEE
PAGE

for 100 £
ANS
IDGE
14

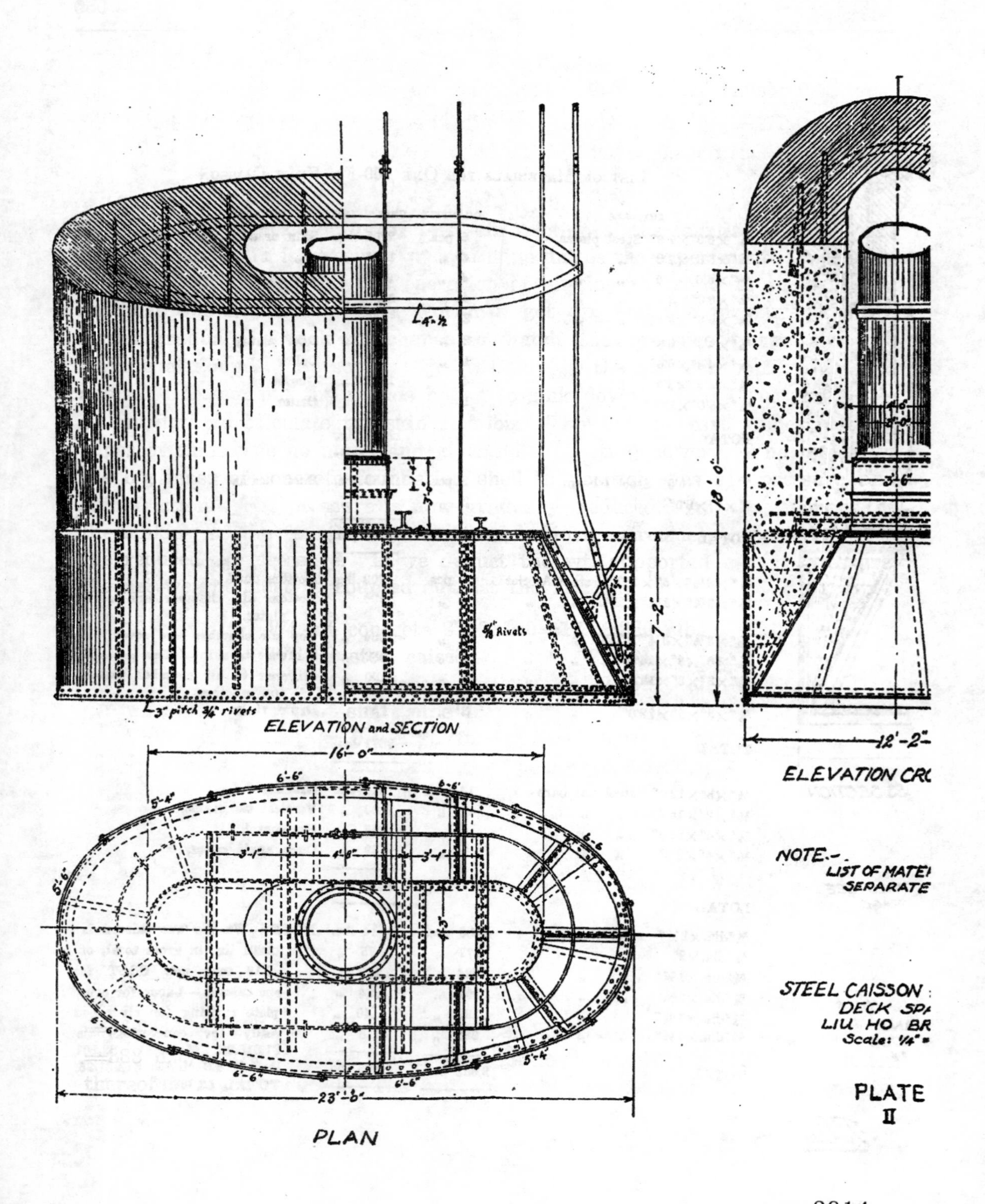

L 4-½
ELEVATION and SECTION
L 3" pitch ¾" rivets
⅝" Rivets
16'-0"
23'-6"
PLAN
18'-0"
7'-2"
12'-2"
ELEVATION CRO
NOTE.-
LIST OF MATER
SEPARATE
STEEL CAISSON
DECK SPA
LIU HO BR
Scale: ¼" =
PLATE
II

enclosed must be large enough for the shaft pipes: 4' wide by 8' long with round ends, the slotted area being provided for facilitating the fixing of the latter. The concrete for the foundation shell was 1:3:6 with 20% to 30% of rubble embedded in although 1:4:8 or 1:5:10 ratios have been commonly used by some other engineers for such work. Our reason for such modification was this—a richer mixture produced a stronger concrete and thereby we might use a sand core to fill the shaft hole instead of concrete, that means to say the greater cost in mixture would be balanced by the saving from sand filling. But the real advantage was the less care taken from the fear of breaking the shell during sinking process.

In determining the depth of foundations we must look for two things: (1) the bearing power of subsoil and (2) the possible depth of scour. As the Liu Ho river is in a fairly graded stage and lies in a flat country, there will be no severe scour to the bed, while the shifting character of quick sand, on the other hand, is not to be over-looked. An assumed depth of 15 ft. as the severest scour will be sufficient. Now let us see the bearing power. In the "Allowable Pressures on Deep Foundations" Mr. Corthell has remarked the safe bearing power for fine sand to be 4.5 tons per sq. ft. when confined to a depth of 23 ft. The upper part of the river bed is of quick sand; and 20 odd ft. below was fine sand. The depth of sinking is thus designed accordingly, and a depth of 40 to 50 ft. below the lowest water line was prefixed in accordance with the existing features of present river bed and the posibility of different degrees of scour during flood. Neverthless it would be unsafe to go by theoritical valves only and would be much better to be guided by the existing bridge foundations in the Railway under similar conditions. Furthermore, an actual investigation was made to pier No. 3 during sinking process and the rough calculations are as follows:—

The total height of founds was 49.42' and about 45' sunk below river bed.

Cross-sectional area of founds=219.66 sq. ft.
Circumferential surface of founds 56.29 sq. ft./ ft. high.

Volume of founds	=10,855.6	cu.	ft.
Volume of plinth	= 2,218.2	,,	,,
Volume of pier	= 2,270.9	,,	,,
Volume of G. S.	= 245.7	,,	,,
Total Volume of concrete	=15,590.4	,,	,,

D. L. (1) Wt. of the above=1091.33 tons.

(2) Wt. track (67 ties @ 222 lb. & 60 lb. N/S rails)=9.55 tons.

L. L. (1) Rolling stock, taking Cooper's E-40 loading=212.0 tons.

(2) I (impact)=P×300/(100+300)=212×0.75=159 tons.

Total load on pier (D. L.+ L.L.)=1471.88 tons.

Now comes finding of the skin friction of the foundation shell with the fine sand. It is difficult to determine unless the experiment is carefully conducted. When at the last operation of sinking the sand in the working chamber was cleared up, all the workmen got up, and the pressure was released gradually, I took the chance to watch the pressure guage and the sinking of founds. As soon as the pressure in the air lock was reduced to about 10 lb./sq. in., the founds began to sink down. Now I just take this as my data to calculate the skin friction. The bottom dirt under cutting edges of caisson is no more, and gives no supporting power. What holds up the big mass of concrete foundation shell in position was air pressure and skin friction. The pressure is now gradually reduced. At the moment of the sinking of the founds, the total weight just overcomes the friction plus the reduced air pressure. If we deduct the wt. supported by air pressure, the net weight must be counted against the friction.

Wt. of concrete 8759x140=	1,226,260	lb.
Wt. of steel caisson	22,231	,,
Wt. of reinforcement	2,352	,,
Wt. of shaft pipe 46'		
@ 0.4 c. ft./ft.	9,016	,,
Wt. of air lock say	15,000	,,
Extra load say	3,000	,,
Total Wt.	=1,277,859	lbs.

Area of base of caisson=31,680 sq. ins.

When pressure reduced to about 10 lbs./sq. in. the caisson being to sink down, the pressure on the base of caisson is then 316,800 lbs. The net Wt. held by friction alone is 1,277,859—316,800=961,059 lbs. The height of founds embedded in earth was 44' at that time, giving the total skinal area =56.3×44=2477.2 sq. ft. The max. skin friction is evidently 961,059/2477.2 =388 lbs./sq. ft. As we understand due to the blowing off the skin friction thereof is much reduced. The probable ultimate friction must be greater, than this when the dirt packs around in the settled conditions. It may amount to 420 lbs./sq. ft. But I would like to take arbitrarily 300 lbs./sq. ft. as the safe skin frictional force.

The total load for one whole pier, dead and live is 1471.88 tons. Assume a scour of 15' during flood as before; the net depth embedded in sand is only 30.' Then the effective frictional force must be 283.35 tons. The net pressure directly on the fine sand is 1472—253.4=1218.6 tons. Bearing pressure on the sand is 1218.6/220=5.5 tons/sq. ft. This seems a little too large.

Now let us see the bending moment during such a flood. Assume again the 15' scour around pier,

a velocity of flood 15'/sec., and
a velocity of wind gust 90 miles/hr., or 40.5 lbs/sq. ft.

(1) C (pressure due to current)=27.1 tons, acting at a point 55.15' from cutting edges.

(2) Wa (wind pressure on the exposed area of pier)=2.43 tons, acting at a point 79.295' from cutting edges.

(3) Wb (wind pressure on superstructure)=7.51 tons, acting at a point 83.66' from cutting edges.

(4) Wc (wind pressure on train)=41.46 tons, acting a point 94.16 ft. from cutting edges, or 8' above rail level.

Total Max. bending moment at the point 30' above cutting edge is 3855.025 ft.-tons.

f (fibre stress)=My/I=3855.025×11.5/7265=6.102 tons/sq. ft. or 851 lbs./sq. in. This is quite ample for the tensile stress of concrete. In addition, it was reinforced,—still safer. From the comparative small B.M. we see that no more consideration is needed to understand the safety of the massive pier about the turning around. The only thing left for discussion is the bearing power.

As noted before, fine sand has the Max. safe bearing power 4.5 tons/sq. ft. when it is confined at a depth below 23' of river bed. Now the pressure of this pier is 1 ton/sq. ft. greater than allowable, but the fine sand is confined to a greater depth in the other hand. It may raise a greater value. It was at last determined by the guide of past practical experience that the said depth would be enough, although a greater depth than this is preferable.

The different depths of the 13 foundations were then determined and recorded as follows:—

DEPTH OF FOUNDATION

No. of Piers	Depth of con·rete Foundation	Depth of foundations below lowest water line
1	54.42 ft.	53.92 ft.
2	51.42 „	47.83 „
3	49.42 „	44.83 „
4	49.42 „	44.00 „
5	49.42 „	43.83 „
6	49.42 „	43.67 „
7	45.42 „	40.54 „
8	4.542 „	41.08 „
9	41.42 „	38.63 „
10	41.42 „	38.37 „
11	41.42 „	40.40 „
12	41.42 „	41.96 „
13	41.42 „	38.25 „
Total	601.46 ft.	556.41 ft.

SUBSTRUCTURES:—A plinth of 13 ft. was cast on the foundation with parallel straight sides and semicircular starlings. Above this is the pier proper 17 ft. 4½ ins. in height of the same form of plan area as that of plinth but a batter of 1 in 24 is introduced. With a view to breaking the monotony, a rectangular concrete block of 3′2½″×6′6″×12′0″ is put on the top of pier to receive the pedestals of girder, and is therefore called to Girder Seat. All the sharp corners, edges in the above are chamfered off so as to produce a pleasing look. The junctions between the different castings are reinforced by 3″×½″×2′9″ flat irons with hooked ends as plugs to have the monolithic effect.

As for the abutments we have no hesitation to choose the type of buried piers; we have good reasons for their adoptions. Firstly, the design

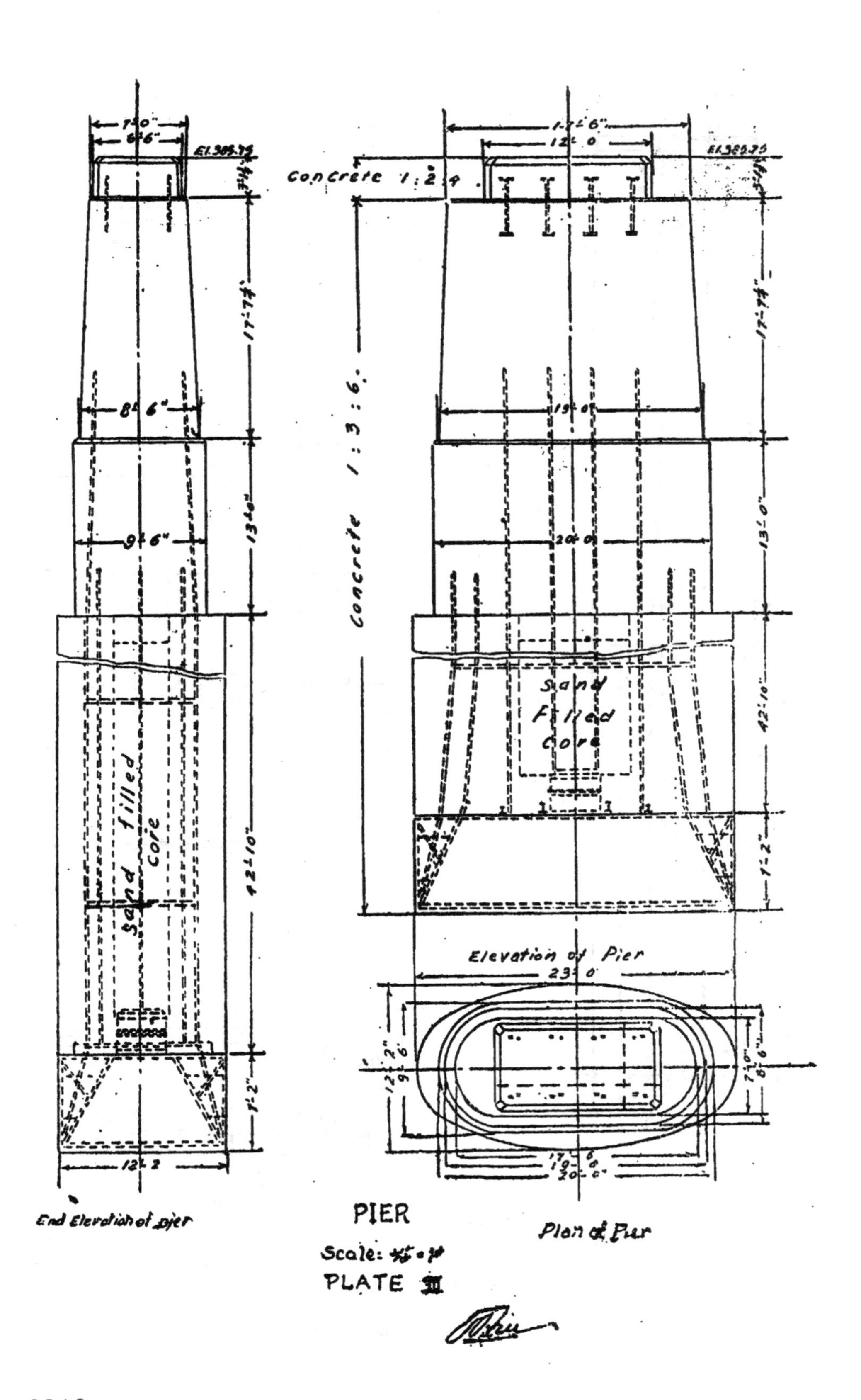

PIER

Scale:

PLATE Ⅲ

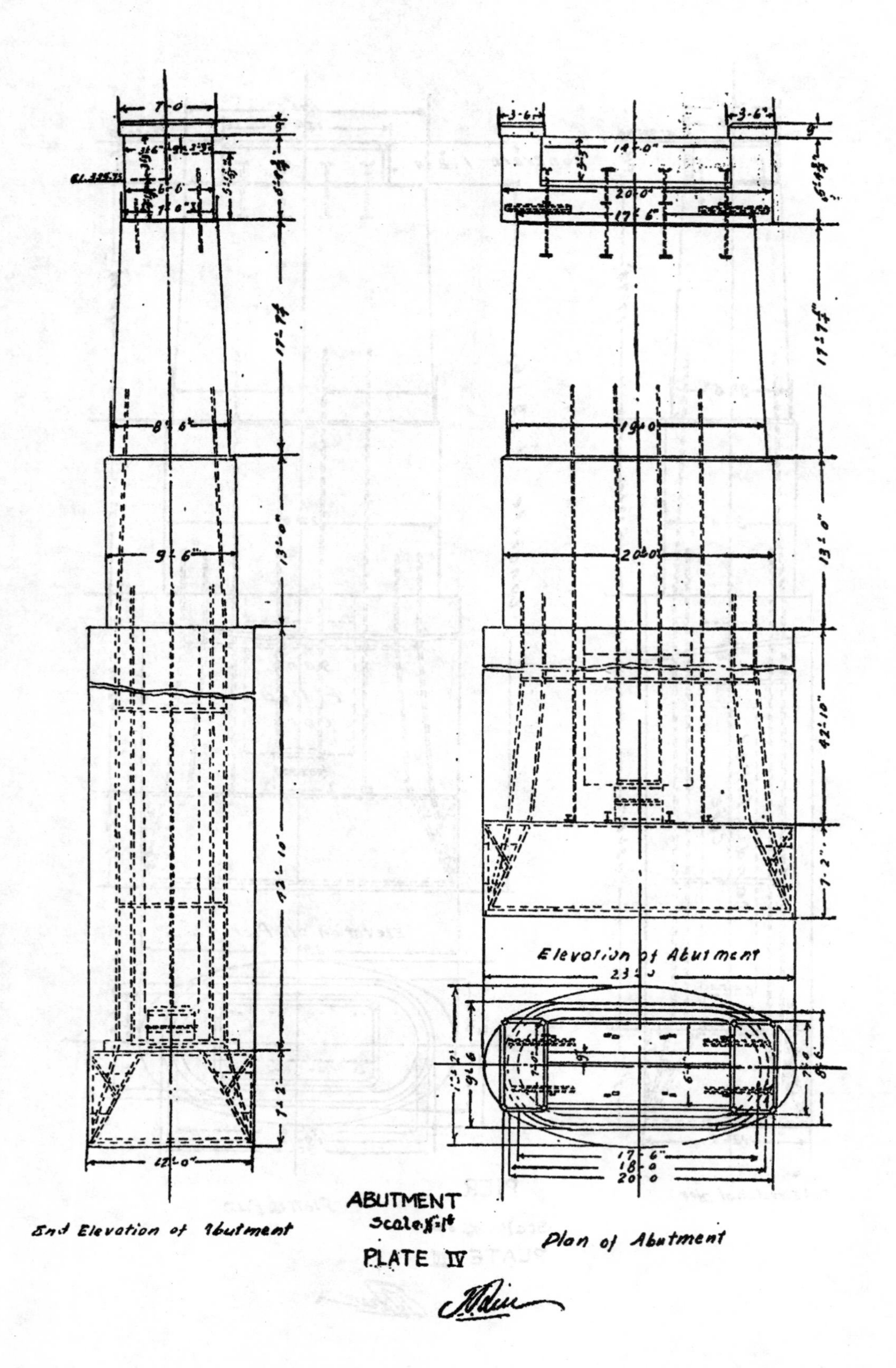

7'-0"
8'-6"
9'-6"
3'-6"
14'-0"
20'-0"
17'-6"
19'-0"
20'-0"
13'-0"
42'-10"
7'-2"
17'-7¾"
Elevation of Abutment
23'-0"
17'-6"
18'-0"
20'-0"
End Elevation of Abutment
ABUTMENT
PLATE IV
Plan of Abutment

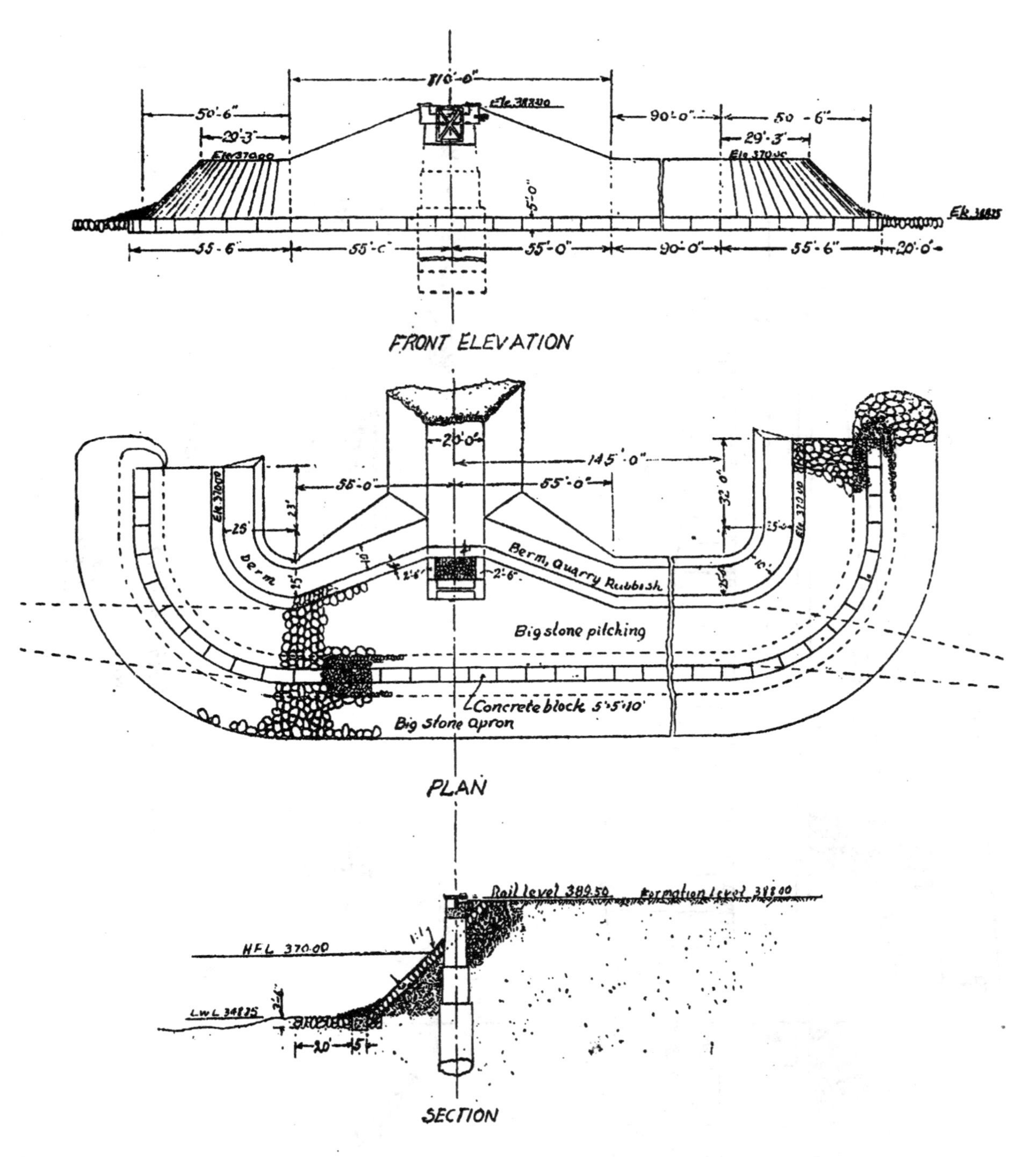

Protection Works. South Abutment

PLATE Ⅴ

Scale. 1 in.=40ft.

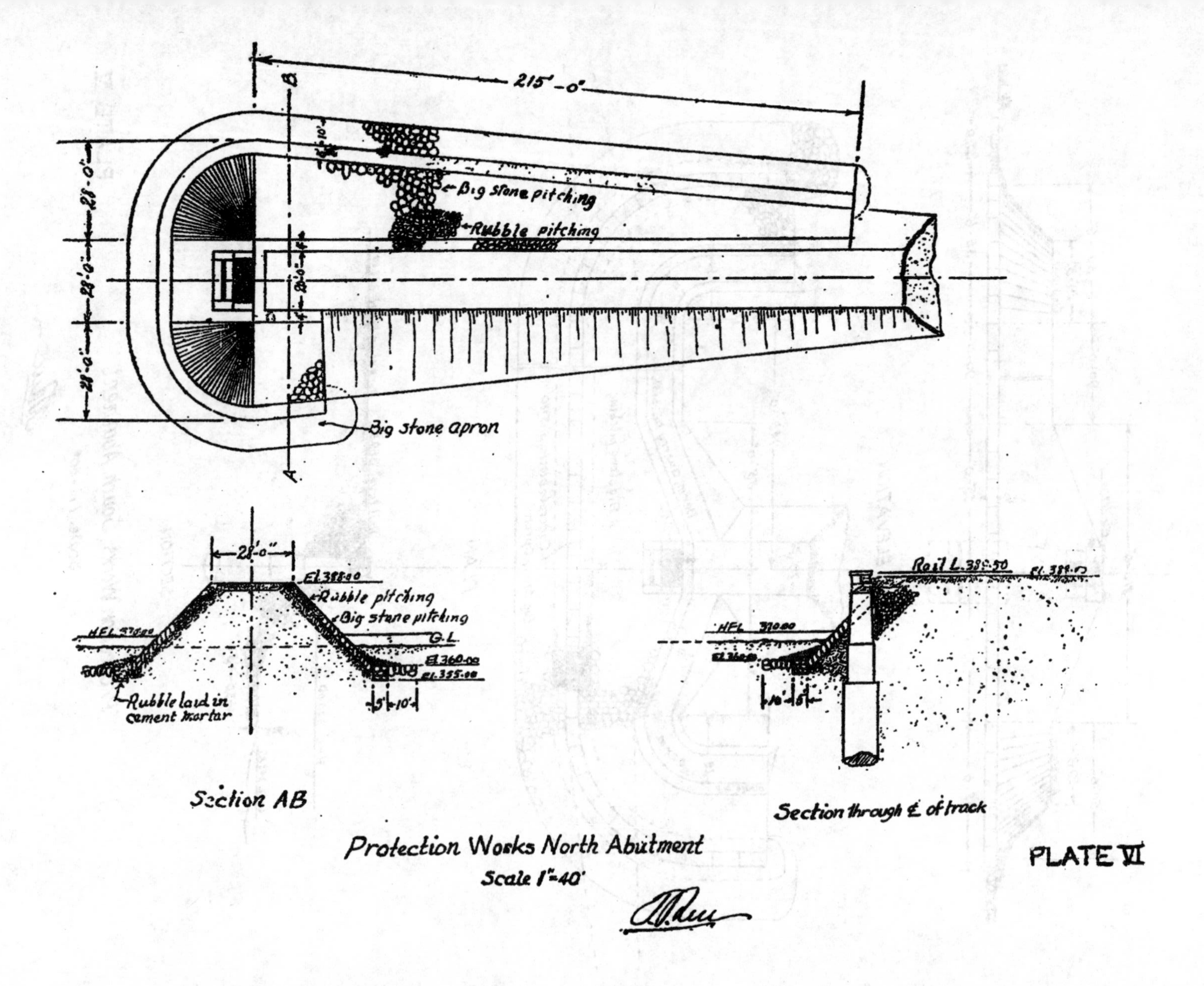

Protection Works North Abutment
Scale 1"=40'

PLATE VI

is more economical than any other types of abutment, as it has no wing walls and does not have to resist the lateral pressure of earth since the embankment spills around it on all sides. It requires no other caissons sunk for the founds than the only one for the pier itself. Secondly, the bridge will not be limited by the abutments but extensible, for some more spans can be added to from either end of bridge whenever the water channel is shifted, which can not be avoided from the geological conditions as discussed in Chapter I. Our design is, however, also involving a little modification from the common practice by omitting the short approach spans at both ends of bridge since present opening of water way is ample enough already. The constructions of the buried piers come out the same as the common piers except that on the top of girder seat a curtain wall is built to retain the earth behind, as shown in drawing Plate IV.

SUPERSTRUCTURE:—The superstructure consists of 12 old E-35 leading girders, shifted from Hsiao Ling Ho bridge in the main line of Peiping-Mukden Railway, where the busy traffic and heavy rolling stocks required the change for heavier girders and 12 spans E-58 loading girders were then specially made for the replacement. The old one is of the Warren truss with vertical deck girder, 106'-6"in over all length, 10'-10" in height and 8'-4½" in width. A further description than this, will not be given here as they are the old structures of more than 30 years and the type of structural members was out of date.

PROTECTION WORKS:—The design of protection works is self-explanatory from Drawing Plates V and VI. The south abutment is in the little concaved side of river bank, and of the lowest river bed and therefore is to resist the strongest water current during flood. The pitching work consists all of big stones (2'×2'×2'6" to 1'9"×1'9"×2' in sizes, 1000 to 1600 lbs. in Wt.). As for the footings a greater mass is preferable and made in 5'×5'×10' concrete blocks. In front of the footing a protective apron of 3'6"×20' is laid around. And rip-raps dumed on the top of the latter near the footing and the footing blocks themselves so as to provide enough quantity of rubbles to refill the washout underneath when scour happens during flood. Beneath the apron in the up-stream side willow "babies" were used offord a better means for protection against scour. We have planned, however, to build spur dykes in the up-stream side and rip-raps with willow matress for bank protection in some day if the scheme of present pitching works show any sign of failure.

The ground surface in the nor.h abutment is nearly as high as the highest flood level. Hence there must not be any severe scour there and the protection is accordingly designed with light work. The footing is built of common rubbles laid in cement mortar and grouted, which requires no less cement than the concrete, but with a saving resulting from doing away with forms and less cost in labour. Should the scour be so heavy that the present protection works would fail, the bridge would have to require some additional construction as water channel might have been shifted since such high ground would have had been washed out. Therefore, the light work is thought alright. The big stone pitching is used only to a height 5 ft. above the ground level; the remainder being pitched with common rubbles.

Chapter IV. Deviation of Water and Track

The water course spreads to a width of 500 ft. and has an average depth of only 1 ft. or less in the dry season. For facilitating the work, it is preferable to have narrow channel notwithstanding the greater depth resulting therefrom. Besides, for the purpose of better communication deviation track was laid across the river first at the end of December 1926 by putting a temporary bridge. The water was thus deviated by using sand embankments from both sides, covered with quarry rubbles and rubbish.

The temporary bridge was first built of 10-15′ spans of wooden trestles with 20′ pile foundations in such a great hurry for track laying that only enough opening was left for the present water, a great part of which was frozen into solid ice at that time. In the next spring, March 17th to 25th 1927, the big pieces of flowing ice with full damaging force, clogged the bridge openings, and did us not a little trouble. Fortunately, the trouble with ice was foreseen a few days ahead by fixing up a series of wooden frames of 2-40′×12″×12″ oregon logs on the water surface in the up stream side of bridge opening, forming an angular nose of about 65°. The nose rested on a temporary pile driven directly underneath and the two other ends of the logs were fastened to the piles of woodern trestle. The immense force of the flowing ice was thus absorbed when striking the logs, and then the ice was broken into small piece and led through the bridge openings by workmen in day and at night. For one week's time all the ice melted and the trouble was over.

When the flood season came, the track was broken and the temporary bridge taken off in 20th of June 1927, the piles being left in position.

After raining season the temporary bridge opening was then enlarged for another 10-15' spans of wooden trestle to pass the then increased volume of water. The old piles were adjusted, the new piles driven, and the decking replaced. The track resumed its communications on the 3rd of August. In the whole season we had one and only one big flood about 15' happened in the river and thus only a few pieces of the old piles left in were washed out off the vertical position, which were adjusted by helper piles and bracings afterwards.

The deviation track was 4500 ft. in length with a grade of 1 in 60 at both connecting ends and level in the middle, laying at 80 ft. up stream side of center line of bridge. The fine sand in the vicinity of river brings difficult and given troublesome question in the maintenance work for the deviation track. On a windy day, especially in the spring, the track may be buried up in 5 minutes if no workmen kept working out the sand continuously. Twenty trackmen at least were kept to clear out the sand daily. As many as hundred men sometimes were required to line up along the track for the purpose, shoveling with great rapidity. Even so the rate shoveling out for times failed to beat off two incoming sand and trains had to stop at near stations to wait. The cost for maintenance thus run high as shown in Chapter IX.

In connection with the deviation track three sidings (see Drawing Plate I) were laid for loading and unloading materials, tools, and air plant machinery. They were so placed as to suit the different purposes in their respective economical arrangement. The one in the upstream side at south bank was good only for bringing the heavy stones to a nearer distance to working site, while the other in south and one in north were necessary for all the works throughout.

CHAPTER V. FOUNDATION SINKING WORKS

AIR PLANT:—The bridge work was started at the end of April 1927. One air compressor requires two boilers (P.M.R. standard construction vertical boilers) to supply steam for its running. If two sets of compressors in use four boilers must be fired accordingly. Two extra ones, however, must be provided for reserve in case of washout or other accident. Therefore in total we had 2 air compressors a air accumulators and 6 vertical boilers in the house. One 4'-0" well of 25' depth were drilled and brick lined in the south of boiler house in the 1st time and one steam pump used for the supplying water to boilers. The water was then found not sufficient. Two small open cut wells were excavated in river and another steam pump added to supply water to the boilers. 4″ air pipes and 1½″ steam pipes were afterwards led from the engine house to the working spot.

Caissons No. 1 and 2 commenced to sink in the beginning of June 1927 and sunk home at the end of month. Then the flood was to come and the sinking work suspended in July and August. During this flood season the concrete work in piers No. 1 and 2 was completed, and another temporary engine house was built up in the North bank, in which one air compressor (big type with 2 flywheels), 5 small cylinder type air compressors, 2 air accumulators and 4 vertical boilers were installed. Another 4′ brick lined well was drilled for water supply. Air pipes and steam pipes were fixed out. For such arrangement 3 caissons could be sunk simultaneously. After flood season the sinking work was resumed on 1st of September.

When air pipes are too long, the effective pressure would be much reduced on account of pipe frictions, and the danger of pipe breakage also increases. So it is not advisable to use one power house only in one bank to supply pressure to the working spot at the other. Hence we decided to erect two power houses: one to supply power only to 500′ distances. (See Drawing Plate 1) For the 4 piers No. 4-7, the pressure was supplied from both sides. One line of 4″ pipes was connected to the air accumulators from both ends with stop valves provided near each pier so that the air pressure might be let to the caissons in sinking desired by rubber hose. The air pipe was supported by sleepers driven to river bed under each joint. The steam pipe was used to supply steam pressure to the hoisting engine. When too long, it was also not advisable due to the reduced efficiency by transmission. So one extra vertical boiled was shifted around and put up to the place whereby the work was facilitated. hen the weather was getting cold, it would be better to have the air warmed. The steam pipe was therefore put just under the air pipe and bounded with straw ropes, thus securing several advantages: (1) less danger in breaking the air pipe due to the contracting force outside and bursting pressure inside; and (2) the better temperature for workmen in the working chamber. In warm weather on the other hand, the reverse is true; air lock should be cooled by blanket soaked in water for its protecting covering.

AIR LOCK & HOISTING ENGINE:—The air lock is of 3 section type; one for entrance to workmen and tools, the middle one directly on top of shaft for the ingress and egress of men and materials, the third one only for the out put of dirt excavated. The workmen get down or climb up the shaft to or from the working chamber by the means of steel ladders riveted to the walls of the shaft pipes, while the out put of dirt excavated under the working chamber was put into iron bucket which was pulled by the hoisting engine. The hoisting engine was run by steam from the vertical boilers. The engine was mounted on the top of the air lock.

(A) Air Lock and the Tripod

In practice there are two ways to place the air lock;—One is directly on the top of working chamber, and the other on top of shaft pipes. Since our foundation shell was too small for the former method, we had to adopt the latter by placing the air lock on the top of shaft although it involved the difficult condition for workmen to climb up a greater height under heavy pressure.

Standing above the sining shaft one tripod was made of 3 pieces of 12"×12"×50' oregon logs the top joint of which one 1½" round iron pin was bolted through. One 1" iron hoop was put on the pin to receive a 2½" triple or double pulley block for manila ropes to pull the air lock when necessary.

The only available illuminating power in the working chamber and air lock we could use here was canddles, which gave a much brighter light under air pressure inside than it did outside due to the larger supply of oxigen in the former. The canddles, however, must be of the best quality, or the smoke produced is harmful to the workmen.

(B) Temporary Engine House at South bank

MOULDING FOR FOUNDATION SHELL:—The outter moulding was built of 2" oregon planks in the same elliptical shape as the caissons in 10 pcs;—two large pcs. in both long sides and 4 pcs. in each round ends. They were 8'-3" high. The wooden planks of varied width to comform the cuvature with both faces planed smooth, were bolted to 3 line of 3"×3"×½" steel angles the ends of which in each piece of mould were best into right angles with bolt holes provided thereon The whole moulding could be erected easily only by bolting together the 10 separate pieces and erection could be done within two or three hours. The inner moulding was designed under the same scheme as for the outter one, but only built into 2 pcs. equally divided at the semicircular ends and of only 4' high. Wooden struts 3"×3" and 4"×4" were necessary to keep the mouldings, outer and inner, in exact position, and removed when concreted up. The moulding must be adjusted for watertightness for use each time.

GENERAL PROCEDURE IN SINKING WORK:—The centre line of bridge must first be pegged out by transit with great care. At each end of embankment at both sides of river one concrete peg must be cast as the permanent transit station. One temporary transit hut built thereon was quite useful. The distance between piers marked out with steel tapes in exact measurements. Then for each pier two permanent concrete reference pegs were set with right angles to the center line at convenient distances from both sides. Several permanent bench marks for leveling were also to be made and checked in convenient places to suit our use. The water in Liu Ho was pretty shallow throughout. It was deemed wise to fill up the river bed by sand to form an island instead of shipping the caisson on river bed directly, as it would be hard in adjusting the right position by the latter method. Then the different parts of the steel caisson were transported to position on island. They were erected and riveted. Field riveting work was done by contractor's force with 2 sets of forges. 8 men could finish the riveting in two days. After the caisson was adjusted in position open excavation began. As soon as the water in caisson was too deep for work, the caisson was concreted to a height of 2′—3″ above the top of working chamber with 1:3:6: mi- ture. Meanwhile the tripod for hunging air lock was erected.

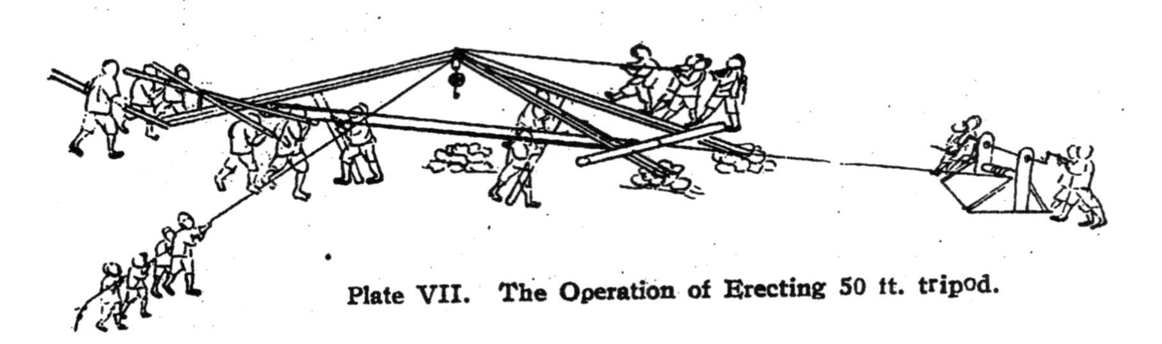

Plate VII. The Operation of Erecting 50 ft. tripod.

The erection of 50 ft. high logs is not so simple a matter as it looks. After several trials the following method was found the most convenient and than adopted throughout the job (See Drawing Plate VII). Place two feet of the legs in their proper position. One 20′×12″ pile was fastened at both ends to the two feet with ropes as a strut or tie rod. Now a 1″ double or triple pulley block was tied to the middle of the 20′ pile while another block to the foot of the third log. Manila rope was passed around the blocks. Human force or hand which was used to pull the end of rope, thus moving the third foot gradually to position and the tripod raised. To aid this move- ment 4 men were required to lift the third foot and one man to move it by means of a pole in lever action so as to reduce the friction with ground sur- face; also one man under each of the three legs moved along with one pc. of sleeper as a jack in order to lighten the weight in question. With precaution to prevent the tripod from inclining towards either side, two lines of rope were tied to the top of tripod to maintain its position, 5 or 6 at each of the two ends of ropes. The footing of the tripod, however, must be a sound one; built up of rubbles. Once, a footing at pier No. 4 was a little soft. The tripod was then turned down with an air lock no sooner than a strong wind current blown against. Fortunately, no great damage done other than the bending one pcs. of air pipe by the blow of falling weight.

(C) Sinking Work, taken from up stream side.

After the concrete setting well and mouldings stripped off (3 to 7 days in accordance with temperature) the shaft pipe and air lock may be fixed up and pneumatical sinking started right away. If water line is too near the top of working chamber another length (8' in our case) of concrete must be added on before starting the sinking. For this size of working chamber a sinking gang of 15 men is quite enough. Three shifts of the working force in sinking were changed around in day and night. After the air and shaft pipe fixed in right conditions and tesed in perfect air tight, 10 workmen got into the air lock with their tools and candles. Eight of the ten got into the working chamber, six to do the excavation and two in charge to fill the dirt into iron bucket. Two men remained in the air lock; one cared for the brake of the hoisting engine, pulling the bucket aside when full, sending the same down shaft when empty; the other engaged in pouring out the dirt from bucket to the out put hole. On top of the outside air lock one fitter operated the hoisting engine, opening or closing the steam valve in accordance with the signal sounds. When the dirt was poured into the hole from bucket, the inner cover of out put hole was closed and the other cover then opend from outside. Dirt dropped off and was cleaned away by 4 men standing under the air lock outside. The bucket was sent down and refilled and the whole operation repeated again and again until the room in working chamber was large enough for sinking down.

(D) Sinking Work, taken from down stream side

The excavation of dirt under chamber was started in the centre and gradually cut outward to the cutting edges. One strip of 1'-6" to 2' wide of dirt (for this kind of soil—fine sand) must be left along the cutting edges during the excavation. When deep enough for one sinking, concentrate all the force to clear away rapidly the dirt thus left along and dump it to the centre of chamber without hauling it out. The workmen would then all get up with tools to the air lock. Then a special sound was made to notify the engine man to cut off the air pressure from outside. As soon as air supply stopped the caisson sunk down gradually. And by this process the whole operation was repeatedly gone through until the top concrete shell was only at convenient height above water line for concreting work.

Well, the process for sinking is quite plain and easy as seen from the above discription. Yet, in practice skill and experience are of supreme importance. In sinking foundations No. 1 and 2 the contractor was too anxious to run fast by thinking that the greater depth sunk one time must be more economical than the many a time of smaller depth. But he never thought the reverse was true. He tried to sink the founds 2 to 3 ft. at a time by suddenly releasing pressure. For every trial, however, contrary to his expectation, the fine sand ran in with water to the chamber; sometimes it was so serious that the chamber was all filled up even to 1 or 2 ft. in the shaft. In this case, when pressure applied again only one man could be admitted to get down the shaft to clear out the sand by means of an iron ladle and put into a hemp bag hauled up for disposal. This one man work must be kept up continually until the pit was sufficiently enlarged for two men to work; but sometimes they worked a whole day without a single inch advance. How slow the progress you may just imagine! Afterwards the sinking for one time was limitted to 1′—6″ and less, and pressure to be reduced by degrees. It worked alright though sand rush could not be avoided entirely; but not in any way as serious as before. "Blow off" is indeed a good means to aid sinking but not to be applied here! Furthermore, the progress of sinking depends largely upon the consistent and harmonical working of the different parts of workmen, too.

After the 1st length (8′ high) of foundation sunk down, the air supply was cut off, the air lock lifted and hung up to the tripod. Some lengths of shaft pipes might be removed, too, in case of inconvenience. The mouldings were then erected again and concreted for another length of 8 ft. In the erection of moulding skillful workmanship and care are required to make good smooth surfaces at the junctions, otherwise a great resistance to the sinking might be produced. The slight error in alignment of foundation might be corrected by the concreting in the second time.

The foundation shell could be made entirely water-tight only with great care. The junctions between different castings are usually the source of leakage. When water gets into the place between foundation shell and shaft pipe, you are not to worry about. It does no trouble, just let it stand there. It is said that the workman suffers less in a little airy chamber than in the one entirely air tight like sticky clay stratum. As the Liu Ho river bed is nearly all of fine sand, the air under pressure always tried to find its way escaping. When the foundation was sunk about 40 ft. below water one can see the air bubbling all around the working site within a circle of about 100 ft. radius.

SEALING UP THE WORKING CHAMBER:—As soon as the foundation shell was sunk home according to Engineer's instructions the last gang of workmen must get the soil under chamber leveled out, clear the cutting edges of caisson; and all the exposed inner surface of chamber washed with water so as to clean off all the dirt from sticking there to. The hoisting engine is stopped for working; a special valve at top of air lock is put on, and wet concrete mixture poured in cu. ft. by cu. ft. Two or three men inside the chamber ram the concrete compactly, especially under the cutting edges. When concrete filled to only 2 or 1 ft. near the top plate of chamber it is pretty hard to get the concrete sound by ramming. All the voids thus left in, however, could be well filled by pouring into the chamber a large quantity of cement grout; fluid can easily find its way under heavy pressure. The concrete then continued to be poured in until all the chamber filled and up to 2′—9″ to the 3-ft. shaft pipe above the top plate, leaving enough room to remove the bolts thereon. It is a good practice to have a lot of cement grout left in the shaft as show at A in figure. The sealing work took on average 12 hrs. Then the concrete was left under pressure for 24 hrs. after the concreting was finished.

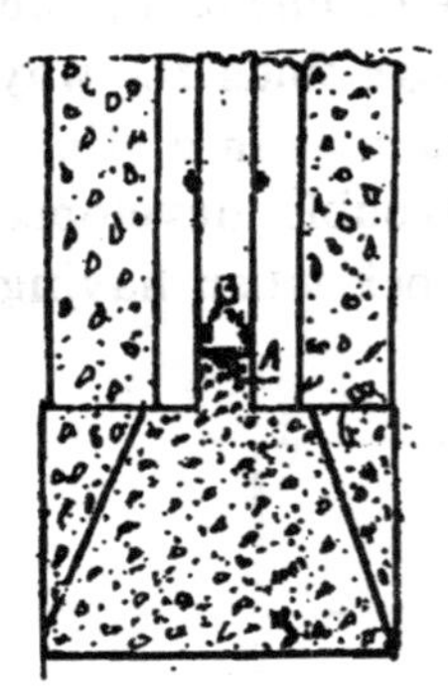

After the setting of the sealing concrete, the pressure was gradually reduced and one fitter got down to loosen all the nuts, and take off the bolts at the bottom joints (B in Fig) of shaft pipe. The pressure was now cut off entirely and air lock taken away. The shaft pipes were lifted up in whole piece and taken off length by length from top. At this time some water was still left in the shell, which would help the sand fillings afterwards to better settlement. The sand excavated from the sinking work now was used to fill the shaft whole in foundation shell. When water seemed too much, it might be bailed out. The sand core was filled to a height 2 or 3 ft. below the top of concrete foundation shell so as to leave room to form a key with the substructure castings.

A total sinking of 556.41 lin. ft. for the 13 foundations was done in an interval of 120 days with an average progress of 4.63 ft. per 24 hours. Most of the 13 foundations were found a few inches off center line, inclining towards the down stream side inspite of various means having been tried for their correction.

CAISSON SICKNESS:—A weak fellow must not be subjected to work under air pressures. Any ulcerated part in human body subject to heavy pressure will be swollen. When one gets into the first door of air lock and is going to open the second door, he should open the valve for second door slowly, meanwhile he should keep a good pressure in his body by closing his mouth, holding his nose with fingers, and trying hard to exhale until his ear drum feels something. The second door can be opened now and he may go to work. For the first time, he has better to go in under a low pressure. If the pressure has been too great for him in opening the valve to second door, he must close the valve right away and open the first door, getting off. Don't try any more. Since the strata we worked through are of fine sand and porous and the dirty air in chamber under high pressure always finds its way out and fresh air coming in, our workmen didn't suffer so much as in a sticky clay or some other air-light strata; hence only a few got trouble developed and one assistant foreman got sick who went into the air lock when having a headache.

(E) Temporary Engine House at North Bank

(F) Temporary Boiler House (Courtesy of Mr. K. S. Chu)

The air pressure in working chamber varies with the depths below water line, and usually a little greater than the pressure required to keep out the water. The highest pressure had been used here was 27 lbs. per sq. in. when 45′ below water line.

CHAPTER VI. SUBSTRUCTURE CONCRETING WORKS

MOULDINGS:—The mouldings for plinth and pier were built in the same cheme;—there were two unit piece for each round end made of 2″×6″ oregon planks with the grain vertical. Circular rims at 2′-1″ apart used as waling pieces were cut from 3″ planks and strengthened with iron sheet in junctions. The moulding for the two straight faces were made of separate pieces of 2″×12″ planks, with grain horizontal, nailed to the vertical bracing posts at every erection. The two large pieces of moulding thus made were held togather with 5/8″ or 3/4″ round iron bolts at 2′6″ apart through the vertical bracings. Small wooden pipes were first used to protect the bracing bolts from concrete inside the mouldings. This was found too expensive in cost and unsatisfactory in service. Then we tried to utilize the old, or say wasted, 1½″ boiler tubes for said purpose and found it satisfactory.

When wet concrete mixture is poured from a too high position the aggregate may have chance to drop first due to its higher specific gravity and separated from the finer material, cement mortar. Under such conditions the concrete will not be so good. As the pier mould was 17′—7¼″ high it was not advisable to pour the wet mixture from top when concreting the lower 10 ft.

Therefore one door of 6'×6' was provided in the pier mould at a height of 10 ft. above the top of plinth. After the first 10 ft. concreted the door was blocked up and the remainder 7'—7¼" was then concreted.

The mouldings for Girder Seats were very simple, no description being given here.

(G) Pier Mouldings

SCAFFOLDINGS:—For a low concrete structure it is very simple. Now is described something about scaffoldings for concreting the high piers, the highest of which, including a few ft. of foundations in river bed, was 37ft.

At each of the four corners a 40' round pile of 12" dia. was erected 2 or 3 ft. away from the pier proper. To each of the four posts another 35' pile was tied obliquely with a convenient angle as a support to hold the posts in position. In the winter time we tried to protect the footings of posts by pouring water and dirty around, the frozen action of ice being found satisfactory. Two pcs. 28' telegraph wire poles of 6" dia. were horizontally fastened to top of the 4 posts at both sides as beams; and 2 pcs. 4"×6"×17' logs at both ends as bracings. In addition, 2 more 40' poles were erected at both sides of the door in pier mould, with the tops tied to the beam A and their duty was twofold;—one to strengthen the top beam A to a shorter span; the other as posts to receive a short beam E 4"×6"×9" for the gangway at the sill of mould door. In the back side another additional 40' pole was erected in middle of the two main posts, strengthening the other beam B, too.

(H) Scalfolding to Pier Moulds
(Courtesy of Mr. Y. Y. Wu)

The gangway for concreting was 6 feet wide, consisting of 6 pcs. 3″×12″ oregon planks. At the sides railings were provided along on the higher position by means of ordinary scaffolding poles. The planks of gangway was supported by sleeper stacks underneath at 10 to 14 ft. clear spans. The slope of gangway varies from 1:3 to 1:5 but the former only adopted for short distance, otherwise the workmen could hardly walk up with their loads. In concreting the No. 4 pier the gangway was as long as 200 ft. in 1:5 inclnation. This haulage was a hard task. As you understand from the previous articles one door in the pier mould was provided for concreting the lower 10 ft.; and you understood also the concreting for such whole piece of work should be cast in one continuous piece, junctions being not advisable, our gangway must be built accordingly to facilitate the 3 pourings (i.e. before and after the blocking up of mould door) without wasting much time for its doing before the set of first casting. Therefore, sleeper stacks were not put under the first and second spans near door, bur, but 2 pieces of 35′ round pile were erected with horizontal beams F and F for the supports.

For the first casting the gangway was placed on the beam F and led to the sill of mould door on beam E. (not visible in Fig.). As soon as the first casting finished the gangway planks were lifted and supported on the upper beams G and A, meanwhile the door of mould blocked. Such change could easily be done within one hour or less.

Most of our concrete work was done in the severe cold winter, means to heat the concrete was necessary. Salt was dissolved in water at 13½ to 18 lbs. per fang of concrete, or say 0.5 to 0.8 lbs. salt in every cu. ft. of water, and the water heated in two toubs of tip cars. The sand was heated on steel plates, too. Besides, the moulds were covered up with straw curtains all around. Concrete thus cast was proved to satisfactory, except 1 or 2 inches some part in the surface, as shown in later test.

The duties of workmen for concreting the high pier (18.5 fg.) in one day were arranged as follows:—

4 water men carrying water from river to working site.
4 fire men heating the water and sand.
4 men pouring ballast and sand on mixing plate.
6 men loading ballasts to measurement.
*10-16 men to shifting ballast when far from plant.
3 men loading sand to measurement.
*6-10 men shifting sand when far from plant.
3 men proportioning cement and sand.
1 man pouring water to dry mixture.
8 men mixing wet mixture by shovals.
4 men loading wet mixture to carrying baskets.
32-48 men carrying wet mixture to moulding.
4 men pouring concrete mixture into moulding.
4 men in 2 shifts ramming concrete in moulding.
3 carpenters watching the mouldings
*6-10 men for all the miscellaneous work not mentioned above.

Thus a total of 132 to 80 men would be required to do the concreting work. *indicates optional.

GENERAL PROCEDURE:—Center line is one of the most important factors in bridge works, and should be marked out and checked before and after every casting. As said before the concreting of low structures are comparatively simple and easy, and no description is necessary. Now some remarks are made to the high piers. To begin with, the 4 vertical posts (40' piles) were erected and the 4 beams A, B, C and D then lifted and tied to the tops of them. Two extra 4"×6×16' cross beams H and I were placed on beams A and B, and on top of H and I, 4 pieces of 3"×12×30" planks were placed. Carpenters then could get on and the vertical bracings hung up to the planks; the moulding erection thus going on. Meanwhile one

25 men gang were doing the scoffoldings for mould and another gang of similar numbers doing the sleeper stacks and the gangway. When materials all ready 20 carpenters could finish the erection in 3½ to 3 days, while all the scaffoldings by other gang 2-4 days. Many other gangs engaged at same time to handle materials, fixing plant, for concrete; stripping old concrete moulds; and running a lot of other miscellaneous concerned there-by. When all the things ready, the concreting was started in morning and all efforts tried to complete the whole casting in that day. As the work was done in the severe cold weather great care must be exercised. Be sure to get concrete well rammed. Sometimes the wet mixture froze already before poured into forms; thorough ramming is the only means to recover it. When set, not much strength reduction.

(I) Concrete plant & Concreting (Courtesy of Mr. Y. W. Liang)

In concreting, 2 or 3 carpenters were in charge of detecting any movement to the forms; and tried all means to ellimmate or correct them. One thing which required our special attention here is not to let any single piece of the scaffoldings get in touch with the mould; thus the latter would not be affected by any movement of the scaffolding poles or planks caused by the live load of workmen.

After the casting was finished the concrete must be well protected from cold by means of straw curtains. As the concrete was of a big mass, and as the work was in hurring, the moulds were taken off only in one week even in the so cold weather. It gave no sign of great defect.

ARRANGEMENT OF WORK:—There were only 4 sets of pier moulds, and 2 gangs carpenter for erection and taking off, and the work so hurried that concreting had to be done in every other day. Any arrangement must be an economical one. Every gang was engaged to do the duty at his best and all the different parts of work were not supposed to interfere with or wait for each other. Total men engaged for the whole piece of concreting work were as follows:—

1 gang, bosun @ 25 men=25
4 „ general @ 25 men=100
5 „ „ @ 20 men=100
1 „ „ @ 15 men=15
2 „ carpenter @ 25 men=50
2 „ blacksmith @4 men=8
Total workmen =298

From the above arrangement and we had 27 castings of 321.45 fg. concrete in total within 39 days (8/12/27-25/1/28). One thing, however, experienced from management of the above gangs was too many headed that the ganger's duty might be likely evasive when combined to work the large piece of concreting works. The foreman could hardly get control of them. This was not advisable. The number of men in one gang must be in proportion to the volume of work.

ACCIDENT:—Our work went on smoothly and quickly. In the morning of January 6th, 1928 when the concreting just started and 8 men with wet mixture got on the gangway, one horizontal beam E of the scaffoldings at pier 9 was suddenly broken, and beam F followed. The 8 men with loads fell down with the plants. As a result one man broke his right shin, one man was badly wounded at his rib and 5 men hurt slightly. After close examination as to the cause of accident it was found the broken piece was orverloaded. From this we learned that close examination of the important members should be made every time although it had been used safely for so many times.

TEST OF CONCRETE:— 72% of the substructure concrete work was done in the severe cold winter with minimum temperature of 24½ degrees and a maximum 6 degrees Centigrade below zero, under shade of building. A much lower temperature must be in the open field and on icy river.

In taking off the moulds it was found a few inches concrete frozen in the surface while the tie bolts, being taken out from mould, smoky vapors curling up, showed much heat had been evolved from the concrete inside when set. The surface frozen concrete after moulds were dismantled melt under sun light and then set.

All the castings were satisfactory except the surface of the 11th pier which looked rough and loose. This was traced to the carelessness in ramming during concreting. The pier was then chiseled for examination and test. Pieces of sample concrete obtained from a hole of 12" depth. It looked white and loose and its tensile strengh was found from 60 to 80 lbs. per sq. in. But after the samples were submerged in water 4 hours its tensile strength increased to 180—220 lbs. per sq. in. approximate. The test was not accurately done as the samples were not in testing briguett forms. It convinced us, however, that the aggregate will be continuing to set and will be stronger when they are moistured in the raining season. After the raining season the piece No. 11 was examined again. The concrete of the inner part proved as sound as other castings. Concrete at 1" to 1½" in surface showed a reduced strength. Our conclusion was this, Massive concrete can be cast in the cold winter and just as good provided well protected and rammed.

CHAPTER VII. GIRDER ERECTION

FALSEWORK:—As the girders were put on in whole piece, the main part of falsework was to span over the opening for track, over which the girder erection crane would run. The erection work was done in the cold winter; we had good reasons to utilize the river ice (see explaination later). It was then decided to use sleeper stacks for the falsework. Should the ice not be strong enough for heavy loadings, then falseworks must

(J) Transportation of Girders (Courtesy of Mr. K. S. Chu)

come in to play. Clear span 100 feet; ground surface to the top of rail level in the highest port 41 ft. But up 7 sleeper stacks in each span, giving a clear space between stacks 7'-6". On top of the stacks 4-12"×12" oregon logs (preferrably to have different lengths say 50 feet, 30 ft. and 20 ft., so as to make good interlocking), laid horizontally two under each rail, bridged over the openings. The width of stacks was of 4, 3, 2 and 1 sleeper length. Space between stacks was also interlocked with sleepers in one or two parts near the top.

One sleeper stack consisted of 1008 pcs. new oregon sleepers in the highest openings; a total number of 7100 pcs. sleepers required for one span. It was so arrange that one 20 men gang to do the work for one stack only while the bridging work by an exgra gang. By competition the work was getting on with rapidity; on average, the stacks and bridging work for one span can could be done in every two days.

GIRDER TRANSPORTATION AND ERECTION:—The E.-35 girder on Hsiao Ling Ho bridge was lifted up by a pair of girder-erecting-crane, where new girder of E.-50 was replaced. The old girder was then transportated to and unloaded at the nearby stations of Liu Ho by means, of a pair short borgies which were specially designed and constructed by Dr. Chen Hua, Manager of Engineering Department Works, Shankaikwan.

The girder-erecting-cranes were also constructed by Dr. Chen's design. They can carry and erect girders up to E.-60 100 ft. spans. The whole girder was suspended at both ends by means of differential pulleys and wire ropes connected with the davits or goose necks which are supported by a three-wheel borgie of 12 ft. long and balanced by counter weights resting and tied on a 32' flat car attached behind.

(K) The Girder-Erection-Crane (Courtesy of Mr. K. S. Chu)

When falsework was ready, the girder was suspended again to the girder-erecting-cranes and moved to site. The locomotive should push instead of pulling the cranes this time as a precaution to any accident to the false work and possible damage to the Engine. As soon as the girder suspended was well adjusted in position above the piers, the temporary track was taken off; and the sleeper stacks dismantled to afford sufficient room for lowering the girder which was done by means of the pulleys, wire ropes, and winches on the cranes. After having lowered the girder on the piers track was laid on the girder just erected. The erection of one girder finished. Counting from the minute when the suspended girder adjusted in position, it takes 10 min. to remove the temporary track; 20 minutes turn down the 8 pieces of 50′ logs; 15 minutes dismantle the sleepers from top of stacks to a 12′ depth; 20 minutes lower down the girder on piers; and 40 minute put back the track. Total length of time required to erect one girder was about 1¾ hours. We erected the last 3 spans in one single day on the 9th of March 1928 including travelling 1¾ miles to fetch the girders from Chang Wu Hsien station to working site.

RIVETING:—88 pieces of rivets on each span of the girder were chiseled off for the transportion's sake. Now they were required to be put

(L) Girder Erection at the 1st Span
(Courtesy of Mr. K. S. Chu)

back." The riveting was done by pneumatic hammers. The pressure was supplied by an air plant mounted on borgies in the form of covered car while air compressor was run by steam supplied from a locomotive engine attached to. The whole gang 15 men including the ganger No. 1 and fitters could complete 3 spans in one day.

DECKING AND OPENING BRIDGE TO TRAFFIC:—Bridge ties 8"×9" or 8"×10"×10' were spaced at 19" c. to c., making a total of 67 pcs. on each span. The decking started on 5th March 1928 and finished on 17th of said month by a gang of 25 carpenters: of course, the planking bridge ties not included. The bridge work was started at end of April 1927 and bridge opened to traffic on 20th March 1928 work suspended in July and August 1927 covering a period of 9 months.

RELATION OF ICE TO THE WORK:—Sleeper stacks in the 2nd, 4th, and 6th spans rested on the solid ice while those in the 3rd and 5th on the ice right in the water way with a few inch to 1' 6" flowing water underneath; the rest of the spans being directly on solid ground. Now it is considered if the ice is strong enough to bear such heavy loads.

One sleeper stack consisting of 1008 new oregon sleepers including portion of logs, temporary decking track etc. weighs 49 tons, together with the live load of girder-erection-cranes and counter weights and impact etc. 52,5 tons; giving a total load, dead and live, 101.5 tons or 227,000 lbs. This acted on the ice [bearing area=(4×8')×8'=256 sq. ft.] a pressure of 890 lbs. per sq. ft. or 6.18 lbs. per sq. in. and a punching shearing force of 1220 lbs. per sq. ft. or 8.47 lbs. per sq. in., the ice being 2'-4" thick at that period.

(M) Girder Erection at the 4th Span

(N) Whole View of Bridge after girder erection (Courtesy of Mr. K. S. Chu)

With regard to the strength of ice some German experiment made in 1885 gave a tensile strength of 142 to 223 lbs. per sq. in. Test made by U.S. engineer corps in 1880 gave crushing strength 100 to 1000 lbs. per sq. in. Railway trains have been run across ice when was 15 inches thick (see American civil Engineer's hand-book). In the experiment made on Sungari river ice which was 29½ inches thick it was reported that trains of 120 tons could run over, with a speed of 12.5 miles per hour, 7 round trips in one day for a period of 19 days; that the shearing strength was about 10.5 lbs. per sq. in.; and that the loading on ice had a close relation to the length of time (see Mr. S. T. Chang's writing Vol. IV. No. 2 of the Journal). Our ice was thick enough and the erecting-cranes would pass only once with exceedingly low speed. Furthermore, the span of ice slab in our case was very narrow. It was very safe therefore for us to take the chance of utilizing the ice to support the falseworks to erect girders at Liu Ho. We were, however, after all bothered a little bit by the ice. On 19th Feb. 1928 one day before the erection of 4th span, water sprung out of the ice at upstream about 2 miles to the working site, and flew in a layer of 12 inches. The whole river was then flooded. It was noticed the ice under flowing water in the moon time could melt down 1 inch per hour. Fortunately, some precaution had been taken soon after the water gave appearance and it was diverted to flow through the second span. So only a little water get under the sleeper stacks in the 4th span. We decided without hasitation, to take a chance of the frozen action in night, to erect the girder by the early morning of next day and luckly got over safely. Now the weather got warmer; ice melted from upper surface, and flood water tried to melt the ice underneath. In putting up the falsework of 6th span 6—12″×12″×50′ logs were placed as a base to interlock the whole span so as to prevent partial yielding of ice. No sign of weakness was noticed after all. Our great anxiety was over after the erection of this girder. Then the work went on smoothly without any trouble.

CHAPTER VIII. PROTECTION WORKS

The contruction of the protection works is simple and no much explanation is required. But a little remark may be made as follows:—

The concrete footings were at begining designed as solid block of 5′×5′×10′ but it was found afterwards that expensive means was required for its construction as the soil was quick flowing sand. It was then decided to make the concrete blocks hollow inside in the form of an open well with cutting edges underneath, the inside dimension being 3′ × 7′ × 5′. When the founds excavated to water level, one heap of earth was trimmed and rammed in the center to form the cutting edges of well as if the core in foundry. Outer and inner moulds were erected and well concreted. After moulds were dismantled sinking by open excavation began. The sinking, however, was going on not without troublesome from the flowing sand although it was done only 5 ft. below water line. When the well sunk home, the same question arose again for the filling. It was tried hard to get the sand off, showing the cutting edges of well before filled but this was never successful. The quicker you dig out the inside sand, the faster the sand flows in from the bottom and all the sand outside well tries to cave in. If by chance the incoming rate is overtaken by the digging out, the well sinks down whole piece, but edge still could not be cleaned out. The filling in the case could only be done to a depth of 4 ft, leaving the lowest one ft. to sand.

At last the quiet water in the wells led to the discovery of a better result. When wells were cleaned for filling, don't bail out all the water inside, just keep it say 2′—6″ for a working condition. The inside sand was then cleaned under water, the head pressure of which keeps the quick sand from flowing in. As soon as the edges of the well is well cleaned, pour in a layer of concrete ballast 5″ thick. Then bail out the water and fill in concrete. A filling of 4′—9″ deep can be secured without much labor wasted. Of course, open dredging and concreting under water are the proper ways to do such kind of work; but the process would be to expressive.

The work was done first by time labor and contracted out later on, Due to the civil war the completion of such protection work was delayed until 20th of September 1928.

CHAPTER IX. COST DATA

The cost of this bridge construction works was generally classified and numerated per the following lists:—

(1) Cost of Materials, including all the charges for materials, tools, and depreciations of machinery of air plant and girder erection.

SIDINGS (temporary bridge T.B.)	$ 2,585,23	$ 2,585.23
SINKING WORKS:—		
—Engine house (Sw-eh)	$13,798.41	
—Moulding (SW-m)	$ 2,347.82	
—Concreting (SW-c)	$21,601.42	
—General (SW-g)	$30,475.69	
Sinking plant depreciation	×	
@ 6% of $100,000	$ 6,000.00	$ 74,223.34
BRIDGING WORKS:—		
—Moulding (BW-m)	$ 3,282.69	
—Concreting (BW-c)	$14,841.16	
—General (BW-g)	7 2,962.35	$ 21,086.20
GIRDER ERECTION (GE)	$78,095.68	
—Machinery depreciation @ 5%	×	
of $30,000.00†	$ 1,500.00	$ 79,595.68
PITCHING WORKS (PW)	$10,113.44	$ 10,113.44
GROSS TOTAL		$187.603.89Y
LESS the total sum of materials credited back from the bridge works....................		$ 20,422.72
NET TOTAL		$167,181.17

REMARKS:—The sum "Y" $187,603.89 less the depreciation values "×" $7,500.00 giving $180,103.89.

†Cost of the girder-erection-cranes.

(2) Cost of labours, including all the charges for time contract and The Engineering Works labours.

SIDINGS (The deviation and temporary bridge) :—

	Piling	$ 802.24		
	Temporary bridge	$ 834.77		
	Handling materials	$1,164.98		
	General works	$2,005.21		
	Maintanence (clean sand)	$3,330.00		
	Taken off	$ 594.15		
	Watching service	$ 414.65	$9,146.00	$9,146.00

Boring:—

	Boring the river bottom	$ 473.67	$ 473.67	$ 473.67

SINKING WORK (The foundation) :—

Sw-eh	Carpenter work	$ 555.20		
	Fitters care for the engine..........	$ 485.02		
	Common labours	$1,278.74		
	Repairing air plant by EDW.........	$1,500.00	$ 3,818.96	
-m	Carpenter work	$3,560.59		
	Iron work	$1,138.04	$ 4,698.63	
-c	Scaffolding and Concreting.........	$9,965.22	$ 9,965.22	
-g	Making dams & cleaning founds.....	$1,745.16		
	Handling materials & plant.........	$5,497.80		
	Sinking force by contractor.........	$9,215.95		
	Watching service	$ 314.42	$16,773.33	$35,256.14

BRIDING WORK (The substructure) :—

BM-m	Carpenter work	$3,004.86		
	Iron work	$ 843.60	$ 3,848.46	
c.	Scaffolding for concreting	$1,896.28		
	Concreting	$4,998.41	$ 6,864.69	
-g	Handling materials	$2,157.76		
	Watching service	$ 374.89	$ 2,532.65	$13,275.80

GIRDER REECTION (The super-structure):—

Sleeper stacking	$2,537.63		
Track laying	$ 370.00		
Erecting operation by EDW men	$1,800.00		
Decking the bridge	$1,187.95		
Painting the Br. 2 coats	$ 514.95		
Watching service	$ 85.00	$ 6,445.13	$ 6,445.13

PITCHING WORKS (The protection works):—

Daily labours	$9,180.10		
Contract force	$5,873.15		
Watching service	$ 223.24	$15,276.49	$15,276.49
TOTAL			$79,873.23

(3) Supervision Expenses, including only those charges for the supervisors directly concerned to the works such as engineers, foremen, clerks and store staffs and etc.

Salaries and allowances	$16,640.04
Engineer and staffs quarters	$ 1,450.51
Office accommodation	$ 287.84
Office expenditures	$ 248.23
Store salaries & allowances	$ 3,578.94
Store other expenditures	$ 1,530.51
Hospital salaries and all.	$ 254.14
Hospital other expenditures	$ 63.00
TOTAL	$24,053.21

Note: The expenses for police protection not included herein.

(4) Freight services, including the charges for material transportations, use of cars and locomotive engines.

Material Car-Mileages:—

Where from	No. of cars & its contents	Km. to Liu Ho	Car-Km.
T. N. (唐山)	81 (Cement & Mis. Materials)	549.58	44,516
S. H. K. (胭脂山)	49 (Caissons & Mis. Materials)		
	20 (Air plant machinery)		
	20 (Air plant machinery return)		
	40 (Sleeper return after girder erection)		
	129	406.67	52,460

P. P. (北 票)	91 (Coal and Mis. Materials)	325.72	29,640
Y. K. (營 口)	33 (Sleepers and Mis materials)	240.91	7,950
K. P. T. (溝幫子)	15 (Sleepers and Mis. materials)	149.66	2,245
C. C. N. (趙家屯)	230 (Sand)	141.14	32,462
H. L. N. (新立屯)	10 (Mis. materials)	48.60	486
	TOTAL		169,759

K. C. T. (郭家店) 1478 (Quarry materials, by allocated car) 9.17

NOTE:—All the cars of 20-ton capacity.

Freight charges (In approximation only):—

169, 759 car-Km. or 3,395,180 ton-Km @ 0.3 cts.=$10,185.54
1,478 20-ton allocated cars @ $2.0 per 24 hr=$ 2,956.00 $13,141.54

Locomotive engine charges for use (In approximation only):—

148 trains quarry materials from K.C.T. @ 3 hrs. for a round trip.......... 444 hrs.
Shunting works at av. 1 hr. per day for a period of 11 months .... 330 „
Girder transportation from Hsiao Ling Ho 12 spans @ 16 hr. each .... 192 „
Girder erection 12 spans @ 6 hrs .... 72 „
Supplying steam for riveting 12 span @ 6 hrs. each .... 27 „

Total ....1110 hrs.

1110 working hours @ $5.00 per hr. ....$ 5,550,00 $ 5,550.00

TOTAL $18,696.54

The TOTAL COST of THE BRIDGE is then the summary of the above four items (the charges for telegrams, consignment notes, free passes, police protections, and a lot of others such as taxes, costum duties, etc., etc. not included here. They must be included should the bridge not be constructed by the Government) and summed up as folows:—

(1) Materials $167,181.17
(2) Labours ....$ 79,873.23
(3) Supervision Expenses.............$ 24,053.21
(4) Freight Service ....$ 18,691.54

GROSS TOTAL $289,799.15

The AVERAGE COST of different parts of the BRIDGE WORK is tabulated in the following lists:—

a. Bridge Opening cover all per ft. run (Including Supervision & Freight)—

The bridge clear opening is 1200 ft. run @ av. cost
$289,900.00/1200=$241.50 per ft. run.

b. Bridge Opening per ft. run (Excluding S. & F. charges)
@ av. cost

Material $167,181.17/1200=$139.32 per ft. run
Labour $ 79,878.23/1200=$ 66.56 " " "

L. & M. .... =$205.88 " " "

c. Foundation Work per ft. run of bridge opening (Excluding S. & F. charges):—

@ av. cost
Material $74,223.34/1200=$61.85
Labour $35,256.14/1200=$29.38

L. & M. .... =$91.23

d. Pneumatical Caisson Found tions per lin. ft. depth (Excluding S. & F.):—
@ av. cost

Material $74,223.34/601.46 or $123.41 per lin. ft.
Labour $35,256.14/601.46 or $ 58.61 " " "

L. & M. .... $182.02 " " "

e. Concrete of Foundations per fg. (Exc. S. & F.):—

1 lin. ft. of foundation or solid mass has 219.66 cu. ft.
1 lin. ft. of foundation for sollow shell " 191.25 cu. ft.
Total volume of concrete is 219.66 × (13 × 9.42) + 191.25 × (601.46—13×9.42) =118,508.31 cu. ft. or 1077.35 fg.

@ av. cost
Material $21,601.42/1077.35 or $20.05 per fg.
Labour $ 9,965.22/1077.35 or $ 9.25 " "

L. & M. .... $29.50 " "

f. Moulding for Foundation concrete per fg. (Excluding S. & F.):—
@ av. cost

Material $2347.82/1077.35 or $2.18 per fg. of concrete
Labour $4698.63/1077.35 or $4.36 " " " "

L. & M. .... $6.54 " " " "

g. Sinking Force per lin. ft. of foundation (Excluding S. & F.) :—
@ av. cost

Labour only \$9215.95/556.41 or \$16.51 per lin ft. sunk.

Labour only \$9215.95/556.41 or \$16.51 per lin. ft. sunk.

h. Air Plant, boiler-hours per lin. ft. of sinking (Exc. S. & F.) :—
The total boiler-hours used for the whole sinking job of 556.41 lin. ft. of foundation is 12,475 (See Appendix 5. p. 65).
@ av. value 12475/556.41 or 22.39 boiler-hrs. per lin. ft. sinking.

i. Coal consumption (Pei-Piao Lump coal) per lin. ft. of sinking (Exc. S. & F.) :—
The total coal consumption for the sinking of 556.41 lin. ft. of foundation is 1489 tons Pei-Piao lump coal.
@ av. value 1489/556.51 or 2.676 ton coal for lin. ft. of sinking or
@ av. value 2.676/22.39 or 0.12 ton or 240 lbs. per boiler-hrs, agreed with the limited quantity as stated in the contract.

j. Substructure, Bridging Work—for 100 ft. span, 33 ft. piers—per ft. run of bridge opening Excluding S. & F.) :—
@ av. cost

Material \$21,086.20/1200 or \$17.57 per ft. run
Labour \$13,275.80/1200 or \$11.06 „ „ „

M. & L. .... \$28.63 „ „ „

k. Concrete of Substructure per fg. (Excluding S. & F.) :—
The Total quantity of concrete for the substructure is 170.6×134.18+13×2270.9+11×245.7+2×776 or 56,667.5 cu. ft. or 515.15 fg.
@ av. cost

Material \$14,841.16/515.15 or \$28.80 per fg.
Labour \$ 6,894.46/515.15 or \$13.38 „ „

M. & L. .... \$42.18 „ „

l. Mouldings for substructure Concrete per fg. (Excluding S. & F.) :—
@ av. cost

Material \$3282.69/515.15 or \$ 6.37 per fg.
Labour \$3848.46/515.15 or \$ 7.47 „ „

M. & L. .... \$13.84 „ „

m. Superstructure for 100-ft. span per ft. run of bridge opening (Excluding S. & F.) :—
@ av. cost

Material \$79,595.68/1200 or \$66.33 per ft. run
Labour \$ 6,445.13/1200 or \$ 5.37 „ „ „

M. & L. .... \$71.70 „ „ „

n. Girders only per ft. run of bridges opening (Exc. S. & F.):—
@ av. cost, Material & labor \$68400/1200 or \$57.00 per ft. run.

o. Decking per ft. run of bridge of over all length:—
@ av. Labour only \$1137.95/12×106.5 or \$0.89 per ft.

p. Decking per bridge tie (Inc. Guard Rails & refuges):—
@ av. Labour only \$1137.95/804 or \$1.41 per Br. tie.

q. Ratio of Labour to Material in whole
\$79,873.23/167,181.17 or 47.7%

APPENDICES

Unloading big stones per car (20-ton car) \$0.50
„ common rubble per car (20-ton car) \$0.25
„ ballast, sand, or quarry rubbish per car \$0.30
Shifting (by baby track) big stone at a distance between 150′ and 250′ per fang (110 cu. ft.) \$0.50
„ common rubble at distance between 150′ and 250′ per fang (110 cu. ft) \$0.25
„ Quarry rubbish within 150′ per fg. (110 cu. ft.)..\$0.30
„ Quarry rubbish at distance between 150′ and 250 per fg. (110 cu ft.) \$0.45

CONTRACTING PRICES FOR SINKING WORK

1st price (including sand, gravel, clay, mud hard or safe, wet or dry, with separate stones large or small) @ \$12.00 per linear foot.

2nd price (for rocks that can be renoved by picks) @ \$16.00 for soft rock per linear foot & @\$18.00 for hard rock per linear foot.

3rd price (for hardest rock, blasting necessary) @ \$21.00 per linear foot.
4th price (open sinking, no air lock in use) @ \$5.00 per linear foot.

TIME WORK RATES PER DAY

Engine drivers	\$0.75	for	12	hours.
Fireman	0.60	„	„	„
Oilers	0.40	„	„	„
Coolies	0.40	„	„	„
Fitters	1.00	„	„	„
Fitter helpers	1.00	„	„	„
Blacksmith	1.00	„	„	„
Blowers	0.60	„	„	„
Bosun coolies	0.50	„	„	„
Sinkers working inside Caisson	0.60	„	„	„
Sinkers on temporary work outside	0.60	„	„	„
Common coolies	0.35	„	„	„

美國大發電廠一九二八年擴充統計

(譯 Power Plant Engineering 一九二八年十二月十五日一張延祥)

一九二八年一年內,美國大發電廠擴充者十一處,新建者五所,其電量之大,世無與匹,因錄如下,以備參考.

甲. 擴充廠名廠址	擴充新機總量
1. 非　路 Philo Station, Philo, Ohio	3 - 62,353 KVA.
2. 聖路易 Cahokia Station, St. Lom's, Mo.	1 - 55,556 „
3. 平漢頓 Binghamton Station, Binghamton, N. Y.	1 - 35,000 „
4. 紐　約 Hell Gate Station, New York, N. Y.	2 - 94,000 „
	1 - 88,250 „
	1 -100,000 „
5. 密耳華基 Saginaw River Station, Milwaukee, Mich.	1 - 37,500 „
6. 奧克蘭 Station C.P.G. & E. Co., Oakland, Cal.	1 - 37,500 „
7. 哈　勒 Horseshoe Lake Station, Harrah, Okla.	1 - 37,500 „
8. 魏茅斯 Edgar Station, Weymouth, Mass.	1 - 75,000 „
	1 - 12,500 „
9. 卜羅根 Hudson Ave. Station, Brooklyn, N. Y.	1 -110,000 „
10. 多倫拖 Toronto Station, Toronta, Ohio.	1 - 37,500 „
11. 詩家谷 Crawford Ave. Station, Chicago, Ill.	1 { 38,825 „ ; 64,705 „ ; 4,666 „ }
	1 { 52,940 „ ; 64,700 „ ; 5,715 „ }

乙. 新建廠名廠址	新機總量
12. 維愛那 Vienna Station, Vienna, Md.	2 - 7,500 KVA.
13. 濱僻區 Long Beach No. 3, Long Beach, Cal.	1 -100,000 „
14. 拜鐵馬 Gould St. Station, Baltimore, Md.	2 - 43,750 „
15. 屈蘭那特 Trinidad Station, Trinidad, Texas.	2 - 25,000 „
16. 崑　拿 Lake Pauline Station, Quanah, Texas	1 - 18,750 „

MECHANICAL INJECTION
DIESEL ENGINES

孟阿恩無空氣注射帝賽柴油引擎

孟阿恩廠製造柴油引擎之成績

(一)世界第一部帝賽柴油引擎出自孟阿恩廠

(二)世界最大帝賽柴油引擎一萬五千匹馬力係孟阿恩式

(三)世界最大馬達輪船二萬二千噸載重所用柴油引擎為孟阿恩式

六隻汽缸一百九十匹馬力孟阿恩柴油引擎

上海分行備有中西文詳細說明書函索即寄

Gutehoffnungshuette-M.A.N.-Works
China Branch

喜望機器鐵工鑛廠　德商　孟阿恩橋梁機器公司

上海分行黃浦灘六號

請聲明由中國工程學會『工程』介紹

LIFTING AND REPAIRING OF YELLOW RIVER BRIDGE OF TIENTSIN-PUKOW RAILWAY

By Tsu Y. Chen.

FOUNDATIONS:—The region is entirely alluvial. The stream is notable for its shifting character. During dry seasons, the width of the River is practically confined under the cantilever span but in flood times from July to September, the water spreads out over the total width between the high water dikes. The clearance between lower chord of Bridge and river bed is varied from 7 to 8 meters. Hard, tough clay is only reached from 55 ft. to 65 ft. below lower water level. Therefore the foundations, bearing in temporarily jacking supports or sleeper stacks for the manoeuvering of jacks and carrying timber bents, were prepared in such a way that piling is not resorted to. Experience shows that compacted lime, sandy clay and gravel foundations with a depth of one meter will safely sustain a load of 2,000 lbs. per sq. ft. until next flood.

WEIGHT OF BRIDGE:—This bridge has an unusual feature of short length of cantilever arm in comparison with anchor arm. This eliminates the anchorages required at the piers carrying the ends of cantilever system. On account of this, the bridge was saved from serious damage due to the explosion on the ill-fated pier, otherwise the whole channel span might have dropped into the river. Structurally, this bridge is too squat for aesthetics and the proportioning of truss depths is far too small for economy. The amount of metal is rather extravagantly used.

From data on hand, the weight of Bridge plus track is 9,000 kg/m. for anchor and cantilever arms, and 8,700 kg/m. for suspended span. This makes the reaction at central pier 714 tons per truss and that at the end of anchor span 224 tons per truss.

LIFTING APPLIANCE:—Jacks of high capacity such as hydraulic or oil jacks enough to raise the dropping spans in single unit are not available except at great cost. In addition, experience shows that hydraulic jacks of high capacity are difficult to manoeuver and liable to accidents, while screw jacks, seldom if ever designed to lift more than 100 tons in single unit, are more reliable and easier to handle. Screw jack was chosen in preference to hydraulic, after a number of inquiries. Ten 100 ton and four 50 ton Joyce jacks were ordered from United States.

PROVISION AT POINTS OF SUSPENSION:—Owing to the dropping of anchor span due to explosion, the cantilever arm was tilted with its fulcrum at center pier, causing an abnormal opening of joint where the suspended span connects. Pin plates and diaphragms were sheared off and bent. By further investigations, it is found that this does not constitute a state of danger as the load from the suspended span is transmitted through pendulum posts to the hangers of cantilever arms, and the pins are not designed to carry any load other than their specific purpose during erection. When lifting is applied under the anchor arm, the suspended span is supposed to return to its original position automatically. However, as a safety measure, two provisions have been devised at the points of suspension.

The first provision is by using ¾-in. diameter steel wire rope wound around the pin and a set of castings put against the bracket, which was originally provided for erection purpose inside the top chord of suspended span. The second is a Yoke device of I beam frame driven tight against the rocker casting of pendulum post with steel wedges. Both these provisions were designed for the same purpose and served to guide the closure of suspended span during the lifting of the anchor arm by tightening the wire rope in one and hammering the steel wedges in other.

PROVISIONS FOR MAINTAINING TRAFFIC:—The length of the Bridge and the great depth of the river combined to put the building of a temporary siding out of consideration. The possible solution to maintain a regular traffic is to let the trains run on the damaged spans with provisions that permit repairs be carried on with little or no obstruction, at the same time, the safety of structure kept uninjured. This resorted to a scheme that train load on its portion of the damaged spans be carried temporarily by a system of framed trestle bents, erected underneath the floor beams.

Although the exact nature of the distribution of stresses is rather uncertain, but it is quite sure that when the live load reaches these panels, the floor beams will first pick up and transmitted to the framed bents, leaving probably a very small portion to pass on to the main truss.

For the end panels of both spans, the wrecked floor system have been removed, and three units of temporary stringers supported on timber bents were erected in its stead, leaving plenty of working space for the remodelling of damaged pier.

All framed trestle bents were about five meters high, consisting of three vertical and two slanting posts, one cap and one sill, all of 12" by 12"

Oregon Pine, well braced diagonally by 12"×3" planks. There were 19 bents erected and seated on sleeper stacks, whose height made to suit the underneath clearance between the floor beam and river bed.

These timber bents were not only used to carry the live load under traffic, but served as braces to ease the strain on the jacks during lifting. As the bridge was slowly lifting up, a fraction of a millimeter at a time, these traffic bents were also raised, by the addition of more sleepers underneath or inserting hard wood wedges in between floor beams and caps.

JACKING SUPPORTS:—Directly on each side of the damaged pier, four jacking supports, of heavier construction than the traffic bents, were erected upon compacted lime, sandy clay and gravel foundation. They were designed to take full dead load reaction of 272 tons plus one panel concentration of live load of 75 tons when the bridge is under traffic. The framed work consisted of six (16"×12") vertical and ten (12"×12") inclined posts with (12"×12") caps and sills, well braced with diagonals and ties. They were mounted on a tier of 12"×12" timbers and topped with a row of 250 mm. I beams, on which rest the battery of four 100 ton Joyce Jacks.

In addition to the jacking supports of heavy frame construction, there were auxiliary sleeper stacks built close to the damaged pier. A single unit of 100 ton jack or a pair of 50 ton jacks was placed on top of each, working simultaneously with the main lift. This served to support the overhanging portion of damaged span, and relieve considerably the stress in the joints.

LIFTING OPERATIONS:—The work was planned after a number of rehearsals. Signals, whistles and distribution of working force were all prearranged. When order was given for the starting of jacking, the cheering songs of workmen kept the timing of strokes in manoeuvering the jacks, winding the wire rope (at the point of suspension) and hammering the wedges (at the tops of traffic bents). This scene resembles very well of conducting a large symphony orchestra; verybody is working harmoniously with others. There was not a singlecase of discord reported nor a single accident happened.

The lifting of bridge was about 8" to 10" per day while the actual time spent on jacking only two or three hours. The rest of the day was spent in building up the staging, raising up the traffic bents (or braces), rearranging the grillages and resetting of jacks for next operation.

Instrument men have been stationed in proper place to record the raising of span, and give signals if there is any difference of level between east and west trusses. The difference was corrected by regulating the rate or range of strokes in manoeuvering the jacks. A system of grillages, varying from standard rails to 750 mm. I-beams, was used to support the jacks during the lifting or carry the weight of bridge when jacks are entirely removed.

The question of temperature effect was also under serious consideration. Record shows that the anchor span will expand or contract at rate of 1.5 mm. per degree C. The range of temperature for which the bridge was designed is from 30°C to 50°C with 10°C as normal. The total movement of bridge will, therefore, be 120 mm. from extreme cool to extreme hot weather. This will certainly exert a tremendous amount of strain to the temporary timber frames, although such worst case is seldom if ever happened. It seems that some sort of expansion bearings must be provided at the tops of main supports. As mentioned in previous pages, the various units of original roller castings, which carry the anchor span, were all blown off the pier and scattered in all directions. Those odd ends were collected from the River bed and reshaped in the Railway Shop, forming an excellent expansion bearing.

The lifting of damaged simple span proved to be much easier as it was lighter than the anchor span. However, there was a vertical twist with horizontal shift to overcome. The former was gradually levelled by giving two strokes on west side and allowing only one on east during jacking. The latter was corrected by working a pair of 100 ton jacks placed horizontally against the fixed pedestals of the adjacent span.

The whole work was carried out entirely with Railway construction equipments, materials and labor at an estimated cost of $58,600.00. It is possible that the cost may be reduced greatly if salvages values of timbers and sleepers are taken into consideration. This temporary repair was completed in 34 days from December 17, 1928, to January 19, 1929. The structure was opened to traffic on the following day and found to be quite satisfactory with negligible settlement.

The order for 60 tons of new structural steel parts @ G.$131.50 per ton and 10 tons of cast steel @G.$171.50 per ton was placed recently with the original manufacturer in Germany. The permanent repair was pending until the arrival of new parts. It is believed that it will be finished before the end of June, 1929.

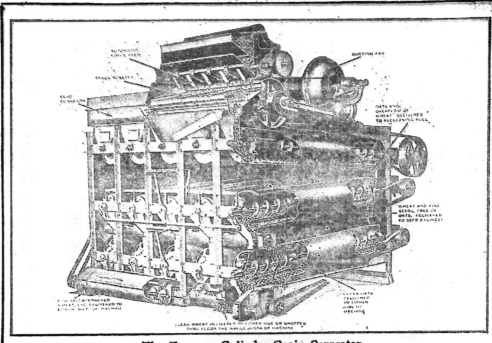

本廠創辦
垂廿餘年
機械設備
堪稱完全
工師技術
富有經驗
出品精良
價格低廉
印有樣本
函索即贈
如蒙光顧
曷勝歡迎

出品大綱

印刷機器　理化儀器

柴油機器　抽水機器

華東機器製造廠

有限公司

HUA TUNG MACHINE WORKS LTD.

即商務印書館機器製造廠改組

地址　上海寶山路中段寶通路

Paotong Road Chapei Shanghai

建築首都中正街自流井之經過

著者：徐百揆

南京自定爲國都後.人口驟增.飲料問題.急待解決.自來水之創辦實刻不容緩.唯費用浩大.一時籌措不易.京市工務局.爲治本計.仍積極籌劃大規模之自來水.爲治標計.特在城內中正街,夫子廟,鼓樓街,科巷,北門橋,甘雨巷等繁盛之區.先行各開鑿自流井一座.以利市民.現在中正街自流井.業已全部竣工.其餘各井.正擬賡續進行.著者於一切工程之經過.均親爲主持.爰爲文述之.以供關心飲料者之參攷.尙望海內外同志.加以指正焉.

(一) 工程之內容　南京地隣高山.城內各區.自地面鑿下百尺.即見石層.而地質狀況.更素無詳細之查攷.故開鑿深水井.失敗者多.此次中正街所鑿之井.深度竟達至三百六十尺.實爲首道深自流井之嚆矢.其工程內容.可分爲下列各種.

(1) 鑿井　井爲四寸徑白鐵管.深三百六十尺.直達第三層水.開鑿時.用二匹馬力發動機.將鋼管旋轉鑽鑿.計自地面下鑿.每日平均可鑿八尺.至一百一十三尺時.過碎石英岩.則以旋轉速度不易勻配.旋轉旋停.未便再用機力.遂改用鋼杵.以人力擊鑿.每日只能開鑿三四寸.此層石質進行.最爲困難.幸至一一七尺.即過砂岩.仍恢復機力.平均每日可鑿四尺.至二百八十尺時.即發現水源.繼續鑿至三百六十尺爲止.該井計自開工日起.至鑿成日止.連雨天在內.爲時共三閱月半.

(2) 抽水機　裝置四寸半對徑.五寸來回.冷氣抽水機一只.每分鐘速度五百轉.一寸半冷氣小管.直插入井中.至一百八十尺爲止.冷氣受壓.吹動井水.沿冷氣管與四寸鐵管空間湧上井口.再由二寸半鐵管.導入水塔.爲抽水繼續連接及避免井水油光起見.特另裝置冷氣箱

第一圖 首部中正街自流井工程進行時之狀況

(3) 發動機 係用立式柴油發動機.七四馬力.每分鐘速度五百五十轉.每小時用柴油三磅.

(4) 蓄水塔 十七英尺對徑.十五英尺高.能容水二萬五千加侖.周圍以鋼板配製.柱子用工字鐵.底脚以水泥混凝土建築.

(5) 機器房 長十四英尺.寬十二英尺.係爲放置抽水機發動機及冷氣箱之用.

(二) 工程價目

(1)	鑿井	$ 4,155.12
(2)	抽水機及冷氣箱	734.07
(3)	發動機	1,315.78
(4)	蓄水塔	5,193.90
(5)	機器房	554.03

以上五項工程共計 $1,1952.90

(三) 完工日期 鑿井共計三月半.裝置機器水塔及建築機器房計一月半.

(四) 水量 該井原擬達到每小時三千四百加侖爲標準.現經試驗結果.以地層水源不旺.每小時出水量爲一千一百加侖;以後繼續抽水,則含水沙岩層.亦必逐漸鬆動.而水量自可增加矣.

(五) 水質之檢驗 檢驗井水之水樣,係取自水龍頭.其取法先將水龍頭開放五分鐘.然後灌入玻璃瓶.經檢驗結果.該水堪作飲料之用.

(甲) 物理的　無色無臭.盛玻璃瓶對光照之不現渾濁.

(乙) 化學的　以百萬分之幾計算或一立脫 (Liter) 容量內米立格蘭姆 (Milligram) 之數.

未化合磂精之淡氣	Free Ammonia	0.380
蛋白磂精之淡氣	Allumenoid Ammonia	0.180
綠化物之綠氣	Chlorine of Chlorides	127.50
亞硝酸鹽之淡氣	Nas nitrites	0.00
硝酸鹽之淡氣	Nas nitrates	0.104
養氣之消耗	Required oxygen	1.456
渣滓之總量	Total Residue	700.00
有機及揮發物	Organic and Volatile matter	360.00
暫時硬度	Temporary Hardness CaetcCo3	446.00
永久硬度	Permanent Hardness Caetc So4	0.00

以上係中央大學化學分析之報告

(丙) 亞菌的　在攝氏卅七度培養四十八小時後每千立方公分水細菌數為一二〇〇

在攝氏二十二度培養七十二小時後每千立方公分水細菌數為五〇〇.〇〇〇

B. Colic及Glucose fermenting organisms在四十立分公分水概不發現至五〇立分公分始行發現

總之此井水之細菌在人體溫度時並不多.有害菌之數目亦至為有限.故該水堪作飲料之用.

此井水在低溫度時,雖可發現細菌甚多,但大多數均無礙衛生.如作飲料.先當煑沸為佳.

以上係上海化驗室之報告

（六）地質之查考　此井開鑿時每層地質均詳加紀錄.且採取標本存貯玻璃匣.以供參考.其逐層地質列表如下.並見地層剖面圖.

第二圖　地層剖面圖

地層之深度	地層名稱
自地面起14英尺	含白雲母之細砂 (Fine sand with muscovite)
„ 14—29 „	含各種礦物之砂礫 (Sand with different minerals)
„ 29—105 „	較上純粹之砂礫 (Sand much purer than above)
„ 105—110 „	較粗砂礫 (Sand coarser)
„ 110—113 „	燧石質砂礫 (Cherty sand)
„ 113—115 „	含碎石英岩之砂礫 (Sand with broken quartzite)
„ 115—117 „	石英岩 Quartzite
„ 117—360 „	砂　岩 (Sand stone)

第

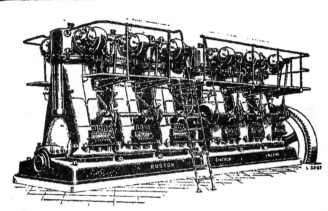

制馭黃河論

著者:恩格司　譯者:鄭肇經

(一)黃河之現狀

黃壤之性質,一黃壤散布之區域,一黃河上游峻岸之由來,一下游地層及兩岸沃土之成立,一隄防之緣起,一隄防崩潰及河道改變之原因,一一八五二年北岸決口黃河改道,一一八六八與一八八七年南岸兩次大決口,一上下游水坡之比較,一流量之推測,一下游不利航運之原因,一挾砂量之可驚,一隄防位置之考察,一河床高出兩岸之尺度,一河床增高之原因,一計算流速之公式,可應用於黃河,一固有隄防之構造,一中國河防工程之技能.

黃河上游六十萬方公里之高原,皆爲『黃壤』所覆蓋.黃壤雖具相當之凝結力,而頗易爲流水所冲刷,粗視之似爲『粘土』之一種,實則大異;蓋粘土之成因,或因風雨之侵蝕,或爲冰河時代沈澱於低地之土質,而黃壤則否.但黃壤既具土性及黃褐色,謂之似粘土,亦無不可.黃壤與粘土性質上之最大區別,爲黃壤性疏而易於滲漉,吸水之量絕類海綿,且不現濘泥之狀;而最奇特者,黃壤性易直裂壁立如削,形同危崖而無斜坡.考此特性之由來,乃黃壤成分中包含無量數之直立微細管,微細管外裹石灰質;石灰質則爲古代含石灰之植物莖根所遺留,以黃壤之下,恆發現僅具極小滲漉性之泥灰石層也.黃壤之分子細微如沙,又極輕鬆,揉之立成薺粉,故可隨風飛揚.惟道路上之黃壤,設遇天雨,久經車馬踐磨,卽失去滲漉之性,成爲眞正之粘土矣.又黃壤爲最肥沃之農壤,當田禾生長時期,苟得充分之雨量,不需肥料,可以滋長.

中國北部黃壤區域頗爲遼闊.(第一圖)黃壤之播散,與地形絲毫無關,除高聳之峰巒外,高山低谷,均被蓋同樣之黃壤.層積之厚,恆爲數百公尺.由此推知黃壤實爲風伯之驕子,微風伯之力,不足以使之均勻散布於陵谷.據地質家之考察,黃壤區內,因未能發現由數千年耕種而成之沃土層,足以證明黃壤尙日增無已.但黃壤之眞正成立時期確已過去,因古代氣候變遷後,洪水橫流之荒原,已變爲泄水入海之沃壤也.

黃壤既具極大之滲漉性,雨水固無停積之機會,亦不能暢流於黃壤之上部.小部分之雨水僅集於淺渠而下流,大部分之雨水滲入黃壤層,匯於地面下之堅固石層,或不透水之泥灰石層上,循坡度下流,是爲地下水流,或稱爲『潛流』.潛流恆冲刷輕鬆之土層,以闢流徑,匯入地上河流.地上河流再匯合衆流,朝宗於海,此自然之公例也.而潛流流於易侵蝕之黃壤層內,闢徑而外,同時可擴充流渠,漸成穹形.日積月累,黃壤勢必崩坍而罅穴益廣.迨上層穹狀之黃壤盡坍,兩旁之黃壤仍壁立對峙,於是潛流乃成爲地上河流:故黃河上游之支流,多發現於數百公尺高之黃壤削壁間.墜入水流之黃壤塊,則推轉下移,漸混水中,呈現黃色.舊河卽爲匯合黃壤區內各支流朝宗於海者也.

考查黃河下游之山東山地,與中國其他山地,中隔平原(第一圖);平原之成因,則爲沈澱物所冲積;沈澱物之上層,卽黃河所攜挾之黃壤.冲積之時機,應爲黃河泛濫,洪水橫流之期,所謂黃河之『洪積層』是也.而黃河於洪水期內溢出河槽,泛濫於兩側平原之時,河槽之水流行較速,泛濫區內之水流行較緩.笨重石礫恆下沈於二者之間;細微之沈澱物則多淤積於泛濫區內,是爲『沃土』.惟大部份之沈澱物仍隨河流注入於海,故黃河恆呈現黃色也.黃河既挾沙過量,河牀淤積,漸高出兩岸之平原,勢必泛濫而改道.經屢次之改道,乃成一極偉大極平坦之『冲積洲』.冲積洲上所發現之長段砂質,蓋卽數千年來黃河之故道也.

黃河兩岸既爲沃土,甚易引誘農民從事墾植.墾植之先,必防範水流溢出河槽,使不爲患,此乃兩岸隄防成立之緣起也.但隄成以後,沈澱物既無從發洩,又不能盡量同注入海.於是河床增高較前更速,而兩隄間河身彎曲過甚之處,又每於洪水期內冲刷益烈.河身日近堤岸,則堤岸之崩坍堪虞,即搶護得力,堤岸能支持於一時,然侵蝕既久,終必潰坍,而黃河全量之水,乃復溢出

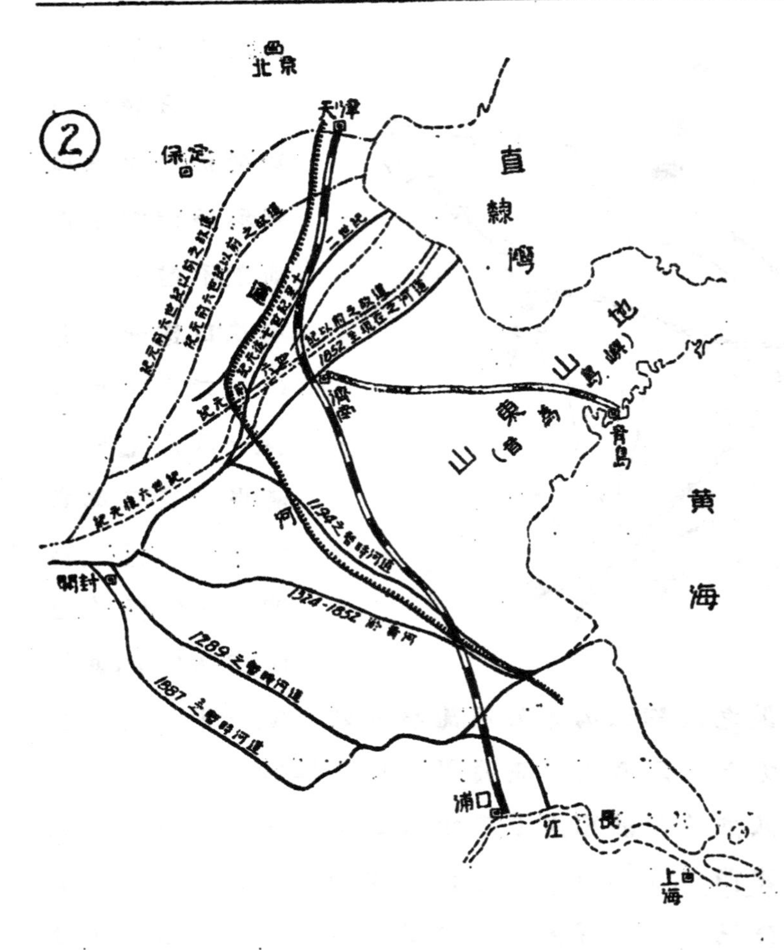

河床,奔騰泛濫於平原矣。

黃河下游完全流於錐狀冲積洲之『分水嶺』上。隄防兩側之天然河流,恒循冲積錐之坡度,星芒四射而下流。而黃河之河床淤積,又往往高出隄外之地;加以河口淤塞不暢,勢必逆行橫流。迨乎隄防既潰,水不歸槽,河道乃遷。是故黃河兩岸人民以土地肥沃而墾殖於斯地者,累世被其害矣。

數千年來黃河決口改道,數見不鮮(第二圖),而最近六七十年內之決口改道,尤與日後治河有莫大之關係焉(第三圖)。先是一八五一年秋汛,開封府以下之北堤決口。翌年決口擴大。一八五三年黃河全部水量注入新河道,向東北而流,橫貫運河,再三十公里與大清河合,由利津入海。案黃河舊河道已歷六世紀半之久,一旦委棄故道,遷徙五百餘公里長之下游河身,從利津入海,新舊二河口竟相距四百五十餘公里之遙,實爲世界所罕見之事也。自此而後,黃河又曾兩度試驗改道,且均在東經114°5',沿冲積洲平原之南隄。一八六八年洪水爲災,該處之堤防崩潰。翌年又遭洪水,遂致廣大平原再經

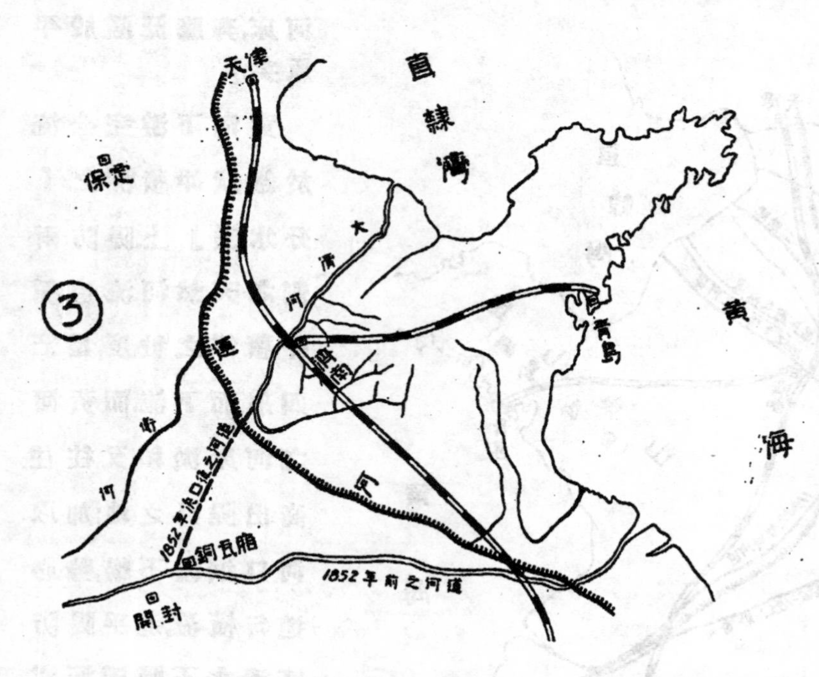

氾濫.彼時治河人士志趣分歧,或以爲河仍北流,或以爲河將南遷.卒從前說,不惜糜費,堵塞決口,迄一八七〇年二月工程告竣.一八八七年春南岸又決口,與修堵之口甚近(經度 114.°)受災之區益爲擴大,重災之區約二萬方公里,輕災之區約三萬方公里,淹沒村莊以數千計,溺斃居民以數十萬計,竭朝野之力,至一八八九年正月復將堤防修竣,導黃河仍入一八五三年所改之道.一八九八年濟南府下二十八公里再決口,被災之區約三百方公里.最近據費禮門(John R. Freeman)之報告(十)又決口二次:一爲一九一九年七月之決口,三百二十五方公里之沃土盡成澤國,五百六十餘村落飄沒爲墟,二十一萬七千餘居民流離失所;一:爲一九二一年夏下游之決口,損失亦屬不貲,且有數公里之河道改徙;誠浩劫也.

黃河紀載之豐富,爲世界各河流冠(六),然未加整理,散佚過半,故數千百年黃河之詳史,無可攷查.最近又未應用新法,實測全河情形,故我等對於黃河之知識,仍屬極不完備.黃河之長,估計爲四千公里;上游計一千六百公里,中游計一千八百公里,下游計六百公里.上游多爲崇山峻嶺,故水面坡度頗不一致,平均約爲0.00175 河寬約在三十公尺以外.上游絕對不能駛船.注入黃河之水,雨水較融雪之水爲多.中游之寬,隨兩旁壁立之黃壤岸而變更,水

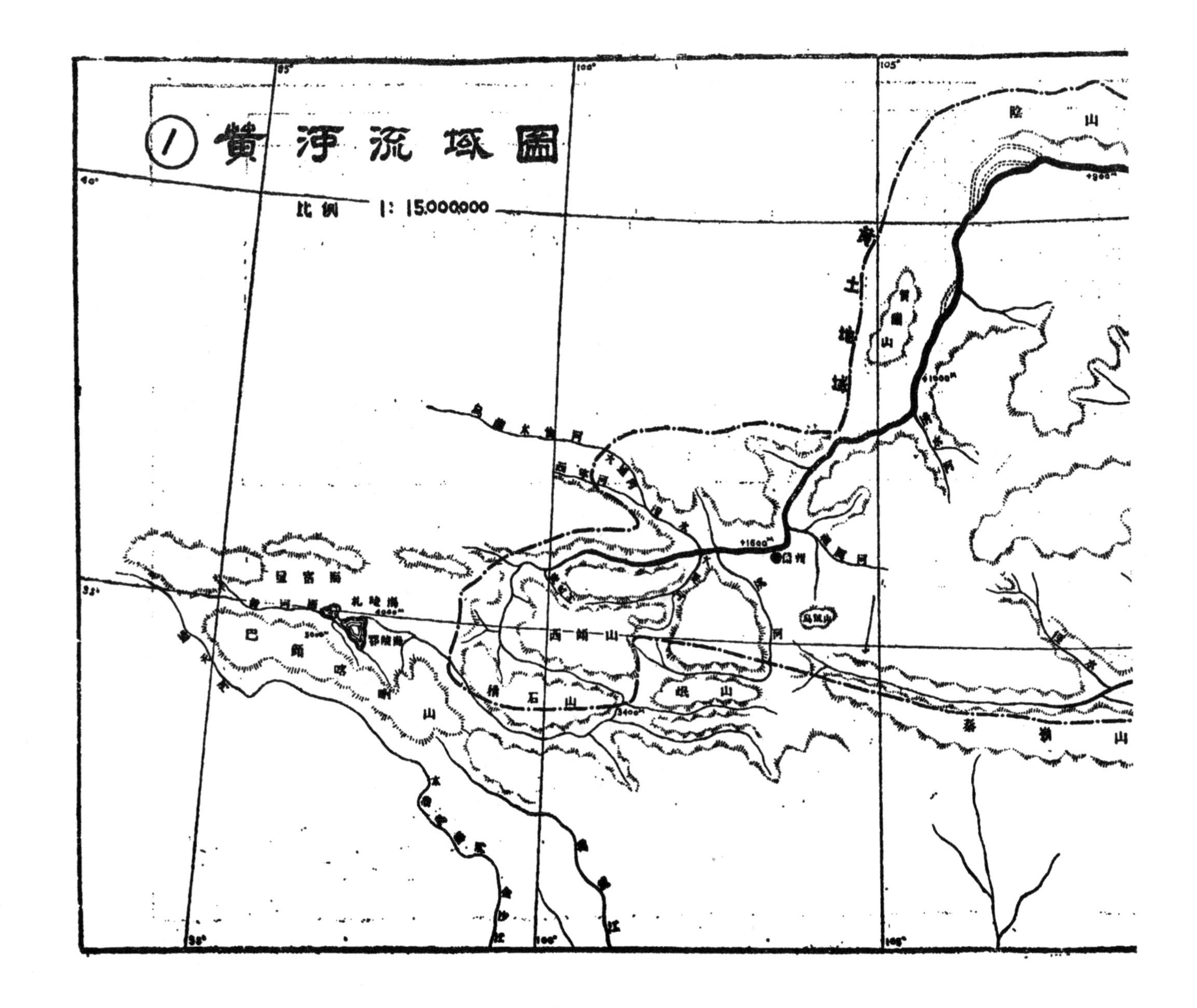
1
黄河流域圖
比例 1:15,000,000
陰山
西傾山
積石山
岷山
秦嶺山
巴顏喀喇山
蘭州

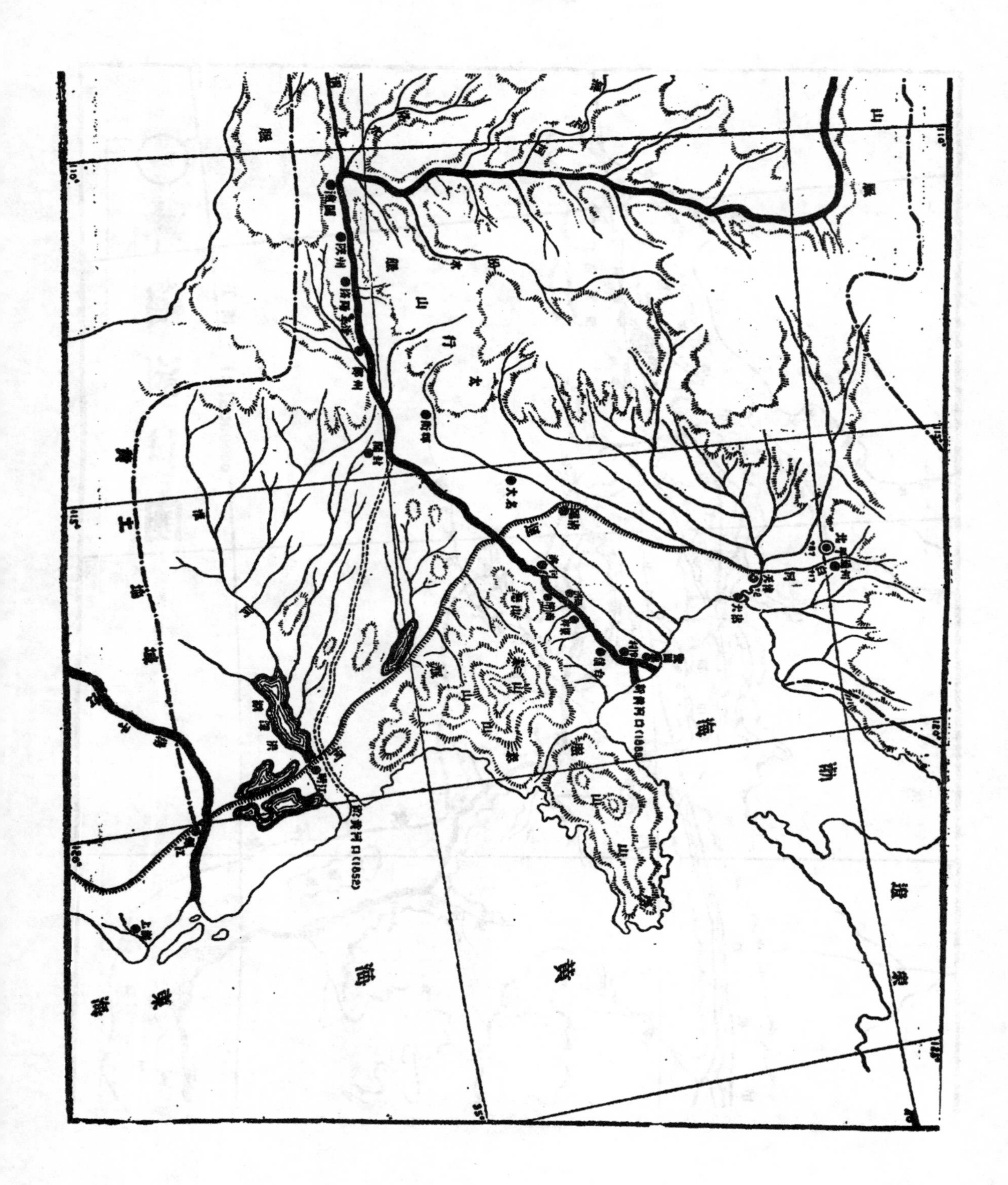

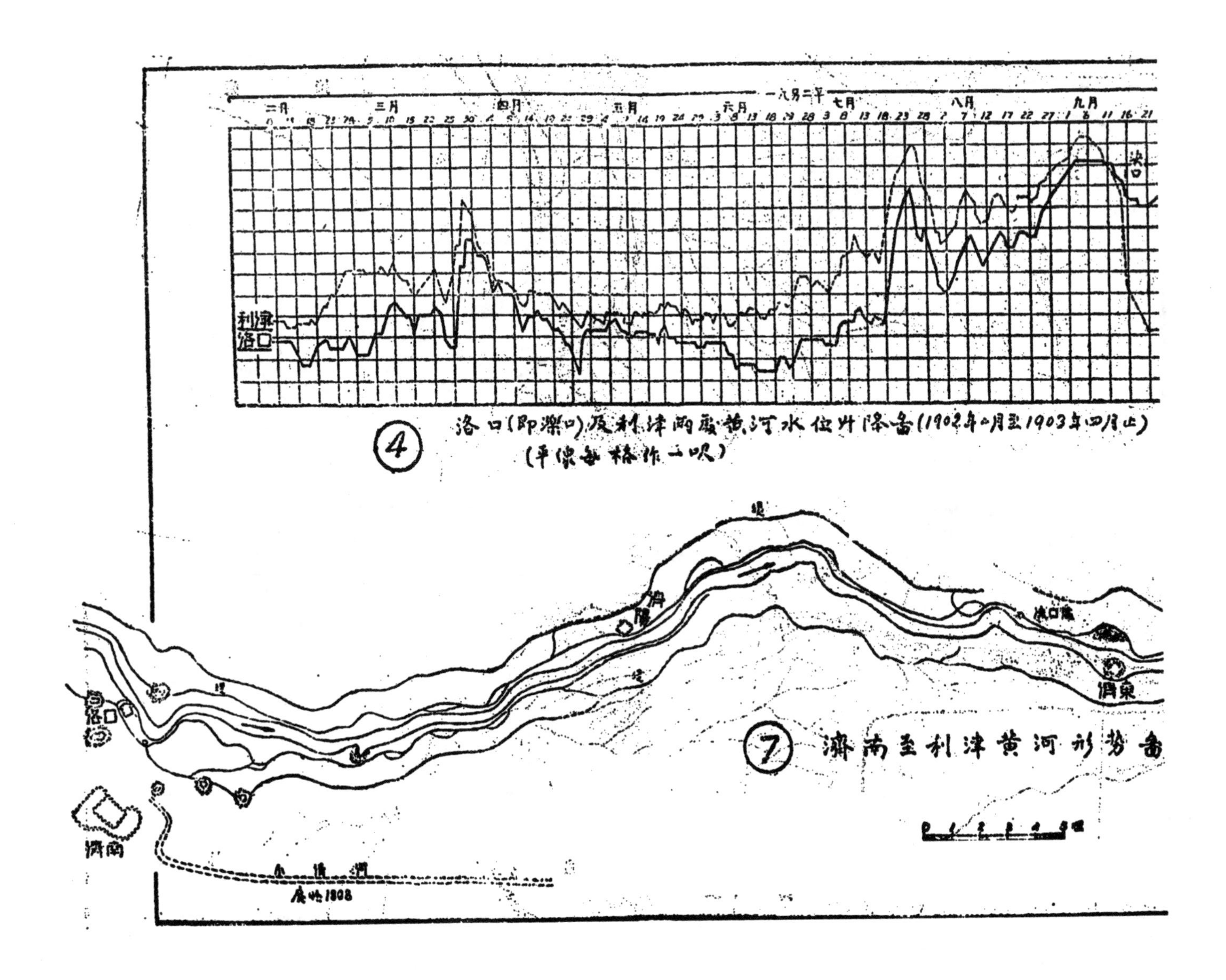

④ 洛口（即濼口）及利津兩廠黄河水位升降圖（1902年二月至1903年四月止）
（平線每格作一呎）

⑦ 濟南至利津黄河形勢圖

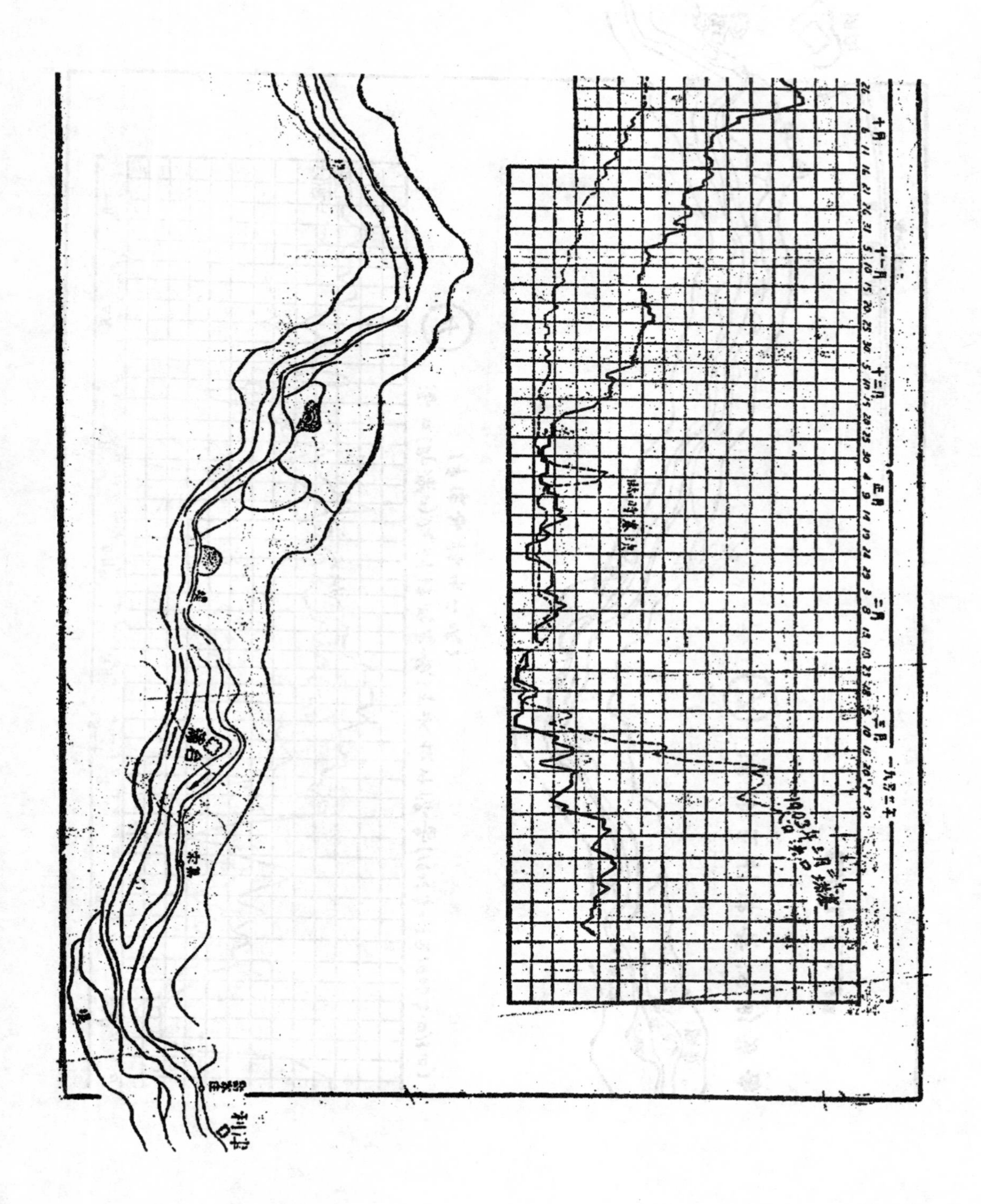

面坡度平均爲0.00082.數段可通舟楫.下游則始於孟津,從此而下宜攷查者,爲黃河流入平原處,爲下流改道處.下游之河床既在冲積錐之脊,當然無支流來滙,故下游全部水量,即爲上游六十萬方公里之雨量也.下游之寬,隨隄防之距離而異.山東境內自東經116°20′至118°50′之間,堤爲雙層,曰『內堤』『外堤』.內堤又名『縷堤』,逼近河身,勢甚卑矮,形如絲縷,所以束湍悍之流者也.外堤又名『遙堤』,在縷堤之外,遠離河流,所以備衝決之患者也.二堤之間,或有村鎮,更自圍築堤防,以資保護.又或於縷堤遙堤之間橫築『格堤』數道,縱使決口泛濫,僅限一格之內.內堤終於東經118°29′雙堤終於東經118°23′自此以下則內外二堤相併矣.

河南境內雙堤僅發現於城鎮所在地.水面坡度則因隄防之廣狹,河身之彎曲,與河流之分岔而異,平均爲0.0002較之上游之水面坡度,實屬微小.

凡計算『流量』之公式,莫不以流域內之雨量爲準的.但黃河流域每歲之平均雨量,及附近各地雨量之比較,尚付缺如,故我等不能採取任何已有之流量公式,應用於黃河.祇於黃河下游,曾用機械測得數處之流量;洪水期內最大之流量約爲每秒鐘八千立方公尺,低水期內之最小流量約每秒鐘三百八十立方公尺.洪水期恆在每年之七八月間,低水期則在十一月至翌年五月之間.其水位之差異,洪水之變遷,均極劇烈(第四圖).

黃河下游自河口上溯五十公里以內,爲與海潮接觸之處,亦即爲『三角洲』成立之所(第五圖)三角洲之外,有極廣之沙灘,橫亘於前.沙灘之上祇有少數較狹之流槽,於低水期內水深約爲二公尺,其餘之流槽,水深不過半公尺許.自運河至黃河口之間,舟楫交通雖頗隆盛,但最大之船載重量亦不過一百十噸左右.就河口情形論,實無法開闢航道上溯至數百公里之道.因沙灘外之海潮高度可達二公尺半,而沙灘以內之潮水高不及半公尺.且海口於一八八九年在鐵門關以北四五公里又向東分一支流入海,其長度約爲二十公里,分去主流水量甚多(第一,及五圖)彼時山東當局曾擬於新分

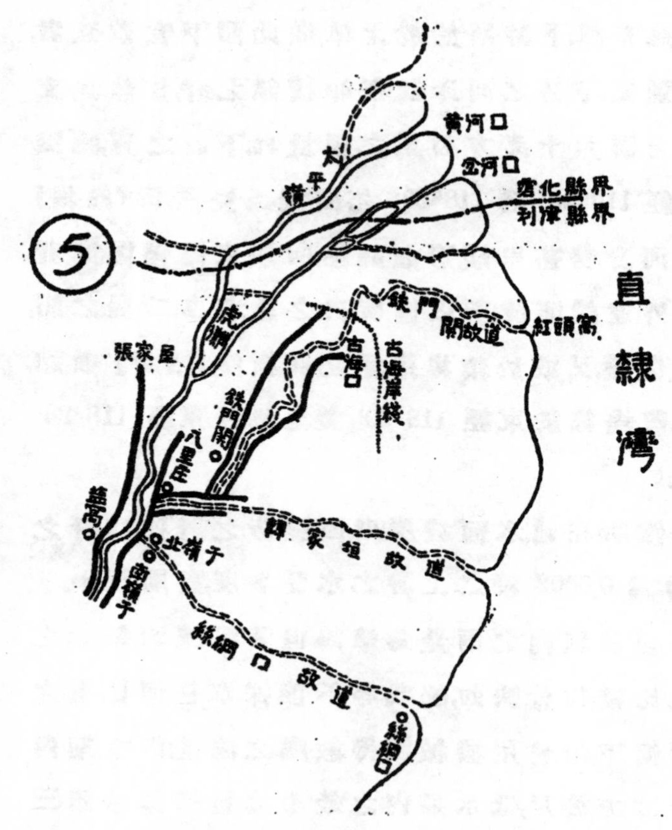

支流兩旁築堤作爲通航之河口云(二)。

考査黃河之水量,及洪水期與低水期每秒鐘流量之差異,絕無奇特之處.且水量對於流域面積之比較,反覺微小.所堪注意者,惟混雜水流中之沈澱物耳.全世界各大河流中,播挾沈澱物若黃河之多者,苦無例足以比擬.尤堪注意者,上中游之河道,多流於黃壤削壁之間.洪水期內,嚙蝕特甚.據一八八九年荷蘭工程師單百克及魏舍(P. G. Van Schermbeck, U. A. Visser) 關於一八五二年決口處以上一段之報告(三):『余等曾沿黃河之北岸從事視察,河岸壁立,約高出其面一公尺.在余等航行半小時以內,平均每十秒鐘必見河岸上之黃壤爲水所冲刷,巨塊下墜,砰然有聲.黃壤入水後之移動,初則甚緩;水淺處則停而不動,旋即分散於河灘上,故該處積沙極多.而河水冲擊河岸,激而上升,往往達六・五公尺之高云』.又據單氏等實地之試驗,可知黃河各段每一立方公尺所含沈澱物之重量如次:

	時期	地段	每一立方公尺水所含泥砂重量
1	一八八九年四月二十六日	氾水河(經度113°20°)靠岸之水,在水面下一公尺七五河床以上半公尺	3708 格蘭姆
2	一八八九年五月三日	一八五二年決口處(經度114°40°)河心之水,在水面下一公尺七五	4491 格蘭姆

3	一八八九年五月廿一日	齊河(經度116°)河心水面上之水	5620 格蘭姆

又據費禮門之紀載(十):『尋常低水位時,水中所含沙量,以重量計平均約爲百分之〇・四.設河流之平均速率從每秒五呎增至每秒八呎,在一星期至三星期之內,則河中所含泥沙重量,漸次增高爲百分之六・五.設以體積計,爲百分之四・五.此乃一九一九年七月三十一日至九月二日在六處地方經十八次試驗之平均結果也.若在洪水期內,水中所含泥沙重約爲百分之九或十.而此項泥沙,小部分乃當地被冲刷之土,而大部分則爲從上游土質輕鬆之山地攜挾而來也』.玆更列舉世界各大河流之挾沙量,以資比較;則黃河挾沙量之豐富,可見一斑.

河名			挾砂量	
非洲尼羅河	(洪水期)		1580	格蘭姆/立方公尺
印度恆河	(洪水期)		1940	,,
北美密西西比河	(平均)		670	,,
歐洲多惱河下游	最大量		2151	,,
	最小量		354	,,
歐洲萊因河下游	在荷蘭Panenden地方	最大量	310.5	,,
		最小量	2.5	,,
,,	在Gorinchen地方	最大量	1174	,,
		最小量	10	,,

由此觀之,黃河口之海岸,每年約漲出三十公尺,與兩岸平原上黃壤層積之厚,莫非攜挾極大砂量造成之果.而河身爲隄防所限,河床日益增高,亦屬自然之理也.

吾人欲知黃河河床爲何而增高,不得不先研究隄防之布置.玆據費禮門之報告(十)(第六圖):『黃河下游於黃運交叉處以上,兩岸內堤之距離,自六公里至十三公里不等.黃運交叉處附近,及以下三十公里,內堤距離僅一公里半,再下一百十三公里,在津浦鐵路濼口鐵橋附近,內堤之距離,約僅二公里至三公里.(第七,及九圖)』又據一九一九年測得之黃河橫剖面,可規定河床與高度與隄外平原之比較(第七,九及十圖)在三義寨地方(卽一

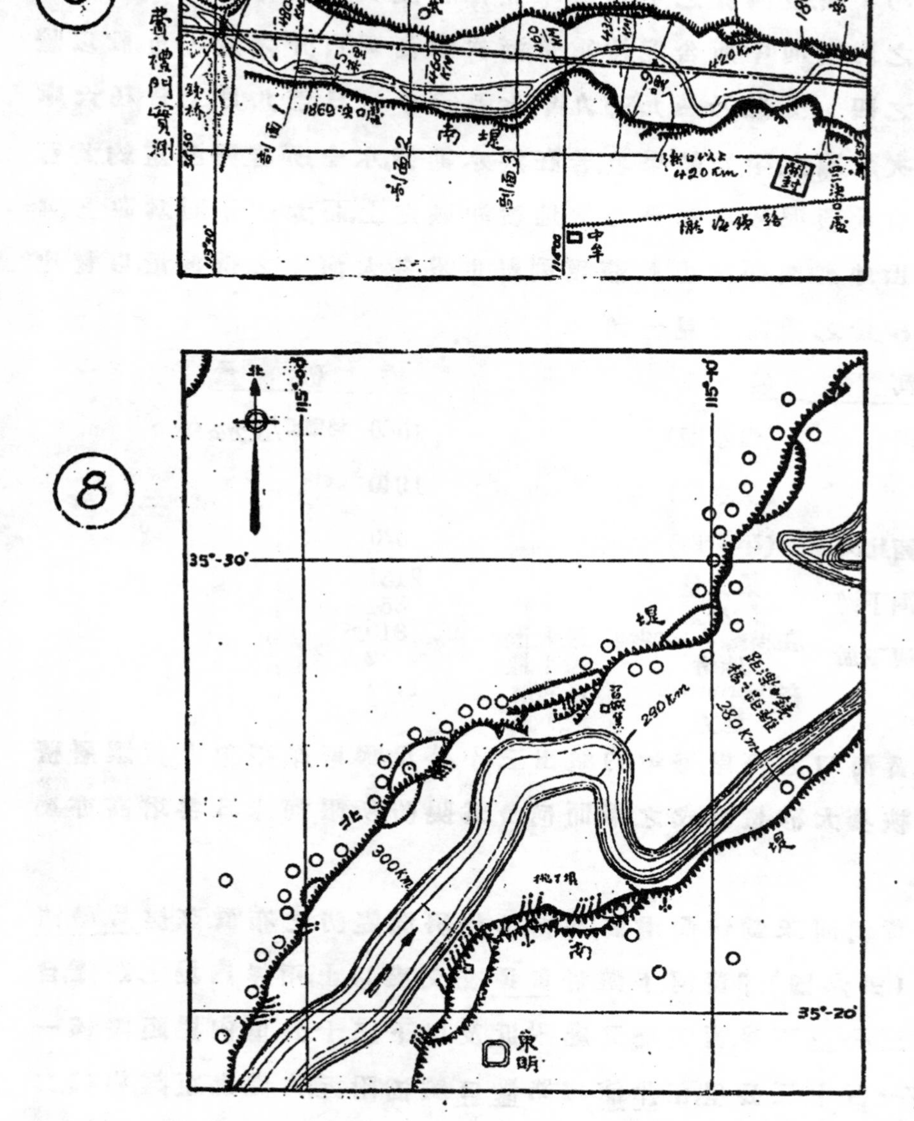

八五一年決口處以上八公里),之橫剖面,河床高出兩岸平原,頗爲顯明.自一八五一年決口處以下十三公里,四十五公里,及一百四十二公里三處,所測之橫剖面,河床已不高出兩岸外之平原.就橫剖面之計算,自京漢路鐵橋至一八五一年決口處一段,長一百三十公里,洪水期內水面高出兩岸平原約爲六公尺至七公尺半.低水期之水面,約高出一公尺半至三公尺.又算得低水期內河床平均高出內外隄間之地面約一公尺半.河床之

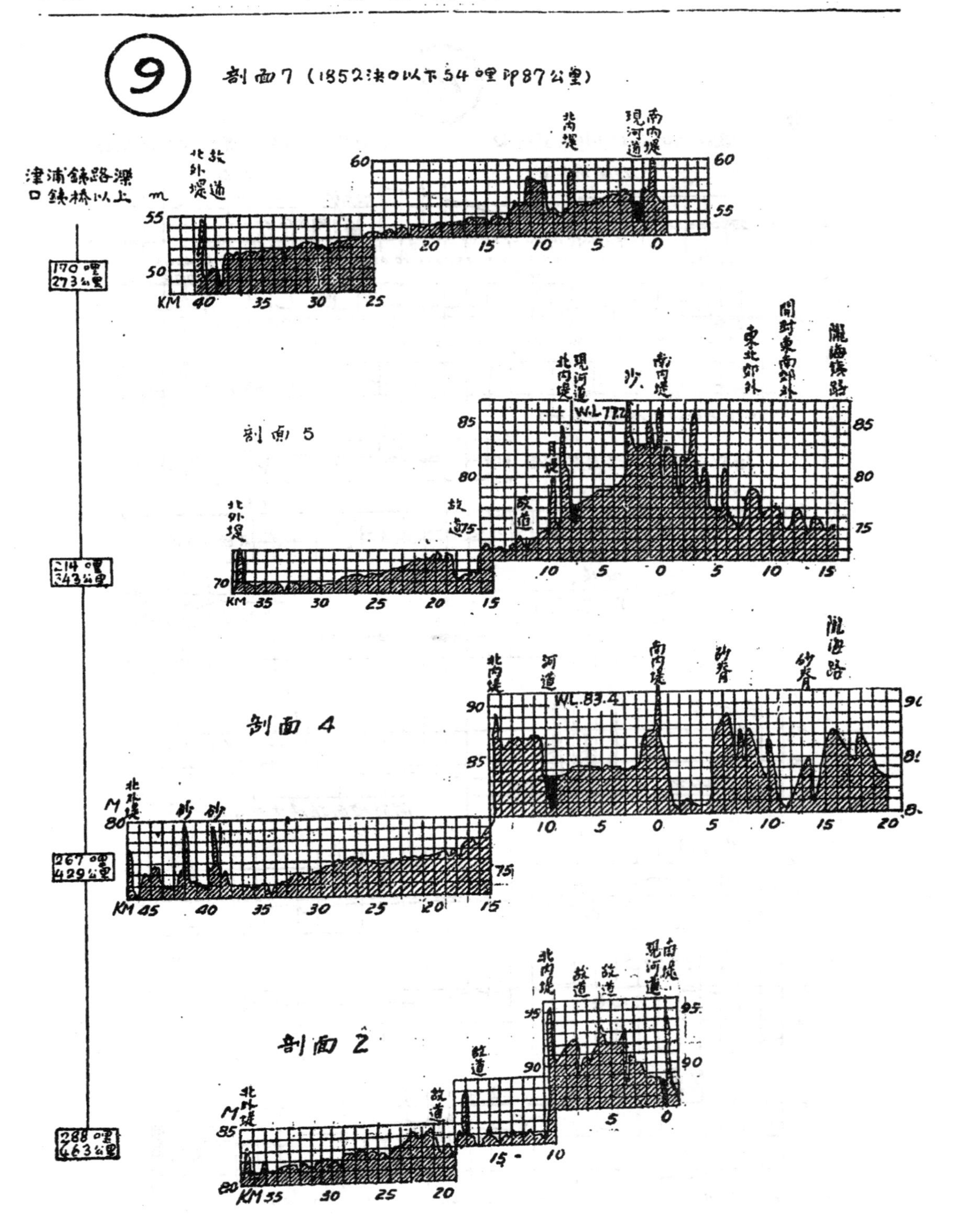
⑨
剖面7（1852決口以下54哩即87公里）
津浦鐵路濼口鐵橋以上 m
170哩 273公里
214哩 343公里
267哩 429公里
288哩 463公里
剖面5
W.L.77.2
剖面4
W.L.83.4
剖面2
北外堤
故道
北內堤
現河道
南內堤
龍海鐵路

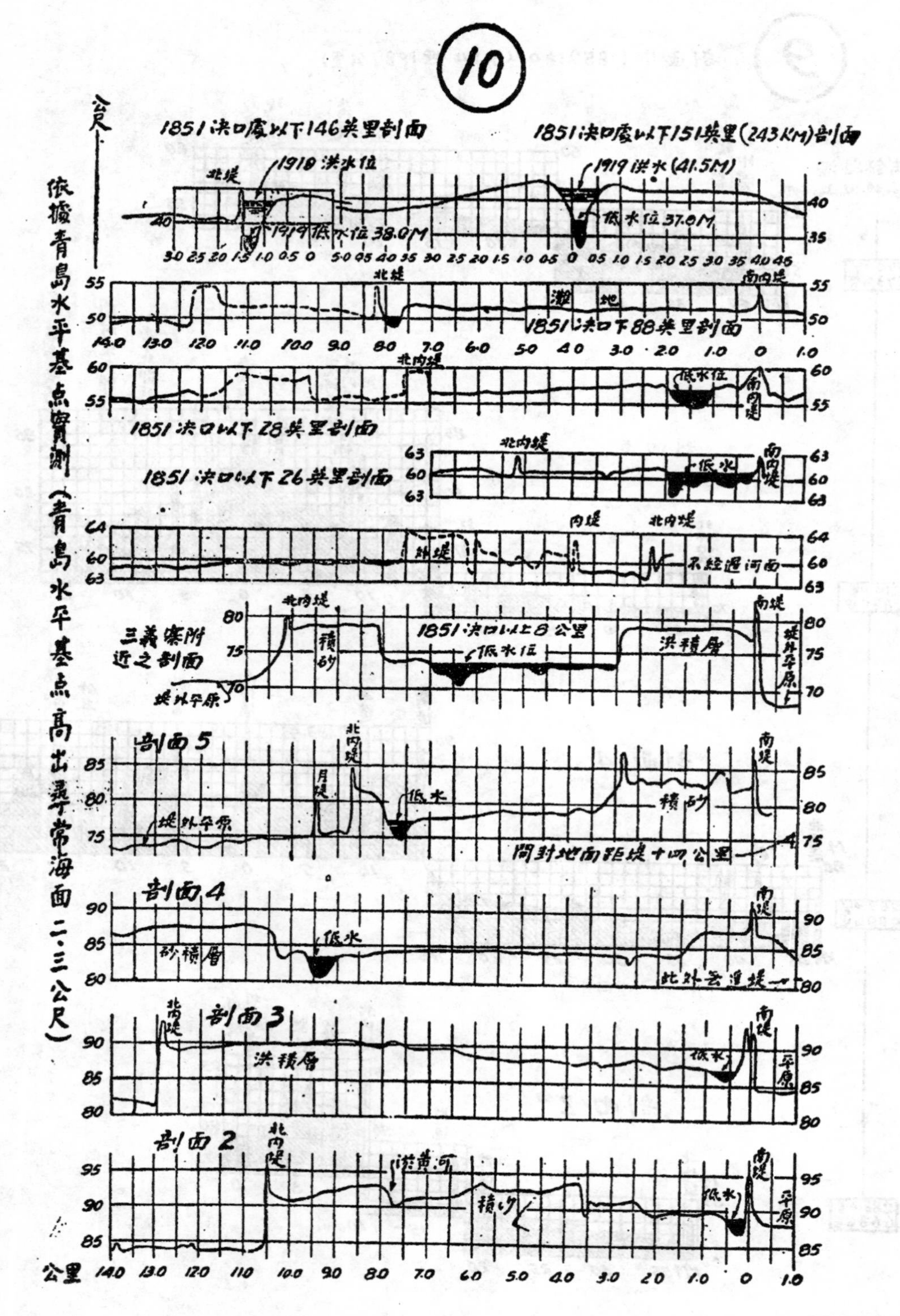

⑩
公尺
依據青島水平基点實測（青島水平基点高出尋常海面二·三公尺）
1851決口處以下146英里剖面
1851決口處以下151英里（243KM）剖面
1919洪水位
北堤
1919低水位38.0M
1919洪水（41.5M）
低水位37.0M
北堤
南內堤
灘地
1851決口下88英里剖面
北內堤
低水位
南內堤
1851決口以下28英里剖面
1851決口以下26英里剖面
北內堤
低水
南內堤
內堤
北內堤
外堤
不經過河面
三義寨附近之剖面
北內堤
積砂
1851決口以上8公里
低水位
洪積層
南堤
堤外平原
剖面5
月堤
北內堤
低水
積砂
南堤
堤外平原
開封地面距堤十四公里
剖面4
低水
砂積層
南堤
此外尚有堤
剖面3
北堤
洪積層
低水
南堤
平原
剖面2
北內堤
洪黃河
積砂
低水
南堤
平原
公里

墊高,顯爲沈澱物之淤積;沈澱物之所以淤積,則因河口三角洲日漸向海中伸漲,遂致河道延長,水面坡度減小,排洩不暢,而沙質淤積矣.單氏與魏氏報告中曾有一八八七年决口區內之河床,高出堤外平原一公尺半之說,信不誣矣.

復次,堤成以後,砂土淤積之範圍,祇限於堤外之灘地.黃河下游堤外之灘地,甚爲遼闊.洪水期之水流,溢出河槽,泛濫於灘地,直流而下.低水期內水循槽流,蜿蜒屈曲於內堤之間.河槽旣非鞏固,每遭洪水,河槽莫不改移,勢必彎曲益甚,而流道加長.當洪水驟落之際,水歸槽流,以流道忽長,水坡低落.押轉力弱,平均速率亦減.於是水中之沈澱物,僅一部分之細微砂土順流而下,重大之砂質則停積於河槽及灘地之上.此河床高出兩岸外地面之又一原因.

總括之,得以下之結論曰,因堤防距離之遼闊,河岸之欠缺堅實,及河床經洪水後彎曲之劇烈,與易於分出支流,故水流之挾砂能力減小,而淤墊爲患矣.苟欲證實此結論之不謬,可觀察黃河流於山峽之一段,洪水低水均限於峽內流行,洪水之道不加寬,低水之道不紆曲,沈澱物暢流能無停滯之患.是以荷蘭工程師單魏二氏亦嘗建議(三),將距離過寬之隄改狹,以限制河身.且證明齊河(濼口以上數公里)地方,河寬僅五百四十公尺,水坡並無異乎尋常之處.而費禮門氏不僅在隄防過寬之弊害上注意,且已測得實例.證明隄防距距離狹後,雖洪水期之水量,仍可暢流,而水面坡度仍不加大.又以一九一九年在黃河運河交叉處以下三十一公里與二十一公里二地,測得之橫剖面(第十一及十二圖)詳細考察,知洪水下流時,河床雖易遷移,而水坡不變也.茲更就費氏測得之數代入『韓慕開』(Hermanek)之公式,而證明之.

費氏測得之數(第十一圖)　　$V=C\sqrt{tJ}=\frac{F}{Q}$

流　量　$Q=5966\ m3/sec.$;　　面　積　$F=3028\ m^2$

平均速率　　$V=\frac{Q}{F}=1.97\ m/sec.$

水面寬　$b=400\ m$　　平均深　$t=7.57\ m$

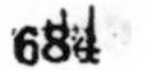
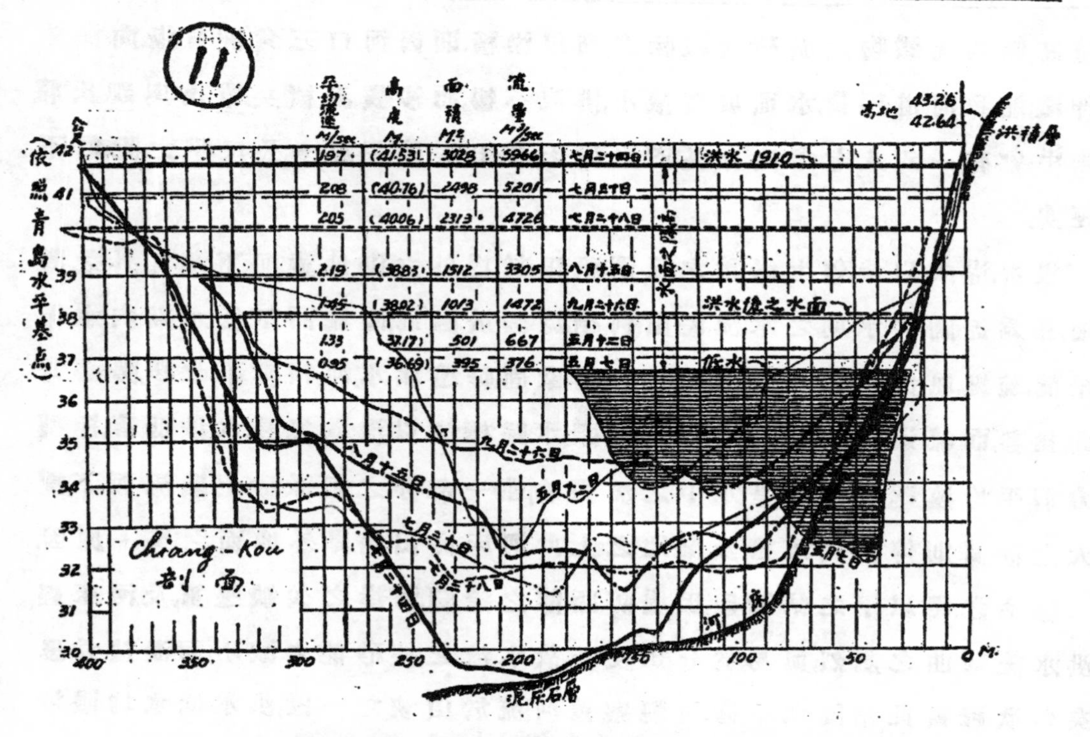

附註　測量時適逢洪水期水量較低水位時大十六倍速度大二倍

(12)

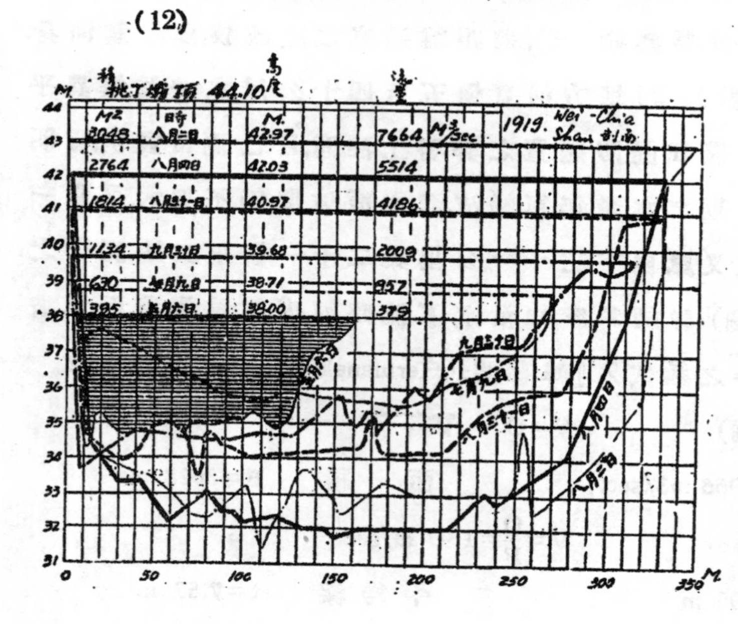

按韓氏係數表

係　數　C＝54

則　　$V=54\sqrt{7.57\cdot J}$

$=1.97$ m/sec

則水坡　J＝0.000172

此數與前所推測之平均水坡 0.0002 相差甚微.是以黃河雖攜挾沙量過多,似仍可應用尋常計算流速之公式也.

費禮門氏又曾精密考

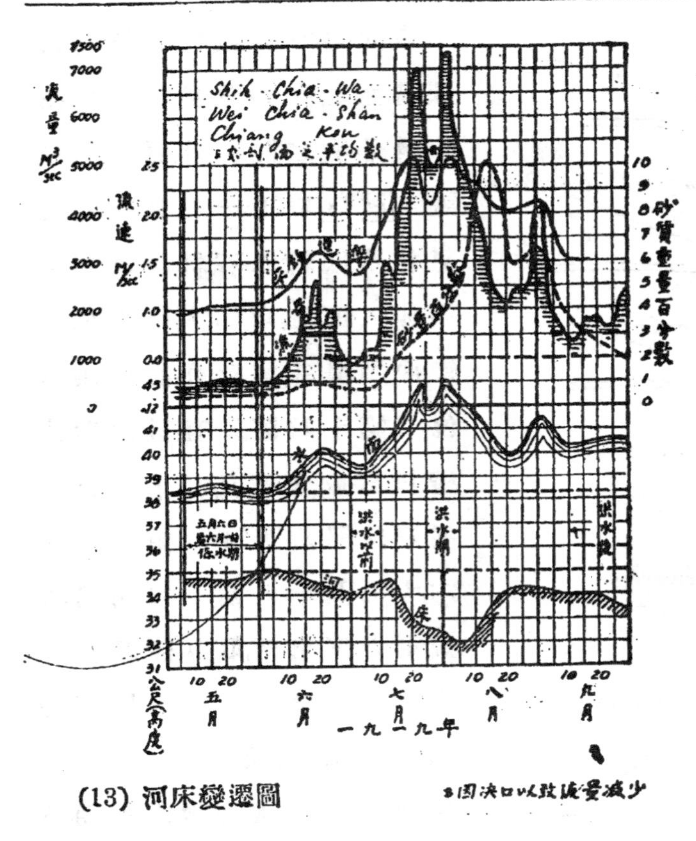

(13) 河床變遷圖

察,得二種重要之結果(第十一及十二圖):一爲黃河河槽不加寬,而河床可刷深之處,即黃河流行天然山峽之一段.有山峽之限制,低水期之河道,僅能得微小之紆曲.而洪水期水道則限於一槽,與隄防寬闊之段,水溢灘地,槽形成爲複式迥然不同.故押轉力強,沙難停滯,河床反可刷深也.但洪水期過,沙土仍填塞河床,恢復原狀矣.一爲費氏曾沿下游實測數處之流量,砂量水位及河床高度而比較之,並觀察各地河床被侵蝕之沙土沈澱物,如何遷移(第十三圖).於是發現此種遷移無常之沙土,僅有一小部分爲水流從上游攜挾而來之黃土,大部分則爲當地被冲刷之沙土.

苟欲計畫治理黃河改狹河道,亦應注意河上之建築物.一爲濼口之津浦鐵橋,一爲滎澤之京漢鐵橋(經度113° 30′),而固有隄防之構造與防禦之方法,亦皆有考究之價值(十).蓋隄防之質料,爲附近一帶之沙土,含粘土甚少,頗易滲漉.故堤之尺度不得不大.隄防之寬自八公尺至廿三公尺不等.兩旁坡度爲二與一之比.隄頂約高出洪水面二公尺至三公尺.堤工甚堅,但缺青草護蓋堤坡.由此可證明堤之外坡,恒峭立如壁之故,蓋河身彎曲處,日漸冲刷堤基,而及堤坡.堤坡既缺少掩護物,迨侵蝕過甚,而成峭壁也.且堤坡無草,

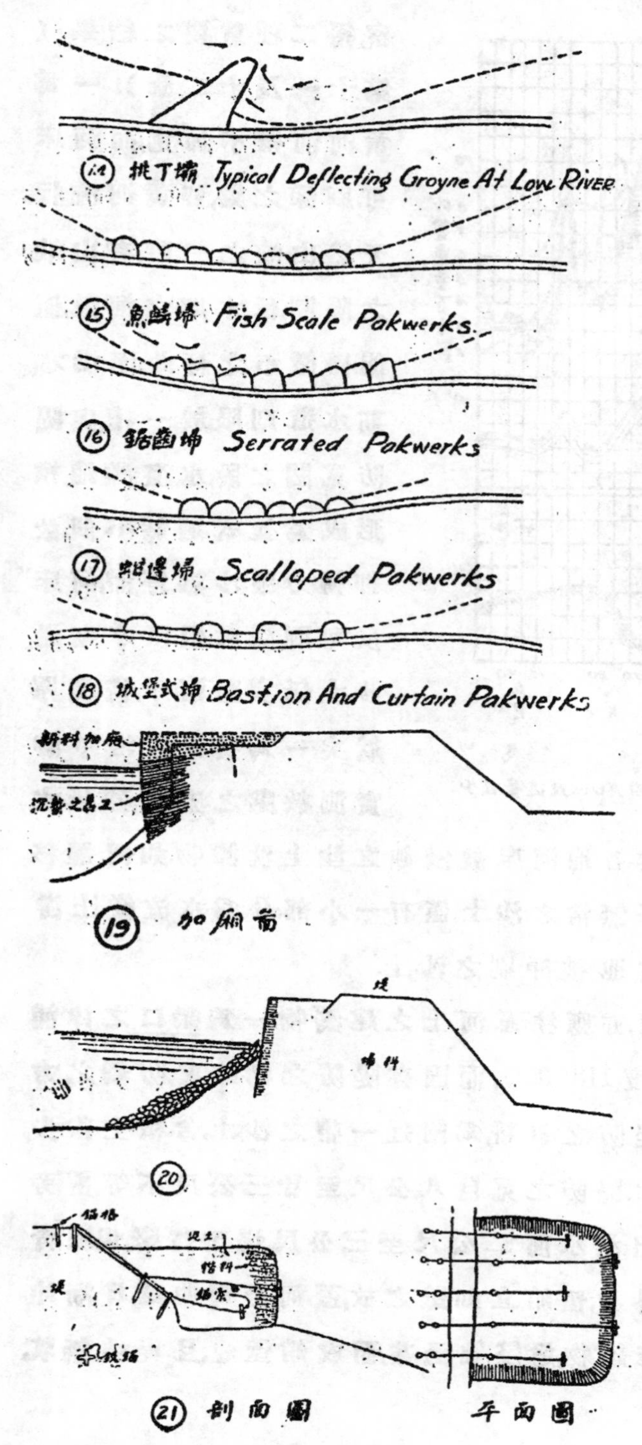

凡遭大雨,水從堤坡下流,漸成深溝,而堤身頗危矣,故洪水期內最危險之隄防外,恆另施掩護工.灤口以下一段,爲防隄起見,曾用稭料或石料編成挑丁壩伸入河流,以抑水勢,不使直接冲刷堤基.壩身且高出洪水位(第十四圖).有數段,間用稭料編成魚鱗及鋸形等狀之埽以掩護堤岸者(第十五,十六,十七及十八圖).埽端爲不規則之突出形,取其能殺水勢也.洪水之後,埽多沉墊,則添加新料,是爲『加廂』(第十九圖).更有護岸之建築物,或採用石料,以取其堅實(第二十圖).尤堪注意者,於堤防危險之處,搶築險工,其法使埽料與堤身用樁簽聯合一氣,洵亦救急之道也(第二十一圖).至若埽料編織物之技能,及堵塞決口之方法,與荷蘭及北德一帶根本無大差異.是以各國工程師目睹中國河防工程者,莫不同聲讚歎也.

(二)治理黃河之商榷

治黃可應用治理荒溪之原理,一首宜改良河口,不必顧及航運,一費禮門主張建築新堤限制水位河床,免除河床增高,添設丁壩,以防水流侵堤.一恩格司主張固定中水位河槽.一舊堤保存加以修葺,並植草掩護.一治黃爲文化事業.

黃河之治理,首在制馭下游『制馭』云者,本歐洲治理『阿爾本』山域荒溪之名詞也.今用之於黃河,蓋黃河之性質,固亦大規模之荒溪耳.『荒溪』者上游水行山地,承納小流,來自山嶺勢陡流激,碎石沙礫隨之而下,所謂山水者是也.荒溪約分三部:曰『集流區』曰『集流槽』曰『冲積洲上之流道』.凡治理荒溪者,必先整理上部,然後可確定冲積洲上之流道.惟黃河以規模偉大,似不必以此公理繩之.雖據津浦路黃河橋之計劃書中所云(九)苟黃河經過之山嶺未盡植林,而暴雨或山水可自黃土層上直馳入河,或黃河自身可無限制的冲刷黃土之岸,則下游河床增高必無已時,流道變遷亦難確定.又單氏曾本荒溪護岸之旨,擬定治河計畫.奈工程浩大,足與長城相埒,結果未必有十分把握.夫上游中游之護岸計畫固不可少,考之治河原則,亦須正本清源,務使全河工程,脈絡相關,以免分道揚鑣.惟治本主要目標,如減少挾沙量,又豈短時期內可得顯明之效果.而觀察下游形勢之危險,救護之策急不容緩,故主張先治下游,從『疏』字上着手.應用科學利器,引導全部水量及沙量暢流入海,使不爲患,與治理荒溪下游,原理上固無大差異.凡治理荒溪之下游,恒於流道兩旁築隄,限制水流歸於一槽,槽底不必堅實,使水流可刷深槽底.吾人治理黃河下流亦當不違此旨.而黃河異於尋常荒溪之處,即無時不攜挾極豐富之沙量耳.苟欲導沙盡量入海,則河口三角洲之擴張,較前益甚,而河流將因之變長,求恢復『恆壹態度』必需要『絕對的比降』愈大,而河口以上一段水位必致漲高,是不可不顧慮及此.故治理下游,首宜改良河口.其根本方法,應利用潮汐冲刷三角洲之沈澱物,並洗刷河床,澄清河口,勿使淤塞.至若精密計畫,以無詳細之考察,與河口之情況,故亦無從決定辦法也.

治河兼顧航運,固屬要舉,但就黃河下游航運之零落而論,亦非十分重要.設祇求防患,不顧舟楫之航行,則治理下游,工易而費少,蓋河流供航運用者,則預定河之橫斷面時,須求低水期及洪水期俱不礙及航運爲宜.所需要者:一爲適當之水深,一爲適當之河寬.設兩岸已有隄防,則洪水期之河面爲堤所限,不得展之於寬,勢必納之於深,水流之抑轉力必因此加大面而害及河身.若欲河面加寬,必先將隄距改大,使隄外灘地加寬.再於二隄之間,確定常水位之紆曲流槽,堅築河床以防遷移.然圻毀舊堤,加寬河面,與另築新堤,工艱費鉅,殊非經濟之道也.

費禮門之建議曰:黃河之爲害在堤防距離之過寬,與河流向兩旁擴充毫無拘束.治理之道,宜使河道完全伸直,另築新堤與高出洪水位之『挑丁壩』,以造成統一之洪水流槽.而洪水之抑轉力須足以刷沙,流溜又不致洗刷河床爲宜.查黃河在孟津以上一段之河流,兩岸夾山,水力足以刷沙,可資佐證(第十一及十二圖).茲摘錄費禮門之報告『治理黃河之問題,在使黃河流行於一狹直河槽中.其方法擬於現有內堤之內,另築直線新堤在此新舊二堤

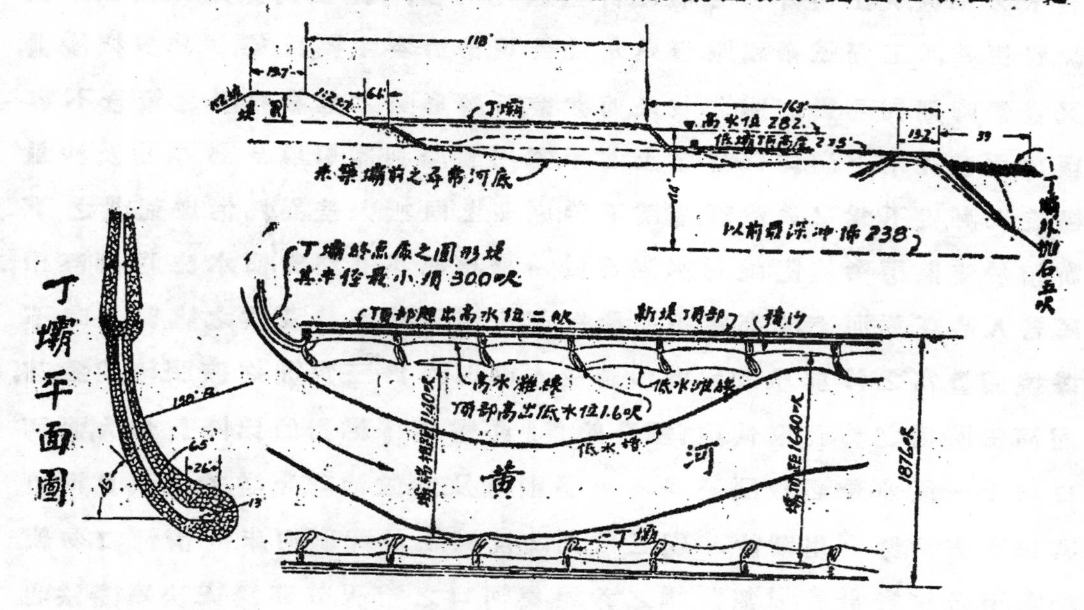

(22) 費禮門計劃之新河槽及堤壩之佈置

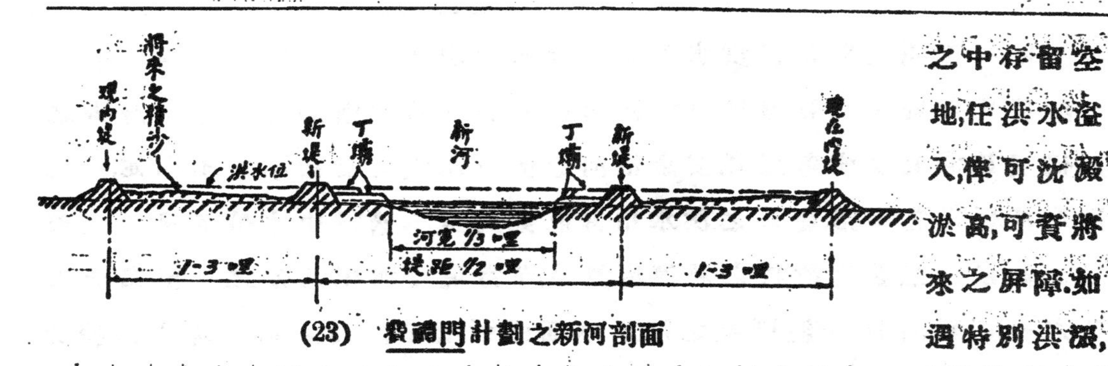

(23) 費禮門計劃之新河剖面

之中存留空地,任洪水溢入,俾可沈澱淤高,可資將來之屏障.如遇特別洪漲,並於新堤與河槽之間,建築挑丁壩,以防新堤崩潰(第廿二圖).苟能實地加以更精密之考察,或於試驗室中從事更深切之研究,則作者所提出之建築物,其方向與尺寸,當可加以改正也.茲特將計畫大概情形,陳述如下(第廿三圖):現有河槽,當設法改直,其長度自五哩十哩至二十哩不等.選擇河槽之地位,宜在現有內隄之正中,然亦當因地制宜(第六圖).洪水河槽上部之寬度,擬定為三分之一哩.兩堤頂之距離約為半哩弱,用以代現在四哩至八哩之河面.至若河流如何導之注入新槽,必須應用各種設備,而對於天然流水之冲刷力,尤宜充分利用.在新舊堤中間所留約二三哩闊之地帶(第廿二圖),將漸次淤墊,將來或可與洪水齊平,積沙之地極為肥沃,可資耕種.積淤之法,應在堤上多建閘門,以司啓閉,耕種時則閉閘以拒水,收穫之後,則啟閘以納水.洪水攜挾之淤泥,因以沈澱,成為沃壤,極利於農作物也.俟新舊兩堤中間之地,淤積之高與普通洪水位齊平後,雖遇異漲或特別變故,則此二哩寬之新淤地帶,當可減殺水勢,屏障堤防,不致驟然崩決,演成一八八七年與一八五一年所發生之慘劇,亦不致發生如歷年紀載中無數量之損失也.

荷蘭工程師單氏亦曾建議,築堤束小洪水位之河面,增加冲刷力,以治河床之墊高,蓋即築堤束水束水刷河之遺意.費禮門並主張苟因地方情形之需要,不妨於新河道內,安設短曲之彎,以變流道之方向.且願仍採用中國堤防,及高出洪水位之挑丁壩,以免洪水侵堤.所不同者,中國之築挑丁壩,在灘地已冲刷盡淨,水流將危及堤坡之時.而費氏則預築挑丁壩於灘地之上;從事預防.挑丁壩之間,每經洪水可淤積填塞,使堤防之外,多得一種保障云.

按費氏計畫果能實施,則黃河河床墊高,與堤防崩潰,必可避免.惟計畫之如何實施,似宜審愼考慮耳.按諸治河通例,中水位之流槽不可不固定,而流槽形態恆爲之字形.費氏之洪水槽其直如矢,殊不適於中水位河槽.違反天然,恐難求功.且費氏改狹之新河床寬度,僅當現今河床八分之一至二十二分之一.則新河床未經刷深之際,洪水面必致壅積漲高.其何以障之勿使泛濫.或以爲築堤束水,可自孟津始.該處山坡夾流爲天然狹隘之段新堤之上水面壅積,有山坡障護,無外溢之虞.然新堤之建築,段節相續進行甚速,河床之刷深,非朝夕之功,爲避免泛濫起見,故孟津以下之新堤及丁壩之高度,均須超過此最高之壅洪水面,而洪水之壅積預計有數公尺之高.若爲此暫時之洪水壅積使堤身加高數公尺,則日後河床已經刷深,堤高遠超過尋常洪水位之需要,損失之資應爲幾何?况築堤之時水面壅積,其下游未築堤防之處,水勢將益爲猖狂,舊堤之抵抗力素弱,恐决口之警較之未治以前益頻矣.

費氏之建議,旣恐有上述之患.因另擬治理之計劃.但著者未嘗親臨河濱,詳加觀察,亦不敢認所建議者爲當也.姑言之,以供當代水利家之商榷.竊按黃河之病,不在堤距之過寬,在缺乏固定之中水位河槽.故河流於內隄之間可任意屈曲,遷徙莫定害乃生焉.河流遷移無常,卽易荒廢.故拘轉力衰,沙礫淤積,河床墊高,或河灣屈曲愈銳,日近堤防冲刷堤基洪水一至而崩潰堪虞矣.治理之道,宜於內堤之間,固定中水位河槽之岸.河灣過曲則裁之取直.河流分歧則塞支强幹.其利有二:一爲中水位河槽之『谿線』或名『谷道』可固定不移.一爲河流之力可刷深河床,不致屆之於寬.而河床之墊高固可避免,河灣亦不致近堤矣.且兩隄之灘地,亦可保存無恙.當洪水大漲之時,水溢出槽灘地之上,可淤積沃壤,日漸增高.卽中水位河槽,日益加深,冲刷力可將因此以增大.固有堤防之不規則者,亦宜修治.搶險之掩護工程如挑丁壩之類,可以拆毁.惟堤身須栽植青草,以資掩護,一則防水流侵蝕,一則防雨水冲.

瀉.而安設涵洞,引水灌田,宜有完善計畫,緣涵洞爲堤防弱點,不可不愼也.

中國近時選派青年求學異邦.他日歸國,以歐洲學理與中國固有之水利經驗相印證,必能造詣甚深,爲祖國造福.按中國水利問題,實爲全世界之最繁難而浩大者,即如黃河之治理,必得數十百萬人之經營,始克奏效,未來之空前文化事業,其在斯邦乎.

參考書籍

(一) Ferdinand Freiherr von Richthofen, Chine, I. Band, Berlin 1877.

(二) J. G. W. Fijne van Saverda, Memorandum relative to the improvement of the Hwang-ho or Yellow River. Haag 1891.

(三) P. G. van Schermbeek, Eeenige mededeelingen over zijine reis near de doorbraked der Gele Rivier in China; Tijdschrift van hat Kon. Inst. v. Ing. 1891-2 (Notulen der vergadering 10 November 1891)

(四) G. James Morrison, On the breach in the embankment of the Yellow river. Engineering, March 3, 1893.

(五) Ferdinand Freiherr von Richthofen, Schantung and Kiautschou. Berlin 1898.

(六) Dr. Ernst Thiessen, China, 1 Teil, Berlin 1902.

(七) W. F. Tyler, Notes on the Hwangho or Yellow River, published by the Maritime Customs Office. Shanghai 1906.

(八) E. v. Cholnoky, Ueber Flussregulierungen und Bodenmelorationen in China. Hydrograph. Mitteilungen, Heft 21. Budapest 1905 (ungarisch). nach dem Referat von v. Lozy in Petermanns Geogr. Mitteilungen, Band 52, S. 91-92, Gotha 1906.

(九) Bruno Schulze und Maschinenfabrik Augsburg-Nuernberg, A. G. Die Hoangho-Bruecke. Zeitschr. d. Ver. Deutscher Ing. 1914, S. 241.

(十) John R. Freeman, Flood Problems in China. Proceedings Am. Soc. C. E. Vol. XLVIV-Nr. 5, May, 1922.

(十一) To establish a national hydraulic laboratory. Washington 1922. Government printing office.

竊按黃河之爲患,由來久矣!吾國朝野上下從事防禦,亦可爲殫精竭力,無微不至矣!然歷年以來,河道遷徙,隄防崩潰,噩耗頻傳,舉世震驚;豈天命之難知,實人事之不蒇.嘗考吾國水利之興,肇自上古.工程學術爲世界冠.比者西方科學,雖日進千里,而歐美人士目覩吾國水利工程者,猶莫不欽佩讚歎.然則黃河之患,胡爲乎終未絕跡耶?曰歷年治河,祇知治標之謀,而未得治本之道,祇知局部之補救,未得全部經營之計劃也.近數年來,北方潦旱洊至,災情重大,舉國人士大爲覺悟,莫不以爲水利失修,亟宜治本,而不專以賑濟蠲課爲急務矣.奈兵災匪息,紛至沓來,大局日危,民不聊生.更以國家財政支絀,羅掘俱窮,雖有宏願,一籌莫展.而歐美學者獨能於研究學術之餘,爲我策謀,以爲黃河爲患最巨,首宜治理.調查考求不遺餘力,著論立說共籌善策.噫,吾人能不感且愧乎!先是民國八年吾國聘請美國工程師費禮門氏 Freeman 考察黃河,圖加治理,終以工程浩大,經濟困難,事遂中輟.費氏歸國著 Problem of China一文,民國十一年夏脫稿付梓.費氏本其實測黃河之情形,擬定治理之方策,請求世界水利名家共同商権.民國十二年春,德國薩克遜大學教授恩格司博士 Engels 又採集歐美名家遊歷中國北部考察黃河之狀况,參合費氏最近實測黃河之結果,另著一文題曰『制馭黃河 Bandfgung von Woang-ho』先生耆年碩德,誨人不倦,德國水利家之名宿也.先生文既脫稿,出示經等曰,『黃河爲中國大患,年來余研究治理之道甚勤,惜未身臨黃河之濱,閉門造車,出門焉期合轍;苟余於衰邁之年,猶得遊歷中華,實地考察,幸莫大焉!』嘗念恩氏學術邃深,苟能來華視察黃淮.一切治河方策當可因以釐定;二瀆安瀾之兆,其將繫諸此行.十三年孟夏余歸國後,因商諸蘇省當局,期由蘇皖及沿河數省共同聘請恩氏,作短時期之考察.奈甫有成議,而齊盧啓釁,事乃中輟,殊爲遺憾.爰將恩氏原著迻譯,廣爲介紹.更願引起國人之興趣,對黃河自下研究工夫.蓋吾國治河歷有年所,經驗豐富,著作繁多,苟求根本治理,决非外人短時期之考察,所能作爲準鵠.而觀察數十百年來黃河之變遷,端賴歷代文獻,稽考文獻,責在我等.費恩二氏之論,僅爲草創之作,日後實行治河,尚須精確考查,審古度今,治法乃定.且工程之大,既屬空前絕後,費用之鉅,又豈一呼可集.苟專仰給於外債,可異挖肉補瘡.所望國內政治上軌,人民覺悟,生聚休養,庶政乃興.庶乎治河方略早日確定,逐步實施,安瀾可期,實吾人所馨香禱祝者也.

十三年孟冬肇經附識

請聲明由中國工程學會『工程』介紹

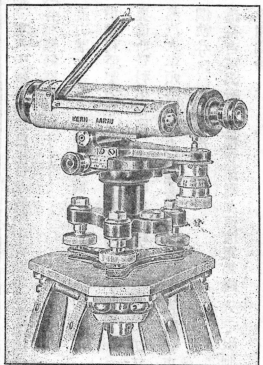

南寧電燈整理之成功及方法

著者：張延祥

廣西南甯之有電燈,迄今已十三年,公司係商辦性質,自創辦至今,未曾分派股息一次.每年收支數目,幸可相抵,惟添機購線等項,均須另行籌款.據云所投資本總額,已逾桂幣二十五萬六千元之巨,(約合國幣十六萬元),而廠中機器之發電量,不過二百四十三啓羅華德 (243 K. W).每夜發電復時斷時續,電壓低落,電力不足,燈光發紅色,甚至有稱之『燈光如螢』,或稱『香光』者.此種腐敗情形,爲國內各處小電燈廠之通病,實不鮮見,亦非言之過甚也.

廣西建設廳屢次派員徹查,設法整頓,機廠情形以及擴充計畫,刊載於廣西建設月刊第一號,其後南甯市政籌備處亦擬具整理計畫.無如公司方面,一則因電燈專利年限將滿,不願再行添機,二則因歷年無利可圖,股東視若畏途,且又時聞政府收回之呼聲,更不敢再投巨資.因循數年,愈趨愈下,而市民直接及間接二方感受痛苦更深,交通治安,尤受影響.於是電影院,大旅社,無線電台,大機關公署,均自備發電機.極爲不經濟.今年二月,省政府以南甯爲省會之所在,電燈乃觀瞻之所繫,不能不積極整理,乃電召著者赴邕,設法進行.著者留邕旬餘,第一星期調查電廠病源,第二星期實行改革,旬日之間,全城各街,大放光明.因思此項通病,爲國內各小電廠所共同者,或者他處亦可依法泡製,一革積弊,因略述整理之方法及效果,分段敘述;(一)設備略述,(二)現狀及病源調查,(三)改良計畫及籌備,(四)實行步驟及効果,(五)結論.

(一)設備略述

(甲)發電廠　發電廠有四座木炭煤氣機 (Charcoal Producer Suction Gas Engines) 分汽爐,發動機,發電機,及電鑰版四部,茲將詳細情形,列表錄下:—

	第一機	第二機	第三機	第四機
發動機(引擎)製造者	德國Guldner廠	英國Imperial Keighle 廠	同第二機	英國Gardner廠
„ „ 式樣	立式	臥式	„	立式
„ „ 汽缸數	2	1	„	6
„ „ 伸復數	4	4	„	4
„ „ 馬力	——	——	——	——
„ „ 轉數	180	——	——	514
„ „ 號碼	——	7500	7501	——
交流發動機製造者	德國 Garbe Lahmeyer廠	美國 General Electric Cc.	同第二機	美國General Electric Co.
„ 拖動式	皮帶傳動	同	„	同
„ 發電量	83 K.W.	40 K.W.	„	75 K.W.*
„ 電壓力	2300 V.	2300 V.	„	2300 V.*
„ 每線電流	22.1 amp.	10 amp.	„	………
„ 相數	3	3	„	3
„ 週波	60	60	„	60
„ 每分鐘轉數	1200	900	„	900
„ 電率 P.F.	1.0	1.0	„	………
„ 號碼	FJ 1000/90B No.151217	ATB 8-75-900 No. 302478	………	無名牌
直流勵電機發電量	1.7 K.W.	3 K.W.	„	………
„ 電壓力	115 V.	125 V.	„	………
„ 電流	15 amp.	24 amp	„	………
„ 拖動式	直接發電機	同	同	同
„ 號數	RP 30 A. No. 142961	………	EF 4-3-900 No. 501264	無名牌

各汽爐均有生汽爐(Generator),洗氣爐(Scrubber),及淨氣爐(Purifier or Saw Dust Scrubber).

電鑰版各有三極油浸開關(T. P. Oil Circuit Breaker),其二極有電流限制自動保險機關(Time Limit Overload Relay),又各有電流表二個,電壓表一個,以及勵電機之電流表及電壓表.

四座發動機不能合併開行(not synchronizing)故三相發電機每機有三線出廠,各管一路,不相連絡,各有佈電開關(Feeder Oil Switch),惟其自動機關多已毀壞矣.

(乙)高壓線. 每發電機係三相式,故有三條高壓線導出,電壓爲2300伏爾次,四座機共十二條,第一號機又岐出一路單相電,計二線,故共有十四線出廠,其路線圖因無關重要,故不製版刋印.

(丙)變壓器. 變壓器均係單相式,裝置柱上,其高壓爲 2300 V., 低壓爲 115 V., 全市變壓器數目及容量列表錄下.

	第一機路線		第二機路線		第三機路線		第四機路線		總計	
	數目	電量	數目	電量	數目	電量	數目	電量	數目	電量
3 K.V.A.者	2	6	——	——	2	6	——	——	4	12
5 K.V.A.者	9	45	3	15	3	15	10	50	25	125
10 K.V.A.者	5	50	4	40	4	40	3	30	16	160
20 K.V.A.者	1	20	——	——	——	——	——	——	1	20
總數	17	121	7	55	9	61	13	80	46	371

依上表可知發電機之總量爲 243 K.W., 變壓器之總量爲 317 K.V.A., 故變壓器之數目及電量,足敷發電機全量之用也.變壓器分配位置,曾調查繪圖,惟無關重要,故亦不製版刋印.

各變壓器並非一家所製,而低壓之電壓又不一致,大多數爲 230/115 V. 之雙圈四線式,係美國之所通行者,其低壓四線,可併作愛迪生氏之三線式(Edison 3-wire System),兩外線之間爲 230 V., 兩外線之任一線與中線爲 115 V., 如此則低壓線路之損耗可減少,而戶內用電仍爲 115 V., 並無 230 V. 之危險.今南寧電廠並不用此種三線式,而用 115 V. 之兩線式,即用雙圈並行接法(2 coils in parallel),雖云節省電線,而電壓力低落矣.

全市變壓器經詳細調查,編列調查表,記載下列各項,此項調查表對於整理進行,大有効力,(全部調查表因無關宏旨,故不錄).

南甯電燈整理委員會調查變壓器表格式:

第三號機路線 ⊙ 調查日期:民國十八年二月二十四日									
指數	地址	離廠遠近	容量	高壓	低壓	製造者	製造廠號數	接用電相	附註
		呎	K.V.A	VOLTS.	VOLTS.				
26	安塞門街	620	3	1150 2300	115 230	美國 MOLONEY	BE-1-44114	紅.藍	

(丁)低壓線. 從變壓器接出之低壓線,亦經詳細調查,繪註圖上,低壓線均接一百十五伏而次(115 V.),前已述及,惟每晚低壓方面究竟有若干電壓,以及每線所載電流,因時間偪促,未曾一一試驗,大概晚上七八點鐘時候,電壓平均為40—50 V.,而 5 K.V.A.變壓器低壓方面所負載之電流為 80—90 安倍,即約一倍於應當之數.

(戊)用戶方面. 依發電量而言,243 K.W.除一成(10%)之線路損耗外,實餘 219 K.W.之電力,可以供給用戶.十六支燭光電燈以二十華德 (20 Watt) 算,則該廠設備全量,可供給一萬一千支燈數.依公司裝燈紀錄,目前各用戶及路燈,已超過此數,而用戶自行加多之燈枝,無從稽查.且用戶所用之燈泡決不能一律用十六支光者大者,至一百華德之燈泡.用戶裝電錶者計三百餘戶,包燈者計六七百戶.從此觀察,則機力不足,求過於供,已無疑義,惟無論如何,燈數增多,需電超出數目,不致使全城燈光如螢,或致如香光,其中必有他故也.

(二)病源調查

(甲)機廠病狀. 該公司未聘工程師,廠務一應付諸大機(卽上海所謂老管)之手,以致弊病百出.機件佈置無論已,卽皮帶傳動亦不能依理將皮帶盤對直,以致每年皮帶損失亦屬可驚.各機每夜開動,並無休息整理之機會,故冷水層內積淤甚厚,失其傳熱作用.第三號機之汽缸頭(Cylinder Head),因之破裂漏水拆卸審視,則裂縫至五六處之多,有長至七寸餘者,滲滓射水,使燃燒室(Combustion Chamber)熱度減低,馬力減少,又不能開足速度,其第二號機之火星塞(Spark Plug)及麥尼多(Magneto)復損壞,以致每三次必有一次不着火.其第一號機之冷氣開車機關無用,每日開車時用十餘人拖動皮帶,又二人司啓閉冷氣凡而(Compressed Air Starting Valve)之責,其事誠屬可笑可嘆.諸如此類,不勝枚舉,其腐敗狀態,有如病入膏肓也.

每日下午五時餘,機房升火開車,至翌日天光時停車,開車之後,將總開關推上,然後將電壓調整器(Shunt Regulator)逐漸開大,電壓逐漸升高.然2300 V.之電壓,祇能開至800-1000V.,不及半數而電流已至全量之上.如第三號機之電流足量爲10安培,乃電壓僅開至800 V.,而電流已15安培.若電壓再行升高,電流更大,使油開關之自動保險機關運轉,將線路打斷.該保險機關定在150%之處.若將油開關強制推住,不使自動保險機關運轉,則電流增大,電力隨大,引擎已不能負載全量,而速度減低,若引擎速度減低,發電機之速度亦減低,而電壓又隨之減低.以故在電流已超過150%,電壓尚不及50%之情形之下,欲增高其電壓,實爲不可能之事.推原其故,(一)引擎已舊,馬力不足,祇能供給約75%之力.(二)發電機負載過量,乃電流之過量(Current over limit),而非電力之過量(not power overloaded).如第三號機,原定發電量爲$\sqrt{3}\times 10$ A. $\times$ 2300 V. = 40 K.W.,今僅15 A., 800 V.,則電力爲$\sqrt{3}\times 15\times 800 = 20.8$ K.W.,並未超過原量,實祇及其半數耳.故斷定其線路有短接之處,或僅有極低之阻力(Low resistance)而已.

(乙)線路病狀.　線路之短接,分高壓及低壓二層檢查.高壓線已舊,尚不至有短接之處,通地之阻力(Earth Insulation)有2—10 Megohms.亦不致漏電.惟查各變壓器之接法,則大謬不然.蓋高壓方面三線,假定分別之爲『紅』『白』『藍』三線,『紅白』兩線間之電壓爲2300 V.,『白藍』兩線間之電壓亦爲2300 V.,『紅藍』兩線間之電壓亦爲2300 V.令各處變壓器均係單相式,接用任何兩線,惟『紅白』『白藍』以及『紅藍』三相間,務必分配使其供電平均,則三線所通之電流數不大,而所傳之電力可足.今從調查結果,證明該廠工人,並無此項智識,所有第一第二第三號機路線之各個變壓器,均接於『紅白』及『白藍』兩相間,而『紅藍』之一相,則完全不接.第四號機路線之變壓器,想又爲另一工人所接,因彼雖知三相互用,而亦不能平均之.今以四路變壓器所接之情形,列表並繪圖以明之:

變壓器	『紅—白』電相 U—V	『白—藍』電相 V—W	『紅—藍』電相 U—W
第一號機路線	48 K.V.A.	63 K.V.A.	0
第二號 „ „	30 „	25 „	0
第三號 „ „	26 „	35 „	0
第四號 „ „	15 „	30 „	35 K.V.A.

第一號機路線所接變壓器之圖式:—

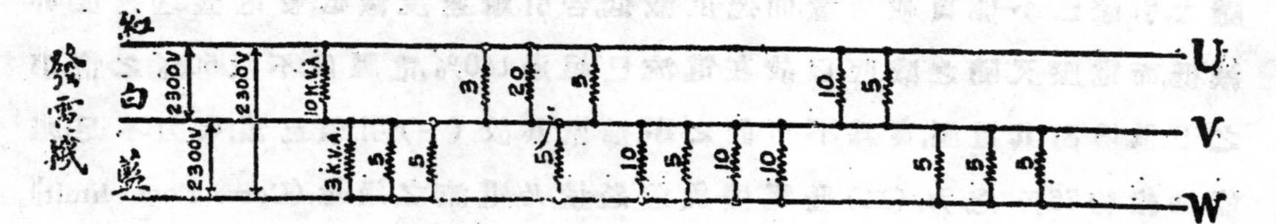

(丙)燈泡之病狀. 高壓線方面,除變壓器接線三相不平勻之弊病外,實不見有短接之處.於是從低壓線方面檢查,低壓線實太腐爛,入屋亦不用保險鉛絲,故因用戶內線之破爛而致電線短接者,乃屬可能之事.惟每個變壓器之高壓方面有保險鉛絲,卽使低壓線短接,該變壓器鉛絲卽燒斷,或變壓器自已燒壞,亦不致影響於全體也.後從用戶之燈泡方面查出發電機之短接病狀,乃由於用戶濫用低壓力之燈泡,僅有極低之阻力,以致電流多而電壓低.正如試驗電機烘乾線圈時,將發電機用低阻力之短接法(Short-circuited with low resistance)而使電壓減低至足量電流爲度.今該廠每日開車,實非供

給電力,而乃作電機烘乾之試驗耳.

究竟用戶所用之低壓燈泡爲害至若何程度,則著者曾逐戶加以調查.茲舉倉西馬路用戶六家之實况錄下,可例其他也,

南甯用戶裝用燈泡之調查　(十八年二月二十日)

華德	100 V	80 V.	60 V.	50 V.	40 V.	32 V.	24 V.	16 V.	12 V.	總共華德
粵西號	3×25 3×15	3×40 1×15	1×25	7×40						WATT. 560
贊興號	1×40 1×15	7×25	1×25	1×60 4×40	4×15 1×25					1100.
民發號	1×25			3×25						100.
妙靈綸	4×25	1×60 5×40	1×60	1×25						445.
信益號	1×60 1×40 3×25	6×60		4×60 6×40						1195.
智利號	3×60 3×40 3×25	1×60 6×40	4×60	6×60 2×40	1×25			14×25		1580.
								總	共	4980.

用戶方面之燈泡,既如此繁雜,而電器店中所陳列者,更千奇百怪,萬,樣俱備.用戶購買12 V., 16 V., 24 V., 32 V.,等燈泡,以備晚上七時至九時電燈最黑暗時之用.所以白天調查未曾見到在用戶所述之理由,以100 V.足力之燈泡,既比香光尚暗,不得不購用低壓泡以圖略放光明;在公司方面,實大受其害.公司不早取締此項低壓泡,實爲公司之咎,然追源禍首,則南甯電燈之黑暗,南甯電器店實一大罪人也.若電器店不運售低壓燈泡,用戶自不願向港滬購買之煩.欲說明低壓泡燈之害,不厭詳細述其理由.

據以上所舉六家用戶之燈泡計算,設若該六家完全將燈開足,依華德總數,不過4980華德,或4.98啓羅華德.若全用100 V.燈泡,則電流不過49.8安培,其總共電阻力需2.01歐姆 (Ohms).今因用低壓泡,每燈之阻力減少,電流加大,至於增多實際數目,列表如後.

各種電壓燈泡之電阻力表（歐姆 OHMS） $R=\frac{E^2}{P}$

P \ R \ E_1	100 v.	80 v.	60 v.	50 v.	40 v.	32 v.	16 v.
15 w.	667	427	240	167	107	68	17
25 w.	400	256	144	100	64	41	10
40 w.	250	160	90	62.5	40	25.6	6.4
60 w.	167	107	60	41.7	26.7	17	4.3

各種電壓燈泡若在100V.之電壓時所需之電流（安培 AMP.） $I=\frac{E_2}{R}$

P \ I \ E_1	100 v.	80 v.	60 v.	50 v.	40 v.	32 v.	16 v.
15 w.	.15	.23	42	.60	.94	1.47	5.90
25 w.	.25	.41	.69	1.00	1.56	2.44	10.00
40 w.	.40	.62	1.11	1.60	2.50	3.91	15.65
60 w.	.60	.85	1.67	2.40	3.75	5.90	23.3

依據上兩表所列，計算前所舉用戶六家用低壓燈泡之影響，再列表比較：

	用燈華德總數	若用100 V.燈泡所需電流	用低壓泡若公司發電100 V.則所需電流	上二項之電流比較倍數
粵西號	560 watts	5.6 安培	15.18 安培	2.7
贊興號	1100	11.0	51.97	4.7
民發號	100	1.0	3.25	3.25
妙經綸	445	4.45	7.62	1.7
信益號	1195	11.95	28.85	2.4
智利號	1580	15.8	165.38	10.4
總計	4980 watts	49.8 安培	272.25 安培	平均 5.46 倍

低壓燈泡之電阻力小,例如上六家若全用100 V.之燈泡,則電阻力應爲2.01歐姆,今用低壓泡,其電阻力小至$\frac{2.01}{5.46}=0.368$歐姆.至此,而上述之電廠病源,即線路有極低阻力之短接(Short-circuited with low resistance),及尋得究竟.

低壓燈泡如10 V., 16 V., 24 V., 32 V., 40 V.,等,若用在100 V.之電壓,固然立刻燒斷,但從50 V.以上之燈泡,即使用100 V.之電壓,亦不定立刻燒斷.且外面所接低壓燈泡如此之多,若欲發電機開足100 V.,則電流須要到五培餘之大.今開至35%之電壓,而電流已超過容量至150%,再想開足電壓,乃不可能之事.因交流發電機有一種特性,其機內之阻力(Impedence)甚大,即使十足碰線短流(Deed Short-circuited),其發出電流亦不過三四倍之數,萬不能令其供給至五倍餘也.然則如何可望其開足100 V.燒去低壓泡而放光耶.

今再試算其用低壓燈泡後,究用到若干電力?依上表中,該六處用戶所裝之燈泡總共4.98啓羅華德.今用低壓泡,電壓力祇有$\frac{800}{2300}\times100=34.8$ V.,電阻力則爲0.368 Ohms歐姆,其電力爲:

$P=\frac{E^2}{R}=\frac{34.8\times34.8}{0.368}=3.28$ K.W.如此可見電力反少用,僅得$\frac{3.28}{4.98}=66\%$而已.但電力雖少用三分之一,而電流則反加一倍,因若用100 V.之泡,點足4.98 KW.,不過49.8安培,今用低壓泡之電流爲:$I_l=\frac{P}{E_l}=\frac{3280}{34.8}=94.4$安培,實約一倍也.可證低壓泡之爲害於電廠.

由上各項計算,可得一種結果:

(一)電廠發動機現僅現至55—60%,並未超過原定機力.(二)電廠電流現至150%,而用戶用低壓燈泡需一倍之電流,故若用戶改用高壓燈泡,可使電廠電流減少一半,即減至75%,亦非超過.(三)電廠電壓力,若用戶全數改用高壓力燈泡後,電流可減少至發電機容量(Rating)以內,則電壓可回復至平常(Normal)情形.(四)用戶需電,現僅得所需量之66%,若用高壓燈泡,可得全量.因用戶用電量自66%,加至100%,發動機力隨之自55—60%,增至

90%之譜,亦並不超過容量也.

(三)改良計畫及籌備

全廠內外情形,既已調查清楚,病狀病源,亦已探究無遺,乃謀整理之法.分治標治本兩步.治標之目的,在儘機力供給全市光明之電燈,計可有七千枝25 W.燈之數.治本之目的,在無限制供給全市電力,並謀利用電氣發展工業.

治標之法,經商定數項:(一)機器方面儘先修理.(二)變壓器分配三相間,使得平均電力.(三)低壓線先將最腐爛之段修換.(四)電燈公司暫行停止裝燈安錶接火.(五)用戶燈泡一律改用 100 V.者.(六)全市燈數限制至七千支,以25W.燈光算.路燈約四百支在外.(七)包燈制全改爲電錶制,以免浪費電力.

治本之法亦略討論及之,以現在機廠設備,不能併車(Not paralleling)爲一大缺點,不能應付南甯市政發展之需要.且現在廠屋地址亦湫隘,無擴充之餘地,離江頗遠,不能得多量之給水.又以現在所用木炭爲燃料,價格日漲,亦不合大電廠之所宜取,而桂省煤礦尚未發現佳者,故將來燃料方面,究宜用煤,或用木,或用黑油,尚須研究.所以治本計畫,在未決定前,必須先調查數事;(一)調查附近煤礦及產量,質地,等.(二)調查沿江適宜建廠之地址,夏秋之季不爲大水所淹者.(三)考察將來電業發展之度量,於三年內可抵至若干啟羅華德,於五年內及十年內又可至若干啟羅華德,以定新廠之容量.(四)機器式樣等之採擇.諸如此類問題,均須先有精密之計算,庶可言治本也.是則非一二月之時間不可,因先用治標方法著手,以補救目前之黑暗狀態.

惟雖欲從極小之範圍內謀治標之法,亦不可不略事籌備,以免外界之責難.且商辦公司,自畏勢力薄弱,不敢挺然取締用戶,亦係實情.因由廣西省政府下令組織南甯電燈整理委員會,由省政府,建設廳,公安局市政籌備處,商會,邕甯縣署,及電燈公司各舉代表一人,共七人,組織之.此整理委員會,不過藉壯聲勢,以求治標方法之切實執行無阻耳.著者代表省政府,南洋大學電機科畢業陳壽蘇君代表建設廳,其餘五代表均非工程人士.

(四)實行改革步驟及効果

實行治標辦法,悉係照所規劃之次序而行.機房機器,督飭修理,惟無試驗儀器,以故機力究竟可至若干馬力,不能確知.一切電表等又多毀壞不準,(因電表之變流器Current Transformers多燒壞重做者),惟速度每分鐘轉數則不使其低過5%,蓋若速度低落,電壓亦低,週波(Frequency)照減,而變壓器內之關係極復雜,低壓方面更受影響也.變壓器之分配在三相間,以K.V.A. ating容量平均為標準,此項佈置方法,自不能十分滿意,蓋其容量雖平均,而其實際供電多少,自非試驗及測量其電流不知.有10K.V.A.之變壓器,因所接燈數稀少,祗供給4K.V.A.之電力,或有5K.V.A.之變壓器,因所接燈數過多,反供給6K.V.A.之電力.此類情形,自屬常見,欲求三相平均電流,須每晚派工量其電流,逐漸排正也.令急切之間,祗得以容量為標準,分佈三相間,自比以前之祗接二相,成V字式(Open Delta)之為得力也.治標之中,最困難者,為令用戶改用100V.之燈胆一層.

若廠中添購電機,及引擎一副,有五倍大之電力,則此事亦極容易.蓋開用大機,供給100V.之十足電壓,則各處用戶之低壓泡自然燒去,或不敢用矣.今舊機不能弗至五倍電力,所以不能發出100V.之電壓,則惟有逐段處置之一法,先由公司佈告第一號機路線之各用戶,請其即日改用100V.之燈泡,復派員逐戶通告.無如各用戶不睬不理,其理由謂40V.之燈泡尚不光明,如何反用100V.之燈泡,則大家將不能見人面矣!無何,第二日清晨,派工先將第一號機路線之各個變壓器高壓方面保險鉛絲拆除,打斷線路,乃於白晝開第一號機.因外面變壓器均拆斷,並無負載,故電壓開至2300V.即率同工人沿該機路線,至第一個變壓器,將該處之高壓保險鉛綫推上,於是該變壓器卽接通電機,其低壓方面卽得115V.一時路燈大放光明,(因路燈無開關,平時隨車開而明,車停而熄),各用戶家中之電燈亦無開關,或有開關而永不關者,亦十足光明,一切50V.以下之燈泡,瞬刻卽行燒斷.復督工逐戶檢查,將各燈全數接通,凡100 V.以下之燈泡,未燒斷者,槪行沒收,給以收據一紙.如此挨戶挨街,至該變壓器所接之用戶檢查完畢爲止.乃將第一個之變壓器高壓鉛絲復拆除,再向前至第二個之變壓器,如法泡製,燒去低壓泡不少,沒收者尤多.白晝開電,實爲南寧所未前見,故各用戶不及預防,後傳說紛紛,闔街知曉,我等後到之處,用戶早已將50V.以下之燈泡卸除.如是,一日間將第一號機之路線肅清,及晚開機,全街通明,電壓十足.倘恐其濫用低壓泡,故入夜復偕工巡視數匝,見有低壓泡則沒收之.市民方面,深怪何以前一晚用100 V.之燈泡,黑如香光,而是夜乃大放厥明,或有疑廠中添置新機者,或有疑廠中以數機之力,併給一路,而不能恃久者.實不知電燈之黑暗,由於用戶自取之咎也.

第一號機路綫,經整理燒毁及沒收低壓燈泡後,用戶所得之電光,並未限制,比較平時枝數未減.而機廠內之電壓開至2000-2200 V.之數,電流未超過容量之數.從此證明低壓泡之害處,及治標方法之得當.第二日以後逐日整理一段路線,如此共整理六天,而全市大放光明.

全市旣得光明之電燈,勢必需求增加,添多燈支,其結果又必逐漸轉黑,欲於廣充新廠未成立以前,保持光明之燈,不可不亟謀消極的限制法.乃定三條辦法:(一)停止公司再裝燈安錶接火.(二)包燈制改爲電錶制,惟包燈在三支以下之用戶,爲體恤其無力繳納電錶保證金起見,仍可用包燈制,惟須受嚴格之檢查.(三)全市用戶燈數限定七千支,分配辦法,以三月一日調查用戶裝置燈頭數目爲標準,依照此項數目,平均比例分配.每戶分配得燈數若干,卽發給燈泡印花若干枚.此項印花如郵票大小,刊印號碼,註明華德數,加蓋整理委員會圖記,貼在該用戶之燈泡上端.以後無印花之燈泡不准點用,違者查出即行沒收.惟有印花之燈泡,可以隨意移用於居內之各處.此項印花並不收費,至於詳細手續以及取締方法,因太繁瑣不錄,欲詢詳情者可函致該會.此種辦法,不過欲限制各處電燈,同時點用者不超過機房發電量而已,實爲不得已之舉,恐中外各國電廠所鮮見也.

整理時期有數事可堪紀錄:(一)省政府,民政廳,建設廳,公安局等機關,均十分體恤商艱,維護公司,電費一層,向來照章七折付費,此次整理期內,均自行將低壓燈泡更換,軍政機關未有阻撓之事.(二)第一天燒毀低壓燈泡,有數商店,因損失數十元,與公司人員大起爭論,呶呶不休,公司方面以照供電章程須用 100 V. 之燈泡,不准濫用低壓者,日前復發通告,再派員口頭通知,於公司辦事手續,已無缺點,理直氣壯,故各商店亦無可如何.(三)某日至電報局檢查,被拒絕不准入內,該局長復出言不遜,謂電力若足,則自然用100 V. 之燈泡,否則不准除下低壓泡,聲勢凶凶,且將動武.復查到該局偸燈至二倍之多,乃即命將電線截斷止火.不謂是晚該局竟電炬火輝,如同白晝,查係該局人員自行偸接路線.於是又命公司電匠,將該變壓器之高壓鉛線拆下,所有電報局及附近一帶均黑暗.待一小時後,該電報局之電燈復明,乃其自行偸接至前段財政廳之變壓器,此種行爲實屬破壞公用事業.是晚不得已用臨時緊急辦法,將財政廳前之變壓器高電鉛絲亦拆下,殃及前段亦無電火.翌日提出於整理委員會,决付警告,並議罰則,於是該局不敢再自行接電,且在解决之前停止給電.在此種情形之下,必須絕對以強硬態度應付,否則整理無効也.(四)南甯電器店向以販賣低壓燈泡牟利,所存 100 V. 之燈泡有限,自整理後,100 V. 之燈泡大有供不應求之概,居奇昂價,復有以 80 V. 之泡混充100 V. 以欺主顧者,售者不察.某舖竟以60 V. 之泡,用黑漆塗改爲100 V. 字樣以混售用戶,經查明後將該舖主交崗警帶公安局,除以該項燈泡悉數沒收外,令舖主退還貨款,復以欺詐罪罰銀,繳一儆百,以防効尤.

結　論

南寧電燈所以弄至如此之糟,費盡大力始克整頓者,實由於該公司不聘專門工程師以管理之,廠內外毫無計畫,毫無秩序,所用煤氣機復不適宜,無能擴充.用戶用包燈制者多,偷電亦夥,濫用低壓泡,未能及早取締.凡國內小電廠之犯有同樣弊病者,幸早自改良爲.至於南甯軍政界一概照章七拆付費,實爲全國之好模範,凡他處營電廠事業者,必須力爭辦到此層,庶於業務不至虧損,以影響於全市之公用,以及交通治安也.南寧電廠治標之法既成功,今正急行磋商治本之法,政府方面,對於公司若能自行擴充,電量供給全市之需要,則已往不咎,並無收回之意,且可展長專利年期,設法指導技術,維持商務,該公司亦憬然覺悟.正在延請工程師,積極辦理焉.

十四年三月十四日著於梧州

會員介紹本刊廣告酬謝辦法

凡本會會員代招廣告每期在二百元以上,由本刊贈登該會員有關係之公司廣告二面.每期在一百元以上至一百九十九元,贈登該會員有關係之公司廣告一面.每期五十元至九十九元,得登該會員有關係之公司廣告半面,不另取費.每期在三十元至四十九元,得登廣告半面,本會僅收成本.三十元以下者,均各贈登題名錄內一格,不另收費.以上所稱有關係之公司,以完全華商組織,而該會員係該公司股東或職員爲限.　總務袁丕烈

本　刊　誌　謝

本期會刊蒙會員李開第,朱樹怡,黃炎,黃元吉,黃潔,徐佩璜,顧耀鎏,葛學瑄,施嘉幹,韋榮翰,胡適之,汪歧成,朱其清,王元康,支秉淵,呂謨承,諸先生,介紹廣告甚多,既利讀者參考,復裕本刊經濟,熱忱爲會,欽佩無已,特此附言誌謝.

總務袁丕烈啟

BROWN BOVERI ARC-WELDING SETS

MAXIMUM WELDING CURRENT 250 A

卜朗比廠電銲機

上海備有現貨

BROWN BOVERI ARC-WELDING SETS READY FOR DISPATCH.

GREATEST ECONOMY

WELDING OF STEEL, IRON, CAST STEEL AND CAST IRON

UNIFORM SUPPLY OF ENERGY TO THE ARC

PRODUCING HIGH-GRADE WELDS-FINE ADJUSTMENT OF THE CURRENT USED AT THE WELD

PROOF AGAINST SHORT CIRCUIT

ALWAYS READY FOR SERVICE-SIMPLE AND SAFE IN OPERATION

上海 九江路第二十二號
天津 法中街第七號

中國獨家經理
新通貿易股份有限公司

電報掛號 四六四六 (各處一律)

建造梧州無線電台記

著者：錢鳳章

廣西自統一後，對於省政積極改良，而於建設事業尤多擴充。如建全造省長途汽車路，長途電話綫，機車製造廠，士敏土廠，廣西大學等。同時有建造無線電台之議。數年來成效頗著。茲將梧州電台建築情形分記如下：

天綫鐵塔　廣西桂木，素稱良材，然欲求其高大耐用，適合無線電桿者，非至柳州以上，無從採擇。若赴柳採擇運至梧州，俟其乾而用之，則費時耗財，計非所得。至於鉄料尤見稀少，需至港滬方可採辦也。記者乃於九月初旬回滬，購辦材料，招雇工人，迄十月二十日，一切材料，始克完全運梧，開始建造。計鉄塔兩座，各高一百六十英尺，分二十二節，每節長七英尺半，最宜二節各長七英尺，最下一節用四分厚之紅紙板，爲絕緣體，以與地面隔絕。塔之四角，各用拉綫三道，中用鴨蛋形隔電子爲絕緣體。

台址　梧州四面環山，西江中流，撫河側貫，平地殊爲缺乏。故電台地址，祇得於山地覓之。記者經詳細之觀察，始擇定東郊雲蓋山頂爲台址，該山面臨西江，左右清靜，山頂成東北向，利於通達南京。

房屋　雲蓋山山頂甚狹，因依其勢而作前座樓房，後座平房之房屋。計前座樓下四間爲辦公廳及會客廳，樓上四間爲臥室，後座四間爲機器室，電池室，收發電報室及報生休息室。

機械　全部機件爲德國德律風根真空管式，其天綫放電量爲五百瓦特，茲將其主要機件及其作略述如下。

（一）原動力　七馬力火油機一座，四·五基羅瓦特一百十五伏耳脫直流發電機一座，一〇八安培小時一百二十伏耳脫蓄電池一座，三·五馬力一百十五伏耳脫直流電動機一座，二·五基羅瓦特五百循環二百五十伏耳脫交電發電機一座.

(二) 電報機　電壓調節器一座,繼電器一座,眞空管式交流改直流器一座,眞空管發報器一座.

(三) 收報機　眞空管收音器一座,二級眞空管擴音器一座,伏耳脫分送器一座.

(四) 無線電話機　受話器一座,擴音器一座,聲浪化器一座.

七馬力之火油機用皮帶拖動四•五基羅瓦特之直流發電機,用以過電於一〇八安培小時之蓄電池,此電於發報時送至三•五馬力之直流電動機,直接轉動二•五基羅瓦特交流發電機.此交流電經過電壓調節器分作二百五十伏耳脫及二十五伏耳交流電兩種.二十五伏耳脫者,分送至改流器及發報器眞空管內之燈絲.二百五十伏耳者送至改流器中之變電壓器,電壓乃增至三千二千或一千伏耳脫.經眞空管之作用改爲高壓直流電.然後送至發報器之眞空管;由此經凝電器及綫圈之作用發生無線電頻度之交流電,然後分送至天線地網散佈於遠方;發報鍵之啓閉乃啟閉改流器中變壓器之原圈也.收報機之作用極爲尋常,即天線所感之電波,經眞空管之作用乃可用聽筒聞之;二級擴音器所以擴大其聲浪也.

無線電話之受話器與普通電話用之受話器同,惟構造較爲精緻,經一度之眞空管擴音器即至眞空管聲浪化器,此合乎聲浪強弱之電流,送至發報器之眞空管內;即將眞空管所生無線電頻度交流電,依聲浪之强弱而增減其振幅,天線所放之電力,因依聲浪之強弱而強弱矣.

梧台名稱爲 XQJ, 所用電浪爲一千五百米突,及九百米突兩種.用一千五百米突時,其天綫放電量爲五安培.用九百米突時,其放電量爲六安培.所及距離日間可達本省各台,及廣東,香港,各台.夜間則通南京吳淞杭州福州武昌洛陽太原雲南等處,其餘更遠距離,在天氣良好時,亦間能通信.

英國茂偉電機廠

Power Plant
Motors & Dynamos
Control Gear

Transformers
Instruments & Meters
Switch Gear

茂偉電廠最著名之出品爲透平發電機各項大小馬達變壓器配電器及各式電錶全英國効率最高之發電廠爲擺嗔而該廠之發電機全係茂偉出品上海楊樹浦電廠在東亞首屈一指其中有三座二萬基羅華德之茂偉發電機他若天津北京奉天香港均裝置茂偉機器總共茂偉電機在中國裝置已達十萬基羅華德以外如蒙承詢一切無不竭誠計畫

中國獨家經售

安利洋行

分行：天津　漢口　北京

分行：香港　哈爾濱　奉天

總行

上海南京路外灘沙遜房子三樓

電話一一三四〇

瑞士卜郎比製造電機廠述略

著者：費福燾

著者於民國十七年冬.由上海新通公司介紹來此.忽已四月.研習之暇.草卜郎比廠沿革及出品情形.簡略敘述.以餉同志.

距今三十八年前.即西曆一千八百九十一年.白郎君 Dr. Brown 與樸萬里君 Dr. Boveri 組織白郎樸萬里公司.(中譯卜郎比即 Brown Boveri 之縮音以後簡稱卜郎比)於瑞士之白頓. Baden 其目的係製造應用於電氣上之各種機器.當草創之時.工人不滿七十人.

該廠當初出品.爲發電機.電動機.變壓器三種.以應當時十九世紀末葉之需要.蓋是時瑞士方努力於利用天然水力發電也.

樸萬里君,復於西曆一千八百九十五年.創辦一公司名『動力』Motor.專門提倡水力發電,以代每年進口無量數煤之流卮.(按瑞士無煤礦)瑞士無數大發電廠.賴此得以告成.而卜郎比爲承造電機.因之亦獲許多營業.

瑞士以一彈丸之地.薪工既貴.且原料缺乏.欲謀營業之發展.非從國外及海外着手不可.故在歐洲各國.及亞美兩洲諸國.均設有經理處.又因列強之提倡國貨.而於外貨課重稅.卜郎比因利乘便.聯合各國之資本家.設分廠於各國.或合併各國固有之電機製造廠爲聯合公司.現今如德法英意等.均有分廠.但分廠均自成其獨立機關.且以各本國之資本占多數.惟遇難題則諮詢總廠.而總廠本其宏富之經驗.專門之人才.供給設計圖樣而於各國製造.總廠得曾設計圖樣及專利之費.在西曆一千九百年.聲譽廣被.卜郎比遂改組爲股份公司.在瑞士之白頓及Munchenstein兩廠.共有雇員(包括工師工人)共五千八百人.在西曆一千九百廿五至廿六年之統計.上述兩廠出品銷路之分配.成下列比例.

瑞士本國	百分之三十五
歐洲各國	百分之四十七
海外各國	百分之十八

卜郎比在其本國營業之大宗,決推瑞士聯省鐵道之電化.

在西曆一千九百廿六年內統計,屬於世界卜郎比公司名下之雇用者有四萬人.

卜郎比最近之製造關於電氣及機械兩者,分類如后.

(一) 高低電壓之發電機及電動機.

(二) 變壓器.

(三) 電鑰及油開關.

(四) 電氣鐵道上所用之電動機及附屬物.

(五) 拖動柴油引擎及績蓄電池之特製發電機.

(六) 水銀變流器 (按該器爲最負盛名之一).

(七) 電氣鍛鉄爐及電器鎔鐵爐.

(八) 電銲器.

(九) 蒸汽透平 (按該機營業之佳殆冠全球).

(十) 高壓離心壓氣機及抽氣機.

茲將以上主要出品之功用及進步略述之以畢吾文.

(一) 發電機及電動機,應用於大小工業,大小電廠,及電氣鐵道上,在瑞士及其他富有天然水力諸國,其電機之慢速度一種,務適合於水力透平,其快速度一種,則爲其他各項工業之用.

(二) 變壓器,最近趨重高壓傳送電力,幾日增月盛,故變壓器亦與潮流同趨.憶卜郎比前年爲瑞士聯省鉄道造巨大方棚三口,其每只容量爲三萬五千開維愛,包括油重共壹百十五噸.目下已製成之最大方棚,其容量爲四萬開維愛,其電壓高至二十二萬伏而次.

(三) 關於電鑰及油開關.用作聯合線路.及數電廠之鎖鑰於製造上及尺寸上在今日已不生問題.該廠在西曆一九二五年.爲美國亞海亞煤電公司.承造高度十七英呎半之油開關.其電壓爲十五萬伏而次.試驗時能承受破壞電量至七十二萬五千開維愛.而仍完好如初.卜郎比廠現今製造二十六英呎高度.二十二萬伏而次電壓之油開關.供給意大利某大電廠之用.

(四) 水銀變流器.卜郎比有一特長之出品.即承造巨量之水銀變流器.方其致力研究.適在歐戰之時.列强角逐.無暇及於科學.迨卜郎比完成製造.應用滿意.遂引起他廠之注意.現今德美各大廠.均有製造水銀變流器者.但不能與卜郎比抗衡.按該器之原理.無非利用水銀化氣.作爲交流電變直流電之弇.換言之.即水銀化氣後.有一特性.能將交流電通過時變爲直流.後者於

第一圖　水銀變流器

電氣鐵道上.應用甚大.因直流電馬達.啟閉便利.司速自如.且水銀變流器.能負直流電高壓自三千伏而次至五千伏而次.且能載過量之負荷.作者游法京巴黎時.參觀卜郞比承造之水銀變流器.裝置在巴黎地底鐵道之分站.占地經濟.且行走無聲.於都市尤為相宜.(第一圖)

(五) 電氣熔爐之製造分兩種.(甲)用電極之熱以熔鐵或別種金屬物.(乙)用電阻之熱以鍛鐵者.甲種爐.係用自動水壓調整.至其應用於電值較廉之處可以代平常之煤氣爐.

(六) 蒸汽透平.在西曆一千九百年.透平之製造始告大成.起而代蒸汽引擎.卜郞比實為製造透平之先進.在西曆一千九百十四年.該廠已造成七千五百馬力之透平發電機.陳列於瑞京白內.推為當時透平巨擘.在西曆一千九百廿六年.又為紐約愛迪生電燈公司.承造十六萬啓羅瓦特.約合廿四萬馬力之透平發電機.為世界最大之電機.倘於古時.須如許能力.必合二百萬苦力始克有濟(第二圖).至於透平容量.及尺寸之比較.有可注意之點.卽自五千基羅瓦特遞進至十六萬啓羅瓦特.機量加巨.而機身所增.比較上甚少.(第三圖).又每啓羅瓦特所需重量.自廿五啓羅減至六啓羅每方米達之能

第　二　圖

紐約愛迪生電氣公司之卜郞比十六萬啓羅瓦特透平發電機

力.自一百啓羅瓦特.增至七百啓羅瓦特.可見進步之一班.(第七圖)

卜郎比廠在西曆一九二八年.銷去透平發電機一百七十五只.合一千一百七十萬基羅瓦特.附圖表四張可略窺關於透平之趨勢(見第五,六及七圖).

(七)離心壓氣機及抽氣機.應用於冶金製造人工阿馬尼亞.及增加迪士

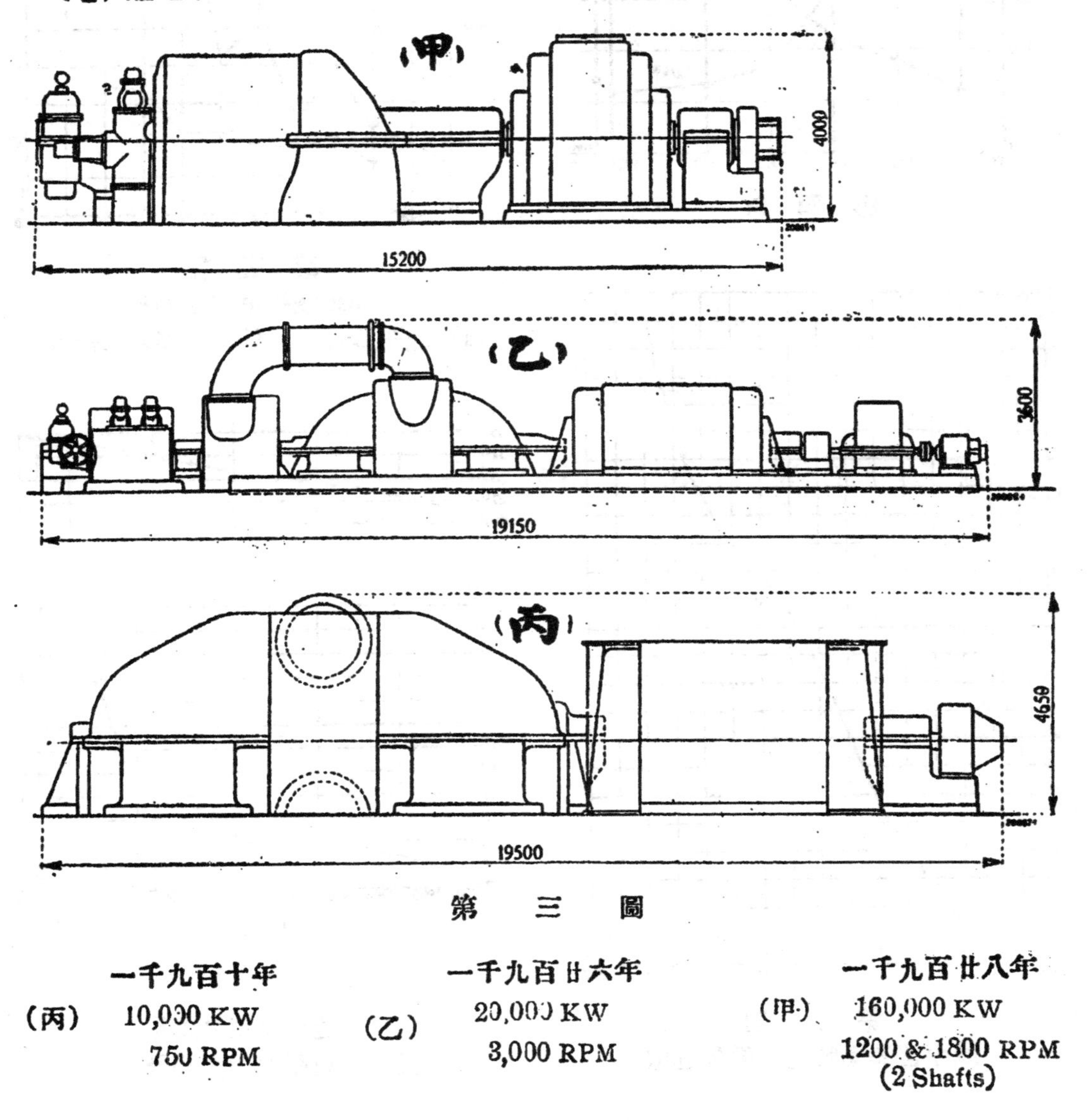

第　三　圖

(丙) 一千九百十年 10,000 KW 750 RPM

(乙) 一千九百廿六年 20,000 KW 3,000 RPM

(甲) 一千九百廿八年 160,000 KW 1200 & 1800 RPM (2 Shafts)

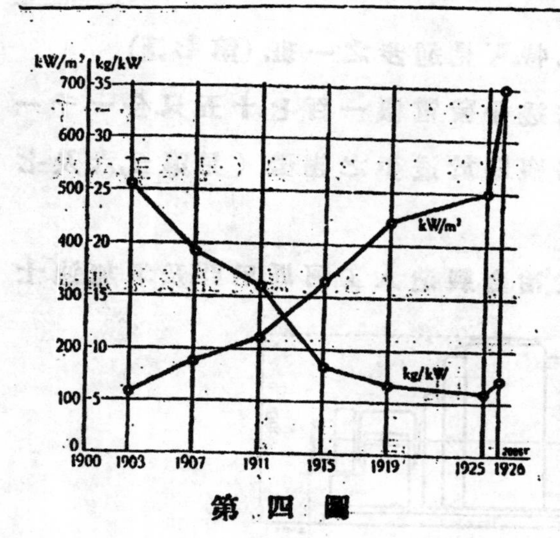

第　四　圖

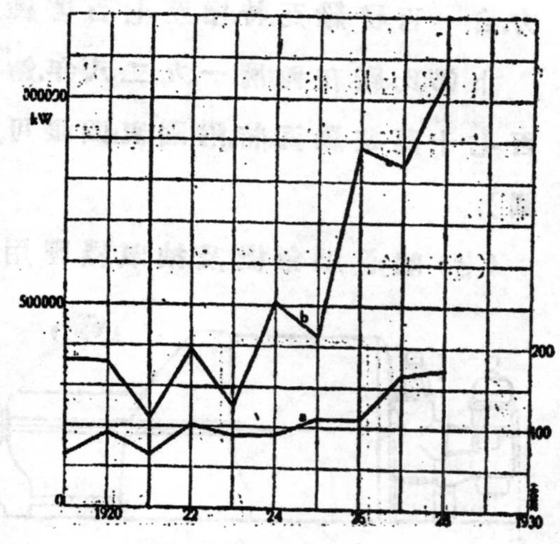

第　五　圖

卜郎比透平每年之銷數

(a) 透平數目　　(b) 啓羅瓦特總量

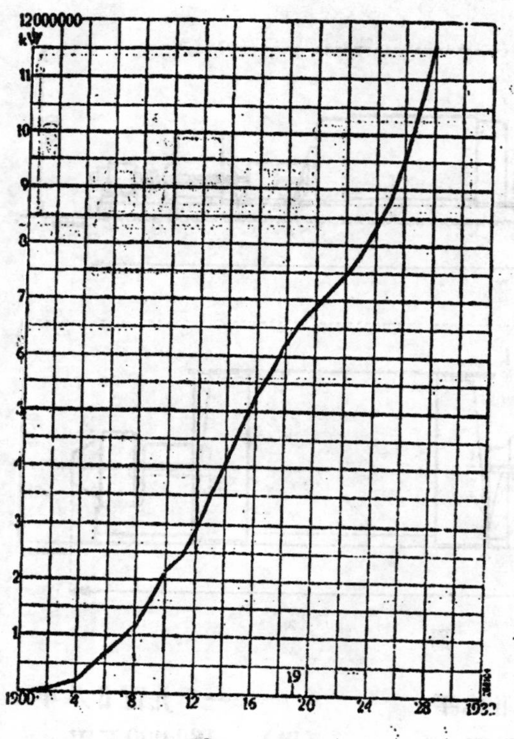

第　六　圖

透平啓羅瓦特量之逐年遞增

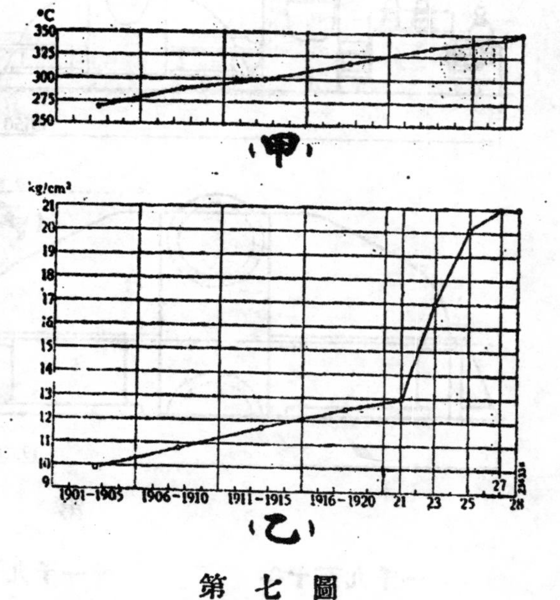

第　七　圖

(甲) 透平溫度之趨勢

(乙) 透平壓力之趨勢

引擎馬力,用空氣運送穀類植物等,均爲實業家所稱道.

他若普通馬達,每年約造一萬只而強.如三四馬力一千五百轉之感應馬達,現在重量不過五十啓羅;二十年前同量馬達,約重三倍多.至其價值相差之巨,亦可相推而得.且是項馬達之製造,規模巨大,手續統一,此關於普通馬達之進步也(第八圖).

<u>結論</u>　卜郎比廠以一二人之創造,積數十年之奮鬥,乃能以七十工人之廠遞增至四萬有奇,以儕於世界有名製造廠之一,其間草創艱難,苦心規畫,蓋非一朝一夕之功也.至其訓練技師,延納人才,俾其計劃得日新月異以應

第八圖

大規模之馬達裝造

世界之潮流.改良工具,精密試驗(第九圖),俾其製造得精優堅固以維社會之信仰.擴充資本,廣播宣傳,庶幾可樹堅撓不拔之基礎以與世界各廠相頡頏.蓋其深謀遠慮,茹苦含辛,又豈易及.則其成功之速之巨,亦良有以焉,願我國人起而圖之.

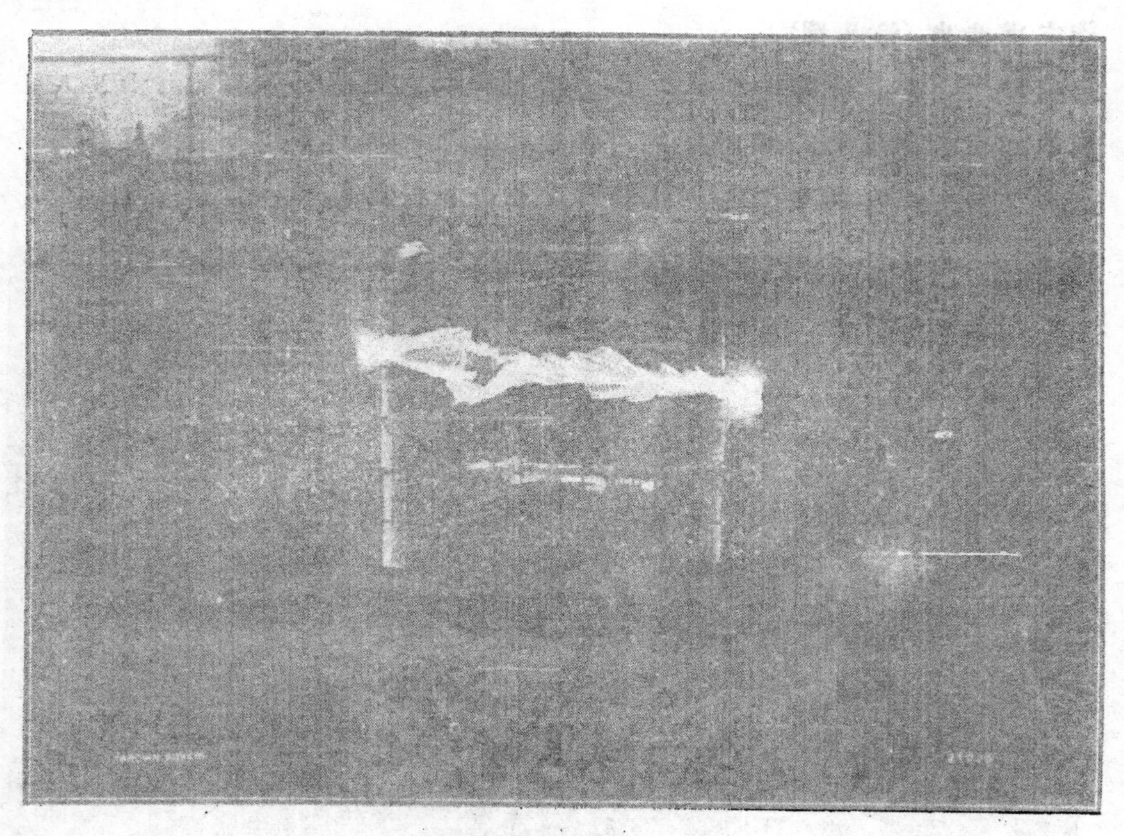

第九圖
試驗變壓器

BOOK REVIEW

GLYCEROL AND THE GLYCOLS—Production, Properties, and Analyses, by James W. Lawrie, Ph.D. former Chief Chemist of The International Harvester Co., The Pullman Co., German-American Chemical Co., Wm. F. Jobbins Inc., Research Chemist E. I. Du Pont De Memours & Co., and published by The Chemical Catalog Co. Inc. 419-4th Ave. New York City, U. S. A. contains 448 pages and costs U.S. G.$9.50.

This is the first complete and comprehensive treatise published dealing with all the important phases of glycerol and the glycols in one volume. It gives in detail the physical and chemical data with regard to the production, manufacture, qualitatative tests for these compounds as well as other important data gathered during the author's many years of work. Producers and users of glycerols and glycols and their compounds will find this excellent monograph very valuable.

The contents are:

Chapter 13. Nitroglycerol, its manufacture, properties and analysis.

Chapter 14. The Glycols—methods of production, physical and chemical properties, and compounds.

Chapter 15. The future of glycerol.

Reviewed by P. K. B. YOUNG.

INDUSTRIAL CHEMISTRY—an introduction—an elementary treatise for the student and the general reader, by Emil Raymond Riegel Ph.D. Professor of Physical and Industrial Chemistry of the University of Buffalo, and published by The Chemical Catalog Co. Inc. 419 Fourth Ave. New York City, U.S.A.—U.S. G.$9.00.

In a single volume of 650 pages, Dr. Riegel has been eminently successful in picturing and bringing up to the date the constant changes in the numerous commercial activities which make up industrial chemistry.

The book is intended to serve as a class room text in the industrial chemistry course of Colleges, and Technical Schools. The subject are all presented very attractively and the chapters are not too long for single assignment. Most of the chapters have been tested in the classroom. The material for each chapter is carefully balanced and kept within the scope of an elementary treatise, altho there is sufficient specific information on engineering details of practical value to the industrial chemist.

The work is based altogether upon up to date information obtained in the course of professional associaton in plants, by means of visits and interviews, collaboration with experts on specific industries, and a study of the recent patient literature and government documents.

Professors of Industrial Chemistry in Colleges and Technical Schools should consult Dr. Riegel's treatise before deciding on the text book for their next term.

Reviewed by P. K. B. YOUNG.

VALUABLE CATALOG OF AMERICAN MACHIERY IS NOW AVAILABLE

The 13th Annual Edition of The Chemical Engineering Catalog has made its appearance here. It is a compilation of condensed catalog data, carefully standardized, embracing 1110 pages and covering suplies, machinery, chemicals and materials used in the industries employing chemical process of manufacture. Classified indexes of such equipment and materials, carefully crossed referenced and a scientific book section briefly describing 2400 books in English on chemical and allied subjects make the catalog of real value to all buyers.

The field of chemical industries cover such lines of manufacture as cement, acid alkali, paper, prepared foods, flour, leather, textile bleaching, dyeing, metals oils, soap, glass, paints, etc. All such line are necessarily under the supervision of men of chemical training, whose work in actually turning out the finished product, is constantly reinforced by the great army of research workers in the industrial labbratories. The Chemical Engineering Catalog supplies precise data to this vast market, in the form of specifications, construction details, size and capacity and specific uses of equipment and material. It is a handy, permanent and economical information system, completely covering the entire range of American Industries.

It will be seen that the service of this Catalog readily appeals to Heads of all industries, and all Engineering and importing firms in China.

The Catalog is distributed in the U. S. A. and Canada under the following plans:

1. Sent free of Charge, on the understanding that it is to be returned on publication of the next succeeding edition, or
2. Sent to the following classification post free on payment of G.$3.00 and to be retained permanently.
   - A. Chemical Engineers, Works Managers, Superintendents, etc.
   - B. Consulting, Designing and Constructing Engineers in Chemical lines.
   - C. Chief Chemists of Industrial or Research Laboratories.
   - D. Heads of Chemical Engineering Depts. in Universities, Colleges and Technical schools.
   - E. Technical Depts. of the U.S. and foreign governments and libraries.

To those outside the U.S. and Canada who are desirous of a copy of the catalog, may communicate with The Chemical Catalof Co. Inc. 419 4th Ave. New York City. Those who belong to the above classification will get the catalog for G.$3.00 plus G.$1.12 postage, while others will have to pay G.$10.00 plus postage.

徵求無線電界同志合作啓

無線電之效用甚廣,其最著者,厥推通訊,兩地通訊,端賴無線電波,而無線電波之傳播,出沒乎太空,與天時地理等,顯然發生絕大關係,故吾人欲求無線電學造詣精深,計劃確切,對於電波與天時地理等之關係,及大氣中變化之情形等等,非澈底了解不可,顧此又非實地加以試驗不爲功.蓋電波不能脫離太空而傳播,而通訊卽在吾人寄居地球之球面,吾人斷不能縮小地球,作爲模型,以作無線電波傳播之試驗,從事推測太空之情形,故求無線電波傳播之狀况,有如電機工程,土木工程等之學說,可先假小巧模型,試驗於斗室之中,以盡其推測之能事也.故地球面積之廣,實地試驗,初不能限於一時一地,必也羣策羣力,各地同時加以研究而後可,年來短波無線電之進步,突飛猛進,英美諸國,進步猶速,攷其故實賴各地一般熱心無線電游藝家之通力合作有以致之,微游藝家,短波之進展,决無有如今日之盛者.雖然吾人今日所具無線電之學識,仍甚幼稚,眞理未發明者尙多.其已發明者,或尙屬錯誤,誠宜急起直追,以冀有所貢獻,豈可人云亦云,僅拾人牙慧而以爲滿足.吾國二年無線電台台數日增,研究斯學者亦日衆,苟能通力合作,實地攷求,對於無線電學前途或可有多少貢獻,爲科學界放一異彩,則豈獨吾電界之幸,亦國家之光也.爰特擬就收發信機情况暨收信狀况塡註表格式兩種,並附塡註說明,作爲初步辦法先行著手進行,如荷吾界同好,賜予贊助,逐項逐日塡註彙寄敝人以資研究,曷勝盼禱.表列各式定多不妥之處,並祈加以指正,俾臻完善尤爲欣盼.表後並附問題十數則,至有關係,亦盼指示.竊念研究學術,無分乎國界,遑論國人,還望國內同志,不吝賜教,幸甚盼甚.來件請寄上海尙文門學潔里內三號交鄙人收可也.再鄙人擬將上項塡註表付印若干份,備同志塡註之用,如荷函索,請聲明份數,定當寄奉不誤.

朱其清啓

(甲)

______短波無線電台
收發信機情況填註表

本台呼號______

電台所在地			電台附近情形	附近障礙物之位置	
地名	經度	緯度		距離	方向

中華民國　　年　　月　　日

日期	發信機情況															收信機情況				餘言
	振盪電路電子管			屏極電壓供給法	電波程式	電波		電力	天綫電路與振盪電路之配合法	天綫最大電流	天綫情形					採用電路	電子管程式		射電週率增音級數	採用電路	
	程式	管數	接法			波長	週波率				程式	方向	高度	長度	天線長度		增音管	檢波管			

(乙)

______短波無線電台
收信狀況填註表

本台呼號______

中華民國　　年　　月　　日

時間＼氣候	天候	氣壓	溫度
00—6.00			
6—12.00			
12—18.00			
18—24.00			

(一)				(二)					(三)				(四)						(五)	(六)
接收時刻				聽得或與通之電台					被擾亂情形				信號力						紀錄或測驗者	餘言
GMT		當地時刻		台名	呼號	發電時用大約電波		電波程式	電台擾亂		天電擾亂		單式紀錄法	複式紀錄法						
點	分	點	分			波長	週波率		電台呼號	擾亂程度	天電種類	擾亂程度	R	F	R	A	M	E		

填註者______

填註說明

(甲)收發信機情況填註表

發信機情況欄

屏極電壓供給法項下:應請填明係用(一)高壓直流電;(二)低週率交流電;(三)高週率交流電;(四)高週率交流變直流;抑(五)以上各電外加濾電路之電.

電波程式項下:請註明係爲濡幅波,(Continuous Wave 或 C. W.)斷幅波 Interrupted Continuous Wave 或 I. C. W.)抑爲電話(Telephone).

電波週波率項下:填註與否可隨便.

電力項下:請註明係入電路之電力抑振爲電路或天綫電路之電力.

天綫電路與振蕩電路之配合法項下:應請註明爲感應配合(inductively Coupled)抑導體配合(Direct Coupling)並述其配合之疏密(Close 或 Loose Coupling).

天綫最大電流項下:天絲電流表之位置亦請註明.

天綫程式項下:請聲明爲垂直式抑爲平行式或定向式饋電程式(電流饋電式(Current feed 抑爲電壓饋電式 Voltage feed)亦請註明.

採用電路項下:如能將全部接綫圖附寄最妙.

饋綫長度項下:除長度外請填明兩綫間之距離,饋綫與天綫交叉形狀.

收信機情況欄

採用電路項下:如能將全部接綫圖附寄最妙,此外並請聲明所用耳機之程式及何國出品,乙組電池所用之電壓等.

電台所在地之經緯度,如不能填註空白亦可.

電台附近情形項下,係指電台附近是否爲平地,抑爲山谷,有無房屋花草樹木以及金屬之物如高大鋼骨建築品等而言,此外如能將地質之潮濕與否,以及有無沙石等項塡入更善.

(乙)收信狀況填註表

第一欄GMT項下： GMT係Greenwich Mean Time之縮寫,塡註與否可隨便.

第二欄台名項下： 本項如不能塡註,儘留空白.

週波率項下： 本項可不必塡注.

電波程式項下： 本項應請將滿幅波(Continuons Wave或C. W.)斷幅波(Interrupted Continuous Wave或I. C. W);或電話註明至音調之或爲低週率交流電Raw A. C.抑爲純粹直流電Pure D. C.,仰爲高週率交流電H. F. A. C.如能辰明亦請塡入.

第三欄擾亂程度項下： 指正式接聽之信號是否尚能接收而言.

天電種類項下： 天電計分急響(Grinders或Rattling);嘶音(Hissing);喲嗒聲(Cliches或Snapping);及碎裂聲(Crasting).

(註)嘶音頗類英文字母S拖長之聲,又如狹孔出氣之聲.

急響酷類將碎石一掏向玻璃窗擲去所發之聲.

喲嗒聲爲一種低微尖銳之聲,頗似表中發生之喲嗒聲,惟忽斷忽續,久暫無定.

碎裂聲爲破碎之聲,頗與喲嗒聲之天電相同,惟發現時作聲較久較連續,且較多耳.

第四欄信號力項下： 分單式與復式兩種均係表示信號力之强弱者,單式週錄法以前通行採用RI至R9現在已改用新法係自RI至R5其程度如下.

R1 = Hardly Perceptible; Unreadable
R2 = Weak; readable now and then
R3 = Fairly good; readabel, bnt With difficulty
R4 = Good; readable.
R5 = Very Good; Perfectly Readable.

複式紀錄法係美國無線電聯合社所規定,其紀錄法如下,如能塡註,請儘量塡入,否則,留空白亦可.

F—FREQUENCY

F 1 Violent fluctuations to outside audible range
F 2 Violent fluctuations within audible range
F 3 Sharp changes in sudden jumps
F 4 Swinging over range of 200 or 300 cycles
F 5 Changing considerably with keying
F 6 Slowly drifting
F 7 Changing slightly on dashes
F 8 Very slight variations
F 9 Variation too small to detect

R—RELATIVE STRENGTH

R 1 Very weak, unreadable and intermittent
R 2 Very weak, unreadable
R 3 Weak and still unreadable
R 4 Weak but of readable strength
R 5 Fair signal of readable strength
R 6 Good signal of readable strength
R 7 Strong signals
R 8 Commercially strong signals
R 9 Very strong commercial signals

A—AMPLITUDE VARIATIONS (FADING)

A 1 Violent rapid and slow fading to inaudible
A 2 Violent rapid fading, mutilates characters
A 3 Violent slow fading, drops whole letters
A 4 Very rapid fading, modulates signal note
A 5 Moderate rapid and slow fading, few mutilations
A 6 Moderate rapid fading but rarely inaudible
A 7 Moderate slow fading but rarely inaudible
A 8 Fading detectable but not troublesome
A 9 No detectable variation in intensity

M—MUSICALITY OF NOTE

M 1 Extremely rough hissing note, no trace of musicality
M 2 Very rough low note, slight trace of musicality
M 3 Very rough hissing note, slightly musical
M 4 Rough note, moderately musical
M 5 Rather rough but musical note
M 6 Slightly hissing musical note
M 7 Musically modulated note
M 8 Smooth clear note, very slightly modulated
M 9 Pure C. W. note, clear and musical

E—ESTIMATED COMMERICAL READABILITY

E 1 Just able to distinguish signals
E 2 Able to distinguish a few familiar words
E 3 Plain language 10 wpm double, code unreadable
E 4 Plain language 15 wpm double, code 10 wpm double
E 5 Plain language 15 wpm single, code 20 double
E 6 Plain language 25 wpm single, code 18 wpm single
E 7 Code or plain readable 25 wpm
E 8 Code or plain readable 35 wpm
E 9 Code or plain readable at highspeed

氣候時間欄　天候項下：將請風雨雷雪雲霧等等塡入.

氣壓項下：如無氣壓表可不塡註.

問題十二則

(一) 每年中何月何日或何時接收某某數台最爲淸晰?或某某電台之信號完全不能接收?各該台所用之電波波長各約爲若干?

(二) 一年中尊意何月何日何時天電最少?何時天電最多?

(三) 每年中大約何種波長之電波能接收之時間最久?

(四) 以閣下之經驗,氣候與通信上有何等之關係?

(五) 白日與夜間,夏春與秋冬,射於短波通信上,有何種特殊之現象?

(六) 短波嘗有回波(echo)現象,回波云者,即於某時接得之某一信號在數秒或數分之一秒後復能接得之謂,閣下亦曾遇見此種回波之現象否?

(七) 何種電台,曾發現回波之現象?其波長爲若干?其復現之時間約若干?

(八) 短波音衰(Fading)之現象頗烈,尊處亦嘗發見之否?一年中何時最多?其電台爲何名?所用波長爲若干?

(九) 各電台間有無互相擾亂情事?其擾亂性質如何?其擾亂之程度又如何?所用波長相差若干?容電器(Candenser)上約有若干分度(Degrees)?

(十一) 該容電器之容電量爲若干mmf?或該容電器有若干片?除發射電台發出之電波互相擾亂外,尙有他種之擾亂否,如電梯之升降,引擎之開動,汽車之往來等此類擾亂多否?擾亂程度如何?

(十一) 國內電台尙無用晶體控制之設備者,故電機發出之電波其週率難免無變動之弊,對於接收上自感困難,請問其變動程度如何?接收機之容電器上約有若干分度?該容電器之容電量爲若干?或該容電器有若干片?

(十二) 傳發電台之電扣(Key),有時發生火花,接收之電台,亦曾有信號之點畫接收不能淸晰,而加質問者否?

本刊工程四卷論文總目

(一) 土木工程項

(二) 機械工程項

工程師建築師題名錄

建築師陳均沛

上海江西路六十二號

廣昌商業公司內

電話中央二八七三號

測繪建築工程師

劉士琦

寓上海閘北恆豐路橋西首長安路信益里第五十五號

專代各界測量山川田地設計鋼骨鐵筋水泥混凝土及各種土木工程繪製廠棧橋樑碑塔暨一切房屋建築圖樣監工督造估價算料領照等事宜

建築師龔景綸

通信處上海愛多亞路No.468號

電話No.19580號

竺芝記營造廠

事務所上海愛多亞路No.468號

電話No.19580號

土木建築工程師

江應麟

無錫光復門內　電話三七六號

沈棣華

建築工程師

上海福生路崇儉里三號

馬少良

建築工程師

上海福生路德康里十三號

任堯三

東陸測繪建築公司

上海霞飛路一四四號　電話中四九二三號

許景衡

美國工程師學會正會員

美國工程師協會正會員

上海特別市工務局正式登記

土木建築工程師

上海西門內倒川弄三號

工 THE JOURNAL OF 程
THE CHINESE ENGINEERING SOCIETY.

FOUNDED MARCH 1925—PUBLISHED QUARTERLY

OFFICE: ROOM No. 207, 7 NINGPO ROAD, SHANGHAI, C. 1.

TELEPHONE: No. 19824

交換書報

凡欲與本刊交換者，該向本會辦事處接洽，並請先寄樣本。

總發行所　中國工程學會事務所

地　　址　上海寧波路七號

電　　話　一九八二四

分售處　上海棋盤街商務印書館

民智書局

上海西門東新書局

本刊定價

零　售　每册大洋三角

年　訂　每四册洋一元

郵　費　本埠每册二分

外埠每册五分

國外每册一角六分

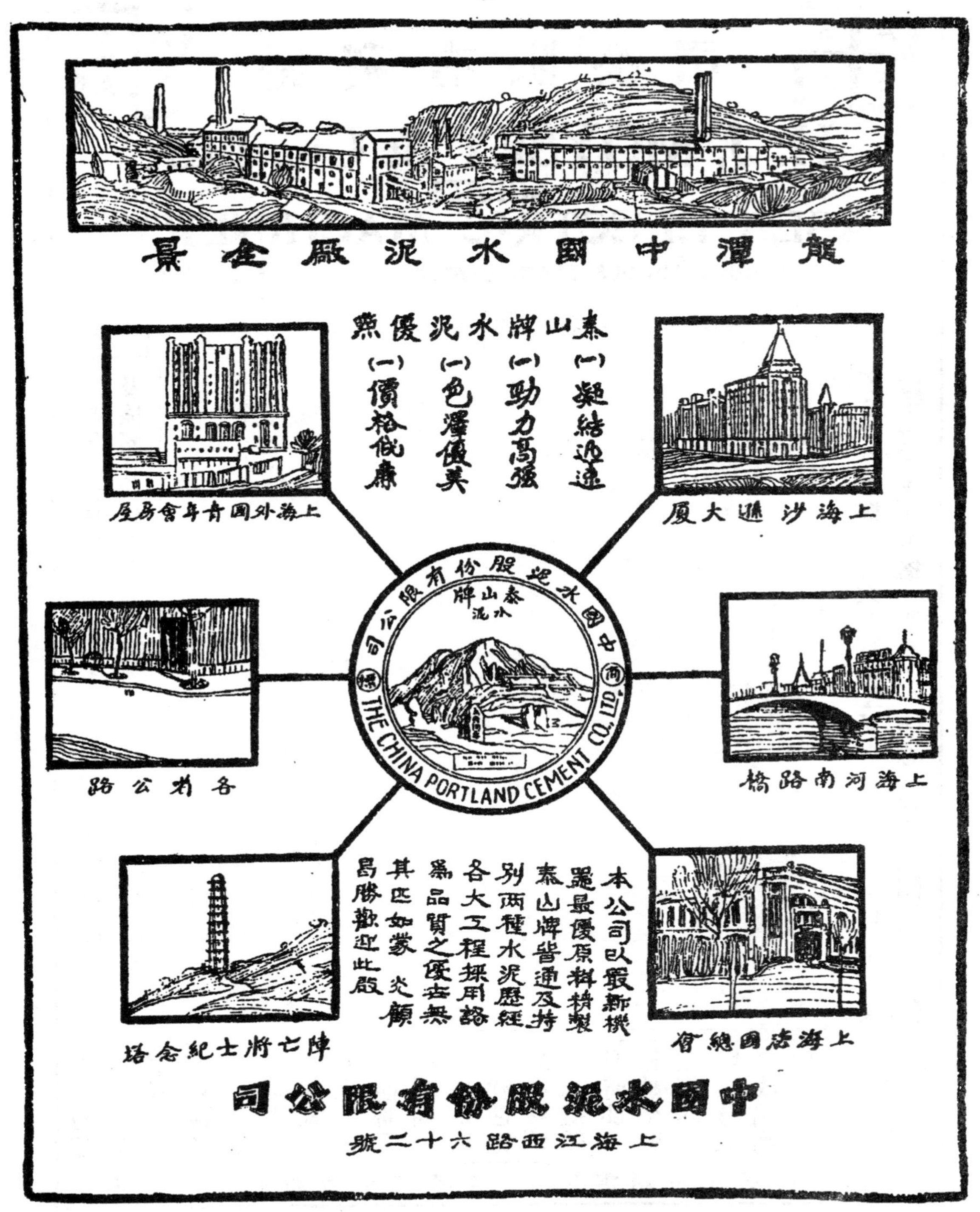
龍潭中國水泥廠全景
泰山牌水泥優點
(一)凝結迅速
(一)勁力高強
(一)色澤優美
(一)價格低廉
上海外國青年會房屋
上海沙遜大厦
中國水泥股份有限公司
泰山牌水泥
商標
THE CHINA PORTLAND CEMENT CO. LTD.
各省公路
上海河南路橋
陣亡將士紀念塔
上海德國總會
本公司以最新機器最優原料精製泰山牌普通及特別兩種水泥歷經各大工程採用諮為品質之優若無其匹如蒙光顧曷勝歡迎此啟
中國水泥股份有限公司
上海江西路六十二號

懋利有限公司

H. J. MOYSEY & Co., Ltd.

AGENTS

ASEA ELECTRIC MACHINERY

Generators Motors Transformers Switch Gears Etc.

經理

瑞典安全電機廠之各種發電機 馬達 變壓器 配電器及開關等 效率高超 堅固耐用 世界各國久著盛名 其所造之發電機 有大至數萬KVA者 歷年供給於中國各處工廠之大小各機 無不工作滿意 如蒙垂詢 竭誠歡迎

上圖乃裝置於上海福新第七麵粉廠之一千二百匹實馬力同期式馬達此項馬達能將工率提高而得發電廠之歡迎電費亦較低廉此機開動時卽可拖動全廠重車毫無困難該廠自改用此項馬達後每年可省電費數千兩

▶上海江西路六十二號◀ ▶電話一八三三一號◀

支

請聲明由中國工程學會『工程』介紹

済

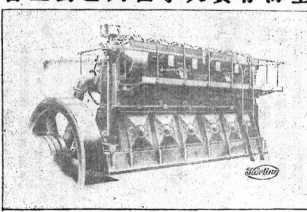

15

用單獨馬達轉動紡織機有四大特點

(一)增加產量——每機可單獨開停不致牽動他機

(二)節省經費——不用皮帶

(三)出品精美——廠內空爽光線充足不易揚塵

(四)裝置安全——減少振動建築耐久

選擇紡織機應用馬達有四大要點

(一)馬達外部必需具相當設備以防棉塵侵入

(二)馬達需用特別隔電物以防潮濕

(三)馬達兩軸必需全封以棉塵侵入而致漏油

(四)馬達最高熱度必需以攝氏四十度爲標準以防發熱

美國威斯汀好司製造紡織廠應用之馬達富有經驗能符合以上條件凡經營紡織事業者均請留意

福州路九號

茂和公司經理

請聲明由中國工程學會『工程』介紹

上海大隆鐵廠新出品之一

樣子間
上海江西路二號
電話一九八六四

製造廠
上海戈登路底浜北
電話閘北六十九號

新式織布機

機架用特種合鋼(SEMI—STEEL)鑄成一切鐵件均用鋼模(METAL PATTERN)翻鑄故式樣一致尺寸準確

本機送經裝置(LETTING-OFF MOTION)係積極的用牙輪搭連紗軸(WARP BEAM)漸漸展放有複雜機關使展放程度依照經紗上所受張力(TENSION)而自動調準即張力高則多放張力低則少放務使所受張力常保平衡而減少斷頭

紗軸初上車時其對徑為十八吋漸用漸小至經紗用完時對徑僅及四寸有餘故經紗所受張力雖經上項調準裝置而尚未能至理想中之平衡本機因此添裝另一機關以弭上項缺憾

本機除梭箱捲布棍打梭棒等必須木製以求運動輕靈外餘件均用鋼鐵製成機身特別加重所以堅固耐用

本機機架綴合處均經機器車刨故能十分密接絕無震蕩搖動之弊其關節活動處均有砲銅襯墊故能經久靈活

本機滑桃軸係用特別機器滑製滑頭斷面係橢圓形故能勝受高速度

各種軸心係用一種冷輾鋼(COOL DRAWN STEEL)造成能任受劇烈之磨擦而不易損蝕梭箱木料均經水汀(STEAM)蒸過永無收縮變形之弊

本機設有游筬裝置(LOOSE REED)倘遇打梭不佳梭子中途停頓時有此裝置可免軋壞織品

本機設有斷緯關車裝置(FILLING STOP MOTION)使緯紗斷頭時或杼子用完時織機自動停車

本機捲布刺毛軸係完全鐵製外包有刺鋼皮不比他種布機之用木軸過後易致灣曲

本機機件無論大小均有號碼將來損壞添配時但舉該件號碼本廠立能供應保能適合

本屆西湖博覽會工業館內有本廠布機兩部陳列請海內紡織家機械家批評指教

請聲明由中國工程學會「工程」介紹